Nukleare Festkörperphysik

Kernphysikalische Meßmethoden
und ihre Anwendungen

Von Prof. Dr. rer. nat. Günter Schatz
Universität Konstanz

und Prof. Dr. rer. nat. Alois Weidinger
Hahn-Meitner-Institut GmbH, Berlin

2., neubearbeitete und erweiterte Auflage
Mit 192 Figuren

B.G.Teubner Stuttgart 1992

Prof. Dr. rer nat. Günter Schatz

Geboren 1944 in Teisendorf, Bayern. Studium an der FU Berlin, Diplomarbeit 1969 am Hahn-Meitner-Institut, Berlin. Promotion 1971 an der Universität Erlangen bei J. Christiansen, dort Assistent bis 1976. Von 1973 bis 1975 als Max-Kade-Stipendiat an der State University of New York, Stony Brook, USA. Habilitation 1976 in Erlangen. Seit 1976 Professor an der Universität Konstanz; zwischenzeitlich mehrere Forschungsaufenthalte in Stony Brook, USA und Weizmann Institut, Israel.

Prof. Dr. rer. nat. Alois Weidinger

Geboren 1938 in Parsberg, Bayern. Studium an der Universität Mainz und FU Berlin. Diplomarbeit 1966 und Promotion 1969 am Hahn-Meitner-Institut, Berlin. Von 1969 bis 1975 Assistent an der Universität Müchen. Von 1975 bis 1988 wissenschaftlicher Mitarbeiter an der Universität Konstanz, dort 1976 Habilitation und seit 1984 außerplanmäßiger Professor. Forschungsaufenthalte 1966 bis 1967 an der Yale University, USA und 1972 bis 1973 in Orsay, Frankreich. Seit 1988 wissenschaftlicher Mitarbeiter am Hahn-Meitner-Institut in Berlin.

Die Deutsche Bibliothek – CIP-Einheitsaufnahme

Schatz, Günter:
Nukelare Festkörperphysik : kernphysikalische Meßmethoden und ihre Anwendungen / von Günter Schatz und Alois Weidinger. – 2., neubearb. und erw. Aufl. – Stuttgart : Teubner, 1992
   (Teubner-Studienbücher : Physik)
    ISBN 978-3-519-13079-6   ISBN 978-3-322-93989-0 (eBook)
    DOI 10.1007/978-3-322-93989-0
NE: Weidinger, Alois

Gesamtherstellung: Druckhaus Beltz, Hemsbach/Bergstraße
Umschlaggestaltung: M. Koch, Reutlingen

Vorwort

Das vorliegende Buch über "Nukleare Festkörperphysik" soll der zunehmenden Bedeutung dieses Gebietes in Forschung und Lehre insbesondere in Deutschland Rechnung tragen. Bei Vorlesungen, die wir seit mehreren Jahren an der Universität Konstanz durchführen, mußten wir feststellen, daß es eine einheitliche Darstellung des Gebietes der nuklearen Festkörperphysik bisher nicht gibt. Durch die Vorlage dieses Buches wollten wir diesem Mangel abhelfen.

In diesem Buch werden verschiedene kernphysikalische Meßmethoden beschrieben und durch Anwendungsbeispiele aus der Festkörperphysik untermauert. Das Buch ist gedacht als begleitendes Lehrbuch zu einer Vorlesung über nukleare Festkörperphysik oder angewandte Kernphysik, als Lektüre zur Vorbereitung von Seminaren und von Versuchen im Fortgeschrittenenpraktikum und als Einstiegslektüre in eines der behandelten Forschungsgebiete.

Der große Zuspruch, den das Buch sowohl bei den Lehrenden wie auch bei den Studenten gefunden hat, zeigt uns, daß das zugrundeliegende Konzept richtig ist und für die nun vorliegende 2. Auflage keine einschneidenden Veränderungen notwendig sind. Als ein Mangel war allerdings empfunden worden, daß der Bereich der Ionenstrahlanalytik in der 1. Auflage ausgespart worden war. Wir haben dieser Kritik jetzt durch Hinzufügung eines Kapitels über dieses Thema Rechnung getragen. Außerdem wurden in einigen Kapiteln die Anwendungsbeispiele aktualisiert und natürlich Druckfehler korrigiert.

Für die vielfältige Unterstützung und Hilfe bei der Erstellung dieses Buches möchten wir uns bei unseren Kollegen und Mitarbeitern an der Universität Konstanz herzlich bedanken. Vor allem Herr Prof. Recknagel hat durch seine beständige Unterstützung und Förderung wesentlich zu diesem Buch beigetragen. Für Kritik und Anregungen zu einzelnen Kapiteln sind wir vielen Kollegen von anderen Universitäten besonders dankbar. Bedanken möchten wir uns auch bei den Studenten, die das Buch kritisch durchgearbeitet und uns auf Fehler und Unklarheiten aufmerksam gemacht haben.

Konstanz, im Februar 1992   Günter Schatz
Alois Weidinger

Inhaltsverzeichnis

1   Einleitung

Die nukleare Festkörperphysik ist im Grenzgebiet zwischen Kern- und Festkörperphysik angesiedelt; sie vereinigt Elemente aus beiden Gebieten der Physik. Der Beitrag der Kernphysik liegt vor allem im methodischen Bereich, d.h. bei den Meßanordnungen und den beobachteten Effekten. In den meisten Fällen spielt der Nachweis von Teilchen- oder γ-Strahlung eine wichtige Rolle. Dafür werden Instrumente und Methoden verwendet, wie sie in der Kernphysik entwickelt wurden.

Die physikalischen Fragestellungen und Probleme andererseits stammen aus der Physik der kondensierten Materie. In diesem Sinne ist die nukleare Festkörperphysik ein reines Gebiet der Festkörperphysik. Wie bei jedem neuen Gebiet standen zunächst die methodischen, d.h. die kernphysikalischen Aspekte im Vordergrund, so daß eine gründliche Kenntnis in Kern- und Elementarteilchenphysik erforderlich war. Inzwischen sind die methodischen Probleme weitgehend gelöst. Das hat zur Folge, daß die Festkörperphysik als der eigentliche Forschungsgegenstand zunehmend an Boden gewinnt.

Der Begriff "Nukleare Festkörperphysik" ist nicht sehr genau und bedarf einer näheren Bestimmung. Als eine Kurzformel kann folgende Definition angesehen werden: in der nuklearen Festkörperphysik untersucht man Festkörpereigenschaften mit kernphysikalischen Meßmethoden. Unter kernphysikalischen Meßmethoden versteht man den Nachweis von Teilchen (Elektronen, Protonen, Neutronen, α-Teilchen, usw.) oder γ-Strahlung aus Kernzerfällen oder Kernreaktionen. In einem erweiterten Sinne werden auch elementare Teilchen (z.B. Myonen, Positronen, Neutronen), die mit dem Festkörper in Wechselwirkung treten, in die Betrachtung einbezogen und unter dem Sammelbegriff "kernphysikalisch" mit erfaßt. Auch die magnetische Kernresonanz (NMR), bei der ebenfalls Atomkerne zur Beobachtung herangezogen werden, aber keine Teilchen- oder γ-Strahlung nachgewiesen wird, muß wegen vieler Gemeinsamkeiten zu anderen kernphysikalischen Methoden ebenfalls der nuklearen Festkörperphysik zugeordnet werden.

Neben diesen Methoden werden auch Verfahren, bei denen energiereiche Ionen aus Teilchenbeschleunigern zum Einsatz kommen, der nuklearen Festkörperphysik zugerechnet. Für diesen Teilbereich wurde der Begriff

"Ionenstrahlanalytik" geprägt. Wir werden aus diesem außerordentlich vielfältigen Gebiet drei Methoden (Rutherford-Rückstreuung, Gitterführung und Kernreaktionsanalyse) exemplarisch darstellen.

Tracer-Methoden, bei denen im wesentlichen die Verteilung von radioaktiven Atomen räumlich und zeitlich im Festkörper studiert wird, sind eigentlich auch Gegenstand der nuklearen Festkörperphysik. Wir haben es unterlassen, die Tracer-Methoden und ihre Anwendungen in diesem Buch zu beschreiben; wir verweisen den Leser auf ausführliche Übersichtsartikel (ASK 70).

In Abbildung 1.1 wird der Zusammenhang zwischen Kern- und Festkörperphysik im Rahmen der nuklearen Festkörperphysik schematisch verdeutlicht. Ausgehend von der Kernphysik und den Eigenschaften der einzelnen Teilchen (Atomkerne, Myonen, Positronen, Neutronen und Ionen) ergeben sich über die Wechselwirkungen die kernphysikalischen Meßmethoden, die dann schließlich in die Anwendungen in der Festkörperphysik münden. Der Aufbau dieses Buches wird sich an diesem Schema orientieren.

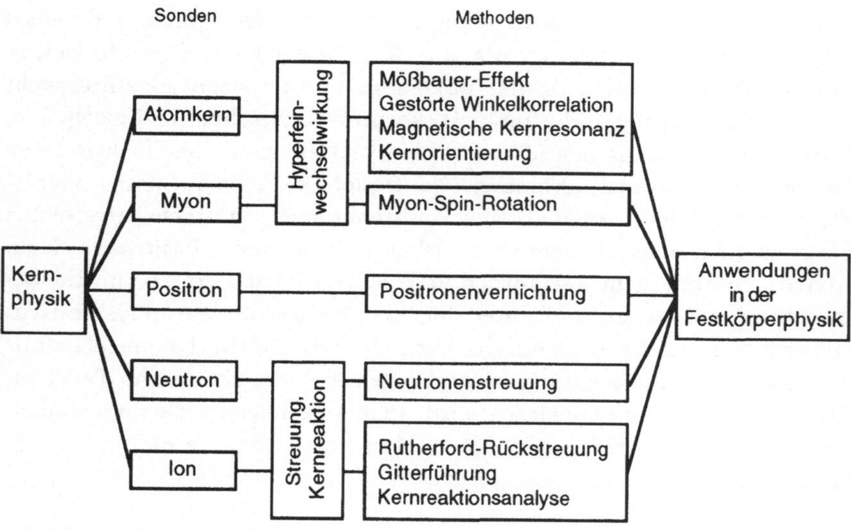

Abb. 1.1 Schematische Gliederung der nuklearen Festkörperphysik

2 Elektromagnetische Eigenschaften und Zerfall von Atomkernen

Der erste große Bereich der nuklearen Methoden, den wir in den folgenden Kapiteln vorstellen, geht von Atomkernen als Festkörpersonden aus. Um Atomkerne als Festkörpersonden einsetzen zu können, muß eine Wechselwirkung zwischen den Eigenschaften des Festkörpers und denen der Probenkerne beobachtbar sein. Da diese Wechselwirkung elektromagnetischer Natur ist, sollen hier zunächst die elektrischen und magnetischen Eigenschaften der Sonden, d.h. das magnetische Kerndipolmoment $\vec{\mu}$ und das elektrische Kernquadrupolmoment Q diskutiert werden. Die Information über die Wechselwirkung von $\vec{\mu}$ oder Q mit den magnetischen oder elektrischen Festkörperfeldern wird dem Experimentator oft über die ausgesandte γ-Strahlung übermittelt. Daher soll in diesem Kapitel auch über die charakteristischen Zerfallseigenschaften von Kernen beim γ-Zerfall gesprochen werden.

2.1 Das magnetische Kerndipolmoment

Das magnetische Moment $\vec{\mu}$ eines geladenen Körpers mit Drehimpuls $\vec{I}$ ist in der klassischen Physik gegeben durch

$$\vec{\mu} = \gamma \vec{I} \tag{2.1}$$

wobei γ das gyromagnetische Verhältnis genannt wird. In der Quantenmechanik sind $\vec{\mu}$ und $\vec{I}$ Operatoren und man definiert als magnetisches Moment den Wert der z-Komponente von $\vec{\mu}$ im Zustand $|I,M>$ mit $M = I$ (I,M : Quantenzahlen des Gesamtdrehimpulses, bzw. der z- Komponente)

$$\mu := <I,M=I \mid \mu_z \mid I,M=I> \tag{2.2}$$

und erhält damit

$$\mu = \gamma \hbar I \tag{2.3}$$

Das gyromagnetische Verhältnis der Atomkerne drückt man häufig durch den dimensionslosen g-Faktor aus, der mit γ durch folgende Relation verknüpft ist

$$\gamma = g\,\frac{\mu_N}{\hbar} \tag{2.4}$$

mit μ_N dem Kernmagneton (m_p: Protonenmasse)

$$\mu_N = \frac{e\,\hbar}{2m_p} = 5{,}05 \cdot 10^{-27}\,\mathrm{A\,m^2} \tag{2.5}$$

Für Nukleonen mit einem Bahndrehimpuls $\vec{L}$ ist der g-Faktor klassisch leicht auszurechnen; man erhält

$$g_L(\text{Proton}) = 1 \qquad\qquad g_L(\text{Neutron}) = 0 \tag{2.6}$$

Für freie Nukleonen ist der experimentelle g-Faktor, der mit dem Spin $\vec{S}$ zusammenhängt,

$$g_S(\text{Proton}) = 5{,}59 \qquad\qquad g_S(\text{Neutron}) = -3{,}83 \tag{2.7}$$

Für reine Dirac-Teilchen würde man $g_S = 2$ für das Proton und $g_S = 0$ für das Neutron erwarten. Die starke Abweichung der gemessenen Werte von der Dirac-Theorie zeigt an, daß Protonen und Neutronen zusammengesetzte Teilchen sind. In der Quark-Theorie sind Proton und Neutron aus je drei Quarks zusammengesetzt: p = (uud) und n = (udd), wobei u und d das u- bzw. das d-Quark bezeichnen. Mit Hilfe der verallgemeinerten Landé-Formel (2.11) läßt sich im Quark-Modell das magnetische Moment der Nukleonen berechnen. Man erhält annähernd richtige Werte.

Wird das magnetische Moment eines Kerns durch ein einzelnes Nukleon, ein sog. "Leuchtnukleon", hervorgerufen, so läßt sich der g-Faktor für einen solchen Kern leicht angeben. Die Wellenfunktion läßt sich schreiben als

$$\psi_I = \phi_{ILS}\,\Omega_0 \tag{2.8}$$

wobei Ω_0 den inerten Rumpf mit $\vec{I} = 0$ und $\vec{\mu} = 0$ bezeichnet. Für das magnetische Moment $\vec{\mu}$ und den Drehimpuls $\vec{I}$ des Leuchtnukleons gelten folgende Operatorgleichungen (siehe Abb. 2.1)

$$\vec{\mu} = g_L\,\vec{L} + g_S\,\vec{S} \qquad\qquad \text{mit } \vec{I} = \vec{L} + \vec{S} \quad \text{und} \quad S = 1/2 \tag{2.9}$$

($\vec{\mu}$ in Einheiten von μ_N und $\vec{I}, \vec{L}$ und $\vec{S}$ in Einheiten von $\hbar$).

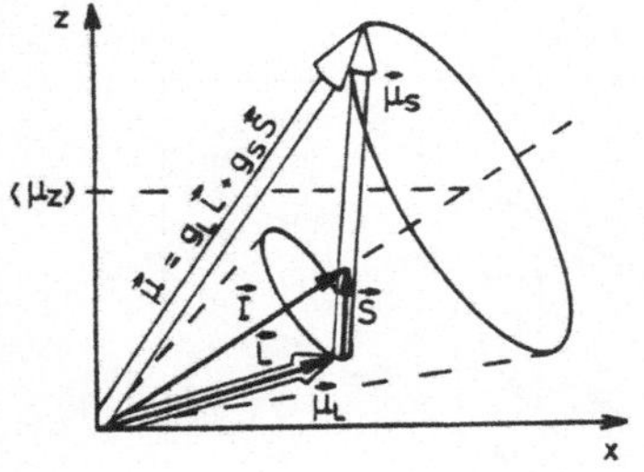

Abb. 2.1
Kopplungsschema für Drehimpulse und magnetische Momente. Von $\vec{\mu}$ ist nur die Komponente in Richtung $\vec{I}$ eine beobachtbare Größe, während die Komponenten senkrecht zu $\vec{I}$ zeitlich weggemittelt werden

Abbildung 2.1 verdeutlicht das Kopplungsschema für die beteiligten Drehimpulse. Für beliebige Drehimpulse $\vec{I}_1$ und $\vec{I}_2$ läßt sich daraus die verallgemeinerte Landé-Formel ableiten. Mit

$$\vec{\mu} = \vec{\mu}_1 + \vec{\mu}_2 \qquad\qquad \mu = g(I)\cdot I$$

$$\mu_1 = g(I_1)\cdot I_1 \qquad\qquad (2.10)$$

$$\vec{I} = \vec{I}_1 + \vec{I}_2 \qquad\qquad \mu_2 = g(I_2)\cdot I_2$$

erhält man

$$g(I) = \frac{1}{2I(I+1)} \left\{ [I(I+1) + I_1(I_1+1) - I_2(I_2+1)]\cdot g(I_1) + \right.$$

$$\left. + [I(I+1) + I_2(I_2+1) - I_1(I_1+1)]\cdot g(I_2) \right\} \qquad (2.11)$$

Mit Hilfe dieser verallgemeinerten Landé-Formel ergibt sich nun für den g-Faktor im Einzelteilchenmodell

$$g = g_L \pm \frac{g_S - g_L}{2L + 1} \qquad\qquad (I = L \pm 1/2) \qquad\qquad (2.12)$$

Unter Verwendung der Werte von g_S für freie Nukleonen (Gl. (2.7)), sowie $g_L = 1$ für Protonen und $g_L = 0$ für Neutronen, ergeben sich die Schmidt-Werte, die in Abbildung 2.2 zusammen mit einigen experimentellen Werten dargestellt sind. Die experimentellen Werte liegen fast alle zwischen den Schmidt- und Dirac-Werten, wobei die Dirac-Werte durch Einsetzen von g_S(Proton) = 2 und g_S(Neutron) = 0 in Beziehung (2.12) erhalten wurden. Es gilt also, von wenigen Ausnahmen abgesehen,

$$2 < g_S(\text{Proton}) < 5{,}59 \quad \text{und} \quad -3{,}83 < g_S(\text{Neutron}) < 0 \ .$$

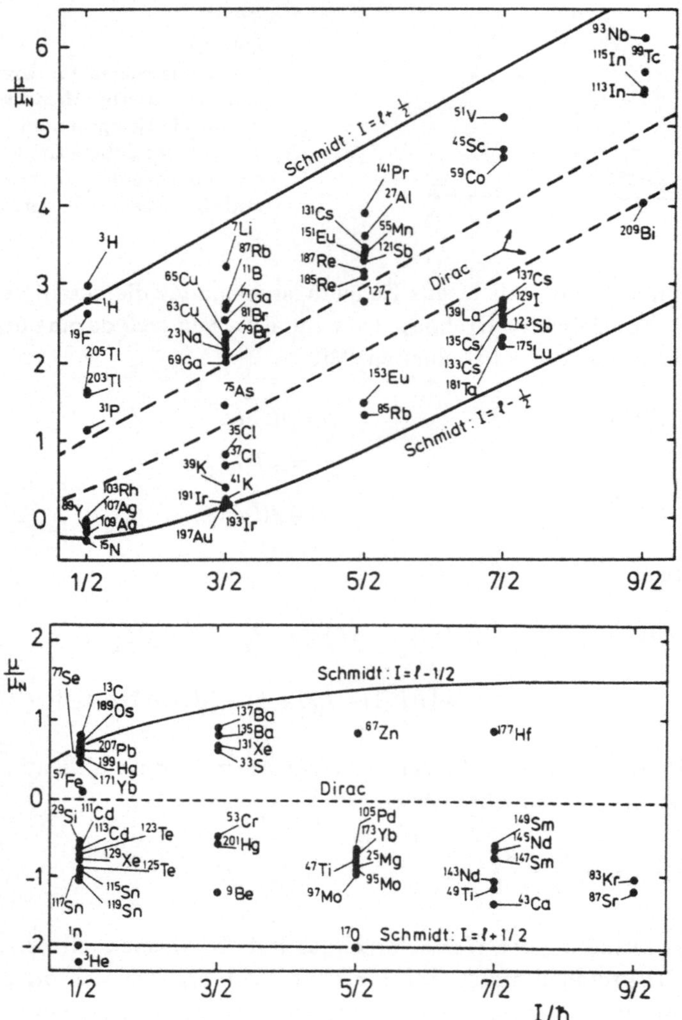

Abb. 2.2 Experimentelle Werte der magnetischen Momente stabiler Kerne mit ungeradem Proton (oben) und ungeradem Neutron (unten) im Grundzustand. Die durchgezogene Linie gibt die Schmidt-Werte an, gestrichelt sind die sogenannten Dirac-Linien eingezeichnet, die man erhält, wenn man für g_S die Dirac-Werte einsetzt (nach (MAY 84), Werte von (LED 78))

Die Abweichung von g_S vom Wert des freien Nukleons kann man auf die Polarisation des Restkerns durch das umlaufende Leuchtnukleon (Core polarization) zurückführen.

2.2 Das elektrische Kernquadrupolmoment

In der klassischen Physik ist das elektrische Quadrupolmoment einer Ladungsverteilung $\rho(\vec{r})$ durch folgenden Ausdruck gegeben

$$Q = \frac{1}{e} \int (3z^2 - r^2)\, \rho(\vec{r})\, d^3r = \frac{1}{e} \sqrt{\frac{16\pi}{5}} \int r^2 Y_2^0\, \rho(\vec{r})\, d^3r \qquad (2.13)$$

In der Quantenmechanik definiert man Q als Erwartungswert des Quadrupoloperators $\sqrt{(16\,\pi/5)}\,r^2 Y_2^0$ im Zustand $|I,M{=}I>$

$$Q := \sqrt{\frac{16\pi}{5}} <I,M{=}I\,|\,r^2 Y_2^0\,|\,I,M{=}I> \qquad (2.14)$$

wobei Y_2^0 die Kugelfunktion mit $l = 2$, $m = 0$ darstellt. Die Größe $Q_{20} = r^2 Y_2^0$ stellt einen Tensoroperator dar. Bei der Anwendung des Wigner-Eckart-Theorems (siehe Anhang A.3) ergibt sich

$$<I,M|\,Q_{20}\,|I,M> = (-)^{I-M} \begin{pmatrix} I & 2 & I \\ -M & 0 & M \end{pmatrix} <I\|\,Q_2\,\|I> \qquad (2.15)$$

Für $I < 1$ ist das $3j$-Symbol gleich Null und damit $Q = 0$, da die Drehimpulskopplung $\vec{I} + \vec{2} = \vec{I}$ nicht erfüllt werden kann (siehe Anhang A.1).

Das elektrische Quadrupolmoment gibt die Abweichung der Kernladungsverteilung von der Kugelgestalt an. Für eine kugelsymmetrische Ladungsverteilung erhält man, wie man an Gleichung (2.13) sofort erkennt, $Q = 0$. Die Dimension von Q ist die einer Fläche. Man verwendet die Einheiten

$$1\text{ barn} = 100 \text{ fm}^2 = 10^{-28} \text{ m}^2 \qquad (2.16)$$

In Abbildung 2.3 sind einige experimentell bestimmte Quadrupolmomente gezeigt.

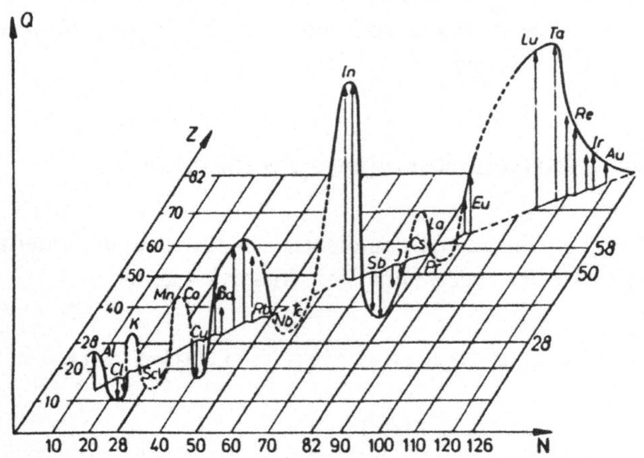

Abb. 2.3 Beobachtete Werte des Quadrupolmoments Q als Funktion der Kernladungszahl Z und der Neutronenzahl N. (Alle Werte bis zum In sind mit dem Faktor
10 multipliziert. Aus (KOP 56))

Im Rahmen einfacher Kernmodelle lassen sich Quadrupolmomente einfach berechnen. Im Einzelteilchenmodell bestimmt ein einzelnes Leuchtnukleon im wesentlichen die elektromagnetischen Eigenschaften des
Kerns. Für den Rumpf gilt wieder $\vec{I} = 0$ und damit $Q(\text{Rumpf}) = 0$, so daß
nur noch das Quadrupolmoment des Leuchtnukleons zu berechnen ist.
Zunächst wollen wir nur Protonen betrachten. Für ein einzelnes Proton
erhält man (KAM 79)

$$Q(\text{Proton}) = -\frac{2I-1}{2(I+1)} <r^2> \tag{2.17}$$

wobei $<r^2> = \int \psi^* \, r^2 \, \psi \, d^3r$ den mittleren quadratischen Radius der Bahn
des umlaufenden Protons darstellt.

Das Quadrupolmoment eines einzelnen Protons ist also immer negativ.
Man kann das leicht einsehen, wenn man bedenkt, daß für $M = I$ die
Bahn in der Äquatorialebene konzentriert ist, also $3z^2 - r^2$ im Mittel klei-
ner als Null ist (Abb. 2.4). Es gilt allgemein

Q negativ für tellerförmige Verteilung
Q positiv für zigarrenförmige Verteilung.

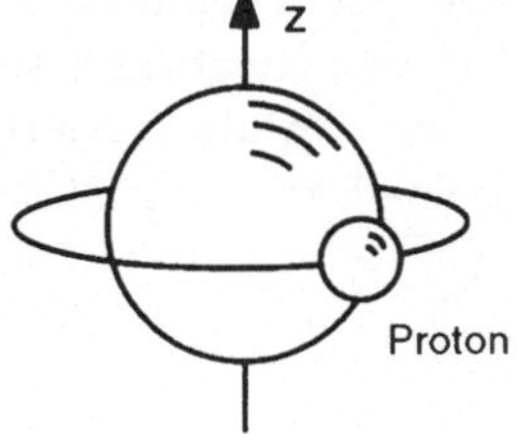

Abb. 2.4
Modellvorstellung zum Quadrupolmoment für ein einzelnes umlau-
fendes Proton

Für ein Neutron außerhalb des inerten Rumpfes würde man nach diesen
einfachen Überlegungen $Q = 0$ erwarten. Das umlaufende Neutron verursacht jedoch eine Mitbewegung des geladenen Rumpfes um den gemeinsamen Schwerpunkt; der Rumpf mit Kernladung Ze besitzt etwa den
Abstand R/A (R: Kernradius, A: Nukleonenzahl) zum Schwerpunkt. Für
diese Bahn ist der mittlere quadratische Radius jetzt $(R/A)^2$ und daraus
resultiert ein Quadrupolmoment für einen Kern mit einem einzelnen umlaufenden Neutron von

$$Q(\text{Neutron}) = (Z/A^2)\, Q(\text{Proton}) \tag{2.18}$$

Außerdem zeigt sich, daß die Leuchtnukleonen den Restkern über Kernkräfte deformieren (Core polarization), was stark zum Quadrupolmoment
beiträgt. Dieser Effekt wird näherungsweise durch eine effektive Ladung
des Leuchtnukleons berücksichtigt

$$Q = \frac{1}{e} <I,M{=}I \mid e^{\text{eff}}(3z^2 - r^2) \mid I,M{=}I> = -\frac{e^{\text{eff}}}{e}\,\frac{2I-1}{2(I+1)}<r^2> \tag{2.19}$$

Typische Werte für diese effektiven Ladungen sind

$$\frac{e^{\text{eff}}}{e}(\text{Proton}) = 1 + e^{\text{pol}} \approx 1,2 \quad ; \quad \frac{e^{\text{eff}}}{e}(\text{Neutron}) = e^{\text{pol}} \approx 0,6 \tag{2.20}$$

Nach diesen Überlegungen ergeben sich stets negative Quadrupolmomente, was im Widerspruch zu den experimentellen Befunden steht (Abb. 2.3).
Das Einzelteilchenmodell ist für viele Fälle zu einfach. Die beobachteten
positiven Quadrupolmomente deuten auf Beteiligung vieler Nukleonen
hin.

Beschreiben wir deshalb den Kern als homogen geladenes Rotationsellipsoid mit Ladung Ze und Halbachsen a und b (b in z-Richtung), so lassen wir alle Protonen an der Deformation teilnehmen. In diesem Fall ergibt sich das Quadrupolmoment unter Anwendung der Beziehung (2.13) zu

$$Q = \frac{2}{5}\, Z\,(b^2 - a^2) = \frac{4}{5}\, Z\, \bar{R}^{\,2}\, \delta \tag{2.21}$$

mit $\bar{R} = (a+b)/2$ und dem Deformationsparameter $\delta = (b-a)/\bar{R}$. Typische Werte der Deformation liegen in der Größenordnung von 10 %. Außergewöhnlich große Deformationen ($\delta \approx 100$ %) wurden bei den Spaltisomeren gefunden (MET 80). Das ist zu erwarten, da sich bei der Spaltung der Kern in der Mitte einschnürt. Spaltisomere sind metastabile Kerne auf dem Weg zur Spaltung.

2.3 Der γ-Zerfall des Kerns

Atomkerne besitzen wie alle quantenmechanischen Systeme diskrete Energieniveaus mit wohldefiniertem Gesamtdrehimpuls $\vec{I}$ und Parität π (auf geringfügige Paritätsmischungen auf Grund der Paritätsverletzung soll hier nicht eingegangen werden). Beim Übergang von einem höheren in ein niedrigeres Niveau wird häufig γ-Strahlung emittiert. Dabei gelten folgende Erhaltungssätze

$$
\begin{aligned}
\text{Energie:} \qquad & E_{\mathrm{i}} = E_{\mathrm{f}} + \hbar\omega \\[4pt]
\text{Drehimpuls:} \qquad & \vec{I}_{\mathrm{i}} = \vec{I}_{\mathrm{f}} + \vec{l} \\[4pt]
\text{Parität:} \qquad & \pi_{\mathrm{i}} = \pi_{\mathrm{f}} \cdot \pi
\end{aligned}
\tag{2.22}
$$

Beim Übergang vom Anfangszustand $(I_{\mathrm{i}}, M_{\mathrm{i}}, \pi_{\mathrm{i}})$ zum Endzustand $(I_{\mathrm{f}}, M_{\mathrm{f}}, \pi_{\mathrm{f}})$ wird ein Photon mit den Quantenzahlen (l, m, π) emittiert. Die Ausstrahlung eines Photons ist äquivalent mit der Erzeugung einer elektromagnetischen Welle der Energie $\hbar\omega$ (Abb. 2.5). Die Erhaltung des Drehimpulses und der Parität erfordert, daß die emittierte Welle ebenfalls wohldefinierten Drehimpuls und wohldefinierte Parität besitzt. Das ist aber gerade für die Multipolstrahlung der Fall. Man sucht deshalb Lösungen der Maxwell-Gleichungen ausgedrückt in Multipolfeldern, die dann bei der Strahlungsemission auftreten können.

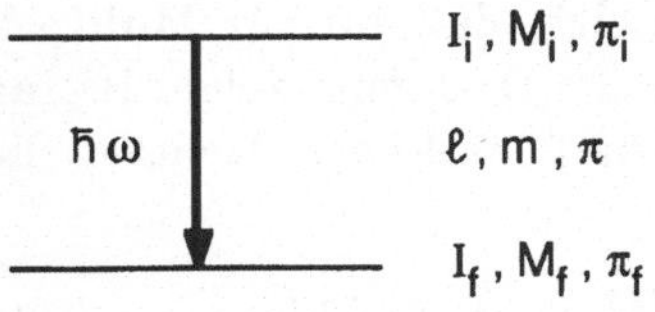

Abb. 2.5:
Schematische Darstellung eines γ-Übergangs zwischen einem Anfangszustand i und einem Endzustand f

Im quellenfreien Raum lauten die Maxwell-Gleichungen

$$\vec{\nabla} \times \vec{E} = -\frac{\partial \vec{B}}{\partial t} \qquad\qquad \vec{\nabla} \times \vec{B} = \frac{1}{c^2}\frac{\partial \vec{E}}{\partial t}$$

$$\vec{\nabla} \cdot \vec{E} = 0 \qquad\qquad\qquad \vec{\nabla} \cdot \vec{B} = 0 \tag{2.23}$$

wobei $\vec{E}$ das elektrische Feld, $\vec{B}$ die magnetische Flußdichte und c die Lichtgeschwindigkeit bedeuten. Die Lösungen der Maxwell-Gleichungen nach Multipolfeldern (JAC 62) haben folgende Form (unnormiert, Zeitabhängigkeit $\exp(-i\omega t)$ absepariert)

$$\vec{B}_l^{\,m} = f_l(kr)\,\vec{L}\,Y_l^{\,m}(\theta,\phi) \quad ; \quad \vec{E}_l^{\,m} = i\frac{c}{k}\vec{\nabla} \times \vec{B}_l^{\,m} \qquad (E)$$

$$\vec{E}_l^{\,m} = f_l(kr)\,\vec{L}\,Y_l^{\,m}(\theta,\phi) \quad ; \quad \vec{B}_l^{\,m} = -i\frac{1}{kc}\vec{\nabla} \times \vec{E}_l^{\,m} \qquad (M) \tag{2.24}$$

Dabei sind die $f_l(kr)$ reine Radialfunktionen; sie entsprechen im wesentlichen sphärischen Bessel-Funktionen. $Y_l^{\,m}(\theta,\phi)$ sind die Kugelflächenfunktionen und $\vec{L}$ ist der Drehimpulsoperator $\vec{L} = -i\hbar\,(\vec{r} \times \vec{\nabla})$. Manchmal benutzt man auch die Vektorkugelfunktionen

$$X_l^{\,m}(\theta,\phi) = \frac{1}{\sqrt{l(l+1)}}\,\vec{L}\,Y_l^{\,m}(\theta,\phi) \tag{2.25}$$

Die Lösungen (2.24) ergeben die gesuchten Multipolfelder und zwar für den

elektrischen 2^l-Pol: Gleichungen (E)
magnetischen 2^l-Pol: Gleichungen (M).

Es sind die Strahlungsfelder für schwingende 2^l-Pole.

Die bisherigen Überlegungen wurden im Rahmen der klassischen Physik durchgeführt. Bei der Quantisierung ergibt sich, daß ein zur Multipolstrahlung der Ordnung l gehörendes γ-Quant den Drehimpuls vom Betrag $\sqrt{l(l+1)}\ \hbar$ mit der z-Komponente $m\hbar$ transportiert. Außerdem besitzen die Multipolfelder eine definierte Parität. Es gilt

$$\pi = (-1)^l \ \text{für E-Strahlung} \qquad \pi = (-1)^{l+1} \ \text{für M-Strahlung} \qquad (2.26)$$

Zusammen mit der Drehimpulsauswahlregel

$$l = I_\mathrm{i} + I_\mathrm{f},\, I_\mathrm{i} + I_\mathrm{f} - 1\, ,\, \ldots\ldots\, ,\, |\, I_\mathrm{i} - I_\mathrm{f}\,| \qquad (2.27)$$

erhält man die in Tabelle 2.1 zusammengestellten Multipolübergänge. Dabei wurden nur die Übergänge niedrigster Ordnung angeführt.

Tab. 2.1 Multipolordnungen bei γ–Übergängen

Drehimpuls-änderung ΔI		0 kein $0 \to 0$	1	2	3
Paritäts-wechsel	ja	E1 (M2)	E1 (M2)	M2 E3	E3 (M4)
	nein	M1 E2	M1 E2	E2 (M3)	M3 E4

Bei gleicher Ordnung sind im allgemeinen magnetische gegenüber elektrischen Multipolübergängen unterdrückt, so daß M(l+1) gegenüber E(l) fast immer zu vernachlässigen ist. Anders verhält es sich bei M(l) und E(l+1), die häufig von vergleichbarer Stärke sind.

Ausstrahlcharakteristik. Aus den Lösungen der Maxwell-Gleichungen kann man die Ausstrahlcharakteristik (Winkelverteilung) der emittierten γ-Strahlung berechnen. Wir gehen dabei von der Energieflußdichte, dem Poynting-Vektor, aus

$$\vec{S} = \frac{1}{\mu_0}(\vec{E} \times \vec{B}) \qquad (2.28)$$

Im Vergleich zu den Dimensionen der Quellen der Multipolfelder, d.h. zu den Kerndimensionen, befinden sich die γ-Detektoren in großer Entfernung von den Quellen, so daß wir die Lösungen für den Fernbereich einsetzen können. Dort gilt

$$\varepsilon_0 \, |\vec{E}|^2 = \frac{1}{\mu_0} \, |\vec{B}|^2 \qquad \text{bzw.} \quad |\vec{E}| = c \, |\vec{B}| \qquad (2.29)$$

Außerdem stehen $\vec{E}$ und $\vec{B}$ senkrecht zueinander und senkrecht auf $\vec{r}$. Damit erhält man

$$|\vec{S}| = c \, \varepsilon_0 \, |\vec{E}|^2 = \frac{c}{\mu_0} \, |\vec{B}|^2 \qquad (2.30)$$

Aus der expliziten Form der Lösungen (2.24) folgt

$$|\vec{S}| = c \, \varepsilon_0 \, |\vec{E}|^2 \propto |\vec{L} \, Y_l^m|^2 \qquad \text{für M } l\text{-Strahlung}$$

$$\qquad (2.31)$$

$$|\vec{S}| = \frac{c}{\mu_0} \, |\vec{B}|^2 \propto |\vec{L} \, Y_l^m|^2 \qquad \text{für E } l\text{-Strahlung}$$

was bedeutet, daß elektrische und magnetische Multipolstrahlung gleicher Multipolordnung die gleiche Ausstrahlcharakteristik ergeben; sie sind also auf der Basis der Winkelverteilung der emittierten γ-Strahlung nicht zu unterscheiden. Zur Unterscheidung von El- und Ml-Strahlung bedarf es einer Polarisationsmessung. Zur Berechnung der Ausstrahlcharakteristik brauchen wir nur noch $|\vec{L} \, Y_l^m|^2$ berechnen. Wir gehen dazu zur sphärischen Schreibweise für $\vec{L}$ über

$$L_+ = L_x + \mathrm{i} L_y \qquad\qquad L_x = \frac{1}{2} (L_+ + L_-)$$

$$L_- = L_x - \mathrm{i} L_y \qquad \text{bzw.} \quad L_y = \frac{1}{2\mathrm{i}} (L_+ - L_-) \qquad (2.32)$$

$$L_z = L_z \qquad\qquad L_z = L_z$$

Die Anwendung der Komponenten von $\vec{L}$ auf Y_l^m führt zu folgendem Ergebnis (LIN 84)

$$L_+ Y_l^m = \hbar \sqrt{(l-m)(l+m+1)} \; Y_l^{m+1}$$

$$L_- Y_l^m = \hbar \sqrt{(l+m)(l-m+1)} \; Y_l^{m-1} \qquad (2.33)$$

$$L_z Y_l^m = \hbar m \; Y_l^m$$

Damit erhalten wir

$$|\vec{L}\, Y_l^m|^2 = |L_x \, Y_l^m|^2 + |L_y \, Y_l^m|^2 + |L_z \, Y_l^m|^2 =$$

$$= \frac{1}{2}|L_+ Y_l^m|^2 + \frac{1}{2}|L_- Y_l^m|^2 + |L_z \, Y_l^m|^2 =$$

$$= \frac{\hbar^2}{2}(l-m)(l+m+1) \; |Y_l^{m+1}|^2 + \qquad (2.34)$$

$$+\frac{\hbar^2}{2}(l+m)(l-m+1) \; |Y_l^{m-1}|^2 +$$

$$+ \hbar^2 m^2 \; |Y_l^m|^2$$

Mit Hilfe der Beziehung ($P_k(\cos\theta)$: Legendre-Polynome) (LIN 84)

$$|Y_l^m(\theta,\phi)|^2 = \sum_k \frac{2l+1}{4\pi}(2k+1) \begin{pmatrix} l & l & k \\ m & -m & 0 \end{pmatrix} \begin{pmatrix} l & l & k \\ 0 & 0 & 0 \end{pmatrix} P_k(\cos\theta) \quad (2.35)$$

lassen sich die normierten Winkelverteilungen

$$F_{lm}(\theta) = \frac{|\vec{L}\, Y_l^m|^2}{\sum\limits_m |\vec{L}\, Y_l^m|^2} \qquad (2.36)$$

ausrechnen. Man sieht an den auftretenden 3j-Symbolen (siehe Anhang A1), daß folgende Beschränkungen gelten

$$k \leq 2l \;\text{ und } k \text{ gerade, da } \begin{pmatrix} l & l & k \\ 0 & 0 & 0 \end{pmatrix} = 0 \;\text{ für } k \text{ ungerade} \qquad (2.37)$$

Tab. 2.2 Winkelverteilungsfunktionen $F_{lm}(\theta)$ für Dipol- und Quadrupolstrahlung

	$m = 0$	$m = \pm 1$	$m = \pm 2$
$l = 1$ (Dipol)	$\frac{1}{2}\sin^2\theta$	$\frac{1}{4}(1 + \cos^2\theta)$	-----
$l = 2$ (Quadrupol)	$\frac{3}{2}\sin^2\theta\cos^2\theta$	$\frac{1}{4}(1 - 3\cos^2\theta + 4\cos^4\theta)$	$\frac{1}{4}(1 - \cos^4\theta)$

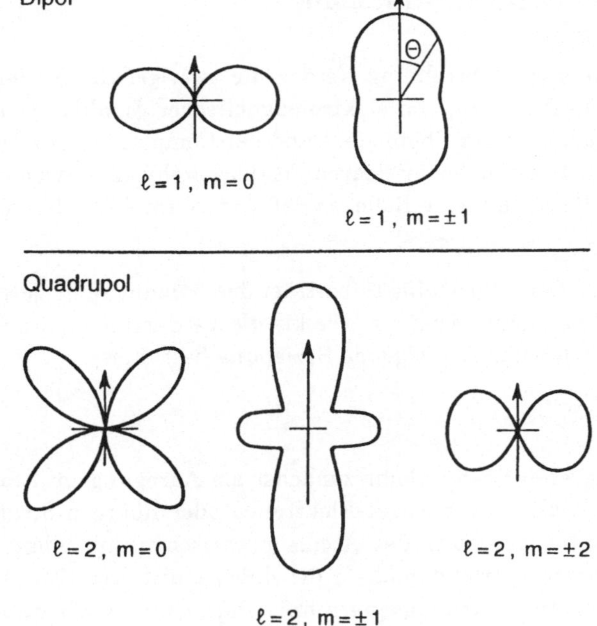

Abb. 2.6 Ausstrahlcharakteristik für reine Dipol- und Quadrupolstrahlung

In Tabelle 2.2 sind für Dipol- und Quadrupolstrahlung die Funktionen $F_{lm}(\theta)$ angegeben; in Abbildung 2.6 sind diese graphisch dargestellt.

Die Funktionen $F_{lm}(\theta)$ besitzen einige interessante Eigenschaften:

a) $\quad \sum\limits_m F_{lm}(\theta) = 1$ $\qquad$ (Isotropie für Summe über alle m)

b) $\quad F_{lm}(\theta) = F_{l-m}(\theta)$ $\qquad$ (Symmetrie in m)

c) $\quad F_{lm}(\theta) = F_{lm}(\pi-\theta)$ $\qquad$ (Spiegelsymmetrie um x-y-Ebene)

d) $\quad F_{lm}(\theta = 0^\circ) = 0$ $\qquad$ für $m \neq \pm 1$

2.4   Nachweis von γ-Strahlung

Zum Nachweis von γ-Strahlung werden die zwei grundlegenden Prozesse bei der Wechselwirkung von elektromagnetischer Strahlung mit Materie verwendet, nämlich der Photoeffekt und der Compton-Effekt. Die Paarbildung spielt bei den in der nuklearen Festkörperphysik verwendeten radioaktiven Quellen kaum eine Rolle, so daß wir sie im folgenden nicht weiter diskutieren.

Photoeffekt. Beim Photoeffekt überträgt das γ-Quant seine gesamte Energie auf ein gebundenes Elektron. Die kinetische Energie E_e des emittierten Elektrons ist dabei durch folgende Beziehung bestimmt

$$E_e = E_\gamma - E_B \tag{2.38}$$

Die Bindungsenergie E_B bleibt zunächst als Anregung im Atom zurück, sie wird schließlich über Auger-Elektronen oder Röntgen-Strahlung freigesetzt. Da die Abregung des Atoms praktisch unmittelbar nach dem Ionisationsprozess erfolgt und da die dabei emittierte Strahlung einen großen Absorptionswirkungsquerschnitt hat, steht auch diese Energie z.B. für einen Szintillationsprozess zur Verfügung. Für die praktische Anwendung ist die Abhängigkeit des Wirkungsquerschnitts von der Kernladungszahl Z und der Energie E_γ von Wichtigkeit. Für Photoeffekt findet man näherungsweise folgende Proportionalität

$$\sigma_{\mathrm{ph}} \propto E_\gamma^{-7/2} \cdot Z^5 \tag{2.39}$$

Man sieht, daß der Photoeffekt besonders wichtig wird bei

a)   kleinen Photonenenergien (Licht, Röntgen-Strahlen und niederenergetischen γ-Strahlen)

b)   Materialien mit hoher Kernladungszahl Z (z.B. Jod oder Blei).

Compton-Effekt. Als Compton-Effekt bezeichnet man die elastische Streuung eines γ-Quants an einem freien Elektron. Im allgemeinen sind die Elektronen zwar in Atomen gebunden, aber zumindest bei den äußeren Elektronen eines Atoms kann die Bindungsenergie vernachlässigt werden. Man spricht dann von quasifreier Streuung.

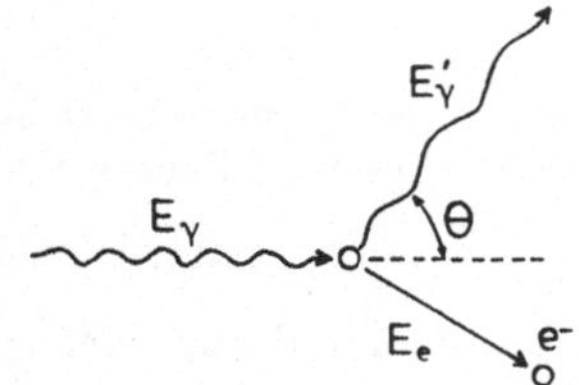

Abb. 2.7
Kinematik beim Compton-Effekt. E_γ und E'_γ bezeichnen die Photonenenergie vor und nach dem Stoß

Aus der Kinematik des elastischen Zweikörperstoßes (Abb. 2.7) ergibt sich für die Energie des gestoßenen Elektrons (EVA 55)

$$E_e = E_\gamma \left[1 - \frac{1}{1 + (E_\gamma / m_e c^2)\,(1 - \cos\theta)} \right] \tag{2.40}$$

Für die Elektronen erhält man eine Energieverteilung zwischen $E_e = 0$ für $\theta = 0^\circ$ und $E_e = E_{max}$ für $\theta = 180^\circ$, wobei gilt

$$E_{max} = E_\gamma \frac{1}{1 + m_e c^2 / 2 E_\gamma} \tag{2.41}$$

Die Energieverteilung der Elektronen läßt sich aus der Klein-Nishina-Formel (KLE 29) ableiten; für zwei verschiedene γ-Energien ist sie in Abbildung 2.8 graphisch dargestellt.

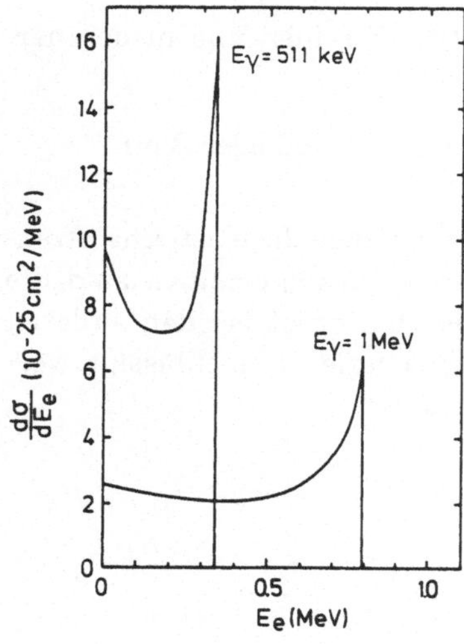

Abb. 2.8
Energieverteilung der Compton-Elektronen für zwei verschiedene γ-Energien

Der Wirkungsquerschnitt für Compton-Effekt ist proportional zur Dichte der Elektronen und umgekehrt proportional zur Energie E_γ. Da die Dichte der Elektronen ungefähr proportional zur Kernladungszahl Z ist, erhält man insgesamt

$$\sigma_C \propto E_\gamma^{-1} \cdot Z \tag{2.42}$$

Man sieht, daß σ_C weniger stark von E_γ und Z abhängt als σ_{ph} in Gleichung (2.39). Der Compton-Effekt spielt deshalb im mittleren Energiebereich zwischen 100 keV und 1 MeV und vor allem bei Materialien mit kleinem Z die entscheidende Rolle.

Die Abschwächung eines γ-Strahls durch ein Material mit der Dicke d beschreibt man durch den Absorptionskoeffizienten μ

$$I/I_0 = \exp(-\mu \cdot d) \tag{2.43}$$

wobei I/I_0 den Bruchteil der durchgelassenen Intensität angibt. In Abbildung 2.9 sind die Absorptionskoeffizienten getrennt für die verschiedenen Prozesse dargestellt und zwar für NaI und Ge, zwei der wichtigsten Materialien für den Bau von γ-Detektoren.

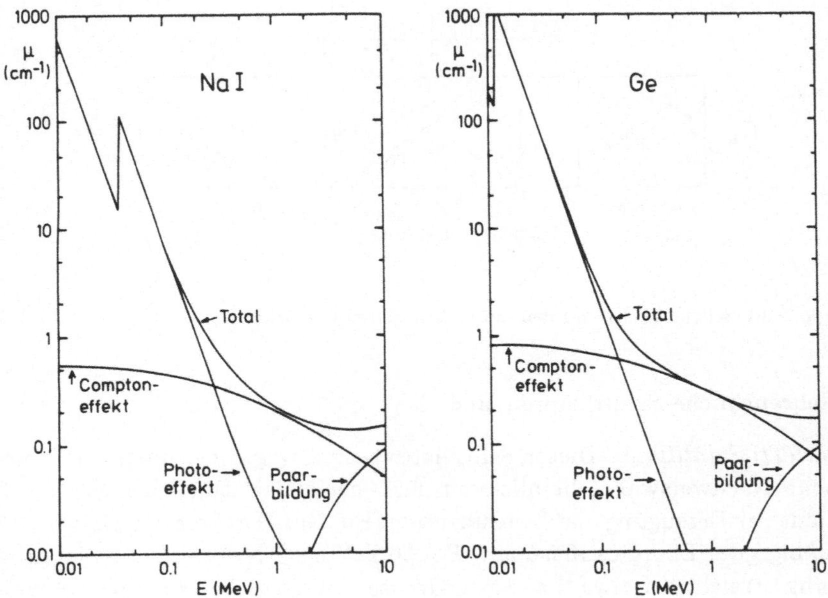

Abb. 2.9 Absorptionskoeffizienten für NaI und Ge

Detektoren. Die durch Photo- oder Compton-Effekt freigesetzten Elektronen werden zum eigentlichen Nachweis verwendet. Sie können z.B. mit einem Szintillator oder Halbleiterdetektor nachgewiesen werden.

Der schematische Aufbau eines Szintillationsdetektors ist aus Abbildung 2.10 ersichtlich. Beim Szintillationsdetektor laufen folgende Prozesse hintereinander ab:

- Das durch Photo- oder Compton-Effekt erzeugte Primärelektron wird abgebremst und bewirkt dadurch
- eine Ionisation (oder Anregung) der Szintillatoratome; die Anzahl der ionisierten Atome ist proportional zu E_γ.
- Diese rekombinieren unter Emission von Licht.
- Das Licht löst Elektronen aus der Photokathode aus.
- Die Elektronenlawine wird an den Dynoden des Sekundärelektronen-Vervielfachers verstärkt.

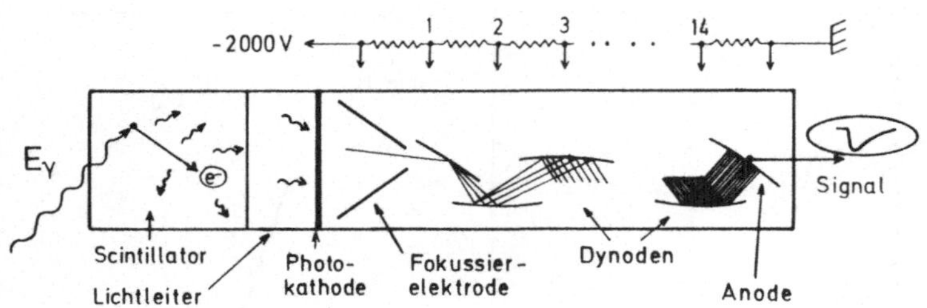

Abb. 2.10 Schematischer Aufbau eines Szintillationsdetektors

Gebräuchliche Szintillatoren sind:

NaI(Tl)-Szintillator: Dieser Szintillator besitzt wegen des Jod-Anteils eine hohe Nachweiswahrscheinlichkeit für Photoeffekt. Die Dotierung mit Tl dient zur Erzeugung von Leuchtzentren. Ein NaI-Detektor besitzt nur eine mäßig gute Energieauflösung ($\Delta E \approx 50$ keV bei 1 MeV) und die Zeitauflösung erreicht bei etwa 2 ns seine Grenze. Ein typisches Energiespektrum ist in Abbildung 2.11 gezeigt.

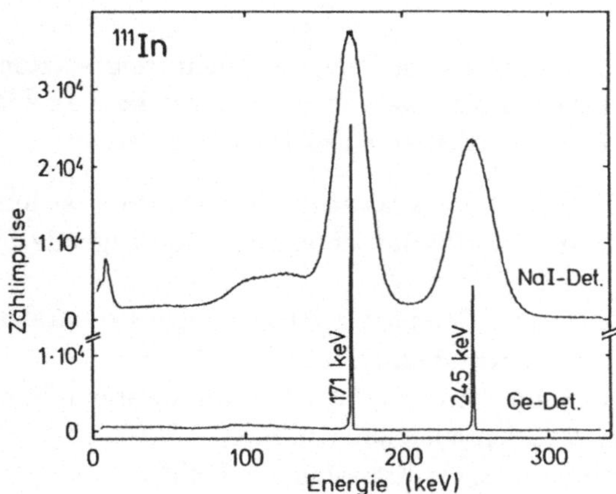

Abb. 2.11 Energiespektrum einer ^{111}In Quelle aufgenommen mit einem NaI(Tl)-(oben) und einem i-Ge-Detektor (unten)

BaF$_2$-Szintillator: Die Nachweisempfindlichkeit dieses Systems ist etwas besser und die Energieauflösung etwas schlechter als beim NaI(Tl)-Szintillator. Wichtig ist, daß mit BaF$_2$ wegen einer schnellen Komponente im Szintillationslicht eine gute Zeitauflösung ($\Delta t \approx 300$ ps bei 511 keV) erreicht werden kann. Wegen des guten Zeitverhaltens kombiniert mit einer zwar mäßigen, aber in vielen Fällen hinreichenden Energieauflösung wird dieser Detektortyp in zunehmenden Maße eingesetzt. Da die schnelle Komponente des Szintillationslichtes im Ultravioletten liegt, ist die Verwendung eines Photoelektronen-Vervielfachers mit einem Quarzfenster erforderlich.

Plastikszintillator: Dieser Detektor wird benutzt, wenn man eine hohe Zeitauflösung erreichen will. Typische Werte dafür sind $\Delta t = 200$ ps. Dagegen muß man auf Energieauflösung weitgehend verzichten, da man wegen des Fehlens schwerer Elemente auf den Nachweis über den Compton-Effekt angewiesen ist.

Neben den Szintillatoren spielen die Halbleiterdetektoren zum γ-Nachweis eine wichtige Rolle. Sie sind Ionisationsdetektoren, bei denen die durch das einfallende γ-Quant freigesetzte Ladung an einer Elektrode aufgesammelt wird. Daher ist eine wesentliche Voraussetzung für das Funktionieren des Halbleiterdetektors eine verschwindend kleine Leitfähigkeit der Anordnung bei angelegter Spannung. Erst durch die Absorption von Strahlung und die damit verbundene Erzeugung von Elektron-Loch-Paaren soll Leitfähigkeit hergestellt werden. Als Materialien eignen sich Germanium und Silizium. Silizium ist wegen seiner kleinen Kernladungszahl nur für relativ niedrige γ-Energien geeignet, so daß wir hier nur den Ge-Detektor diskutieren wollen.

Die geringe Leitfähigkeit des Ge-Materials kann auf folgende Weise erreicht werden:

Detektor mit intrinsischem Germanium (i-Ge-Detektor): Dabei verwendet man höchst reines Germanium mit einer Konzentration von elektrisch aktiven Verunreinigungen um $2\cdot10^{10}$ cm^{-3}. Wenn das Material auch noch gekühlt wird (z.B. auf die Temperatur des flüssigen Stickstoffs von 77 K), so daß auch keine thermisch aktivierten Ladungsträger vorhanden sind, dann stellt das Material praktisch einen Isolator dar. Wenn allerdings durch Strahlung Ladungsträger erzeugt werden, dann fällt die über einen Arbeitswiderstand angelegte Spannung kurzzeitig ab. Dieser Spannungspuls wird zum Nachweis der Strahlung verwendet, da er zur Zahl der erzeugten Ladungsträger und damit im Fall des Photoeffekts der γ-Energie proportional ist. Wegen der hohen Anforderung an die Reinheit des Materials kann man allerdings nur verhältnismäßig kleine Ge-Kristalle herstellen.

Ge(Li)-Detektor: Hierbei verwendet man eine Diodenstruktur mit einem großen intrinsischen Bereich (p-i-n Diode). Der intrinsische Bereich wird dabei durch Kompensation, d.h. durch Eindiffundieren von Donatoren in p-leitendes bzw. von Akzeptoren in n-leitendes Material erreicht. Ist die Zahl der Donatoren gleich der Zahl der Akzeptoren, so liegt vollständige Kompensation vor. Besonders große Volumen, bis zu 150 cm^3, können durch zylindrische Anordnungen (Abb. 2.12) erreicht werden.Ausgehend von p-leitendem Germanium, diffundiert man vom Mantel her unter Anlegung einer Spannung Lithium ein. Der Diffusionsprozess wird solange aufrecht erhalten, bis nur noch an der Zylinderachse ein kleiner Kern p-leitenden Materials verbleibt, während der größte Teil des Zylinders kom-

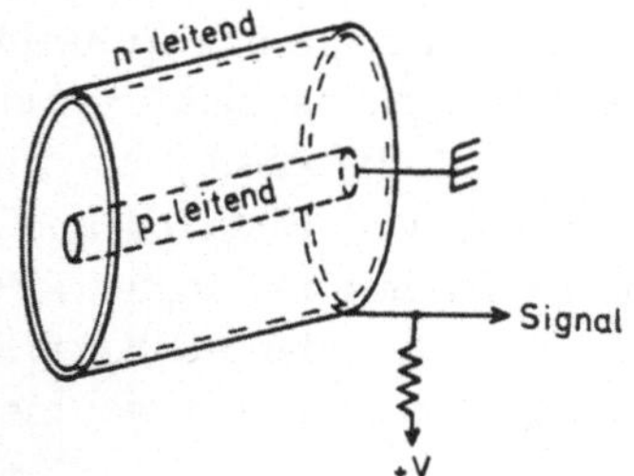

Abb. 2.12
Aufbau eines Ge(Li)-Detektors

pensiert ist. Am Rand bleibt eine n-leitende (Li-Überschuß) Schicht zurück. Ge-Detektoren zeichnen sich durch eine besonders gute Energieauflösung ($\Delta E \approx 2$ keV bei 1 MeV) aus (siehe Abb. 2.11). Die Zeitauflösung ist dabei typisch 5 ns.

3 Hyperfeinwechselwirkung

Bisher haben wir nur die elektromagnetischen Eigenschaften des Kerns und die Emission von γ-Strahlung betrachtet. Wir wollen uns nun der eigentlichen Fragestellung zuwenden, nämlich was mit dem Atomkern passiert, wenn er einem elektrischen oder magnetischen Feld ausgesetzt ist. Die in Frage kommenden Felder werden im Festkörper von den Elektronen und Atomrümpfen in der Umgebung des Kerns hervorgerufen; es sind aber auch externe Felder, wie das Magnetfeld eines Elektromagneten, zu betrachten. Die Wechselwirkung des Kerns mit diesen Feldern wird Hyperfeinwechselwirkung genannt; sie wurde zuerst in den Spektren der Atomhülle entdeckt und eingehend untersucht. Die Hyperfeinwechselwirkung hat aber auch Auswirkungen auf den Atomkern und eröffnet damit die Möglichkeit, über kernphysikalische Messungen die inneren Felder im Festkörper zu bestimmen. Die Hyperfeinwechselwirkung bildet die Grundlage für einen Teil der hier behandelten Methoden.

3.1 Magnetische Wechselwirkung

Das magnetische Kerndipolmoment $\vec{\mu}$ spürt die magnetische Flußdichte $\vec{B}$ am Kernort. Die Wechselwirkungsenergie lautet

$$E_{\mathrm{magn}} = - \vec{\mu} \cdot \vec{B} \tag{3.1}$$

Diese Zusatzenergie bewirkt einerseits eine Aufhebung der energetischen M-Entartung der Kernniveaus und andererseits eine zeitliche Veränderung der Kernspins. Beide Aspekte, die Niveauaufspaltung und die Präzession, wollen wir im folgenden näher betrachten.

Niveauaufspaltung. Die magnetische Energie, gegeben in Gleichung (3.1), hängt klassisch vom Winkel zwischen $\vec{\mu}$ und $\vec{B}$ ab und wäre somit kontinuierlich. Quantenmechanisch gibt es aber wegen der Richtungsquantelung des Drehimpulses nur bestimmte Einstellmöglichkeiten für $\vec{\mu}$. Es gilt (z-Achse parallel zum $\vec{B}$-Feld)

$$E_{\mathrm{magn}} = \langle I,M \mid -\mu_z B_z \mid I,M \rangle =$$

$$= -\gamma B_z \langle I,M \mid I_z \mid I,M \rangle = -\gamma B_z \hbar M \tag{3.2}$$

Für den Energieabstand zwischen zwei benachbarten M-Zuständen, ergibt sich

$$E_{\mathrm{magn}}(M+1) - E_{\mathrm{magn}}(M) = -\gamma \hbar B_z = -g \mu_N B_z \qquad (3.3)$$

d.h. die Aufspaltung ist äquidistant (Abb. 3.1).

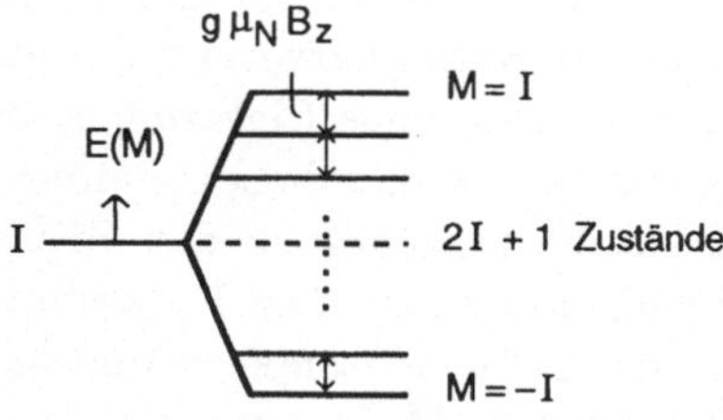

Abb. 3.1
Aufspaltung eines Kernniveaus im $\vec{B}$-Feld (Kern-Zeeman-Effekt)

Kernspinpräzession. Die magnetische Wechselwirkung hat nicht nur eine energetische Aufspaltung der Zustände zur Folge, sondern verursacht auch eine zeitliche Veränderung des ursprünglichen Kernzustandes. Es gilt nämlich für die zeitabhängige Wellenfunktion

$$\psi(t) = \Lambda(t)\, \psi(0) \qquad (3.4)$$

mit $\Lambda(t) = \exp(-i\,\mathcal{H}t/\hbar)$, wobei $\mathcal{H} = -\gamma I_z B_z$ der Hamilton-Operator und $\Lambda(t)$ der Zeitentwicklungsoperator ist. Durch Einsetzen erhält man

$$\Lambda(t) = \exp\left[-i(-\gamma I_z B_z)t/\hbar\right] = \exp\left[-i(-\gamma B_z t)I_z/\hbar\right] \qquad (3.5)$$

$\Lambda(t)$ in Gleichung (3.5) hat die Form eines Drehoperators um die z-Achse und kann geschrieben werden als (α : Drehwinkel)

$$\Lambda(t) = \exp(-i\,\alpha I_z/\hbar) \qquad \text{mit} \quad \alpha = -\gamma B_z t \qquad (3.6)$$

An Gleichungen (3.6) und (3.4) erkennt man, daß die klassische Larmor-Frequenz

$$\omega_L = -\gamma B_z = -g\left(\mu_N/\hbar\right)B_z \qquad (3.7)$$

bei der Zeitentwicklung eines Zustandes eine wichtige Rolle spielt. Die Berechnung des Erwartungswertes des Drehimpulses $\vec{I}$ mit Wellenfunktionen der Form (3.4) ergibt eine Spinpräzession um $\vec{B}$ mit der Frequenz ω_L. Wir wollen das an einem einfachen Beispiel zeigen.

Beispiel: Kernspinpräzession für $I = 1/2$ ($L = 0, S = 1/2$).

Es ist der Erwartungswert von $< \vec{I} > = < \vec{S} >$ als Funktion der Zeit zu berechnen. Wir wählen das Koordinatensystem derart, daß das $\vec{B}$-Feld parallel zur z-Achse und die Anfangspolarisation parallel zur x-Richtung liegt. Für den Spinvektor benützen wir wieder folgende Darstellung

$$S_x = \frac{1}{2} (S_+ + S_-)$$

$$S_y = \frac{1}{2i} (S_+ - S_-) \tag{3.8}$$

$$S_z = S_z$$

Werden die Eigenfunktionen für Spin-auf mit $|+>$ und die für Spin-ab mit $|->$ bezeichnet, so gelten die Gleichungen

$$S_+ |+> = 0 \qquad S_- |+> = \hbar \, |-> \qquad S_z \, |+> = (\hbar/2) |+>$$

$$S_+ |-> = \hbar \, |+> \qquad S_- |-> = 0 \qquad S_z \, |-> = (-\hbar/2) |-> \tag{3.9}$$

Wir zeigen zunächst, daß der Anfangszustand

$$\psi(t = 0) = \frac{1}{\sqrt{2}} (|+> + |->) \tag{3.10}$$

in der Tat die Anfangspolarisation in x-Richtung ergibt:

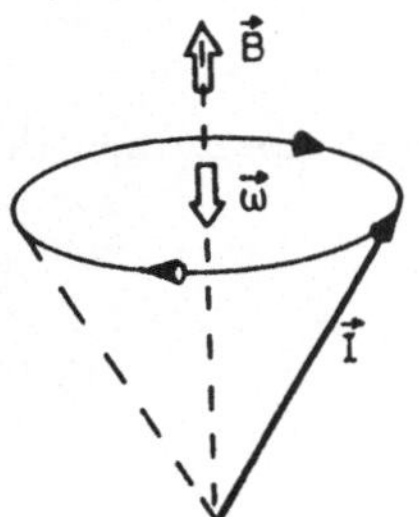

Abb. 3.2
Präzession des Drehimpulses $\vec{I}$ im $\vec{B}$-Feld. In der Quantenmechanik ist $\vec{I}$ durch den Erwartungswert $< \vec{I} >$ zu ersetzen. Der gezeigte Umlaufsinn der Kernspinpräzession gilt für positiven g-Faktor

a) $< \psi(t = 0) \mid S_x \mid \psi(t = 0)> =$ (3.11a)

$$= \frac{1}{2}(<- \mid + <+ \mid)\, \frac{1}{2}(S_+ + S_-)\,(\mid +> + \mid ->) = \frac{1}{4}(\hbar + \hbar) = \frac{\hbar}{2}$$

b) $< \psi(t = 0) \mid S_y \mid \psi(t = 0)> =$ (3.11b)

$$= \frac{1}{2}(<- \mid + <+ \mid)\, \frac{1}{2i}(S_+ - S_-)\,(\mid +> + \mid ->) = \frac{1}{4i}(\hbar - \hbar) = 0$$

c) $< \psi(t = 0) \mid S_z \mid \psi(t = 0)> =$ (3.11c)

$$= \frac{1}{2}(<- \mid + <+ \mid)\, S_z\,(\mid +> + \mid ->) = \frac{1}{2}\left(\frac{\hbar}{2} - \frac{\hbar}{2}\right) = 0$$

Wir erhalten also für $t = 0$ folgendes Ergebnis

$$<S_x> = \frac{\hbar}{2} \qquad <S_y> = 0 \qquad <S_z> = 0 \tag{3.12}$$

d.h. der Spin ist in x-Richtung polarisiert.

Wir gehen nun zu dem Fall $t \neq 0$ über. Für die Wellenfunktion $\psi(t)$ gilt mit dem Zeitentwicklungsoperator aus Gleichung (3.5)

$$\psi(t) = \exp(-i\, \omega_L t\, S_z /\hbar)\, \psi(t = 0) \tag{3.13}$$

wobei der Hamilton-Operator (jetzt $\vec{I} = \vec{S}$, damit $g = g_S$) mit Hilfe der Larmor-Frequenz (Gl. (3.7)) geschrieben werden kann

$$\mathcal{H} = -\mu_z B_z = -\gamma B_z S_z = \omega_L S_z \tag{3.14}$$

Angewandt auf unseren Anfangszustand (Gl. (3.10)) und Ausnützen der Operatoreigenschaften für S_z (Gl. (3.9)) ergibt das

$$\psi(t) = \frac{1}{\sqrt{2}}\left[\exp\frac{-i\omega_L t}{2}\, \mid +> + \exp\frac{+i\omega_L t}{2}\, \mid ->\right] \tag{3.15}$$

Damit berechnen sich die Erwartungswerte der Komponenten von $< \vec{S} >$ in folgender Weise

a) $\qquad < \psi(t)|\, S_x\, |\, \psi(t)> = < \psi(t)|\, \frac{1}{2}(S_+ + S_-)\, |\, \psi(t)> =$

$$= \frac{1}{4}\, [<+|\exp\frac{+i\omega_L t}{2} + <-|\exp\frac{-i\omega_L t}{2}](S_+ + S_-)\,[\exp\frac{-i\omega_L t}{2}|+> + \exp\frac{+i\omega_L t}{2}|->]$$

$$= \frac{\hbar}{4}\,[\exp(i\omega_L) + \exp(-i\omega_L)] \qquad \text{oder}$$

$$< \psi(t)|\, S_x\, |\, \psi(t)> = \frac{\hbar}{2}\cos\omega_L t \qquad\qquad (3.16\text{a})$$

b) $\qquad < \psi(t)|\, S_y\, |\, \psi(t)> = \frac{\hbar}{2}\sin\omega_L t \qquad\qquad (3.16\text{b})$

c) $\qquad < \psi(t)|\, S_z\, |\, \psi(t)> = 0 \qquad\qquad\qquad (3.16\text{c})$

Für b) und c) wurden nur die Ergebnisse angegeben. Die Ausrechnung erfolgt völlig analog zu a). Man erhält also das Ergebnis, daß der Spin in der x-y-Ebene mit der Frequenz ω_L präzediert.

3.2   Elektrische Wechselwirkung

Im Festkörper ist der Atomkern von elektrischen Ladungen umgeben, die am Kernort ein Potential $\Phi(\vec{r})$ erzeugen. Die Energie der Kernladungsverteilung $\rho(\vec{r})$ in diesem äußeren Potential $\Phi(\vec{r})$ wird durch folgenden Ausdruck beschrieben

$$E_{\text{elektr}} = \int \rho(\vec{r})\, \Phi(\vec{r})\, \mathrm{d}^3 r \qquad\qquad (3.17)$$

wobei

$$\int \rho(\vec{r})\, \mathrm{d}^3 r = Z\,e \qquad\qquad (3.18)$$

die Kernladung ergibt.

Um E_{elektr} zu berechnen, entwickeln wir das elektrische Potential in eine Taylor-Reihe um $\vec{r} = 0$:

$$\Phi(\vec{r}) = \Phi_0 + \sum_{\alpha=1}^{3} \left(\frac{\partial \Phi}{\partial x_\alpha}\right)_0 x_\alpha + \frac{1}{2} \sum_{\alpha,\beta} \left(\frac{\partial^2 \Phi}{\partial x_\alpha \, \partial x_\beta}\right)_0 x_\alpha x_\beta + \dots \tag{3.19}$$

wobei x_α und x_β kartesische Koordinaten bezeichnen. Damit ergibt sich für die Energie

$$E_{\text{elektr}} = E^{(0)} + E^{(1)} + E^{(2)} + \dots \qquad \text{mit}$$

$$E^{(0)} = \Phi_0 \int \rho(\vec{r}) \, \mathrm{d}^3 r$$

$$E^{(1)} = \sum_{\alpha=1}^{3} \left(\frac{\partial \Phi}{\partial x_\alpha}\right)_0 \int \rho(\vec{r}) \, x_\alpha \, \mathrm{d}^3 r \tag{3.20}$$

$$E^{(2)} = \frac{1}{2} \sum_{\alpha,\beta} \left(\frac{\partial^2 \Phi}{\partial x_\alpha \, \partial x_\beta}\right)_0 \int \rho(\vec{r}) \, x_\alpha x_\beta \, \mathrm{d}^3 r$$

Die Bedeutung der drei Summanden wollen wir im folgenden untersuchen. Der erste Term läßt sich wegen Gleichung (3.18) in $E^{(0)} = \Phi_0 Z e$ umschreiben. Da aber Φ_0 das elektrische Potential am Ursprung $\vec{r} = 0$ ist, repräsentiert $E^{(0)}$ gerade die Coulomb-Energie für eine punktförmige Ladungsverteilung. Diese ist also für alle Isotope eines Elements gleich groß. $E^{(0)}$ trägt zur potentiellen Energie des Kristallgitters bei, ist aber für unsere weiteren Betrachtungen ohne Bedeutung.

Der zweite Term $E^{(1)}$ stellt eine elektrische Dipolwechselwirkung des elektrischen Feldes $\vec{E} = -\vec{\nabla} \Phi$ am Ursprung mit dem elektrischen Dipolmoment der Kernladungsverteilung dar. Quantenmechanisch verschwindet aber der Erwartungswert des elektrischen Kerndipolmoments, da Kernzustände definierte Parität besitzen, so daß $E^{(1)}$ verschwindet.

Es bleibt also für die weitere Betrachtung nur der dritte Term $E^{(2)}$ übrig. Die Größen

$$\left(\frac{\partial^2 \Phi}{\partial x_\alpha \, \partial x_\beta}\right)_0 =: \Phi_{\alpha\beta} \tag{3.21}$$

bilden eine symmetrische 3×3 Matrix, die sich durch Hauptachsentransformation diagonalisieren läßt. Nach der Drehung erhält man ($r^2 = x_1^2 + x_2^2 + x_3^2$)

$$E^{(2)} = \frac{1}{2} \sum_\alpha \Phi_{\alpha\alpha} \int \rho(\vec{r})\, x_\alpha^2 \, \mathrm{d}^3 r \;=$$

$$= \frac{1}{6} \sum_\alpha \Phi_{\alpha\alpha} \int \rho(\vec{r})\, r^2 \, \mathrm{d}^3 r \;+\; \frac{1}{2} \sum_\alpha \Phi_{\alpha\alpha} \int \rho(\vec{r})\, (x_\alpha^2 - \frac{r^2}{3}) \, \mathrm{d}^3 r \tag{3.22}$$

Die Aufteilung in die beiden Anteile in der zweiten Zeile von Gleichung (3.22) wird später physikalisch einsichtig.

Das elektrostatische Potential $\Phi(\vec{r})$ selbst genügt der Poisson-Gleichung. Am Kernort gilt

$$(\Delta\Phi)_0 = \sum_\alpha \Phi_{\alpha\alpha} = \frac{e}{\varepsilon_0} \, |\psi(0)|^2 \tag{3.23}$$

wobei $-e\,|\psi(0)|^2$ die Ladungsdichte und $|\psi(0)|^2$ die Aufenthaltswahrscheinlichkeit der Elektronen am Kernort (s-Elektronen) darstellt. Für $E^{(2)}$ läßt sich damit schreiben

$$E^{(2)} = E_\mathrm{C} + E_\mathrm{Q} \qquad\qquad \text{mit}$$

$$E_\mathrm{C} = \frac{e}{6\varepsilon_0} \, |\psi(0)|^2 \int \rho(\vec{r})\, r^2 \, \mathrm{d}^3 r \tag{3.24}$$

$$E_\mathrm{Q} = \frac{1}{2} \sum_\alpha \Phi_{\alpha\alpha} \int \rho(\vec{r})\, (x_\alpha^2 - \frac{r^2}{3}) \, \mathrm{d}^3 r$$

Der Monopolterm E_C. An Gleichung (3.24) erkennt man, daß der Monopolterm E_C nur vom mittleren quadratischen Kernradius

$$<r^2> \; := \; \frac{1}{Ze} \int \rho(\vec{r})\, r^2 \, \mathrm{d}^3 r \tag{3.25}$$

abhängt. E_C ergibt nur eine Verschiebung des Niveaus aber keine Aufspaltung nach M-Unterzuständen. Der Monopolterm beschreibt also die elektrostatische Wechselwirkung des *ausgedehnten* Kerns mit den Elektronen am Kernort. Dieser Effekt ist in Abbildung 3.3 veranschaulicht.

Der Monopolterm läßt sich schreiben als

$$E_C = \frac{Ze^2}{6\varepsilon_0} \, |\psi(0)|^2 < r^2 > \tag{3.26}$$

In der Atomphysik spielt dieser Term bei der Isotopieverschiebung eine Rolle. Er bewirkt, daß die Spektrallinien zweier Isotope bei unterschiedlichen Kernradien leicht verschieden sind. Wir werden den Monopolterm später für die Beschreibung der Isomerieverschiebung beim Mößbauer-Effekt benötigen (Abschn. 4.4).

Die elektrische Quadrupolwechselwirkung E_Q. Der Ausdruck für E_Q in Gleichung (3.24) enthält das Integral $\int\rho(\vec{r})\,(x_\alpha^2 - r^2/3)\mathrm{d}^3r$, das für $x_\alpha = z$ (bis auf den Faktor 3/e) die klassische Definition für das Kernquadrupolmoment (vergleiche Gl. (2.13)) darstellt. Wir können jetzt schreiben

$$E_Q = \frac{e}{6} \sum_\alpha \Phi_{\alpha\alpha} Q_{\alpha\alpha} \quad \text{mit} \quad Q_{\alpha\alpha} = \frac{1}{e} \int\rho(\vec{r})\,(3x_\alpha^2 - r^2)\mathrm{d}^3r \tag{3.27}$$

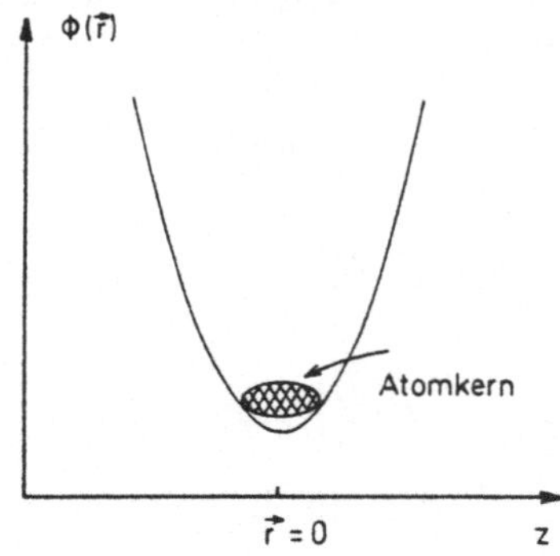

Abb. 3.3 Anschauliche Erklärung des Monopol- und Quadrupolterms. Der Atomkern befindet sich in einem Potentialminimum. Der Rand des Atomkerns ist dabei auf einem etwas höheren Potential als der zentrale Bereich (oder eine Punktladung). Die Energieanhebung im Vergleich zu einer Punktladung hängt von der Krümmung des Potentials und von der Ausdehnung des Kerns ab (Monopolterm). Falls die Krümmung des Potentials in den drei Raumrichtungen nicht gleich ist, spielt die Orientierung eines deformierten Atomkern im Potential eine Rolle (Quadrupolterm). Die tiefste Energie erhält man, falls die Längsachse des Kerns in Richtung der schwächsten Krümmung des Potentials weist

Für die weiteren Betrachtungen wollen wir von $\Phi_{\alpha\alpha}$ den Anteil, der zur Spur $(\Delta\Phi = \sum \Phi_{\alpha\alpha})$ beiträgt, getrennt angeben. Wir setzen

$$\Phi_{\alpha\alpha} = V_{\alpha\alpha} + \frac{1}{3}(\Delta\Phi)\,\delta_{\alpha\alpha} \tag{3.28}$$

Die dadurch definierte Matrix $V_{\alpha\alpha}$ ist spurfrei. Setzen wir den Ausdruck (3.28) in die Gleichung (3.27) ein, so gibt der Anteil $(1/3)\,(\Delta\Phi)\,\delta_{\alpha\alpha}$ zur Energie E_Q keinen Beitrag, weil auch $\sum Q_{\alpha\alpha} = 0$ ist. Es gilt jetzt (siehe auch Abb. 3.3)

$$E_Q = \frac{e}{6}\sum_{\alpha} V_{\alpha\alpha}\, Q_{\alpha\alpha} \tag{3.29}$$

$V_{\alpha\alpha}$ wird der Tensor des elektrischen Feldgradienten genannt; zu $V_{\alpha\alpha}$ tragen nur Ladungen, die sich nicht am Kernort befinden, bei. Für kugelsymmetrische Ladungsverteilungen (s-Elektronen) ist $V_{xx} = V_{yy} = V_{zz}$. Da aber $\sum V_{\alpha\alpha} = 0$ ist, sind alle Komponenten des elektrischen Feldgradienten Null und tragen daher nicht zu E_Q bei.

Wegen $\sum V_{\alpha\alpha} = 0$ ist der elektrische Feldgradient vollständig durch zwei Parameter beschrieben. Durch geeignete Wahl des Hauptachsensystems erreicht man, daß gilt $|V_{zz}| \geq |V_{yy}| \geq |V_{xx}|$. Als Parameter gibt man üblicherweise V_{zz} und den Asymmetrieparameter η an. η ist definiert durch

$$\eta = \frac{V_{xx} - V_{yy}}{V_{zz}} \tag{3.30}$$

Die Größe E_Q ist der Struktur nach das Produkt aus Kernquadrupolmoment und elektrischem Feldgradienten am Kernort (elektrische Quadrupolwechselwirkung). Zur Berechnung von E_Q wollen wir das Kernquadrupolmoment und den elektrischen Feldgradienten durch sphärische Tensoren ausdrücken. Mit Hilfe der Tensoralgebra läßt sich E_Q dann besonders elegant berechnen. Im Anhang A.2 sind einige wichtige Tensoreigenschaften zusammengestellt.

Der Tensor des elektrischen Kernquadrupolmoments wird definiert als (vergleiche Gl. (2.14))

$$Q_{2q} = r^2 Y_2^q \tag{3.31}$$

Für den elektrischen Feldgradienten lauten die Tensorkomponenten

$$V_{20} = \frac{1}{4}\sqrt{\frac{5}{\pi}}\; V_{zz}$$

$$V_{2\pm1} = \mp\frac{1}{2}\sqrt{\frac{5}{6\pi}}\; (V_{xz}\pm V_{yz}) \qquad\qquad (3.32)$$

$$V_{2\pm2} = \frac{1}{4}\sqrt{\frac{5}{6\pi}}\; (V_{xx} - V_{yy} \pm 2\,\mathrm{i}V_{xy})$$

Mit oben genannter Hauptachsentransformation gilt

$$V_{20} = \frac{1}{4}\sqrt{\frac{5}{\pi}}\,V_{zz} \qquad\qquad\qquad V_{2\pm1}=0$$

$$(3.33)$$

$$V_{2\pm2} = \frac{1}{4}\sqrt{\frac{5}{6\pi}}\,(V_{xx}-V_{yy}) = \frac{1}{4}\sqrt{\frac{5}{6\pi}}\;\eta\,V_{zz}$$

Mit diesen Tensordarstellungen ist die elektrische Quadrupolwechselwirkung gegeben durch (MAT 62)

$$E_Q = \frac{4\pi}{5}\sum_q (-)^q\, e\, Q_{2q}\, V_{2-q} \qquad\qquad (3.34)$$

Beschränken wir uns auf axialsymmetrische Feldgradienten ($V_{xx}=V_{yy}$ bzw. $\eta = 0$), so erhalten wir

$$E_Q = \frac{\pi}{5}\, e\, Q_{20}\, V_{zz} \qquad\qquad (3.35)$$

Quantenmechanisch ist aber Q_{20} als Operator, der auf die Kernwellenfunktion wirkt, aufzufassen und die Berechnung von E_Q besteht in der Berechnung der Matrixelemente von Q_{20}

$$E_Q = \frac{\pi}{5}\, V_{zz}\, e\, <\!I,M\,|\;Q_{20}\;|I,M\!> \qquad\qquad (3.36)$$

Anwenden des Wigner-Eckart-Theorems ergibt (siehe Anhang A.3)

$$<\!I,M\,|\;Q_{20}\;|I,M\!> = (-)^{I-M}\begin{pmatrix} I & 2 & I \\ -M & 0 & M \end{pmatrix}<\!I\|\,Q_2\,\|I\!> \qquad (3.37)$$

Gleichzeitig gilt aber definitionsgemäß (Gl. (2.14))

$$Q = 4\sqrt{\frac{\pi}{5}}\; <I,I\mid Q_{20}\mid I,I> = 4\sqrt{\frac{\pi}{5}}\begin{pmatrix} I & 2 & I \\ -I & 0 & I \end{pmatrix} <I\|Q_2\|I> \qquad (3.38)$$

Beide Gleichungen verknüpft ergeben

$$E_Q = \frac{1}{4}V_{zz}\,(-)^{I-M}\;\frac{\begin{pmatrix} I & 2 & I \\ -M & 0 & M \end{pmatrix}}{\begin{pmatrix} I & 2 & I \\ -I & 0 & I \end{pmatrix}}\; e\,Q$$

$$(3.39)$$

$$E_Q = \frac{3M^2 - I(I+1)}{4I(2I-1)}\; e\,Q\,V_{zz}$$

Die Übergangsenergie zwischen zwei Unterzuständen M und M' ist daher

$$E_Q(M) - E_Q(M') = \frac{3e\,Q\,V_{zz}}{4I\,(2I-1)}\,|M^2 - M'^2| = 3\,|M^2 - M'^2|\,\hbar\,\omega_Q \qquad (3.40)$$

wobei die Quadrupolfrequenz

$$\omega_Q = \frac{e\,Q\,V_{zz}}{4I\,(2I-1)\,\hbar} \qquad (3.41)$$

eingeführt wurde.

Die Größe $|M^2 - M'^2|$ ist wegen $(M^2 - M'^2) = (M + M')(M - M')$ immer ganzzahlig; die Übergangsfrequenzen stehen in einem ganzzahligen Verhältnis. Die niedrigste Übergangsfrequenz beträgt

$$\omega_Q^0 = 6\,\omega_Q \qquad \text{für halbzahligen Kernspin I}$$

$$(3.42)$$

$$\omega_Q^0 = 3\,\omega_Q \qquad \text{für ganzzahligen Kernspin I}$$

In der Literatur wird bevorzugt eine davon abgeleitete Größe, die Quadrupolkopplungskonstante v_Q, verwendet, weil sie die Drehimpulsabhängigkeit nicht mehr enthält

$$v_Q = e\,Q\,V_{zz}/h \qquad (3.43)$$

Beispiel: Elektrische Quadrupolaufspaltung für Kernspin 5/2.

Mit Hilfe von Gleichung (3.39) läßt sich die Energie für die verschiedenen M-Zustände berechnen. Wegen der M^2-Abhängigkeit von E_Q bleibt eine energetische Entartung für $\pm M$ bestehen. Man erhält

$$E_Q(M = \pm 1/2) = -\frac{1}{5}\, e\, Q\, V_{zz}$$

$$E_Q(M = \pm 3/2) = -\frac{1}{20}\, e\, Q\, V_{zz} \tag{3.44}$$

$$E_Q(M = \pm 5/2) = +\frac{1}{4}\, e\, Q\, V_{zz}$$

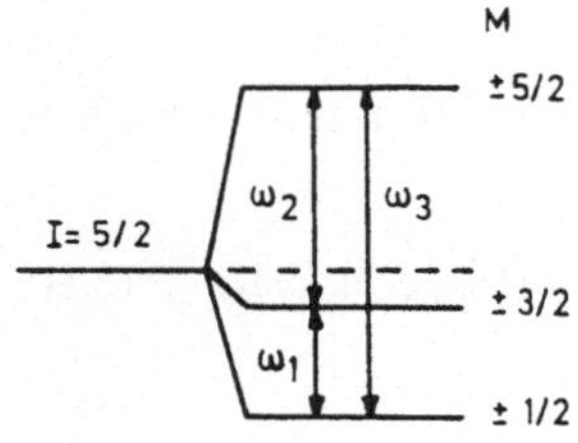

Abb. 3.4
Energieaufspaltung eines $I = 5/2$ Kernniveaus unter dem Einfluß einer axialsymmetrischen Quadrupolwechselwirkung

In Abbildung 3.4 ist die Quadrupolaufspaltung für $I = 5/2$ graphisch dargestellt. Die auftretenden Übergangsfrequenzen ω_1, ω_2 und $\omega_3 = \omega_1 + \omega_2$ sind

$$\omega_1 := \omega_Q^0 = \frac{E_Q(\pm 3/2) - E_Q(\pm 1/2)}{\hbar} = \frac{3\, e\, Q\, V_{zz}}{20\,\hbar} = 6\,\omega_Q$$

$$\omega_2 = \frac{E_Q(\pm 5/2) - E_Q(\pm 3/2)}{\hbar} = \frac{6\, e\, Q\, V_{zz}}{20\,\hbar} = 12\,\omega_Q \tag{3.45}$$

$$\omega_3 = \omega_1 + \omega_2 = \frac{9\, e\, Q\, V_{zz}}{20\,\hbar} = 18\,\omega_Q$$

Die Übergangsfrequenzen stehen also im Verhältnis $\omega_1 : \omega_2 : \omega_3 = 1 : 2 : 3$.

Bisher haben wir uns auf die Diskussion von axialsymmetrischen Feldgradienten beschränkt. Im Falle $\eta \neq 0$ ist die Berechnung der Matrixelemente für E_Q im allgemeinen nicht mehr analytisch möglich. Der Hamilton-Operator muß numerisch diagonalisiert werden. Für den Kernspin $I = 5/2$ und $I = 2$ sind die Aufspaltungen als Funktion des Asymmetrieparameters η bei festgehaltenem Feldgradientenparameter V_{zz} in Abbildung 3.5 gezeigt.

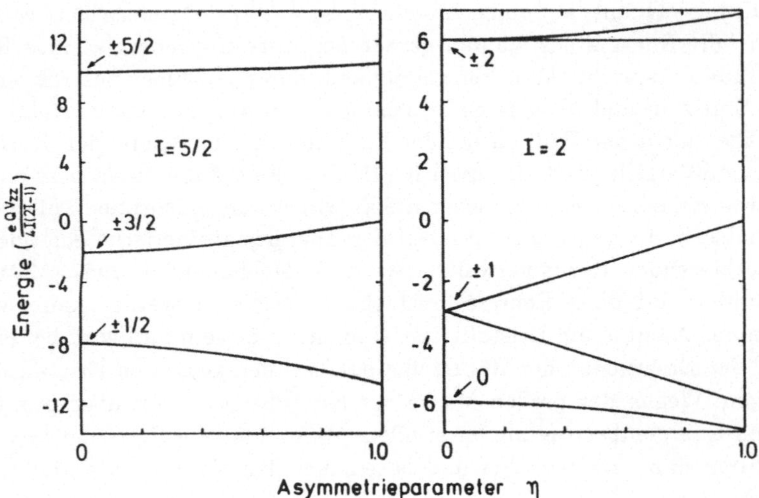

Abb. 3.5 Energieaufspaltung eines $I = 5/2$ und $I = 2$ Kernniveaus als Funktion des Asymmetrieparameters η (V_{zz} = const.). Die angegebenen M-Werte beziehen sich auf $\eta = 0$

4 Mößbauer-Effekt

4.1 Methode

Trifft ein γ-Quant auf einen Atomkern, so kann es nur absorbiert werden, wenn die Energie des Quants gerade der Anregungsenergie eines Kernniveaus entspricht. Man könnte denken, daß das immer zutrifft, sofern die Emission und Absorption an dem gleichen Kernübergang erfolgt. Das ist aber nicht der Fall, da bei der Emission dem emittierenden Kern ein Rückstoß erteilt wird, der die Energie des Quants um einen bestimmten Betrag erniedrigt. Ein ähnlicher Effekt tritt bei der Absorption auf, da aus Impulserhaltungsgründen ein Teil der Energie in kinetische Energie des absorbierenden Kerns verwandelt wird. R. Mößbauer hat 1957 (MÖS 58) gefunden, daß diese Energieverschiebung vermieden werden kann, wenn man das Atom in ein Kristallgitter einbaut. In diesem Fall wird bei einem Teil der Emissionen der Rückstoßimpuls auf den gesamten Kristall übertragen. Wegen der großen Masse des Kristalls ist damit aber praktisch keine Energieübertragung verbunden. Man nennt die Emission bzw. Absorption dann rückstoßfrei und bezeichnet den Vorgang als Mößbauer-Effekt.

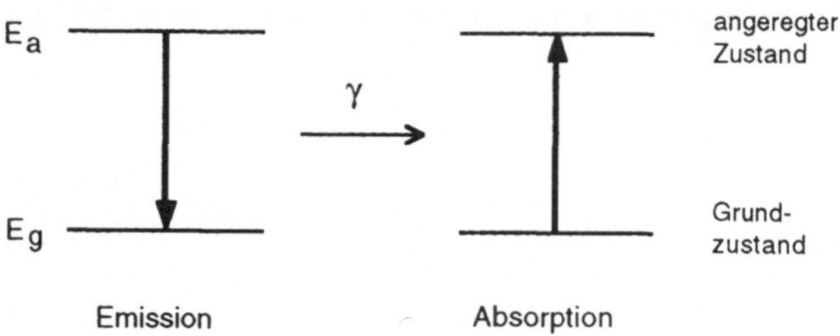

Abb. 4.1 Emission und Absorption eines γ-Quants beim Mößbauer-Effekt

Der prinzipielle Vorgang beim Mößbauer-Effekt ist in Abbildung 4.1 dargestellt. Ein angeregter Atomkern geht durch Emission eines γ-Quants in den Grundzustand über. Das dabei emittierte Quant kann von einem anderen Atomkern der gleichen Sorte wieder absorbiert werden, falls beide

Vorgänge rückstoßfrei erfolgen. Da die Absorption im allgemeinen nur durch einen Kern im Grundzustand erfolgen wird, können nur Emissionsübergänge, die zum Grundzustand führen, verwendet werden.

Bei rückstoßfreier Emission und Absorption ist die Energieunschärfe nur durch die natürliche Linienbreite begrenzt. Diese ist um viele Größenordnungen kleiner als die Rückstoßenergie oder die Doppler-Verschiebung bei freien Atomen. Wir wollen im folgenden die Größenverhältnisse dieser Effekte etwas genauer untersuchen.

Natürliche Linienbreite. Ein Kernzustand mit der mittleren Lebensdauer τ_N (oder Halbwertszeit $t_{1/2} = \tau_N \ln 2$) besitzt eine Energieunschärfe, die durch $\Gamma = \hbar/\tau_N$ gegeben ist. Die Größe Γ bezeichnet man als natürliche Linienbreite. Eine genauere Betrachtung zeigt, daß das Frequenzspektrum der emittierten γ-Strahlung eine Lorentz-Verteilung um die Frequenz ω_0 mit der Halbwertsbreite $\Gamma/\hbar$ besitzt (Abb. 4.2). Es gilt

$$I(\omega) = \frac{I_0}{1 + [(\omega - \omega_0)\, 2\hbar/\Gamma]^2} \tag{4.1}$$

wobei $I(\omega)$ die Intensität der Strahlung mit der Frequenz ω angibt.

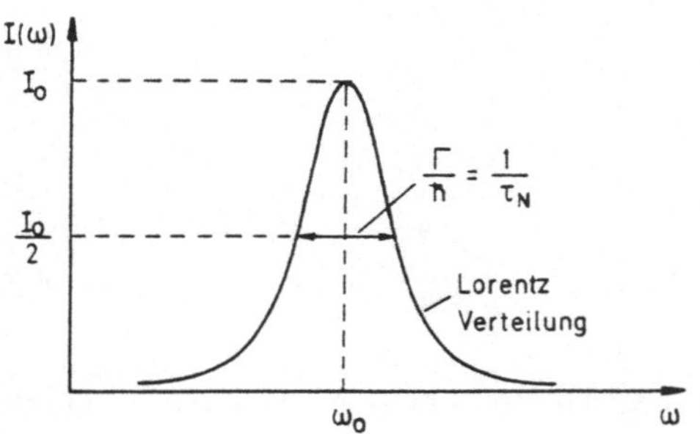

Abb. 4.2
Intensitätsverteilung der emittierten γ-Strahlung beim Kernzerfall

Für den häufig verwendeten Atomkern ^{57}Fe erhält man folgende Werte. Die Energie des Übergangs $\hbar\omega_0$ ist 14,4 keV und die Lebensdauer τ_N beträgt $1{,}41 \cdot 10^{-7}$ s. Daraus ergibt sich für die Linienbreite von ^{57}Fe

$$\Gamma = \hbar/\tau_N = 4{,}7 \cdot 10^{-9} \text{ eV} \tag{4.2}$$

und für die relative Energieunschärfe

$$\Gamma / \hbar \omega_0 = 3{,}3 \cdot 10^{-13} \tag{4.3}$$

Durch die Beobachtung der Resonanzabsorption ist es möglich, Energiemessungen bis zur Begrenzung durch die natürliche Linienbreite vorzunehmen und so eine bis dahin unerreichte Genauigkeit zu erzielen.

Rückstoß und Doppler-Verschiebung. Beim Aussenden eines γ-Quants erfährt der Kern einen Rückstoß, der zu einer Verringerung der γ-Energie führt. Die Auswirkung dieses Effektes auf das Frequenzspektrum der emittierten γ-Strahlung soll am Beispiel des einatomigen Gases im thermischen Gleichgewicht diskutiert werden.

Die Energie des angeregten Atomkerns vor der Emission ist

$$E_{\text{vor}} = E_{\text{a}} + \frac{\vec{p}^{\,2}}{2M} \tag{4.4}$$

wobei $\vec{p} = M\vec{v}$ der Impuls und M die Masse des Atoms ist. Nach der Emission ist der Impuls um den Wert $\hbar\vec{k}$ (Impuls des γ-Quants) reduziert, außerdem ist die Energie E_{a} im angeregten Zustand durch den Wert E_{g} im Grundzustand zu ersetzen. Man erhält damit

$$E_{\text{nach}} = E_{\text{g}} + \frac{(\vec{p} - \hbar\vec{k})^2}{2M} \tag{4.5}$$

Die Energiedifferenz ist also

$$E_{\text{vor}} - E_{\text{nach}} := \hbar\omega = \hbar\omega_0 + \hbar(\vec{k} \cdot \vec{v}) - \frac{\hbar^2\vec{k}^{\,2}}{2M} \tag{4.6}$$

Der Term $\hbar(\vec{k} \cdot \vec{v})$ beschreibt den geschwindigkeitsabhängigen Doppler-Effekt. Für die ^{57}Fe-Linie und thermische Geschwindigkeiten erhält man bei Zimmertemperatur Doppler-Verschiebungen zwischen Null und ungefähr 10^{-2} eV.

Der konstante Rückstoßterm $\hbar^2\vec{k}^{\,2}/2M$ hat für den ^{57}Fe-Kern den Wert $2 \cdot 10^{-3}$ eV. Diese Energien sind um etwa sechs Größenordnungen größer als die natürliche Linienbreite von $4{,}7 \cdot 10^{-9}$ eV. Das von einem einatomigen Gas emittierte γ-Spektrum ist schematisch in Abbildung 4.3 gezeigt.

In einem Absorber sind die Verhältnisse gerade umgekehrt: die Absorptionslinie ist zu größeren Frequenzen hin verschoben, es muß mehr Energie zur Verfügung stehen als der Anregungsenergie entspricht. Die Absorptionskurve erhält man durch Spiegelung von Abbildung 4.3 um ω_0.

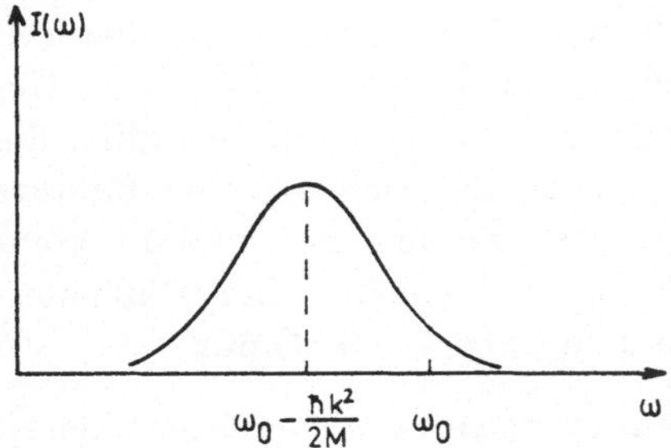

Abb. 4.3
Emissionsspektrum eines einatomigen Gases im thermischen Gleichgewicht. Das Emissionsspektrum ist gegenüber ω_0 verschoben und auf Grund der Maxwell-Geschwindigkeitsverteilung der Gasatome verbreitert

Für einen gasförmigen Emitter und Absorber würde nur eine geringe Resonanzabsorption auftreten, da nur die Ausläufer der Linien überlappen. Außerdem ist der Vorgang wenig selektiv, da die Absorption über einen weiten Frequenzbereich erfolgt. Der wesentliche Gesichtspunkt beim Mößbauer-Effekt ist, daß ein großer Teil des Emissions- und Absorptionsspektrums in einem sehr schmalen Bereich um ω_0 zusammengedrängt wird.

4.2 Der Debye-Waller-Faktor

Baut man das emittierende Atom in einen Festkörper ein, so ist es dort relativ stark gebunden; typische Energien zur Versetzung eines Atoms betragen um 20 eV. Der bei der Emission auftretende Rückstoß kann also das Atom höchstens zu Schwingungen anregen. Werden keine Gitterschwingungen angeregt (oder vernichtet), so nimmt der Kristall als Ganzes den Rückstoß auf. Da die Masse des Gesamtkristalls ungefähr 10^{20} mal größer ist als die Masse eines einzelnen Atoms, ist der Rückstoß (und auch die thermische Geschwindigkeit des Kristalls) zu vernachlässigen. Man erhält dann eine unverbreiterte und unverschobene Emissionslinie (Mößbauer-Linie).

Der Anteil der unverschobenen γ–Emissionen zu allen γ–Emissionen heißt Debye-Waller-Faktor f. Der Debye-Waller-Faktor ist temperaturabhängig und am größten bei $T = 0$. Allerdings ist auch am absoluten Nullpunkt wegen der Nullpunktsschwingungen $f < 1$.

Ein tieferes Verständnis des Mößbauer-Effekts ist sehr eng mit dem Verständnis des Debye-Waller-Faktors verknüpft. Aus der Ableitung des Debye-Waller-Faktors muß ja gerade hervorgehen, warum ein großer Teil der γ-Emissionen unverschoben erfolgt. Um diesen wesentlichen Gesichtspunkt möglichst anschaulich darzustellen, soll hier lediglich die leichter verständliche klassische Erklärung des Debye-Waller-Faktors und damit des Mößbauer-Effekts angegeben werden. Für eine quantenmechanische Ableitung verweisen wir auf H. Wegener: "Der Mößbauer-Effekt und seine Anwendung in Physik und Chemie" (WEG 66).

Klassische Erklärung des Debye-Waller-Faktors. Als einfaches klassisches Modell betrachten wir einen Atomkern, der kontinuierlich elektromagnetische Strahlung mit der Winkelfrequenz $\omega_0 = E_\gamma/\hbar$ emittiert (Hertzscher Dipol) und gleichzeitig räumliche Oszillationen um eine Gleichgewichtslage durchführt. In Wirklichkeit erfolgt die γ-Emission natürlich quantenhaft. Der dadurch hervorgerufene Rückstoß auf den emittierenden Kern kommt in der klassischen Strahlungstheorie nicht vor, da der Strahlungsdruck eines Dipols aus Symmetriegründen keinen Impuls übertragen kann.

Bei den Oszillationen wollen wir uns zunächst auf eine einzige Frequenz Ω beschränken. Das entspricht dem Einstein-Modell des Festkörpers. Dann gilt für das elektrische Feld $E(t)$ der emittierten Strahlung

$$E(t) = E_0 \exp\{-\mathrm{i}[\omega_0\, t + k\, x(t)]\} \tag{4.7}$$

wobei eine periodische Auslenkung des Atoms $x(t) = a \sin \Omega t$ angenommen wird; a ist die Amplitude der Schwingung. Durch Einsetzen von $x(t)$ und Entwickeln der Exponentialfunktion erhält man

$$\exp(-\mathrm{i}\,\omega_0 t)\, \exp[-\mathrm{i}\,k\,x(t)] = \exp(-\mathrm{i}\,\omega_0 t)\, \exp(-\mathrm{i}\,k\,a\,\sin\Omega t) =$$

$$= \exp(-\mathrm{i}\,\omega_0 t)\,(1 - \mathrm{i}\,k\,a\,\sin\Omega t - \frac{k^2 a^2}{2} \sin^2\Omega t + ...) \tag{4.8}$$

Benutzt man noch die Beziehung

$$\sin^n \Omega t = \frac{1}{(2\,\mathrm{i})^n} \left[\exp(\mathrm{i}\,\Omega t) - \exp(-\mathrm{i}\,\Omega t) \right]^n \tag{4.9}$$

so erhält man

$$\exp(-\mathrm{i}\,\omega_0 t)\,\exp[-\mathrm{i}\,k\,x(t)] = \left(1 - \frac{k^2 a^2}{4} + \ldots\right)\exp(-\mathrm{i}\,\omega_0 t) +$$

$$+ \left(-\frac{ka}{2} + \ldots\right)\left\{\exp[-\mathrm{i}(\omega_0 - \Omega)t] - \exp[-\mathrm{i}(\omega_0 + \Omega)t]\right\} +$$

$$+ \left(\frac{k^2 a^2}{8} + \ldots\right)\left\{\exp[-\mathrm{i}(\omega_0 - 2\Omega)t] - \exp[-\mathrm{i}(\omega_0 + 2\Omega)t]\right\} +$$

$$+ \ldots \tag{4.10}$$

Man bekommt also das Ergebnis, daß die Hauptlinie bei der Frequenz ω_0 um den Faktor $(1 - k^2 a^2/4 + \ldots)$ geschwächt ist, während Nebenlinien mit den Frequenzen $\omega_0 \pm \Omega$, $\omega_0 \pm 2\Omega$ usw. auftreten. Die Schwächung der Hauptlinie entspricht dem Debye-Waller-Faktor. Die Verhältnisse sind in Abbildung 4.4 schematisch dargestellt.

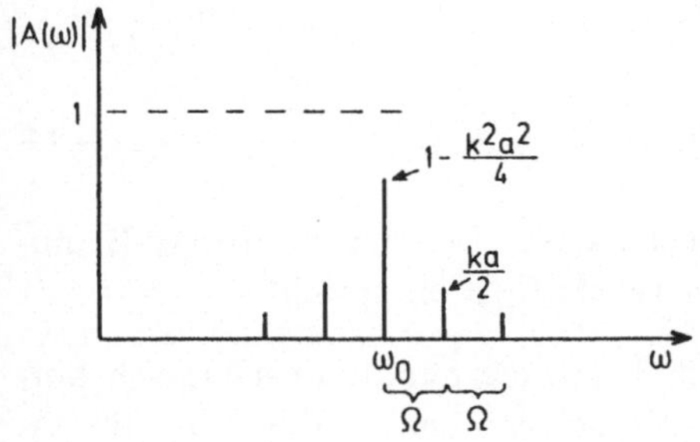

Abb. 4.4
Haupt- und Nebenlinien eines klassischen Modells für den Debye-Waller-Faktor beim Mößbauer-Effekt

Für die Amplitude der unverschobenen Linie erhält man nach Aufsummation aller Beiträge aus der Reihenentwicklung (Gl. (4.8))

$$A(\omega_0) = 1 - \frac{k^2 a^2}{4} + \ldots = \exp\left(-\frac{k^2 a^2}{4}\right) \tag{4.11}$$

Der Debye-Waller-Faktor ist das Betragsquadrat von $A(\omega_0)$, also

$$f = |A(\omega_0)|^2 = \exp\left(-\frac{k^2 a^2}{2}\right) = \exp(-k^2 <x^2>) \tag{4.12}$$

Dabei wurde die Beziehung für das mittlere Auslenkungsquadrat $<x^2>$ beim eindimensionalen harmonischen Oszillator $<x^2> = a^2/2$ eingesetzt. Für den dreidimensionalen isotropen Fall gilt für das mittlere Auslenkungsquadrat $<u^2> = <x^2> + <y^2> + <z^2> = 3 <x^2>$. Man erhält damit

$$f = \exp\left(-\frac{k^2 <u^2>}{3}\right) \tag{4.13}$$

Die Beziehung (4.13) gilt auch für den allgemeinen Fall von verschiedenen Schwingungsfrequenzen der Atome (Überlagerung von Phononen). Jede Phononenfrequenz erzeugt ihre eigenen Nebenlinien, die damit einen quasi-kontinuierlichen Untergrund bilden. Das Entscheidende ist aber, daß *jede Phononenfrequenz einen Beitrag zur Hauptlinie* liefert, die damit alles überragend aus dem Untergrund hervortritt.

Der klassisch abgeleitete Debye-Waller-Faktor in Gleichung (4.13) ist sogar quantenmechanisch richtig; allerdings ist für $<u^2>$ der quantenmechanische Erwartungswert einzusetzen.

Der angegebene Debye-Waller-Faktor ist auch aus der Beugung von Röntgen-Strahlen, Neutronen und Elektronen (siehe Kapitel 10) bekannt. Für die Intensität eines Beugungsreflexes gilt dort

$$I_{hkl} = I^0_{hkl} \ \exp\left(-\frac{\vec{q}^{\,2} <u^2>}{3}\right) \tag{4.14}$$

mit $\vec{q}$ dem Streuvektor, der bei konstruktiver Interferenz (Bragg-Bedingung) gerade einem reziproken Gittervektor $\vec{G}_{hkl}$ entspricht.

Das hier diskutierte klassische Modell und die quantenmechanisch korrekte Behandlung ergeben einige Unterschiede (siehe Abb. 4.5), die anschaulich leicht verständlich sind.

Das klassische Modell liefert eine symmetrische Verteilung des quasikontinuierlichen Untergrunds um die unverschobene Linie. Quantenmechanisch ergibt sich, daß der Schwerpunkt des Untergrunds immer bei kleineren Frequenzen liegt. Die Verschiebung entspricht gerade der Rückstoßenergie für ein freies Emitteratom.

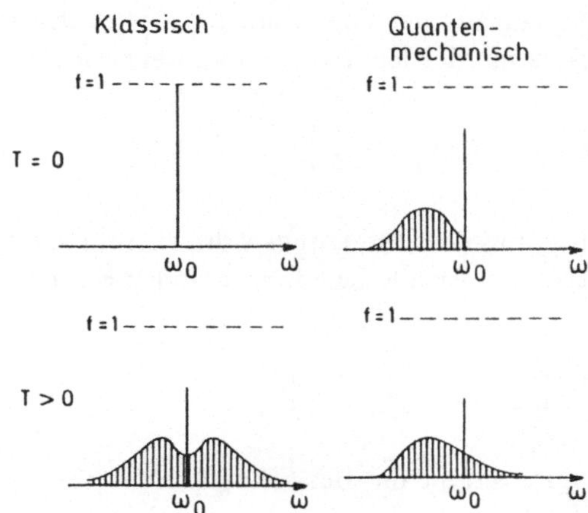

Abb. 4.5 Vergleich von klassischer und quantenmechanischer Theorie des Mößbauer-Effekts. Nach (WEG 66)

Bei $T = 0$ erhält man klassisch den Wert $f = 1$, da keine Schwingungen angeregt sind. Quantenmechanisch ist auch bei $T = 0$ der Wert von f kleiner als 1, da $<u^2>$ wegen der Nullpunktsschwingungen ungleich Null ist. Allerdings treten bei $T = 0$ keine Emissionslinien oberhalb ω_0 auf, da bei $T = 0$ vom γ-Quant keine Phononen aufgenommen werden können.

Im folgenden soll $<x^2>$ ausgerechnet werden. Wir betrachten dazu zunächst das Einstein-Modell, bei dem nur eine Schwingungsfrequenz Ω angenommen wird. Für die Gesamtenergie eines harmonischen Oszillators, bei dem n Schwingungsquanten angeregt sind, erhält man

$$E_n = \hbar\,\Omega\,(n + 1/2) \tag{4.15}$$

und für die Wahrscheinlichkeit, den Oszillator im Quantzustand n zu finden (k_B : Boltzmann-Konstante)

$$P_n = \frac{\exp(-n\,\hbar\,\Omega/k_B\,T)}{\sum\limits_{n=0}^{\infty}\exp(-n\,\hbar\,\Omega/k_B\,T)} \tag{4.16}$$

Das zeitlich gemittelte Auslenkungsquadrat $\overline{x_n^2}$ eines Oszillators im Zustand n erhält man aus der Gleichsetzung der mittleren potentiellen Energie $M\,\Omega^2\,\overline{x_n^2}\,/2$ mit der Hälfte der Gesamtenergie. Das ergibt

$$\frac{1}{2}M\,\Omega^2\,\overline{x_n^2} = \frac{1}{2}\hbar\,\Omega\left(n + \frac{1}{2}\right) \tag{4.17}$$

Unter Berücksichtigung der Besetzungswahrscheinlichkeit (Gl. 4.16) erhält man bei Mittelung über alle Zustände n (Index E für Einstein-Modell)

$$<\overline{x^2}>_{\mathrm{E}} = \frac{\hbar}{M\,\Omega}\left(\frac{1}{2} + \sum_{n=0}^{\infty} n\,P_n\right) \tag{4.18}$$

Der Ausdruck $\sum n\,P_n$ ergibt die Bose-Einstein-Verteilungsfunktion. Damit ergibt sich (Querstrich für Zeitmittelung wird ab jetzt weggelassen)

$$<x^2>_{\mathrm{E}} = \frac{\hbar}{2M\,\Omega}\left[1 + \frac{2}{\exp(\hbar\Omega/k_{\mathrm{B}}T) - 1}\right] \tag{4.19}$$

Bisher wurde nur eine Phononenfrequenz zugelassen. Die Verallgemeinerung mit einer Verteilungsfunktion $Z(\Omega)$ für die Phononenfrequenzen mit der Normierung $\int Z(\Omega)\,\mathrm{d}\Omega = 3N$, wobei N die Anzahl der Gitterbausteine bedeutet, ergibt

$$<x^2> = \frac{1}{3N}\int_0^{\infty} Z(\Omega)<x^2>_{\mathrm{E}}\,\mathrm{d}\Omega =$$

$$= \frac{\hbar}{6M\,N}\int_0^{\infty}\frac{Z(\Omega)}{\Omega}\left[1 + \frac{2}{\exp(\hbar\,\Omega/k_{\mathrm{B}}T) - 1}\right]\mathrm{d}\Omega \tag{4.20}$$

Einsetzen von $<x^2> = <u^2>/3$ in Gleichung (4.13) ergibt für den Debye-Waller-Faktor

$$f(T) = \exp\left\{-\frac{\hbar\,k^2}{6M\,N}\int_0^{\infty}\frac{Z(\Omega)}{\Omega}\left[1 + \frac{2}{\exp(\hbar\,\Omega/k_{\mathrm{B}}T) - 1}\right]\mathrm{d}\Omega\right\} \tag{4.21}$$

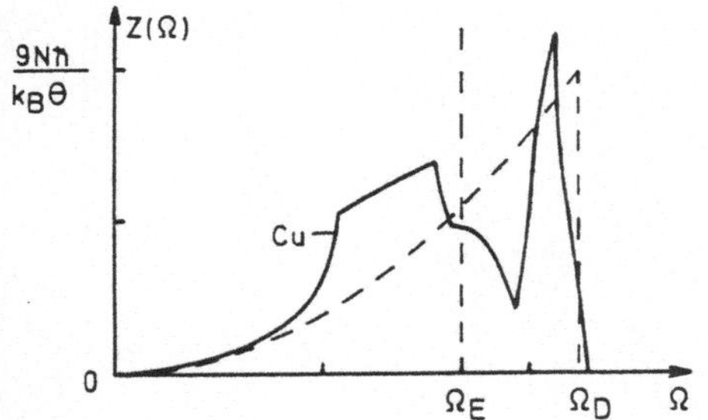

Abb. 4.6
Zustandsdichten nach dem Einstein- und Debye-Modell (gestrichelte Linien) und für einen realistischen Fall (Cu, durchgezogene Linie, nach (NIC 67))

Zur Berechnung von $f(T)$ muß man die Phononenzustandsdichte $Z(\Omega)$ kennen. In Abbildung 4.6 ist ein realistisches Phononenspektrum mit Modellverteilungen verglichen.

Das Debye-Modell gibt oft eine gute Näherung für den realistischen Fall. In diesem Modell ist die Phononenzustandsdichte gegeben als

$$Z(\Omega) = \frac{9N\hbar^3}{k_B^{\,3}} \frac{\Omega^2}{\Theta^3} \qquad \text{für } \Omega < \Omega_D \tag{4.22}$$

Für $\Omega > \Omega_D$ ist $Z(\Omega) = 0$, wobei $\Omega_D = k_B\Theta/\hbar$ die Debye-Frequenz und Θ die Debye-Temperatur darstellen. Einsetzen von Gleichung (4.22) in (4.20) ergibt das mittlere Auslenkungsquadrat $<x^2>$ im Debye-Modell (mit $y = \hbar\Omega/k_B T$)

$$<x^2> = \frac{3\hbar^2}{4M\,k_B\,\Theta} \left[1 + 4 \left(\frac{T}{\Theta}\right)^2 \int_0^{\Theta/T} \frac{y}{\exp y - 1}\, dy \right] \tag{4.23}$$

Es ist in Abbildung 4.7 graphisch als Funktion der Temperatur gezeigt.

Für hohe Temperaturen ($T \gg \Theta$) hängt $<x^2>$ linear von der Temperatur ab

$$<x^2> = \frac{3\hbar^2}{M\,k_B\,\Theta} \left(\frac{T}{\Theta}\right) \qquad (T \gg \Theta) \tag{4.24}$$

Für tiefe Temperaturen ($T \ll \Theta$) ergibt sich eine T^2-Abhängigkeit (das Integral in Gl. (4.23) gibt $\pi^2/6$, da $\Theta/T \to \infty$)

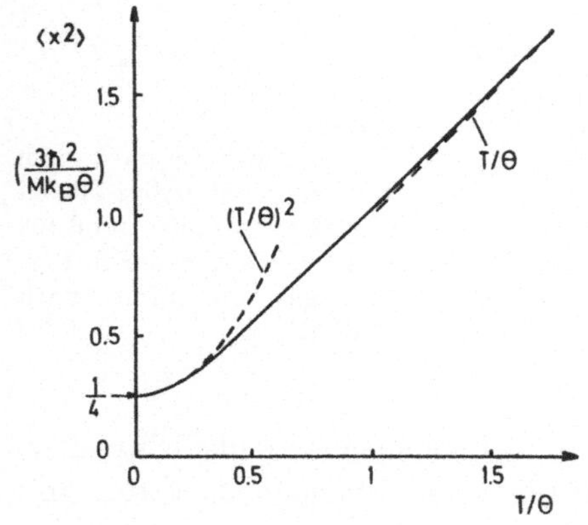

Abb. 4.7
Mittleres Auslenkungsquadrat
$<x^2>$ der Atome im Debye-Modell
als Funktion der Temperatur

$$<x^2> = \frac{3\hbar^2}{M k_{\mathrm{B}} \Theta} \left[\frac{1}{4} + \frac{\pi^2}{6} \left(\frac{T}{\Theta}\right)^2 \right] \qquad (T \ll \Theta) \qquad (4.25)$$

Damit erhält man für den Debye-Waller-Faktor bei tiefen Temperaturen
im Rahmen des Debye-Modells (einsetzen von Gl. (4.25) in (4.13))

$$f_{\mathrm{D}}(T) = \exp\left\{ -\frac{\hbar^2 k^2}{2M} \frac{3}{2 k_{\mathrm{B}} \Theta} \left[1 + \frac{2\pi^2}{3} \left(\frac{T}{\Theta}\right)^2 \right] \right\} \qquad (4.26)$$

An der expliziten Form des Debye-Waller-Faktors (Gl. (4.21) und (4.26))
erkennt man einige wichtige Zusammenhänge:
a) Durch Messung des Debye-Waller-Faktors kann man das Frequenzspektrum $Z(\Omega)$ eines Festkörpers bestimmen.
b) Bei wachsender Rückstoßenergie $\hbar^2 k^2/2M$ (M : Atommasse) wird
der Debye-Waller-Faktor kleiner. Da $\hbar k = E_\gamma/c$ ist, darf E_γ beim Mößbauer-Effekt nicht zu groß werden. Typische Werte sind $E_\gamma < 100$ keV.
c) Die Temperatur darf nicht zu groß werden. Es sollte $T < \Theta$ gelten. Bei
$T = 0$ erhält man den maximalen Debye-Waller-Faktor

$$f_{\mathrm{D}}(T = 0) = \exp\left(-\frac{3\hbar^2 k^2}{4 M k_{\mathrm{B}} \Theta} \right) \qquad (4.27)$$

4.3   Mößbauer-Quellen und Meßapparatur

4.3.1   Mößbauer-Quellen

Mößbauer-Quellen müssen folgenden Bedingungen genügen:

a)   Der untersuchte γ-Übergang muß in den Grundzustand führen, da umgekehrt die Absorption praktisch nur aus dem Grundzustand eines hinreichend stabilen Isotops erfolgen kann.

b)   Der Debye-Waller-Faktor darf nicht zu klein sein. Günstige Faktoren in diesem Zusammenhang sind, wie wir im vorhergehenden Abschnitt gesehen haben, nicht zu große γ-Energie, hohe Debye-Temperatur und große Atommasse.

c)   Die Lebensdauer des Mößbauer-Niveaus darf nicht zu kurz sein, da sonst die Linienbreite zu groß und damit die Energieauflösung schlecht wird.

d)   Für die praktische Handhabung sind auch die Eigenschaften des Mutterisotops (Lebensdauer, chemische und metallurgische Eigenschaften, usw.) sowie die Herstellungsmöglichkeiten des Isotops von entscheidender Bedeutung.

Im folgenden sollen einige Mößbauer-Quellen vorgestellt werden.

^{57}**Co** – ^{57}**Fe.** Das Isotop ^{57}Co kann über die Kernreaktion ^{56}Fe(d,n)^{57}Co produziert werden. Der Zerfall von ^{57}Co erfolgt überwiegend (99,8 %) über den Einfang eines Elektrons (EC : electron capture) aus der K-Schale der

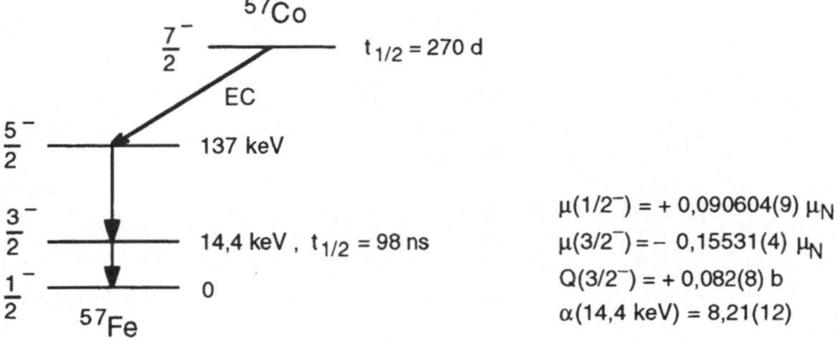

Abb. 4.8 Zerfallsschema von ^{57}Co. Auf der rechten Seite sind die Kernmomente des Grundzustandes ($I = 1/2$) und des Mößbauer-Niveaus ($I = 3/2$) zusammen mit dem totalen Konversionskoeffizienten α für den 14,4 keV Übergang angegeben. Alle Werte aus (STE 77), außer für $Q(3/2^-)$ (VAJ 81)

Atomhülle; das entstehende Loch in der K-Schale wird anschließend unter Emission von 6,4 keV Röntgen-Strahlung durch Elektronen aus den höheren Schalen wieder aufgefüllt.

Die Mößbauer-Quelle ^{57}Co → ^{57}Fe bietet für viele Anwendungen ideale Verhältnisse. Das Mutterisotop ^{57}Co besitzt mit $t_{1/2}$ = 270 Tage eine hinreichend lange Halbwertszeit, um die Experimente ohne häufiges Wechseln der Quelle durchführen zu können. Die Lebensdauer des Mößbauer-Niveaus ($t_{1/2}$ = 98 ns) führt zu einer Linienbreite, die für viele Anwendungen eine ausreichende Energieauflösung gibt, ohne zu große Anstrengungen bezüglich des Antriebs und der Stabilität zu verlangen (siehe Abschn. 4.3.2), wie es bei einer schärferen Linie erforderlich wäre. Schließlich ist die Energie von 14,4 keV hinreichend klein, um auch bei Zimmertemperatur einen großen Debye-Waller-Faktor zu gewährleisten. Noch kleinere Energien des γ-Quants würden unter Umständen zu Problemen beim Nachweis führen, zum Beispiel bezüglich der Trennung von den gleichzeitig emittierten Röntgen-Quanten.

^{67}**Ga** – ^{67}**Zn.** Wegen der langen Lebensdauer des Mößbauer-Niveaus besitzt ^{67}Zn die höchste relative Energieauflösung, die mit dem Mößbauer-Effekt mit praktisch zugänglichen Quellen erreicht werden kann. Die sehr geringe Linienbreite dieser Resonanz – in Geschwindigkeiten beim Doppler-Effekt ausgedrückt ist v = 0,31 µm/s – stellt extrem hohe Anforderungen an das Geschwindigkeitsspektrometer und an die Präparation von Absorber und Quelle. Andererseits können wegen der extrem hohen Energieauflösung sehr genaue Messungen durchgeführt werden.

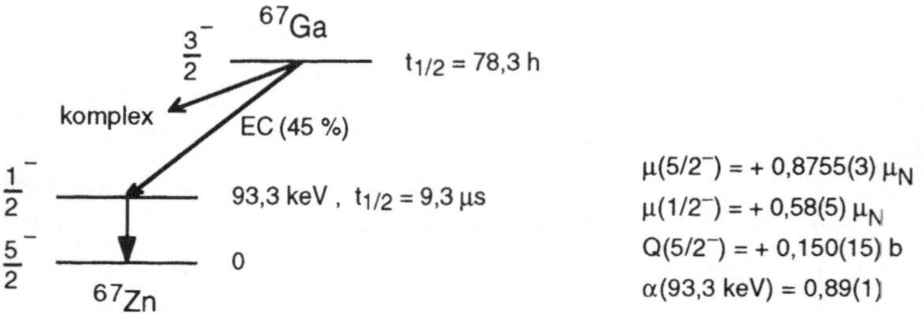

Abb. 4.9 Ausschnitt aus dem Zerfallsschema von ^{67}Ga. Der Übersichtlichkeit halber wurde nur der häufigste Zerfallszweig (45 %) eingezeichnet. Auf der rechten Seite sind die Kernmomente des Grundzustandes (I = 5/2) und des Mößbauer-Niveaus (I = 1/2) zusammen mit dem totalen Konversionskoeffizienten α des 93,3 keV Übergangs angegeben. Werte aus (STE 77) und (LED 78)

119Sn-Isomer. Die Herstellung des ^{119}Sn-Isomers erfolgt üblicherweise am Reaktor durch Einfang eines thermischen Neutrons an ^{118}Sn. Anders als bei den meisten anderen Mößbauer-Quellen ist der Mutterkern und der Mößbauer-Kern vom gleichen Element. Da das Quadrupolmoment des Mößbauer-Niveaus relativ klein ist, ist ^{119}Sn für Untersuchungen der elektrischen Quadrupolwechselwirkung nicht gut geeignet.

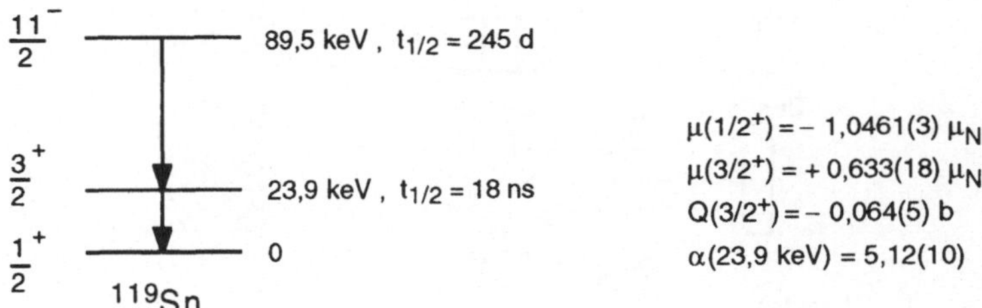

Abb. 4.10 Zerfallsschema des isomeren Niveaus in ^{119}Sn. Auf der rechten Seite sind die Kernmomente des Grundzustandes (I = 1/2) und des Mößbauer-Niveaus (I = 3/2) zusammen mit dem totalen Konversionskoeffizienten α des 23,9 keV Übergangs angegeben. Werte aus (STE 77)

151Sm – 151Eu. Die ^{151}Sm-Quelle wird am einfachsten am Reaktor über Einfang von thermischen Neutronen am ^{150}Sm hergestellt. Das Mößbauer-Isotop ^{151}Eu kann aber auch über Elektroneneinfang vom ^{151}Gd ($t_{1/2}$ = 120 Tage) bevölkert werden.

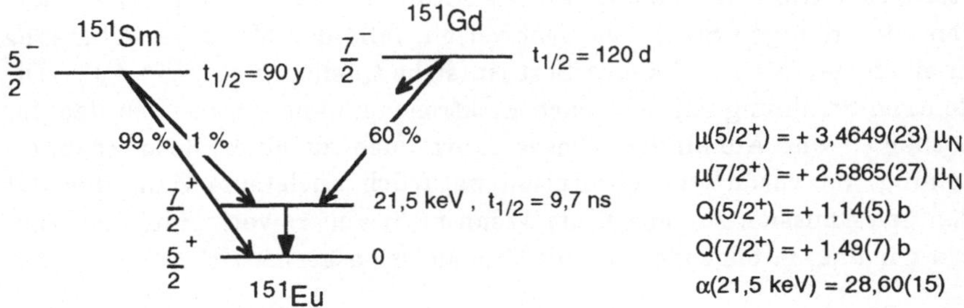

Abb. 4.11 Zerfallsschema von ^{151}Sm und ^{151}Gd. Auf der rechten Seite sind die Kernmomente des Grundzustandes (I = 5/2) und des Mößbauer-Niveaus (I = 7/2) zusammen mit dem totalen Konversionskoeffizienten α des 21,5 keV Übergangs angegeben. Werte aus (STE 77)

4.3.2   Mößbauer-Apparatur

Der prinzipielle Aufbau einer Mößbauer-Apparatur ist in Abbildung 4.12 zu sehen. Sie besteht aus einer radioaktiven Quelle, die bewegt werden kann, einem Absorber und einem Detektor zum Nachweis der γ-Strahlung.

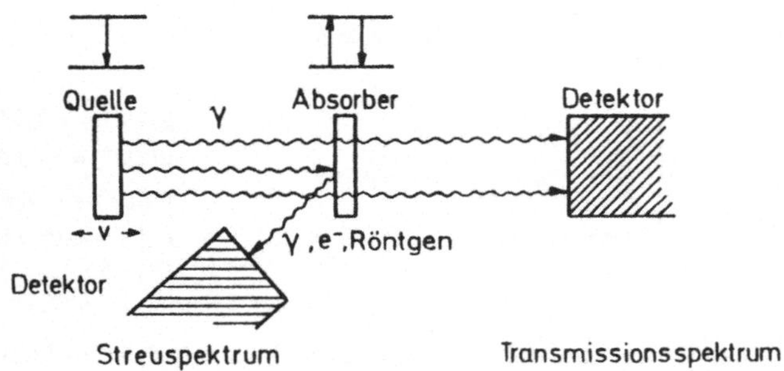

Abb. 4.12 Schematischer Aufbau einer Mößbauer-Apparatur

Prinzipiell sind zwei verschiedene Anordnungen zu unterscheiden: a) Die Transmissionsgeometrie, bei der man die Schwächung der durchgehenden γ-Strahlung mißt und b) die Streugeometrie, bei der man die Fluoreszenzstrahlung nachweist. Im ersten Fall erhält man eine verringerte, im zweiten Fall eine erhöhte Zählrate in der Mößbauer-Resonanz. Bei der Streugeometrie kann man statt der γ-Strahlung auch Konversionselektronen oder Röntgen-Strahlung nachweisen, falls der Mößbauer-Übergang zu einem gewissen Teil konvertiert ist (siehe Quellen, Abb. 4.8 - 4.11). Die Röntgen-Strahlung entsteht nach Elektroneneinfang durch Auffüllen der Löcher in der Atomhülle. Dieses führt auch zu einer Resonanzüberhöhung, da vermehrte Absorption natürlich auch eine Zunahme der Röntgen-Emission zur Folge hat. Wenn nicht anders vermerkt, beschränken wir uns im folgenden auf die Transmissionsgeometrie.

Zum Durchstimmen der Resonanzabsorption bedient man sich des Doppler-Effekts, d.h. man bewegt die Quelle relativ zum Absorber oder umgekehrt. Zur Erzeugung der Bewegung benutzt man meistens einen elektromagnetischen Antrieb nach dem Lautsprecherprinzip. Die Quelle (oder der Absorber) ist dabei in ein schwingfähiges System eingebaut

(Abb. 4.13), dem über eine Antriebsspule ein bestimmtes Geschwindigkeitsprofil aufgeprägt wird. Die geläufigsten Profile sind:

a) Dreiecks- oder Sägezahnform
b) Sinusform (wird speziell bei großen Geschwindigkeiten und hoher Stabilitätsanforderung verwandt)
c) Konstante Geschwindigkeit

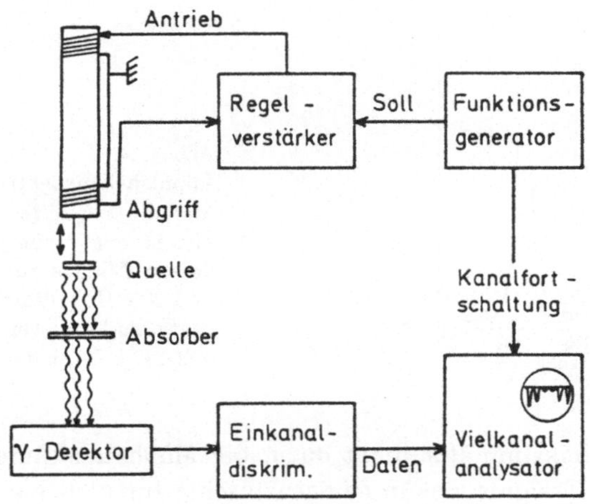

Abb. 4.13 Blockschaltbild einer Mößbauer-Apparatur

Das Geschwindigkeitsprofil wird durch den Funktionsgenerator vorgegeben. Im Regelverstärker wird der Soll-Wert mit dem Ist-Wert einer Abgriffspule verglichen und entsprechend korrigiert. Man erreicht damit, daß die Geschwindigkeit des Mößbauer-Antriebs dem Referenzsignal des Funktionsgenerators mit einer Genauigkeit von typisch 0,1 % folgt.

Die den Absorber passierende γ-Strahlung wird im γ-Detektor nachgewiesen. Neben dünnen Szintillationsdetektoren verwendet man häufig Zählrohre. Ein Impulshöhenspektrum eines mit 97 % Krypton und 3 % CO_2 gefüllten Proportionalzählrohres - aufgenommen mit ^{57}Co - ist in Abbildung 4.14 zu sehen. Man erkennt die 14,4 keV Mößbauer-Linie und die 6,4 keV Röntgen-Linie von ^{57}Fe. Die Linie bei 1,8 keV stammt von 14,4 keV Quanten, die ein K-Elektron des Krypton herausgeschlagen und so die

Energie von 12,6 keV verloren haben. Diese Verlustenergie ist im Detektor aus geometrischen Gründen nicht mehr nachgewiesen worden (escape peak). Die 1,8 keV Linie kann zusätzlich zum Nachweis des Mößbauer-Effekts benutzt werden.

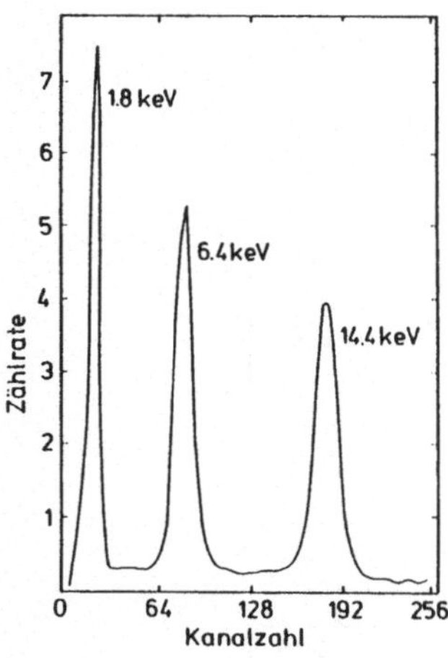

Abb. 4.14
Impulshöhenspektrum einer ^{57}Co Mößbauer-Quelle aufgenommen mit einem Proportionalzählrohr, dessen Zählgas aus 97 % Krypton und 3 % CO_2 besteht. Die höherenergetischen γ-Quanten (123 keV und 137 keV) sind nicht gezeigt

Der Einkanaldiskriminator dient dazu, die Mößbauer-Linie auszublenden. Für jedes Ereignis, das in das gewünschte Impulshöhenfenster fällt, wird ein Signal an den Vielkanalanalysator weitergegeben.

Der Vielkanalanalysator wird im Multizählerbetrieb benutzt. In dieser Betriebsweise werden die Zählimpulse vom Einkanaldiskriminator solange in einem bestimmten Kanal eingezählt bis eine Kanalfortschaltung erfolgt. Danach werden sie in den nächsten Kanal eingezählt, usw.. Die Kanalfortschaltung wird vom Funktionsgenerator gesteuert, wobei während einer Periode der entsprechenden Funktion alle Kanäle einmal in gleichmäßigen Zeitabständen durchgeschaltet werden. Zu Beginn einer jeden neuen Periode wird der Vielkanalanalysator in den ersten Kanal zurückgeschaltet. Durch diese Synchronisierung wird gewährleistet, daß jeder Kanal einer bestimmten Geschwindigkeit des Mößbauer-Antriebs zugeordnet werden kann. Bei einem Dreiecks- oder Sägezahnprofil ist die Kanalzahl direkt der Geschwindigkeit proportional, bei einem sinusförmigen Antrieb muß man nachträglich eine Entzerrung des Spektrums durchführen, wenn man eine lineare Geschwindigkeitsskala erreichen will. Zur Auswertung werden Rechner eingesetzt.

4.4 Isomerieverschiebung

Wir haben gesehen, daß die Energie eines Kernzustandes für einen ausgedehnten Kern mit mittlerem quadratischen Kernradius $<r^2>$ gegenüber einem punktförmigen Kern verschoben ist. Diese Energie beschreibt der Monopolterm E_C (Gl. (3.26))

$$E_C = \frac{Ze^2}{6\varepsilon_0} \, |\psi(0)|^2 <r^2> \tag{4.28}$$

Bei einem Mößbauer-Experiment mißt man diese Energie relativ zwischen Quelle und Absorber. Für die bewegte Quelle Q erhält man für den Übergang vom angeregten Zustand a zum Grundzustand g unter Berücksichtigung des Doppler-Effekts und des Monopolterms E_C

$$\hbar\,\omega(Q) = \hbar\,\omega_0 \left(1 + \frac{v}{c} \right) + \frac{Ze^2}{6\varepsilon_0} \, |\psi_Q(0)|^2 \, (<r_a{}^2> - <r_g{}^2>) \tag{4.29}$$

Für den ruhenden Absorber A lautet der entsprechende Ausdruck

$$\hbar\,\omega(A) = \hbar\,\omega_0 + \frac{Ze^2}{6\varepsilon_0} \, |\psi_A(0)|^2 \, (<r_a{}^2> - <r_g{}^2>) \tag{4.30}$$

Resonanzabsorption erhält man für $\omega(Q) = \omega(A)$. Daraus ergibt sich für die Geschwindigkeit der Quelle, bei der Resonanz auftritt

$$v_{res} = \frac{Ze^2c}{6\varepsilon_0\,\hbar\,\omega_0} \, (|\psi_A(0)|^2 - |\psi_Q(0)|^2) \, (<r_a{}^2> - <r_g{}^2>) \tag{4.31}$$

Die Größe v_{res} bezeichnet man als Isomerieverschiebung; in der Literatur wird sie oft auch S genannt. Die Vorzeichenkonvention für Isomerieverschiebung ist derart, daß v positiv ist, wenn sich die Quelle auf den Absorber zubewegt.

An Gleichung (4.31) erkennt man, daß die Isomerieverschiebung eine Relativgröße ist. Man muß deshalb immer die Bezugssubstanz angeben; z.B. Isomerieverschiebung von Fe in Fe gegenüber Fe in Pt. Damit eine Isomerieverschiebung auftritt, müssen folgende Bedingungen gleichzeitig erfüllt sein

$$|\psi_A(0)|^2 - |\psi_Q(0)|^2 \neq 0 \quad \text{und} \quad <r_a^2> - <r_g^2> \neq 0 \tag{4.32}$$

Für ^{57}Fe ist die Größe $<r_a^2> - <r_g^2>$ negativ, d.h. der angeregte Zustand hat einen kleineren Kernradius als der Grundzustand. Beim ^{119}Sn und ^{151}Eu ist der Radius des angeregten Zustands größer und daher $<r_a^2> - <r_g^2>$ positiv.

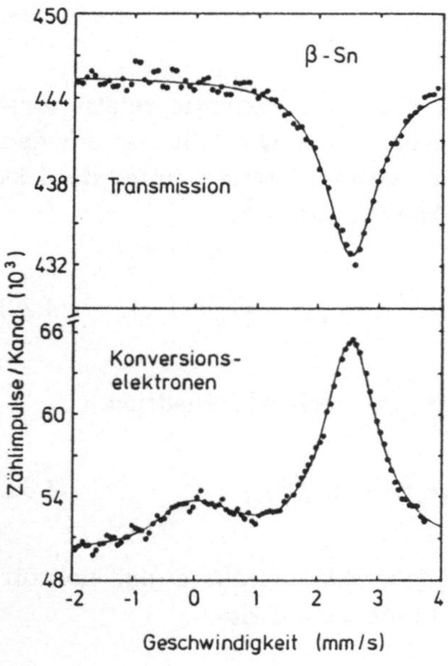

Abb. 4.15
Mößbauer-Spektren für ^{119}Sn in weißem Sn (metallisches β-Sn). Das obere Meßspektrum wurde in Transmission mit einem γ-Detektor, das untere in Streugeometrie mit Nachweis der Konversionselektronen aufgenommen. Als Quelle diente $BaSnO_3$. Die Linie bei $v = 0$ im unteren Spektrum stammt von einer dünnen SnO_2-Oberflächenschicht des Absorbers

In Abbildung 4.15 ist ein Beispiel für eine Isomerieverschiebungsmessung mit ^{119}Sn gezeigt. Als Quelle wurde $BaSnO_3$ verwendet, der Absorber bestand aus β-Sn (metallisches weißes Zinn). Im oberen Spektrum erkennt man eine unaufgespaltene, aber gegenüber $v = 0$ verschobene Linie. Die Isomerieverschiebung beträgt $S = 2{,}56$ mm/s. Beim unteren Spektrum wurden statt γ-Strahlen Konversionselektronen in Streugeometrie nachgewiesen.

Die Konversionselektronen-Mößbauer-Spektroskopie (CEMS) bietet interessante Anwendungsmöglichkeiten in der Oberflächenphysik. Da die Elektronen wegen ihrer geringen Energie nur aus einer Tiefe von etwa 100 nm aus der Probe austreten können, erhält man nur Informationen über diese oberflächennahe Schicht. Die Tiefenempfindlichkeit kann noch gesteigert werden, wenn man die Energie der austretenden Elektronen mißt, da der Energieverlust beim Austritt aus der Probe der Tiefe des Mößbauer-Emitters proportional ist. Durch Ausblenden einer bestimmten Energie der Konversionselektronen erhält man damit einen tiefenaufgelösten Mößbauer-Effekt (Auflösung ca. 5 nm) unterhalb der Oberfläche.

Die Oberflächenempfindlichkeit der Konversionselektronen-Spektroskopie erkennt man in Abbildung 4.15 an der Tatsache, daß im unteren Spektrum eine schwache zusätzliche Linie mit Isomerieverschiebung um $v = 0$ auftritt, die von einer ungefähr 3 nm dicken SnO_2-Schicht an der Oberfläche des Sn-Absorbers herrührt. Die entsprechende Linie ist in Transmissionsgeometrie nicht sichtbar, da die Oberflächenschicht im Vergleich zur Gesamtdicke (d = 0,125 mm) des Absorbers zu vernachlässigen ist.

4.4.1 Isomerieverschiebung und chemische Wertigkeit

Bei vielen Mößbauer-Atomen wurde experimentell ein enger Zusammenhang zwischen Isomerieverschiebung und chemischer Wertigkeit festgestellt. Die Korrelation soll hier anhand von Zinn-Verbindungen diskutiert werden (Abb. 4.16).

Verbindungen mit zweiwertigem Zinn besitzen Isomerieverschiebungen zwischen +2,3 und +4,4 mm/s, solche mit vierwertigem Zinn bei stark kovalenter Bindung (Beispiel: α-Sn) um +2 mm/s und bei stark ionischer Bindung (Beispiel: K_2SnF_6) um 0 mm/s gegenüber $BaSnO_3$. Dieses Verhalten kann man qualitativ durch den Einfluß der $5s$ - Elektronen des Zinns auf die Isomerieverschiebung verstehen. Neutrales Zinn besitzt in den äußeren Schalen die Elektronenkonfiguration

$$Sn: \ ... \ (4d)^{10} \ (5s)^2 \ (5p)^2$$

In Sn(IV)-Salzen (ionische Bindung) werden alle vier Elektronen der $5s$- und $5p$-Schale an den Bindungspartner abgegeben, d.h. Zinn hat die Konfiguration Sn^{4+}: ... $(4d)^{10}$, also keine $5s$-Elektronen am Kernort. Bei den Sn(II)-Salzen verbleiben die beiden $5s$-Elektronen im wesentlichen am Zinn und bewirken damit eine große positive Isomerieverschiebung. Bei den kovalenten vierwertigen Zinn-Verbindungen hat man näherungsweise ein $5s$-Elektron am Sn-Atom (sp^3 Hybridisierung wie beim vierwertigen Kohlenstoff). Da die Isomerieverschiebung von der Elektronendichte am Kernort abhängt, erwartet man in erster Näherung einen linearen Zusammenhang zwischen der Zahl der $5s$-Elektronen am Zinn und der Isomerieverschiebung. Das wird experimentell näherungsweise auch beobachtet. Allerdings sind bei genauerer Betrachtung noch eine Reihe von Korrekturen zu berücksichtigen.

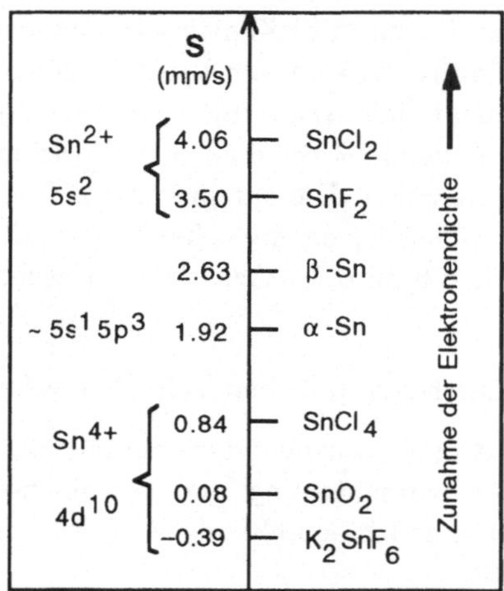

Abb. 4.16 Isomerieverschiebungen für α-Sn, β-Sn und einigen Zinnverbindungen. Links ist der Ionisationszustand und die Elektronenkonfiguration angegeben. Quelle: $BaSnO_3$. Nach (FLI 78)

Die stärkste Korrektur wird durch die $5p$-Elektronen bewirkt. Ihre Anwesenheit schirmt die Ladungen des Atomkerns etwas ab, was zu einer Verringerung der Bindung der $5s$-Elektronen und damit ihrer Aufenthaltswahrscheinlichkeit am Kernort führt. Die $5p$-Elektronen verkleinern also die Isomerieverschiebung etwas. Mit n_s der Zahl der $5s$-Elektronen und n_p der Zahl der $5p$-Elektronen erhält man folgenden empirisch gefundenen Zusammenhang (FLI 78)

$$S = -0,38 + 3,10\, n_s - 0,20\, n_s{}^2 - 0,17\, n_s n_p \tag{4.33}$$

n_s und n_p sind effektive Besetzungszahlen und können auch nicht ganzzahlige Werte annehmen. Der konstante Term berücksichtigt, daß die Referenzsubstanz $BaSnO_3$ von der reinen ...$(4d)^{10}$ Konfiguration, die bei K_2SnF_6 verwirklicht ist, abweicht. Der zweite Term in Gleichung (4.33) berücksichtigt die oben erwähnte lineare Abhängigkeit der Isomerieverschiebung von der effektiven Anzahl der 5s-Elektronen; der dritte Term ist eine weitere, hier nicht besprochene Korrektur, während der vierte Term gerade den Abschirmungseffekt der 5p-Elektronen beschreibt.

4.4.2   Valenzfluktuationen

Im vorangehenden Abschnitt haben wir gesehen, daß die Isomerieverschiebung für ^{119}Sn stark von der Valenz des Sn-Atoms abhängt. Das gleiche gilt auch für das Mößbauer-Atom ^{151}Eu, das im zweiwertigen Zustand (Eu^{2+}) Isomerieverschiebungen um -11 mm/s und im dreiwertigen Zustand (Eu^{3+}) um 0 mm/s gegenüber Eu_2O_3 aufweist. Bei einigen Eu-Verbindungen findet man allerdings Werte der Isomerieverschiebung, die zwischen diesen beiden Werten liegen und die noch dazu mit der Temperatur stark variieren. Als Beispiel ist in Abbildung 4.17 eine Messung am $EuCu_2Si_2$ angegeben. Zum Vergleich ist im oberen Teil des Bildes ein Spektrum von ^{151}Eu in der Verbindung $EuAg_2Si_2$ angegeben, in der Europium zweiwertig ist und im unteren Teil des Bildes ^{151}Eu in der Verbin-

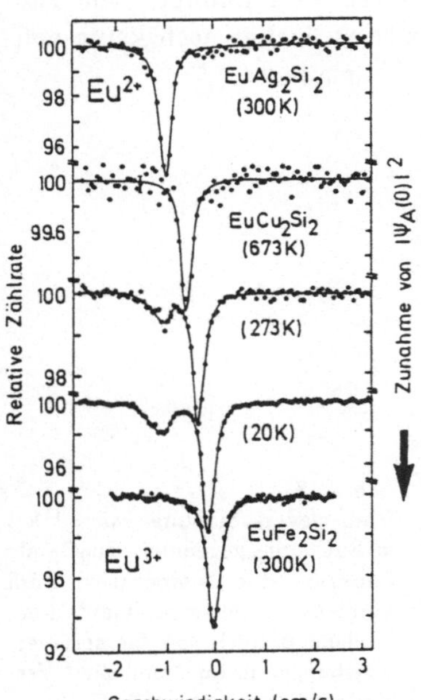

Abb. 4.17
Isomerieverschiebung von ^{151}Eu in $EuCu_2Si_2$ gegenüber Eu_2O_3. Zum Vergleich ist im oberen Teil die Isomerieverschiebung von Eu^{2+} in $EuAg_2Si_2$ und im unteren Teil Eu^{3+} in $EuFe_2Si_2$ dargestellt (BAU 73)

dung $EuFe_2Si_2$, in der Europium dreiwertig ist. Man sieht deutlich, daß die Isomerieverschiebung in den mittleren drei Spektren für die Substanz $EuCu_2Si_2$ zwischen diesen beiden Werten liegt und daß sie von der Temperatur abhängig ist. Anhand von Abbildung 4.18 erkennt man, daß $EuCu_2Si_2$ "zwischenvalent" ist.

Die Autoren interpretieren ihre Daten folgendermaßen: Eu^{2+} hat die Konfiguration $(4f)^7$ mit sieben Elektronen in der 4f-Schale und Eu^{3+} die Konfiguration $(4f)^6$ mit sechs Elektronen in der 4f-Schale. Es wird angenommen, daß das siebte Elektron weder permanent gebunden noch permanent frei ist, sondern daß es sehr schnell ($t < 3,5 \cdot 10^{-11}$ s) zwischen dem lokalisierten 4f-Niveau und dem Leitungsband wechselt. Diese Erscheinung nennt man Valenzfluktuation. Im Mößbauer-Effekt beobachtet man nur den Mittelwert der Isomerieverschiebung, da innerhalb der Lebensdauer des Mößbauer-Niveaus sehr viele Valenzwechsel stattfinden. Die beobachtete Temperaturabhängigkeit wird dadurch erklärt, daß sich mit zunehmender Temperatur das siebte 4f-Elektron im Vergleich zu tiefen Temperaturen häufiger im gebundenen Zustand als im freien Zustand befindet.

Valenzfluktuationen werden auch bei anderen Verbindungen von Atomen der seltenen Erden beobachtet. Es existiert bisher noch keine vollständig befriedigende Beschreibung dieses Phänomens.

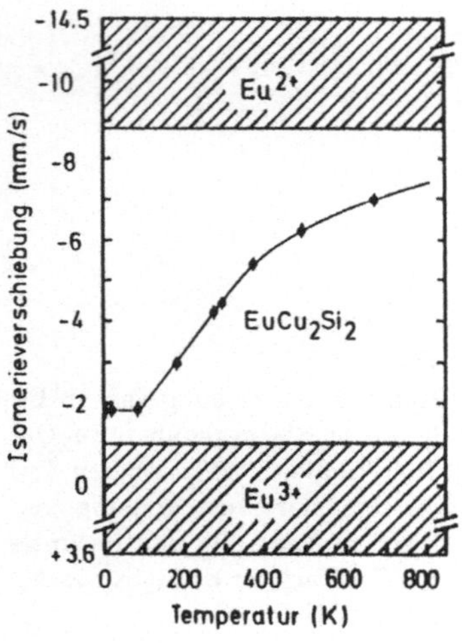

Abb. 4.18
Isomerieverschiebung von ^{151}Eu in $EuCu_2Si_2$ gegenüber Eu_2O_3 als Funktion der Temperatur. Zum Vergleich ist der experimentell gefundene Bereich von Isomerieverschiebungen in Eu^{2+} und Eu^{3+} Verbindungen angegeben (BAU 73)

4.5 Elektrische Quadrupolwechselwirkung

Wie wir in Kapitel 3 diskutiert haben, gibt es eine Aufhebung der Energieentartung bezüglich der M-Unterzustände, wenn der deformierte Kern mit einem elektrischen Feldgradienten wechselwirkt. Diese Aufspaltung hängt nicht vom Vorzeichen von M ab, da man z.B. bei einer zigarrenförmigen Verteilung vorne und hinten nicht unterscheiden kann. Es gilt (Gl. (3.39) und (3.41))

$$E_Q = [3M^2 - I(I+1)]\,\hbar\,\omega_Q \tag{4.34}$$

Die Aufspaltung verschwindet, wie schon erwähnt, wenn der Kernspin nicht mindestens $I = 1$ ist.

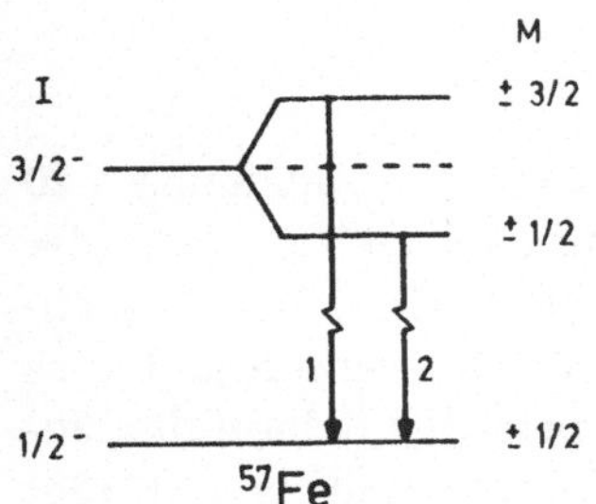

Abb. 4.19
Quadrupolaufspaltung des Mößbauer-Übergangs in ^{57}Fe

Wir wollen zunächst die elektrische Quadrupolaufspaltung am Mößbauer-System ^{57}Fe studieren. Abbildung 4.19 zeigt die Niveauaufspaltung von ^{57}Fe bei Anwesenheit einer Quadrupolwechselwirkung. Der Energieabstand der beiden Mößbauer-Linien beträgt

$$\Delta E = 6\,\hbar\,\omega_Q = \hbar\,\omega_0\,\frac{\Delta v}{c} \tag{4.35}$$

Daraus ergibt sich für den Abstand der beiden Linien im Geschwindigkeitsspektrum

$$\Delta v = \frac{eQV_{zz}c}{2\hbar\,\omega_0} \tag{4.36}$$

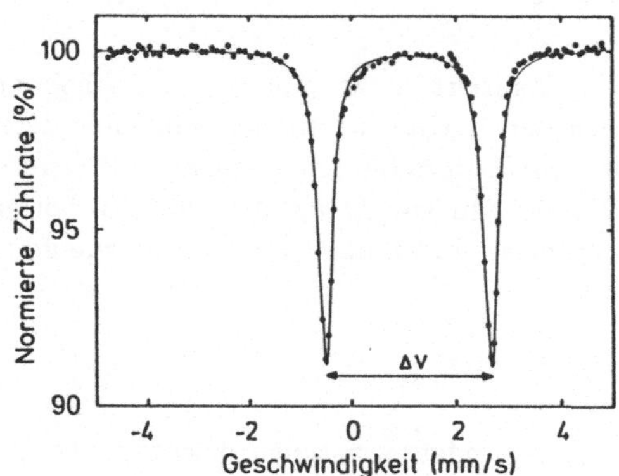

Abb. 4.20 ^{57}Fe Mößbauer-Spektrum von FeSO$_4$·7H$_2$O. Als Quelle diente ^{57}Co in Rh (Einlinienquelle)

Ein Meßergebnis für einen FeSO$_4$·7H$_2$O-Absorber ist in Abbildung 4.20 gezeigt. Die beobachtete Quadrupolaufspaltung $\Delta v = 3{,}16(1)$ mm/s (der Schwerpunkt ist wegen Isomerieverschiebung bei $v \neq 0$) läßt sich qualitativ folgendermaßen verstehen: In FeSO$_4$ ist Eisen zweiwertig, d.h. es besitzt als äußerste Elektronen sechs $3d$-Elektronen. Die halbgefüllte $3d$-Schale $(3d)^5$ besitzt eine kugelsymmetrische Ladungsverteilung und trägt damit nichts zum elektrischen Feldgradienten V_{zz} bei. Der beobachtete Feldgradient ist also im wesentlichen durch das Elektron außerhalb der halbgefüllten $3d$-Schale bestimmt. Dreiwertige Eisensalze mit nur fünf $3d$-Elektronen zeigen in der Tat, wie nach den obigen Überlegungen zu erwarten ist, keine oder nur eine schwache Quadrupolaufspaltung.

Zur Linienintensität. In ^{57}Fe Mößbauer-Experimenten mit elektrischer Quadrupolaufspaltung findet man für Pulverproben, daß die Intensitäten der beiden Linien gleich groß sind. Dies soll kurz erklärt werden. Die Übergangswahrscheinlichkeit vom angeregten Zustand $|3/2,M_a\rangle$ in den Grundzustand $|1/2,M_g\rangle$ unter Emission von reiner M1-Strahlung ist durch folgenden Ausdruck gegeben

$$I_\gamma \propto |\langle 1/2,M_g| \; \mathcal{M}(M1) \; |3/2,M_a\rangle|^2 \; F_{lm}(\theta) \tag{4.37}$$

Der erste Term enthält das Kernmatrixelement mit dem M1-Multipoloperator $\mathcal{M}(M1)$, während der zweite Term die M1-Ausstrahlcharakteristik (siehe Gl.(2.36)) beschreibt. Bei Anwendung des Wigner-Eckart-Theorems und Weglassen des konstanten reduzierten Matrixelements ergibt sich

$$I_\gamma \propto \begin{pmatrix} 1/2 & 1 & 3/2 \\ -M_g & m & M_a \end{pmatrix}^2 F_{lm}(\theta) \tag{4.38}$$

Die auftretenden 3j-Symbole haben folgende Werte (ROT 59)

$$\begin{pmatrix} 1/2 & 1 & 3/2 \\ \mp 1/2 & \mp 1 & \pm 3/2 \end{pmatrix}^2 = \frac{3}{12} \qquad\qquad \begin{pmatrix} 1/2 & 1 & 3/2 \\ \mp 1/2 & 0 & \pm 1/2 \end{pmatrix}^2 = \frac{2}{12}$$

$$\begin{pmatrix} 1/2 & 1 & 3/2 \\ \pm 1/2 & \mp 1 & \pm 1/2 \end{pmatrix}^2 = \frac{1}{12} \tag{4.39}$$

Bei Pulverproben sind die Orientierungen des elektrischen Feldgradienten in der Probe statistisch verteilt, d.h. es existiert keine Korrelation zwischen der Orientierung des elektrischen Feldgradienten und der Emissionsrichtung des γ-Quants. In diesem Fall muß man in Formel (4.38) über den winkelabhängigen Anteil $F_{lm}(\theta)$ integrieren, der damit entfällt. Die Linienintensitäten sind dann ausschließlich durch die Quadrate der 3j-Symbole bestimmt. Bei Betrachtung der möglichen Übergänge in Abbildung 4.19 erhält man: $I_1 \propto 3/12$, $I_2 \propto 2/12 + 1/12 = 3/12$. Dieses ergibt also in Übereinstimmung mit dem Experiment $I_1 = I_2$.

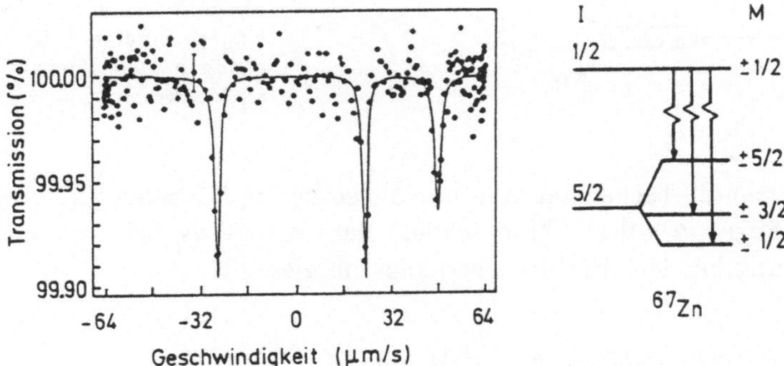

Abb. 4.21 ^{67}Zn Mößbauer-Spektrum von Zn-Metall. Als Quelle diente ^{67}Ga in Cu (Einlinienquelle) (POT 78). Auf der rechten Seite ist die Quadrupolaufspaltung der beteiligten Niveaus für ^{67}Zn dargestellt

Als weiteres Beispiel zur elektrischen Quadrupolwechselwirkung stellen wir ein Experiment mit dem ^{67}Zn Mößbauer-Isotop vor. Abbildung 4.21 zeigt das Spektrum für einen metallischen, polykristallinen ^{67}Zn-Absorber und einer ^{67}Ga-Quelle in Kupfer (Einlinienquelle), zusammen mit der Niveauaufspaltung für dieses Isotop. Der elektrische Feldgradient rührt jetzt von der nichtkubischen (hexagonalen) Kristallstruktur des Zinks her (vergleiche Abschn. 5.5). Beachtenswert ist die extrem geringe Linienbreite und damit die niedrigen Doppler-Geschwindigkeiten.

4.6   Magnetische Dipolwechselwirkung

Die magnetische Wechselwirkung $-\vec{\mu}\cdot\vec{B}$ führt zu einer äquidistanten Aufspaltung des Kernniveaus (Gl. (3.3)) und damit zu unterschiedlichen Energien der emittierten γ-Strahlung. Wir wollen auch hier den Fall des ^{57}Fe-Isotops diskutieren. Abbildung 4.22 zeigt diese magnetische Aufspaltung für ^{57}Fe.

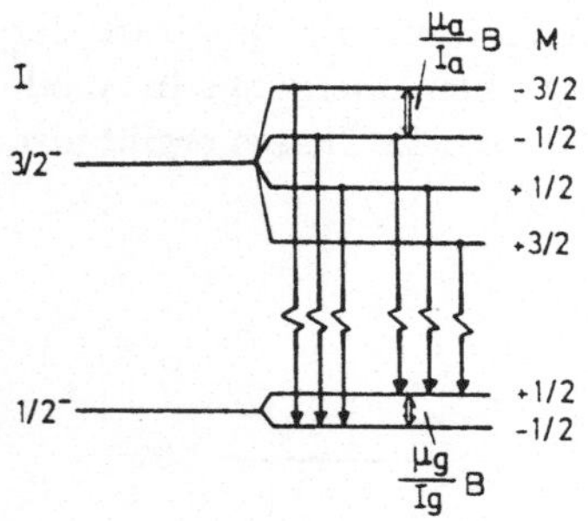

Abb. 4.22
Aufspaltung der Kernniveaus von ^{57}Fe in einem $\vec{B}$-Feld. Die eingezeichneten γ-Übergänge genügen den Auswahlregeln für M1-Strahlung: $m = 0,\pm1$

Experimentell beobachtet man nur die sechs für M1-Strahlung erlaubten Übergänge ($m = 0,\pm1$). Man schließt daraus, daß es sich um reine M1-Strahlung handelt. Für die Übergangsenergien gilt

$$\hbar\,\omega(M_\mathrm{a} \to M_\mathrm{g}) = \left(E_\mathrm{a} - \frac{\mu_\mathrm{a}}{I_\mathrm{a}}M_\mathrm{a}B\right) - \left(E_\mathrm{g} - \frac{\mu_\mathrm{g}}{I_\mathrm{g}}M_\mathrm{g}B\right) =$$

$$= \hbar\,\omega_0 - \left(\frac{\mu_\mathrm{a}}{I_\mathrm{a}}M_\mathrm{a} - \frac{\mu_\mathrm{g}}{I_\mathrm{g}}M_\mathrm{g}\right)B \qquad (4.40)$$

Bei bewegter Quelle gilt deshalb für die Resonanzgeschwindigkeiten folgende Bedingung

$$\hbar\,\omega_0\left(1 + \frac{v_{\text{res}}}{c}\right) = \hbar\,\omega_0 - \left(\frac{\mu_a}{I_a}M_a - \frac{\mu_g}{I_g}M_g\right)B \tag{4.41}$$

woraus sich ergibt

$$v_{\text{res}} = -\frac{c}{\hbar\,\omega_0}\left(\frac{\mu_a}{I_a}M_a - \frac{\mu_g}{I_g}M_g\right)B \tag{4.42}$$

4.6.1   Magnetisches Hyperfeinfeld im Inneren von Eisen

^{57}Fe ist die ideale Sonde um in Eisen das magnetische Hyperfeinfeld $\vec{B}_{\text{hf}}$ auf substitutionellen Gitterplätzen zu studieren und so mit Hyperfeinwechselwirkung Einblick in den Ferromagnetismus zu gewinnen.

In Abbildung 4.23a ist das Mößbauer-Spektrum für ^{57}Fe in metallischem Eisen für die Einlinienquelle ^{57}Co in Pt dargestellt. Es ist die Aufspaltung der Mößbauer-Linie in ein sechs-Linienspektrum zu sehen, wie wir das oben diskutiert haben. Diese Messung kann nun benutzt werden, um das $\vec{B}_{\text{hf}}$-Feld am Kernort und das magnetische Moment des angeregten Zustands (μ_g ist aus anderen Messungen bekannt) zu bestimmen. Als Ergebnis findet man (bei 4 K)

$$\mu_a = -\,0{,}153(4)\,\mu_N \quad \text{und} \quad B = -\,33{,}3(10)\,\text{T} \tag{4.43}$$

Das große und negative lokale $\vec{B}$-Feld ist auf die Polarisation der s-Elektronen (Fermi-Kontaktwechselwirkung, siehe Abschnitt 6.5) durch die $3d$-Elektronen zurückzuführen. Das negative Vorzeichen bedeutet, daß das $\vec{B}_{\text{hf}}$-Feld und die äußere Magnetisierung der Probe entgegengesetzte Orientierung besitzen. Die Abhängigkeit des lokalen B-Feldes von der Temperatur verläuft völlig deckungsgleich mit der temperaturabhängigen, makroskopischen Magnetisierung des Eisens.

Zur Linienintensität. Die Linienintensitäten für unmagnetisierte Proben (statistische Verteilung der $\vec{B}$-Feld Richtungen) lassen sich wieder aus den Werten der 3j-Symbole (Gl. (4.39)) berechnen. Man erhält ein Verhältnis von 1 : 2 : 3 (siehe Abb. 4.23a).

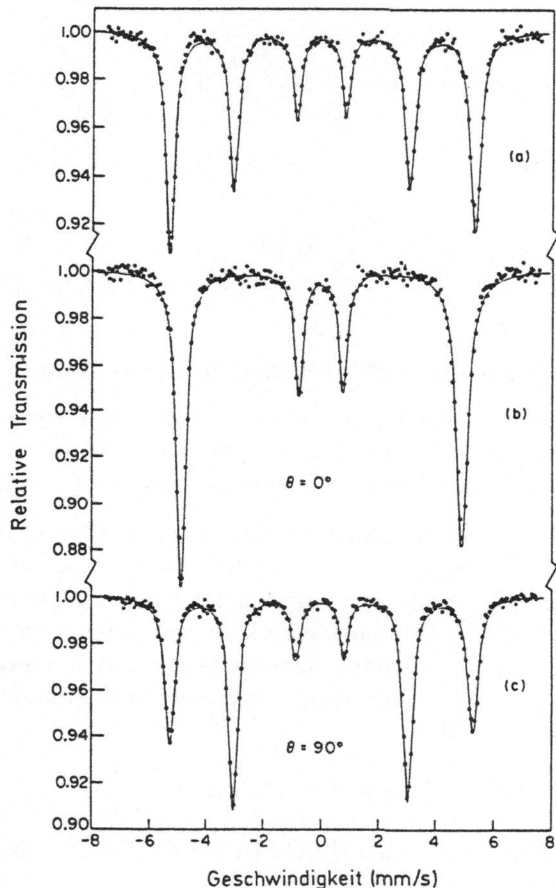

Geschwindigkeit (mm/s)

Abb. 4.23 ^{57}Fe Mößbauer-Spektrum für Eisen. Quelle: ^{57}Co in Pt.
a) Für Absorber aus unmagnetisiertem Eisen (die Richtungen des inneren $\vec{B}$-Felds sind statistisch verteilt).
b) Für Absorber aus magnetisiertem Eisen, bei dem die Magnetisierung und damit das $\vec{B}$-Feld parallel zur Ausbreitungsrichtung $\vec{k}$ des γ-Quants steht.
c) Für Absorber aus magnetisiertem Eisem, bei dem die Magnetisierung und damit das $\vec{B}$-Feld senkrecht auf der Ausbreitungsrichtung $\vec{k}$ des γ-Quants steht (GON 75).
In b) und c) ist eine veränderte Linienaufspaltung zu erkennen, was von einem angelegten externen B-Feld zur Ausrichtung der Magnetisierung herrührt

Sind dagegen $\vec{B}$-Feld und Ausbreitungsrichtung des γ-Quants miteinander korreliert, so ändern sich die Linienintensitäten. Es sollen zwei Spezialfälle betrachtet werden:

a) Das $\vec{B}$-Feld stehe parallel zur Ausbreitungsrichtung des γ-Quants. Die z-Achse legen wir in Richtung von $\vec{B}$ (zur Berechnung der magnetischen Aufspaltung haben wir das vereinbart). Für den winkelabhängigen Anteil in Gleichung (4.37) gilt

$$F_{10}(\theta = 0^\circ) = 0 \quad \text{und} \quad F_{1\pm1}(\theta = 0^\circ) = 1/2 \tag{4.44}$$

Das bedeutet, daß Linien mit $m = 0$ nicht beobachtet werden. Man erhält ein Intensitätsverhältnis von $1 : 0 : 3$ (siehe Abb. 4.23b).

b) Das $\vec{B}$-Feld stehe senkrecht zur Ausbreitungsrichtung des γ-Quants. Für den winkelabhängigen Anteil erhält man

$$F_{10}(\theta = 90^\circ) = 1/2 \quad \text{und} \quad F_{1\pm1}(\theta = 90^\circ) = 1/4 \tag{4.45}$$

Zusammen mit den entsprechenden $3j$-Symbolen ergibt das ein Intensitätsverhältnis von $1 : 4 : 3$ (siehe Abb. 4.23c).

4.6.2 Magnetisches Hyperfeinfeld an der (110)-Oberfläche von Eisen

Im Inneren von Eisen herrscht, wie wir gesehen haben, auf den regulären Gitterplätzen überall ein gleich großes, magnetisches Hyperfeinfeld. Äußerst interessant ist dabei die Frage, ob das auch für Eisenatome in der Oberflächenlage des Festkörpers gilt. Gradmann und Mitarbeiter (KOR 85) haben mit Hilfe von Konversionselektronen-Mößbauer-Spektroskopie (CEMS: siehe Abschnitt 4.4) einkristalline Eisenfilme mit (110)-Oberflächen untersucht. Die Filme wurden durch Aufdampfen von Eisen im Ultrahochvakuum ($p \approx 3 \cdot 10^{-9}$ Pa) auf ein W(110)-Substrat hergestellt. Dabei wurde zunächst das nichtresonanzfähige ^{56}Fe aufgedampft, dann eine Monolage des Mößbauer-Isotopes ^{57}Fe und darüber gegebenenfalls weitere ^{56}Fe-Schichten. Auf diese Art kann erreicht werden, daß die Mößbauer-aktive Monolage sukzessive von der Oberfläche ins Volumen hineinverlagert wird. Der Probenaufbau ist schematisch auf der rechten Seite von Abbildung 4.24 dargestellt. Auf der linken Seite daneben ist ein Mößbauer-Spektrum zu sehen, für den Fall, daß die Oberflächenatomlage aus ^{57}Fe besteht. Deutlich ist die typische magnetische Aufspaltung zu erkennen, wobei von den erwarteten sechs Linien die zweite und fünfte Linie

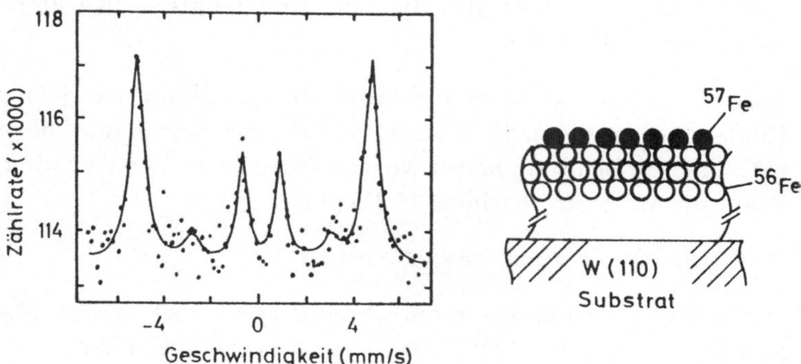

Abb. 4.24 Mößbauer-Spektrum für ^{57}Fe auf einer (110)-Eisenoberfläche (KOR 85).
Daneben ist schematisch der Probenaufbau angedeutet

nur schwach zu sehen sind. Bei der vorgegebenen Geometrie ($\theta = \sphericalangle(\vec{B},\vec{k}_\gamma)$
= 15°) beweist das, daß die Richtung des $\vec{B}_{hf}$-Feldes in der Oberfläche liegt
und mit einer der <110>-Richtungen zusammenfällt.

Das Ergebnis für die Stärke des B_{hf}-Feldes als Funktion des Monolagen-
abstands von der Oberfläche ist in Abbildung 4.25 zu sehen. Hier sind die
zur Temperatur $T = 0$ K hin extrapolierten B_{hf}-Felder aufgetragen; diese
wurden aus den Raumtemperaturwerten unter dem Zugrundelegen einer

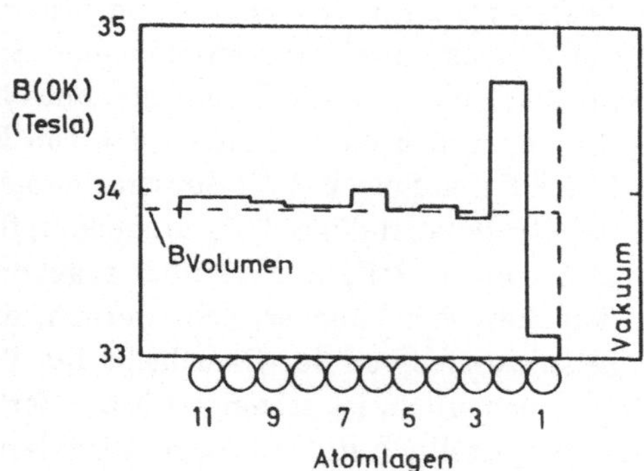

Abb. 4.25 Magnetisches Hyperfeinfeld an ^{57}Fe, extrapoliert auf T = 0 K, in Abhängigkeit vom Monolagenabstand zur (110)-Oberfläche (KOR 86)

$T^{3/2}$-Temperaturabhängigkeit (Spinwellenverhalten nach Bloch) gewonnen. Man erkennt deutlich, daß das magnetische Hyperfeinfeld in der Oberflächenlage abgesenkt und in der darunterliegenden Lage gegenüber dem Volumenwert angehoben ist. Die Autoren führen dieses "oszillatorische" Verhalten auf den Einfluß von Friedel-Oszillationen der Leitungselektronen in der Nähe der Oberfläche zurück.

4.7   Quadratischer Doppler-Effekt

Bei der streng gültigen relativistischen Formulierung des Doppler-Effekts erhält man ($v > 0$: Quelle nähert sich dem Beobachter; $v < 0$: Quelle entfernt sich vom Beobachter)

$$\omega = \omega_0 \, \frac{\sqrt{1 - v^2/c^2}}{1 - v/c} = \frac{\omega_0}{1 - v/c} \left(1 - \frac{v^2}{2c^2} + \dots \right) \tag{4.46}$$

Der Faktor vor der Klammer entspricht gerade dem linearen Doppler-Effekt, den wir schon bei der Behandlung des einatomigen Gases diskutiert haben (Gl. (4.6)). Wir wollen uns jetzt mit den höheren Korrekturen befassen.

In einem Kristallgitter führt das Senderatom während der Lebensdauer des emittierenden Niveaus viele Gitterschwingungen aus ($t_{\text{Gitter}} \approx 10^{-13}$ s, $\tau_N \approx 10^{-7}$ s). Seine Geschwindigkeit v_{Gitter} schwankt also um den Mittelwert $\overline{v}_{\text{Gitter}} = 0$. Der zeitliche Mittelwert der periodisch schwankenden Frequenz der Quelle ist also

$$\overline{\omega} = \omega_0 - \frac{\omega_0}{2c^2} \, \overline{(v_{\text{Gitter}})^2} = \omega_0 - \frac{\omega_0}{M c^2} \, \frac{M \, \overline{(v_{\text{Gitter}})^2}}{2} \tag{4.47}$$

wobei $M \, \overline{(v_{\text{Gitter}})^2} / 2$ den zeitlichen Mittelwert der kinetischen Energie eines Gitterbausteins darstellt. Beim harmonischen Oszillator ist die kinetische Energie im Mittel halb so groß wie die Gesamtenergie. Mit der Energie bezogen auf ein Mol des Stoffes, E_{mol}, und

$$E_{\text{mol}} = 2\,N_{\text{A}}\,\frac{M\,\overline{(v_{\text{Gitter}})^2}}{2} \qquad (N_{\text{A}} : \text{Avogadro Konstante}) \qquad (4.48)$$

erhält man

$$\overline{\omega} = \omega_0 - \omega_0\,\frac{E_{\text{mol}}}{M\,c^2\,2N_{\text{A}}} \qquad (4.49)$$

Differenziert man Gleichung (4.49) nach der Temperatur und verwendet den Ausdruck für die Molwärme $C_{\text{mol}} = dE_{\text{mol}}/dT$, so erhält man für die Frequenzverschiebung pro Grad

$$\frac{d\overline{\omega}}{dT} = -\,\omega_0\,\frac{C_{\text{mol}}(T)}{M\,c^2\,2N_{\text{A}}} \qquad (4.50)$$

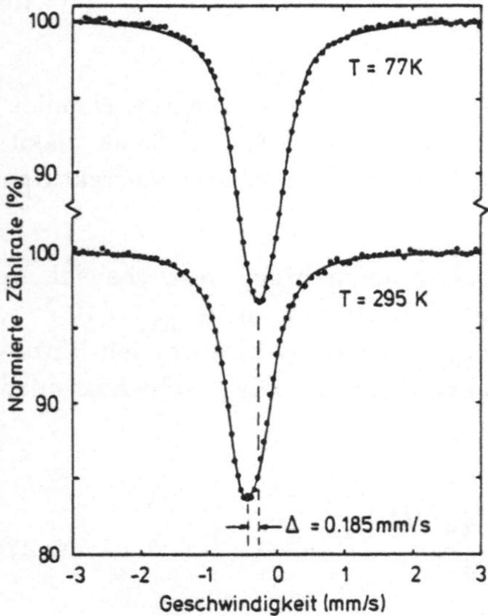

Abb. 4.26
Quadratischer Doppler-Effekt für die 14,4 keV Linie von ^{57}Fe. Der Absorber aus Edelstahl wurde auf 77 K bzw. auf 295 K gebracht, während die Quelle (^{57}Co in Rh) auf 295 K festgehalten wurde

Den Effekt des quadratischen Doppler-Effekts wollen wir für ^{57}Fe abschätzen. Nach der Regel von Dulong-Petit ist (R : allgemeine Gaskonstante) $C_{\text{mol}} = 3R = 24{,}9$ J/(mol·K). Einsetzen dieses Wertes in Gleichung (4.50) ergibt dann für ^{57}Fe

$$-\frac{\mathrm{d}\bar{\omega}}{\mathrm{d}T}\,\frac{1}{\omega_0} = 2,4\cdot10^{-15}\,\mathrm{K}^{-1} \qquad\qquad (4.51)$$

Bei einem Experiment, bei dem der Absorber einmal auf die Temperatur $T = 295$ K, das andere Mal auf $T = 77$ K gebracht wird (die Quelle habe immer die Temperatur $T = 295$ K), ergibt sich eine relative Frequenzverschiebung von $\Delta\omega/\omega_0 \approx 5\cdot10^{-13}$. Dieser Wert ist in der Größenordnung der natürlichen Linienbreite bei ^{57}Fe und ist damit gut meßbar. In Abbildung 4.26 ist eine solche Messung für ^{57}Fe in nichtmagnetischem Edelstahl gezeigt. Die experimentell beobachtete Linienbreite ist etwa viermal größer als die natürliche Linienbreite für ^{57}Fe; dieses rührt von verschiedenen Gitterplätzen des Fe im Edelstahl her (nichtaufgelöste Quadrupolaufspaltung). Als quadratischer Doppler-Effekt ergibt sich eine Verschiebung von $\Delta = 0{,}185(1)$ mm/s, was einer relativen Frequenzverschiebung von $6{,}2\cdot10^{-13}$ entspricht.

5 Gestörte γ-γ-Winkelkorrelation (PAC)

Bei der Methode der gestörten γ-γ-Winkelkorrelation (<u>P</u>erturbed <u>A</u>ngular <u>C</u>orrelation: PAC) mißt man im Gegensatz zum Mößbauer-Effekt nicht die energetische Verschiebung der γ-Quanten, die den Sondenzustand entvölkern, sondern die zeitliche Veränderung der γ-Ausstrahlcharakteristik. Man spricht auch von einer Drehung oder Präzession der Winkelkorrelation. Die Ursache hierfür ist die Hyperfeinwechselwirkung.

Die grundlegende Voraussetzung für die Beobachtung der gestörten Winkelkorrelation ist, daß die Emission der γ-Quanten aus dem Sondenzustand *anisotrop* sein muß, da nur in diesem Fall eine Präzession beobachtbar ist. Eine anisotrope Winkelverteilung erhält man aber nur, wenn der Zustand, aus dem die Emission erfolgt, polarisiert oder zumindest ausgerichtet ist, d.h. wenn die M-Unterzustände ungleich besetzt sind. Diese ungleiche Besetzung kann z.B. durch den koinzidenten Nachweis einer den Kernzustand bevölkernden anderen γ-Strahlung erreicht werden. Wegen der Wichtigkeit der Erzeugung einer anisotropen Winkelverteilung soll zunächst die ungestörte γ-γ-Winkelkorrelation diskutiert werden, erst danach werden wir auf die Störung, d.h. die Hyperfeinwechselwirkung im Zwischenzustand eingehen. Eine ausführliche Darstellung der PAC-Methode findet man bei Frauenfelder und Steffen (FRA 65).

5.1 Theorie der ungestörten γ-γ-Winkelkorrelation

Die allgemeine Theorie der Winkelkorrelation erfordert einen verhältnismäßig großen mathematischen Aufwand, wodurch der physikalische Zusammenhang leicht verloren geht. Wir wollen daher zunächst eine einfachere Version, die sogenannte naive Theorie darstellen, erst danach werden wir die allgemeine Theorie kurz skizzieren und schließlich die Störung in die Theorie einbauen.

Das Prinzip einer Winkelkorrelationsmessung ist in Abb. 5.1 dargestellt. Der Anfangszustand $|I_i,M_i>$ zerfällt unter Emission von γ_1 in den Zwischenzustand $|I,M>$ und dieser unter Emission von γ_2 in den Endzustand $|I_f,M_f>$. γ_1 mit der Multipolarität l_1 und der Projektion m_1 wird im ortsfesten Detektor 1 und γ_2 mit den Quantenzahlen l_2 und m_2 im beglichen Detektor 2 nachgewiesen. Die Koinzidenzzählrate als Funktion des Winkels θ ergibt die Winkelkorrelation.

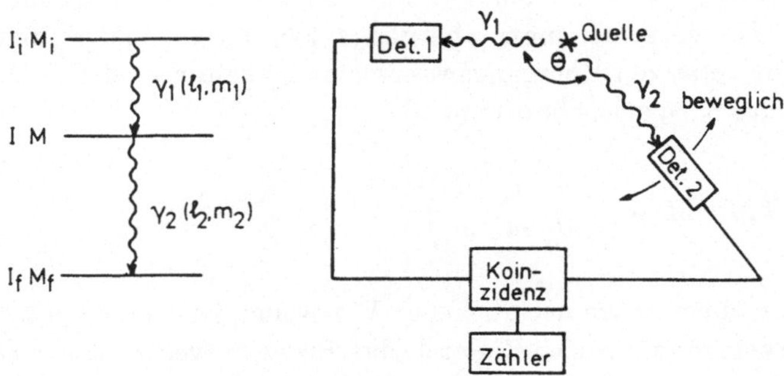

Abb. 5.1 Prinzip einer γ-γ-Winkelkorrelationsapparatur

5.1.1 Naive Theorie

Gehen wir von einer Gleichverteilung in der Besetzung der Unterzustände des oberen Kernzustandes (I_i, M_i in Abb. 5.1) aus, so ist die Wahrscheinlichkeit für die Bevölkerung eines M-Unterzustandes im Zwischenniveau durch folgenden Ausdruck gegeben

$$P(M) = \sum_{M_i} G(M_i \rightarrow M)\, F_{l_1 m_1}(\theta_1) \tag{5.1}$$

wobei $F_{l_1 m_1}(\theta_1)$ die Ausstrahlungscharakteristik (Gl. (2.36)) für γ-Quanten der Multipolarität l_1 mit $m_1 = M_i - M$ darstellt. $F_{l_1 m_1}(\theta_1)$ gibt also an, wie wahrscheinlich γ-Quanten unter einem Winkel θ_1 in bezug auf die z-Achse ausgesandt werden.

Der Faktor $G(M_i \rightarrow M)$ beschreibt die Wahrscheinlichkeit, daß der Übergang zwischen $|I_i,M_i\rangle$ und $|I,M\rangle$ überhaupt stattfindet. Es gilt also

$$G(M_i \rightarrow M) = |\langle I,M\,|\,\mathcal{M}_{l_1 m_1}\,|I_i,M_i\rangle|^2 = |\langle I_i,M_i\,|\,\mathcal{M}_{l_1 m_1}\,|I,M\rangle|^2 =$$

$$= \begin{pmatrix} I_i & l_1 & I \\ -M_i & m_1 & M \end{pmatrix}^2 \langle I\|\,\mathcal{M}_{l_1}\,\|I_i\rangle^2 \tag{5.2}$$

wobei $\mathcal{M}_{l_1 m_1}$ den Multipoloperator für die Multipolstrahlung mit l_1, m_1 darstellt. Die zweite Zeile in Gleichung (5.2) entsteht durch Anwendung des Wigner-Eckart-Theorems (Anhang A.3). Das reduzierte Matrixelement $<I\|\mathcal{M}_{l_1}\|I_i>$ ist unabhängig von den magnetischen Quantenzahlen und für die verschiedenen Übergänge zwischen $|I_i,M_i>$ und $|I,M>$ gleich. Die relativen Übergangswahrscheinlichkeiten sind also durch das Quadrat des $3j$-Symbols bestimmt

$$G(M_i \rightarrow M) \propto \begin{pmatrix} I_i & l_1 & I \\ -M_i & m_1 & M \end{pmatrix}^2 \tag{5.3}$$

Bisher war die z-Achse noch beliebig. Wir wollen jetzt eine spezielle Richtung auszeichnen, da sich dadurch das Problem wesentlich vereinfacht. Wir wählen die *z-Achse in Richtung des γ_1-Detektors* (von der Quelle aus gesehen), d.h. $\theta_1 = 0^0$, und erhalten damit

$$P(M) \propto \sum_{M_i} \begin{pmatrix} I_i & l_1 & I \\ -M_i & \pm 1 & M \end{pmatrix}^2 F_{l_1 \pm 1}(0) \tag{5.4}$$

Durch diese spezielle Wahl der z-Achse wird m_1 auf die Werte ± 1 eingeschränkt, da nur für $m_1 = \pm 1$ γ-Quanten in z-Richtung emittiert werden (vergleiche z.B. Abb. 2.6). Wir erkennen also, daß durch die Beobachtung von γ_1 die magnetischen Unterzustände im Zwischenzustand $|I,M>$ nicht gleichmäßig besetzt werden, da nur Übergänge mit $m_1 = \pm 1$ möglich sind. Es ist also im allgemeinen $P(M) \neq P(M')$. Man kann leicht zeigen, daß durch den oben beschriebenen Vorgang keine Polarisation auftritt, sondern daß gilt: $P(M) = P(-M)$. Eine solche Populationsverteilung nennt man Alignment (Ausrichtung). Das Alignment des Zwischenzustands hat nun zur Folge, daß die Emission des zweiten γ-Quants, bezogen auf die z-Richtung, nicht mehr isotrop erfolgt, sondern eine Winkelabhängigkeit zeigt. Wichtig ist dabei, daß durch den Nachweis von γ_1 eine Selektion von Unterzuständen erfolgte; es muß also eine Koinzidenzmessung zwischen γ_1 und γ_2 durchgeführt werden. Für die Emission von γ_2 in Koinzidenz mit γ_1 gilt analog zu Gleichung (5.1)

$$W(\theta) \propto \sum_{M,M_f} P(M)\, G(M \rightarrow M_f)\, F_{l_2 m_2}(\theta) \tag{5.5}$$

mit dem Unterschied, daß $P(M)$ jetzt nicht konstant angenommen werden kann. θ ist der Winkel zwischen der Emissionsrichtung von γ_1 und γ_2. Einsetzen von $P(M)$ aus Gleichung (5.4) und Anwenden des Wigner-Eckart-Theorems auf $G(M \rightarrow M_f)$ ergibt

$$W(\theta) \propto \sum_{M_i,M,M_f} \begin{pmatrix} I_i & l_1 & I \\ -M_i & \pm 1 & M \end{pmatrix}^2 F_{l_1 \pm 1}(0) \begin{pmatrix} I & l_2 & I_f \\ -M & m_2 & M_f \end{pmatrix}^2 F_{l_2 m_2}(\theta) \quad (5.6)$$

Diese Formel erlaubt in sehr einfacher Weise eine explizite Berechnung der Winkelkorrelation. Das soll an zwei Beispielen demonstriert werden.

Beispiel 1: 0–1–0 Kaskade

Zunächst wollen wir am Beispiel einer (hypothetischen) 0–1–0 γ-γ-Kaskade die vorhergehende Diskussion veranschaulichen. Die beteiligten Kernspins $I_i = 0$, $I = 1$, $I_f = 0$ lassen nur reine Dipolübergänge, also $l_1 = l_2 = 1$, zu.

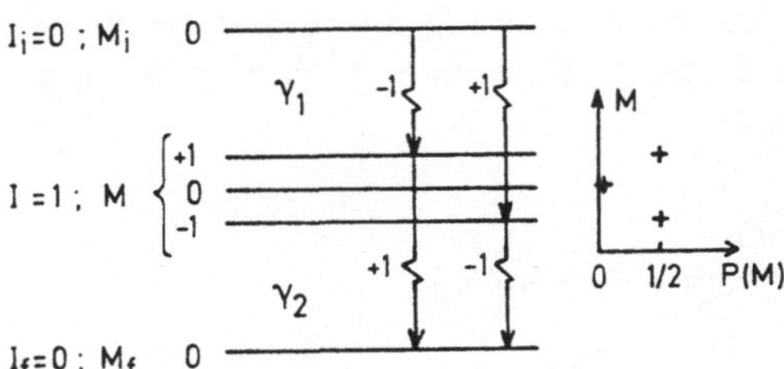

Abb. 5.2 Niveauschema für eine 0–1–0 γ-γ-Kaskade. Rechts die Besetzungswahrscheinlichkeit für die Unterzustände des Zwischenniveaus. Die M-Zustände sind energetisch entartet, sie sind nur aus Darstellungsgründen aufgetrennt

Bei der Wahl der z-Achse in Richtung von γ_1 sind nur Übergänge von $|I_i,M_i\rangle \rightarrow |I,M\rangle$ mit $m_1 = \pm 1$ möglich, $m_1 = 0$ ist nicht erlaubt (vergleiche Gl.(5.4)). Das hat zur Folge, daß $M = 0$ im Zwischenzustand nicht bevölkert wird. Wir erhalten also ein Alignment im Zwischenzustand; die nachfolgende Emission des zweiten γ-Quants ist daher bei Koinzidenzmessung mit γ_1 nicht mehr isotrop. Einsetzen der Werte in Gleichung (5.6) ergibt

$$W(\theta) \propto \begin{pmatrix} 0 & 1 & 1 \\ 0 & 1 & -1 \end{pmatrix}^2 F_{11}(0) \begin{pmatrix} 1 & 1 & 0 \\ 1 & -1 & 0 \end{pmatrix}^2 F_{1-1}(\theta) \;+$$

$$+ \begin{pmatrix} 0 & 1 & 1 \\ 0 & -1 & 1 \end{pmatrix}^2 F_{1-1}(0) \begin{pmatrix} 1 & 1 & 0 \\ -1 & 1 & 0 \end{pmatrix}^2 F_{11}(\theta) \tag{5.7}$$

Alle auftretenden $3j$-Symbole sind bis auf das Vorzeichen gleich, da sie durch Vertauschen von Spalten auseinander hervorgehen (siehe Anhang A.1). Da sie nur quadratisch vorkommen und wir nur an der Winkelabhängigkeit von $W(\theta)$ interessiert sind, können wir sie in Gleichung (5.7) weglassen. Außerdem gilt $F_{11}(0) = F_{1-1}(0) = 1/2$. Damit erhalten wir insgesamt

$$W(\theta) \propto F_{1\pm1}(\theta) \propto 1 + \cos^2\theta \tag{5.8}$$

Beispiel 2: Winkelkorrelation für ^{60}Co

Im zweiten Beispiel wollen wir uns der γ-γ-Kaskade in ^{60}Ni zuwenden, ein Fall, an dem experimentell häufig die ungestörte γ-γ-Winkelkorrelation demonstriert wird. Die γ-γ-Kaskade in ^{60}Ni wird durch β$^-$-Zerfall des ^{60}Co bevölkert (Abb. 5.3).

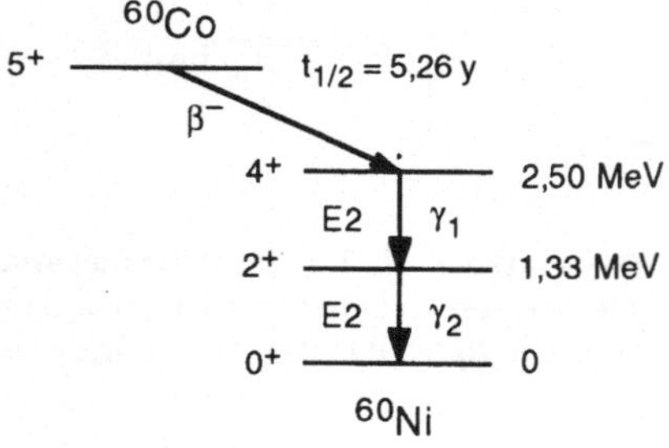

Abb. 5.3
Zerfallsschema von ^{60}Co

Die Übergänge in ^{60}Ni haben reinen E2-Charakter, so daß die Anwendung von Formel (5.6) gerechtfertigt ist. Legen wir die z-Achse wieder in Richtung von γ$_1$, so gilt für die γ$_1$-Übergänge die Auswahlregel $m_1 = \pm1$. Für γ$_2$ ist diese Einschränkung natürlich nicht vorhanden. In Abbildung 5.4 sind die möglichen Übergänge zwischen den M-Unterzuständen eingezeichnet.

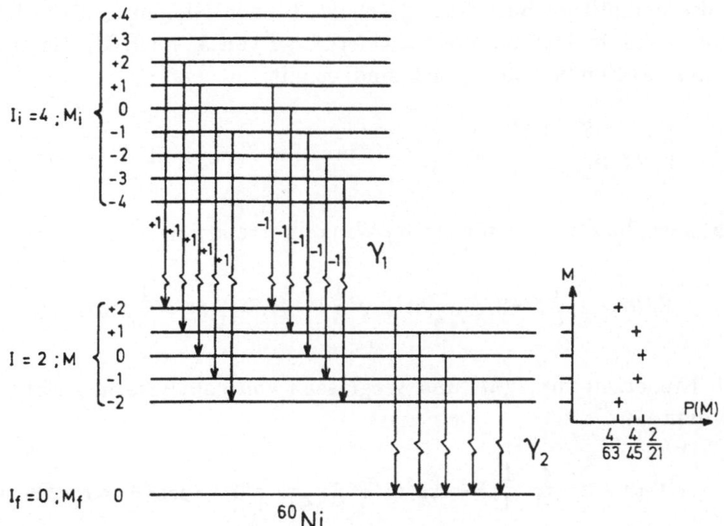

Abb. 5.4 Die möglichen Übergänge in ^{60}Ni bei Wahl der z-Achse in Richtung γ_1 (Auswahlregel $m_1 = \pm 1$ für γ_1). Auf der rechten Seite sind die Besetzungswahrscheinlichkeiten $P(M)$ der verschiedenen Unterzustände im Zwischenniveau aufgetragen. Die M_i und M Zustände sind energetisch entartet, sie sind nur aus Darstellungsgründen aufgetrennt

Wir wollen zunächst die Besetzungswahrscheinlichkeit $P(M)$ für die magnetischen Unterzustände im Zwischenniveau nach Gleichung (5.4) berechnen. Mit $F_{21}(0) = F_{2-1}(0) = 1/2$ erhalten wir (die Werte der 3j-Symbole sind aus Tabellenwerken entnommen, z.B. (ROT 59))

$$P(\pm 2) \propto \begin{pmatrix} 4 & 2 & 2 \\ \mp 3 & \pm 1 & \pm 2 \end{pmatrix}^2 + \begin{pmatrix} 4 & 2 & 2 \\ \mp 1 & \mp 1 & \pm 2 \end{pmatrix}^2 = \frac{1}{18} + \frac{1}{126} = \frac{4}{63}$$

$$P(\pm 1) \propto \begin{pmatrix} 4 & 2 & 2 \\ \mp 2 & \pm 1 & \pm 1 \end{pmatrix}^2 + \begin{pmatrix} 4 & 2 & 2 \\ 0 & \mp 1 & \pm 1 \end{pmatrix}^2 = \frac{4}{63} + \frac{8}{315} = \frac{4}{45} \tag{5.9}$$

$$P(0) \propto \begin{pmatrix} 4 & 2 & 2 \\ -1 & +1 & 0 \end{pmatrix}^2 + \begin{pmatrix} 4 & 2 & 2 \\ +1 & -1 & 0 \end{pmatrix}^2 = \frac{3}{63} + \frac{3}{63} = \frac{2}{21}$$

Man sieht, daß $P(M) \neq P(M')$ für $|M| \neq |M'|$, daß aber gilt $P(M) = P(-M)$. Für die endgültige Berechnung von $W(\theta)$ nach Gleichung (5.6) brauchen wir noch die $3j$-Symbole für die Übergänge von M nach M_f. Es zeigt sich, daß diese $3j$-Symbole alle gleich sind, es gilt

$$\begin{pmatrix} 2 & 2 & 0 \\ -M & m_2 & 0 \end{pmatrix}^2 = \frac{1}{5} \qquad \text{für alle } M, m_2 \text{ mit } M = m_2 .$$

Daraus ergibt sich also für die γ-γ-Winkelkorrelation

$$W(\theta) \propto 2 \cdot \frac{1}{5} P(\pm 2) F_{2\pm2}(\theta) + 2 \cdot \frac{1}{5} P(\pm 1) F_{2\pm1}(\theta) + \frac{1}{5} P(0) F_{20}(\theta) \qquad (5.10)$$

Nach Einsetzen von $P(M)$ und Weglassen von gemeinsamen Faktoren erhält man

$$W(\theta) \propto 2 \cdot \frac{4}{63} \cdot \frac{1}{4} (1 - \cos^4\theta) + 2 \cdot \frac{4}{45} \cdot \frac{1}{4} (1 - 3\cos^2\theta + 4\cos^4\theta) +$$

$$+ \frac{2}{21} \cdot \frac{3}{2} (1 - \cos^2\theta) \cos^2\theta \qquad (5.11)$$

Als Endergebnis erhält man für die Winkelkorrelation von ^{60}Co (winkelunabhängiger Term auf 1 normiert)

$$W(\theta) = 1 + \frac{1}{8} \cos^2\theta + \frac{1}{24} \cos^4\theta \qquad (5.12)$$

Die bisher behandelte naive Theorie hat eine Reihe von Nachteilen:

a)   Sie ist nur bei reinen Übergängen (nur ein einziges l) anwendbar. Da die Übergangswahrscheinlichkeiten, nicht deren Amplituden betrachtet wurden, bleiben bei mehreren l-Werten Interferenzen beim Übergang unberücksichtigt.

b)   Die spezielle Wahl der z-Achse in Richtung von γ_1 ist bei extranuklearer Störung (z.B. Magnetfeld) ungünstig.

c)   Vor allem aber führt der Einbau einer extranuklearen Störung in die Theorie unweigerlich zu Interferenzen, so daß die Betrachtung von Amplituden zwingend erforderlich ist.

5.1.2 Allgemeine Theorie

Im folgenden sollen einige Schritte der allgemeinen Theorie der γ-γ-Winkelkorrelation aufgezeigt werden. Als erstes läßt man die spezielle Wahl der z-Achse in Richtung von γ_1 fallen. Dadurch werden γ_1 und γ_2 in ihrer Bedeutung völlig gleichwertig, die Geometrie mit den auftretenden Winkeln ist in Abbildung 5.5 angegeben. Der zweite und entscheidende Schritt ist die Betrachtung von Übergangsamplituden anstelle der Übergangswahrscheinlichkeiten (Abb. 5.6)

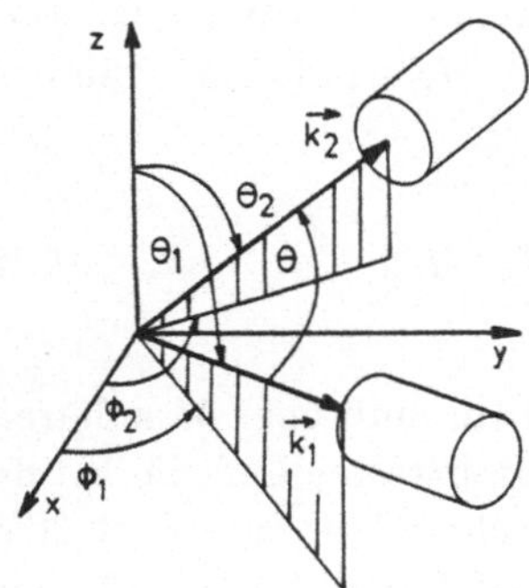

Abb. 5.5
Allgemeines Koordinatensystem zur Beschreibung der γ-γ-Winkelkorrelation. $\vec{k}_1, \vec{k}_2$ bezeichnen die Emissionsrichtung von γ_1 bzw. γ_2

Die Übergangsamplituden enthalten die Matrixelemente

$$<I,M,\vec{k}_1,\sigma_1\,|\,\mathcal{H}_1\,|\,I_i,M_i> \quad \text{und} \quad <I_f,M_f,\vec{k}_2,\sigma_2\,|\,\mathcal{H}_2\,|\,I,M> \qquad (5.13)$$

für den Übergang vom Anfangszustand zum Zwischenzustand, wobei ein γ-Quant in Richtung $\vec{k}_1$ mit Polarisation σ_1 emittiert wird, bzw. für den

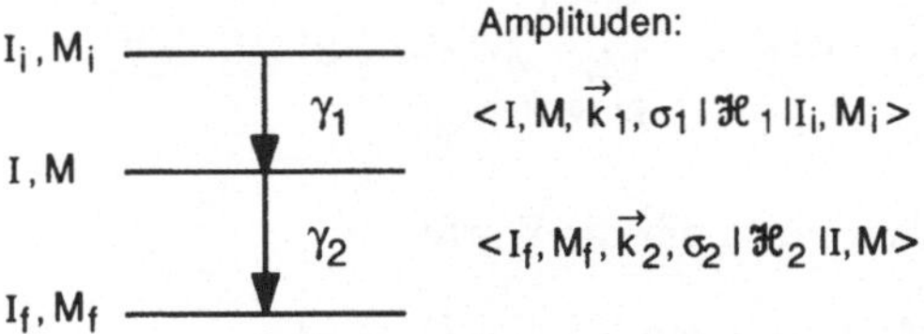

Abb. 5.6 Schematische Darstellung einer γ-γ-Kaskade mit Übergangsamplituden. $\vec{k}_i$ und σ_i bezeichnen Emissionsrichtung und Polarisation des γ-Quants i ($i = 1,2$)

Übergang vom Zwischenzustand zum Endzustand unter Emission eines γ-Quants in Richtung von $\vec{k}_2$ mit Polarisation σ_2. $\mathcal{H}_1$ und $\mathcal{H}_2$ sind die Wechselwirkungsoperatoren für die Emission von γ_1 bzw. γ_2.

Die explizite Berechnung der Matrixelemente in Gleichung (5.13) ist etwas umständlich und soll hier nicht verfolgt werden. Wir werden außerdem die etwas kürzere Schreibweise

$$<M\,|\,\mathcal{H}_1\,|\,M_i> \qquad \text{und} \qquad <M_f|\,\mathcal{H}_2\,|M> \tag{5.14}$$

anstatt der Ausdrücke in Gleichung (5.13) verwenden. Die Winkelkorrelation für einen spezifischen Übergang von $M_i \to M_f$ erhält man damit in der Form

$$W(M_i{\to}M_f) = \left|\ \sum_M\ <M_f|\,\mathcal{H}_2\,|M> <M\,|\,\mathcal{H}_1\,|M_i>\ \right|^2 \tag{5.15}$$

Da der Zwischenzustand M nicht beobachtet wird, muß über M kohärent summiert werden. Dadurch treten auch Interferenzterme auf, die bei der naiven Theorie nicht berücksichtigt wurden. Schließlich muß noch über die verschiedenen Anfangs- und Endzustände und über die Polarisation, die unbeobachtet bleibt, summiert werden. Da diese Größen im Prinzip gemessen werden können, erfolgt die Summation inkohärent. Also gilt

$$W(\vec{k}_1,\vec{k}_2) = \sum_{M_i,M_f,\sigma_1,\sigma_2}\ \left|\sum_M <M_f|\,\mathcal{H}_2\,|M> <M\,|\,\mathcal{H}_1\,|M_i>\right|^2 \tag{5.16}$$

Die Ausrechnung der Matrixelemente und Ausführung der Summation führt zu folgender Form der Winkelkorrelation (FRA 65)

$$W(\vec{k}_1,\vec{k}_2) = W(\theta) = \sum_{k\ \text{gerade}}^{k_{\max}} A_k(1)\,A_k(2)\,P_k(\cos\theta) \tag{5.17}$$

Dabei ist k ein Laufindex, der die Werte

$$0 \le k \le \text{Minimum von } (2I, l_1 + l_1', l_2 + l_2') \tag{5.18}$$

annehmen kann. I ist der Kernspin des Zwischenzustandes, $l_{1,2}$ bzw. $l_{1,2}'$ bezeichnen die Multipolaritäten der Übergänge. Der Koeffizient $A_k(1)$

hängt nur vom ersten Übergang und der Koeffizient $A_k(2)$ nur vom zweiten Übergang ab. Die Werte sind tabelliert (siehe z.B. FER 65).

Bisher sind wir immer davon ausgegangen, daß die ungleiche Bevölkerung des Zustandes $|I,M>$ durch den Nachweis des vorhergehenden γ-Quants erzeugt wird. Das ist nicht die einzige Möglichkeit eine ungleiche Kernspinpopulation zu erreichen (siehe Kap. 7). In diesem Fall ist es besser, wieder den Zusammenhang zu $P(M)$ zu verdeutlichen. Die Winkelkorrelation schreibt man dann

$$W(\vec{k}_1,\vec{k}_2) = W(\theta) = \sum_{\substack{k\max \\ k \text{ gerade}}} \rho_k(I)\, A_k(2)\, P_k(\cos\theta) \tag{5.19}$$

mit dem statistischen Tensor

$$\rho_k(I) = \sqrt{(2k+1)(2I+1)}\ \sum_M (-)^{I-M} \begin{pmatrix} I & I & k \\ M & -M & 0 \end{pmatrix} P(M) \tag{5.20}$$

Wenn also $P(M)$ durch den Nachweis eines ersten γ-Übergangs bestimmt wird, ist $\rho_k(I) = A_k(1)$.

5.2 Theorie der gestörten γ-γ-Winkelkorrelation

Wir wollen jetzt eine γ-Kaskade betrachten, bei der das Zwischenniveau eine gewisse endliche Lebensdauer τ_N besitzt. Während dieser Zeit soll der Kernzustand einer Hyperfeinwechselwirkung ausgesetzt sein, also sich z.B. in einem $\vec{B}$-Feld befinden. Diese Wechselwirkung führt zu einer Umbesetzung oder zu einer Änderung der Phase der magnetischen Unterzustände. Der Zerfall erfolgt dann aus den inzwischen besetzten M-Unterzuständen $|M_b>$ des Zwischenzustands. Die zeitliche Veränderung des Zwischenzustands beschreiben wir durch den Zeitentwicklungsoperator $\Lambda(t)$. Damit erhält man

$$|M_a> \to \Lambda(t)\,|M_a> = \sum_{M_b} |M_b> <M_b|\,\Lambda(t)\,|M_a> \tag{5.21}$$

wobei $|M_a>$ das durch γ_1 ursprünglich besetzte M-Niveau im Zwischenzustand ist.

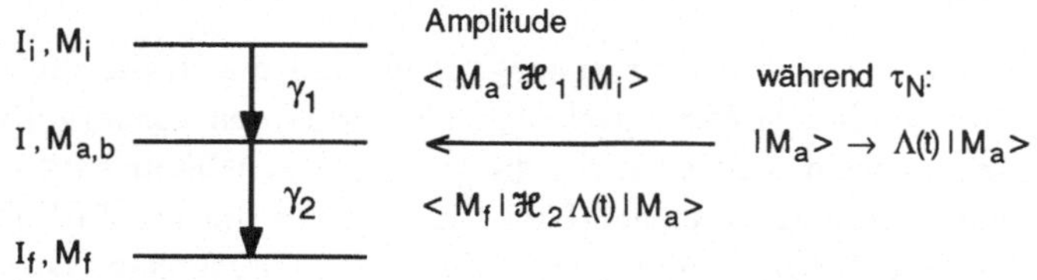

Abb. 5.7 γ-γ-Kaskade mit Lebensdauer τ_N des Zwischenniveaus. Das erste γ-Quant bevölkert den Zustand $|M_a>$. Während der Lebensdauer τ_N erfolgt eine Umbesetzung oder Phasenänderung des Zustands

Für den Einbau der Hyperfeinstörung in die Winkelkorrelation gehen wir auf Gleichung (5.16) zurück. Unter Berücksichtigung der Umpopulation im Zwischenzustand ergibt sich

$$W(\vec{k}_1,\vec{k}_2,t) = \sum_{M_i,M_f,\sigma_1,\sigma_2} \left| \sum_{M_a} <M_f| \mathcal{H}_2 \Lambda(t) |M_a> <M_a| \mathcal{H}_1 |M_i> \right|^2$$

$$(5.22)$$

Einsetzen von Gleichung (5.21) und Ausführen der Quadrierung durch Indexverdopplung ergibt (M_a, M_a', M_b, M_b' : M-Unterniveaus des Zwischenzustandes)

$$W(\vec{k}_1,\vec{k}_2,t) = \qquad\qquad\qquad\qquad\qquad (5.23)$$

$$= \sum_{\substack{M_i, M_f, \sigma_1, \sigma_2 \\ M_a, M_a', M_b, M_b'}} <M_f| \mathcal{H}_2 |M_b><M_b| \Lambda(t) |M_a><M_a| \mathcal{H}_1 |M_i> \times$$

$$\times <M_f| \mathcal{H}_2 |M_b'>^* <M_b'| \Lambda(t) |M_a'>^* <M_a'| \mathcal{H}_1 |M_i>^*$$

Wie man sieht, tritt der Einfluß der Störung im Zwischenniveau nur in dem zeitabhängigen Faktor $<M_b| \Lambda(t) |M_a> \cdot <M_b'| \Lambda(t) |M_a'>^*$ in Erscheinung. Nach einer weiteren, verhältnismäßig aufwendigen Rechnung erhält man aus Gleichung (5.23) folgende allgemein gültige Form der zeitabhängigen γ-γ-Winkelkorrelation

$$W(\vec{k}_1,\vec{k}_2,t) = \sum_{k_1,k_2,N_1,N_2} A_{k_1}(1)\, A_{k_2}(2)\, G_{k_1 k_2}^{N_1 N_2}(t)\, \frac{1}{\sqrt{(2k_1+1)(2k_2+1)}} \times$$

$$\times\; Y_{k_1}^{N_1\,*}(\theta_1,\phi_1)\, Y_{k_2}^{N_2}(\theta_2,\phi_2) \tag{5.24}$$

mit dem Störfaktor

$$G_{k_1 k_2}^{N_1 N_2}(t) = \sum_{M_a,M_b} (-)^{2I+M_a+M_b}\, \sqrt{(2k_1+1)(2k_2+1)} \times$$

$$\times \begin{pmatrix} I & I & k_1 \\ M_a' & -M_a & N_1 \end{pmatrix} \begin{pmatrix} I & I & k_2 \\ M_b' & -M_b & N_2 \end{pmatrix} <M_b\,|\,\Lambda(t)\,|\,M_a> <M_b'\,|\,\Lambda(t)\,|\,M_a'>^*$$

$$\tag{5.25}$$

und der Nebenbedingung $k_i = 0,2,...,$ Min $(2I, l_i + l_i')$; mit $i = 1,2$ und $|N_i| \le k_i$.

Gleichungen (5.24) und (5.25) müssen natürlich bei Ausschalten der Hyperfeinwechselwirkung wieder die ungestörte Winkelkorrelation (Gl. (5.17)) ergeben. Das soll im folgenden noch kurz gezeigt werden. Bei verschwindender Wechselwirkung gilt (δ : Kronecker-Symbol)

$$<M_b\,|\,\Lambda(t)\,|\,M_a> = \delta_{M_a,M_b}$$
$$<M_b'\,|\,\Lambda(t)\,|\,M_a'> = \delta_{M_a',M_b'} \tag{5.26}$$

und damit auch $N_1 = N_2 =: N$. Daraus folgt für den Störfaktor

$$G_{k_1 k_2}^{N N}(t) = \sum_{M_a} \sqrt{(2k_1+1)(2k_2+1)} \begin{pmatrix} I & I & k_1 \\ M_a' & -M_a & N \end{pmatrix} \begin{pmatrix} I & I & k_2 \\ M_a' & -M_a & N \end{pmatrix} =$$

$$= \delta_{k_1,k_2} \tag{5.27}$$

Es gilt also

$$G_{k_1 k_2}^{N_1 N_2}(t) = \delta_{k_1,k_2}\; \delta_{N_1,N_2} \tag{5.28}$$

Weiter folgt jetzt bei Anwendung des Additionstheorems für Kugelfunktionen für die ungestörte Winkelkorrelation ($k := k_1 = k_2$)

$$W(\vec{k}_1,\vec{k}_2) = \sum_{k,N} A_k(1)\, A_k(2)\, \frac{1}{2k+1}\, Y_k^{N*}(\theta_1,\phi_1)\, Y_k^{N}(\theta_2,\phi_2) =$$

$$= \sum_{k} A_k(1)\, A_k(2)\, P_k(\cos\theta) \tag{5.29}$$

θ gibt jetzt den Winkel zwischen $\vec{k}_1$ und $\vec{k}_2$ an. Dieses Ergebnis ist genau die ungestörte γ-γ-Winkelkorrelation nach Gleichung (5.17).

5.3   Berechnung des Störfaktors für Spezialfälle

Es bereitet keine Schwierigkeiten, die allgemeinen Ausdrücke in Gleichung (5.24) und (5.25) numerisch auszuwerten. Für die praktische Anwendung und für das physikalische Verständnis ist es allerdings günstiger, den Störfaktor für häufig vorkommende Fälle analytisch anzugeben. Eine starke Vereinfachung ergibt sich für *statische, axialsymmetrische* Wechselwirkung, auf die wir uns in diesem Abschnitt beschränken wollen.

Die Voraussetzung ist natürlich für ein von außen angelegtes homogenes Magnetfeld erfüllt. Innere Magnetfelder in magnetischen Substanzen besitzen lokal ebenfalls axiale Symmetrie, allerdings kann die Orientierung der Symmetrieachse von Ort zu Ort variieren. In diesem Fall ist zur Berechnung der Winkelkorrelation eine Mittelung über die verschiedenen Orientierungen erforderlich. Dieser Fall wird daher in den folgenden Formeln nicht erfaßt; die Formeln gelten auch nicht für den Fall nicht-axialsymmetrischer elektrischer Feldgradienten.

Legen wir die z-Achse in Richtung des axialsymmetrischen Feldes, dann gilt für die Matrixelemente des Zeitentwicklungsoperators

$$<M_b \mid \Lambda(t) \mid M_a> = <M_b \mid \exp(-\frac{i}{\hbar}\, \mathcal{H}\, t) \mid M_a> =$$

$$= \exp[-\frac{i}{\hbar}\, E(M)\, t]\, \delta_{M,M_a}\, \delta_{M,M_b} \tag{5.30}$$

mit $M := M_a = M_b$. Entsprechendes gilt für $\langle M_b' \mid \Lambda(t) \mid M_a'\rangle$. Man erkennt jetzt einen der Vorteile der allgemeinen Formulierung der Winkelkorrelation, bei der im Gegensatz zur naiven Theorie die Wahl des Koordinatensystems noch offen gelassen wurde. Wir können dadurch die Symmetrie der Wechselwirkung ausnutzen, um die einfache Form in Gleichung (5.30) zu erhalten. Man erkennt an Gleichung (5.30) auch, daß in dem hier gewählten Koordinatensystem keine Umbesetzung der Zwischenzustände im eigentlichen Sinne stattfindet, sondern daß sich nur die Phase verändert.

Einsetzen von Gleichung (5.30) in (5.25) ergibt

$$G_{k_1 k_2}^{N\,N}(t) = \sum_M \sqrt{(2k_1 + 1)(2k_2 + 1)} \begin{pmatrix} I & I & k_1 \\ M' & -M & N \end{pmatrix} \begin{pmatrix} I & I & k_2 \\ M' & -M & N \end{pmatrix} \times$$

$$\times\ \exp\left\{-\frac{i}{\hbar}\left[E(M) - E(M')\right]t\right\} \tag{5.31}$$

Gleichung (5.31) gilt allgemein für statische, axialsymmetrische Wechselwirkung. Der dafür erhaltene Störfaktor enthält nur die Übergangsfrequenzen zwischen den verschiedenen M-Niveaus im Zwischenzustand. Aus der Messung dieser Frequenzen kann man folglich die Hyperfeinwechselwirkung im Zwischenzustand bestimmen.

5.3.1 Magnetische Dipolwechselwirkung

Nach Gleichung (3.3) gilt für die Energiedifferenz zweier M-Niveaus bei magnetischer Dipolwechselwirkung

$$E_{\text{magn}}(M) - E_{\text{magn}}(M') = -(M - M')g\,\mu_N B_z = N\hbar\,\omega_L \tag{5.32}$$

mit $N = M - M'$.

Durch Einsetzen von Gleichung (5.32) in (5.31) erhält man

$$G_{k_1 k_2}^{N\,N}(t) = \sqrt{(2k_1 + 1)(2k_2 + 1)}\,\exp(-iN\omega_L t) \times$$

$$\times \sum_M \begin{pmatrix} I & I & k_1 \\ M' & -M & N \end{pmatrix} \begin{pmatrix} I & I & k_2 \\ M' & -M & N \end{pmatrix} \tag{5.33}$$

Die Orthogonalitätsrelation für die $3j$-Symbole ergibt für die Summe über M in Gleichung (5.33) gleich $1/\sqrt{(2k_1+1)(2k_2+1)}\ \delta_{k_1,k_2}$, so daß wir schließlich für die magnetische Wechselwirkung folgenden Ausdruck erhalten

$$G^{NN}_{k\ k}(t) = \exp(-\mathrm{i}\,N\,\omega_\mathrm{L}t) \tag{5.34}$$

N und k sind Laufindizes, wobei $|N| \le k$ gilt und k den Einschränkungen aus Gleichung (5.18) unterliegt. Es gilt also insbesondere, daß $N \le 2I$ ist, wobei I wieder den Kernspin des Zwischenniveaus bezeichnet. An Gleichung (5.34) erkennt man, daß die Präzession der Winkelkorrelation neben der Grundfrequenz ω_L auch höhere harmonische Frequenzen $N\omega_\mathrm{L}$ enthalten kann.

Einen besonders einfachen Ausdruck für die Winkelkorrelation erhält man für den Fall, daß das $\vec{B}$-Feld senkrecht auf der Detektorebene steht. Einsetzen von Gleichung (5.34) in (5.24) ergibt für $\theta_1 = \theta_2 = 90°$ und mit $\theta = \phi_1 - \phi_2$

$$W_\perp(\theta,t,B_z) = \sum_{\substack{k\ \mathrm{gerade}}}^{k_{\max}} A_k(1)\,A_k(2)\,P_k[\cos(\theta - \omega_\mathrm{L}t)] \tag{5.35}$$

Manchmal ist es bequemer, in der Winkelkorrelation die Legendre-Polynome durch die Cosinus-Funktionen auszudrücken

$$W_\perp(\theta,t,B_z) = \sum_{\substack{k\ \mathrm{gerade}}}^{k_{\max}} b_k\ \cos k\,(\theta - \omega_\mathrm{L}t) \tag{5.36}$$

Für $k_{\max} = 4$ gilt bei Verwendung der Abkürzung $A_k(1)\,A_k(2) =: A_{kk}$

$$b_0 = 1 + \frac{1}{4}A_{22} + \frac{9}{64}A_{44}$$

$$b_2 = \frac{3}{4}A_{22} + \frac{5}{16}A_{44} \tag{5.37}$$

$$b_4 = \frac{35}{64}A_{44}$$

Die gestörte Winkelkorrelation für $k_{max} = 2$ (z.B. nur Dipol-Übergänge) und $\theta = 180°$ lautet damit

$$W_\perp(\theta=180°, t, B_z) = b_0 + b_2 \cos 2\,\omega_L t \tag{5.38}$$

Das bedeutet, daß die Koinzidenzzählrate eine zeitliche Modulation mit der *doppelten* Larmor-Präzession aufweist.

5.3.2 Elektrische Quadrupolwechselwirkung

Wir wollen uns wieder auf den statischen axialsymmetrischen Fall beschränken. Der Energieabstand zweier M-Niveaus bei elektrischer Quadrupolwechselwirkung ist (Gl. (3.40))

$$E_Q(M) - E_Q(M') = 3\ |M^2 - M'^2|\ \hbar\,\omega_Q \tag{5.39}$$

In Gleichung (5.31) eingesetzt erhält man damit für den Störfaktor

$$G_{k_1 k_2}^{N\,N}(t) = \sqrt{(2k_1 + 1)(2k_2 + 1)}\ \sum_M \begin{pmatrix} I & I & k_1 \\ M' & -M & N \end{pmatrix}\begin{pmatrix} I & I & k_2 \\ M' & -M & N \end{pmatrix} \times$$
$$\times\ \exp(-3\,i\,|M^2 - M'^2|\,\omega_Q t) \tag{5.40}$$

Der Störfaktor in Gleichung (5.40) läßt sich etwas anschaulicher in folgender Form schreiben

$$G_{k_1 k_2}^{N\,N}(t) = \sum_n s_{n\,N}^{k_1 k_2}\ \cos n\ \omega_Q^0 t \tag{5.41}$$

mit ω_Q^0 der kleinsten nicht verschwindenden Energiedifferenz zweier M-Niveaus (Gl. (3.42)). Es gilt

$$\omega_Q^0 = 3\,\omega_Q \quad \text{und} \quad n = |M^2 - M'^2| \ \text{ für } I \text{ ganzzahlig}$$
$$\omega_Q^0 = 6\,\omega_Q \quad \text{und} \quad n = (1/2)\ |M^2 - M'^2| \ \text{ für } I \text{ halbzahlig} \tag{5.42}$$

Für die Parameter $s_{n\,N}^{k_1 k_2}$ erhält man

$$s_{n\,N}^{k_1 k_2} = \sqrt{(2k_1 + 1)(2k_2 + 1)}\ \sum_{M,M'} \begin{pmatrix} I & I & k_1 \\ M' & -M & N \end{pmatrix}\begin{pmatrix} I & I & k_2 \\ M' & -M & N \end{pmatrix} \tag{5.43}$$

wobei die Summation über M und M' nur solche Werte enthalten soll, bei denen die Beziehungen in Gleichung (5.42) erfüllt sind.

Das Ergebnis in Gleichung (5.41) bedeutet, daß sich die Winkelkorrelation mit den Frequenzen ω_Q^0, $2\omega_Q^0$,..., $n_{max}\,\omega_Q^0$ dreht, wobei jede Frequenz mit dem Gewicht $s_{n\,N}^{k_1 k_2}{}^2$ vorkommt.

Ein wichtiger Spezialfall bei der elektrischen Quadrupolwechselwirkung ist die *polykristalline Probe* (statistische Mittelung über alle Orientierungen des elektrischen Feldgradienten). In diesem Fall hängt die Winkelkorrelation nur noch vom Winkel θ zwischen $\vec{k}_1$ und $\vec{k}_2$ ab. Man erhält die einfache Formel (hier ohne Beweis, siehe (FRA 65))

$$W(\theta,t) = \sum_{k\ \text{gerade}}^{k_{max}} A_{kk}\,G_{kk}(t)\,P_k(\cos\theta) \qquad \text{mit}$$

$$\tag{5.44}$$

$$G_{kk}(t) = \sum_{n=0}^{n_{max}} s_{kn}\,\cos n\,\omega_Q^0 t$$

Der Störfaktor $G_{kk}(t)$ hängt in diesem speziellen Fall (axiale Symmetrie des Feldgradienten und polykristalline Probe) nicht von N ab; außerdem gilt $k_1 = k_2 = k$. Für die Parameter s_{kn} ergibt sich

$$s_{kn} = \sum_{M,M'} \begin{pmatrix} I & I & k \\ M' & -M & M-M' \end{pmatrix}^2 \tag{5.45}$$

Das zunächst etwas verwunderliche Ergebnis, daß auch bei Mittelung über die statistisch verteilten Orientierungen des elektrischen Feldgra-

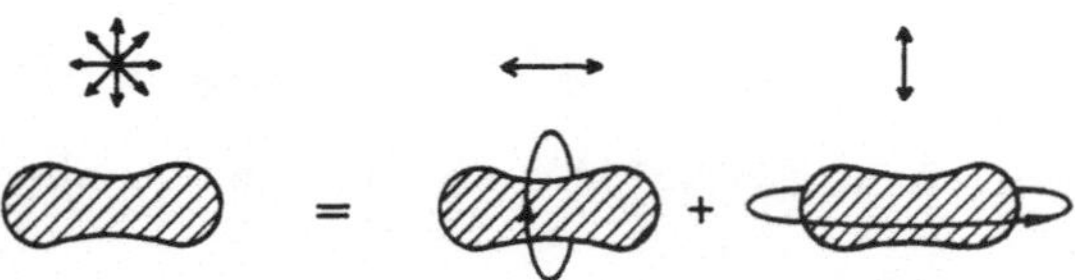

Abb. 5.8 Drehung der Winkelkorrelation um verschiedene Orientierungen des elektrischen Feldgradienten (Pfeile). Rechts: Zerlegung in einen zeitlich konstanten Anteil (Drehung in sich selbst) und einen zeitlich veränderlichen Anteil (Drehung um Achse senkrecht zur Symmetrieachse der Winkelkorrelation)

dienten eine zeitabhängige Störung (Präzession) übrigbleibt, kann man anschaulich an Abbildung 5.8 verstehen. Die Präzession um eine beliebige Feldgradientenorientierung kann man sich zerlegt denken in einen Anteil, bei dem sich die Winkelkorrelation in sich dreht (das führt zu dem sogenannten "hard core"-Wert) und damit zeitlich konstant bleibt und in einen Anteil mit einer Drehung um eine Achse senkrecht zur Symmetrieachse der Winkelkorrelation. Im letzteren Fall erhält man eine zeitlich oszillierende Ausstrahlcharakteristik. Wichtig ist, daß die Oszillationsfrequenz nur vom Betrag, nicht aber von der Orientierung des elektrischen Feldgradienten abhängt.

5.4   PAC-Quellen und Meßapparatur

5.4.1   PAC-Quellen

Die wichtigste Voraussetzung, um eine radioaktive Quelle für die PAC-Technik einsetzen zu können, ist das Vorhandensein eines *isomeren Niveaus* mit einer Lebensdauer zwischen ungefähr 10 ns und einigen µs. Die Begrenzung zu kurzen Zeiten hin ist durch die Zeitauflösung der Apparatur, zu langen Zeiten hin durch den Untergrund wegen zufälliger Koinzidenzen bestimmt. Das isomere Niveau sollte ein nicht zu kleines Quadrupolmoment ($Q \geq 0{,}1$ barn) und, möglicherweise, falls magnetische Wechselwirkung untersucht werden soll, ein nicht zu kleines magnetisches Dipolmoment ($\mu \geq 1\,\mu_N$) besitzen.

Daneben muß natürlich eine γ-γ-Kaskade vorhanden sein, die über das isomere Niveau führt und eine möglichst große Anisotropie der Winkelkorrelation besitzt.

Schließlich sind die Eigenschaften des *Mutterisotops*, seine Herstellungsmöglichkeiten, seine physikalischen und chemischen Eigenschaften, insbesondere seine Lebensdauer (günstig sind einige Tage bis einige Wochen) von entscheidender Bedeutung.

In der Praxis werden fast ausschließlich die Quellen ^{111}In, ^{181}Hf und ^{100}Pd verwendet. Die zugehörigen Tochterisotope, an denen schließlich die PAC-Messung durchgeführt wird, sind ^{111}Cd, ^{181}Ta und ^{100}Rh. Im folgenden werden die wesentlichen Eigenschaften dieser Quellen vorgestellt, die Anisotropiekoeffizienten A_{24} und A_{42} wurden aus den Literaturangaben berechnet.

^{111}In – ^{111}Cd. Das Isotop ^{111}In, das über Elektroneneinfang (EC: electron capture) zum ^{111}Cd zerfällt, kann über die Kernreaktionen ^{110}Cd(d,n) ^{111}In oder ^{109}Ag(α,2n)^{111}In hergestellt werden. Das dabei produzierte Indium läßt sich auf chemischem Wege von der Targetsubstanz abtrennen, so daß man die Aktivität weitgehend trägerfrei erhält.

Das Präparat ist z.B. als Indiumchlorid in verdünnter HCl-Lösung kommerziell erhältlich. Nach Eindampfen des Lösungsmittels kann das ^{111}In entweder durch Eindiffundieren oder durch Ionenimplantation in die Probe eingebracht werden.

^{111}In ist die am meisten verwendete PAC-Sonde; sie hat in der PAC eine ähnliche Bedeutung wie ^{57}Co beim Mößbauer-Effekt.

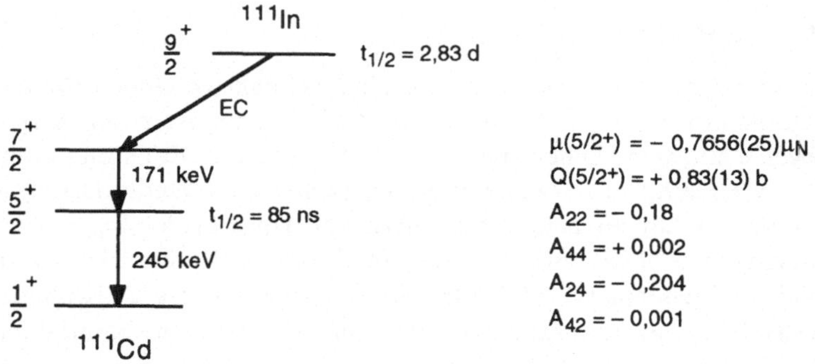

Abb. 5.9 Zerfallsschema von ^{111}In. Auf der rechten Seite sind die Kernmomente des Zwischenniveaus (LED 78, VIA 83) und die Anisotropiekoeffizienten der γ-γ-Kaskade (RAM 71, STE 56) angegeben

^{181}Hf – ^{181}Ta. ^{181}Hf kann sehr einfach durch Neutroneneinfang an ^{180}Hf produziert werden. Wegen des hohen Einfangwirkungsquerschnitts (σ = 14 b) kann man selbst bei kleinen Mengen Hafnium in kurzer Zeit hohe Aktivitäten erreichen. Dieser leichten Produktionsmöglichkeit steht eine relativ komplizierte Weiterverarbeitung gegenüber, da ^{181}Hf vom inaktiven Ausgangsmaterial nur durch Massenseparation abgetrennt werden kann. Wegen dieses komplizierten Prozesses verzichtet man häufig auf die Abtrennung und verwendet ^{181}Hf mitsamt dem inaktiven Material, wobei man allerdings versucht, durch lange Bestrahlungszeit (ca. 1 Monat) und möglichst hohen Neutronenfluß eine hohe spezifische Aktivität (Verhältnis von aktivem zu inaktivem Material) zu erreichen. Das Einbringen der Aktivität in die zu untersuchende Probe wird meist durch Zusammenschmelzen der Materialien im Ultrahochvakuum ($p \leq 10^{-7}$ Pa) erreicht. Das gute Vakuum ist wegen der großen Sauerstoffaffinität des Hafniums erforderlich.

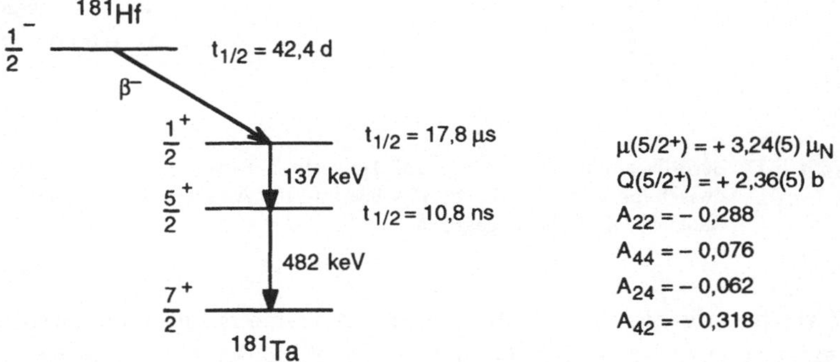

Abb. 5.10 Zerfallsschema von ^{181}Hf. Auf der rechten Seite sind die Kernmomente des Zwischenniveaus (LED 78, BUT 83) und die Anisotropiekoeffizienten der γ-γ-Kaskade (ELL 73) angegeben

^{100}Pd – ^{100}Rh. Das Isotop ^{100}Pd kann unter anderem über die Kernreaktion ^{103}Rh(d, 5n)^{100}Pd mit Deuteronenergien von $E_d \geq 50$ MeV hergestellt werden. Es zerfällt zu 100 % über Elektroneneinfang (EC) zum ^{100}Rh. Die chemische Abtrennung des ^{100}Pd von Rhodium ist wegen der geringen Reaktivität des Rhodiums schwierig, aber im Prinzip möglich (EVA 65). Wegen dieser Schwierigkeit benutzt man zur Probendotierung mit ^{100}Pd häufig die Ionenimplantation, wobei man das aktivierte Rhodium-Plättchen ohne vorhergehende chemische Separation direkt in die Ionenquelle des Implantators bringt. Der etwas höhere Dampfdruck des Palladiums im Vergleich zu Rhodium begünstigt die ^{100}Pd Verdampfung.

^{100}Pd weist gegenüber den vorher besprochenen PAC-Quellen Nachteile auf. Einmal sind die beiden γ-Energien der Kaskade mit NaI-Detektoren nicht auflösbar. Da damit eine Unterscheidung von Start- und Stoppsignal unmöglich ist, erhält man am Vielkanalanalysator ein um $t = 0$ symmetrisches Zeitspektrum. Außerdem führt der ganzzahlige Kernspin des

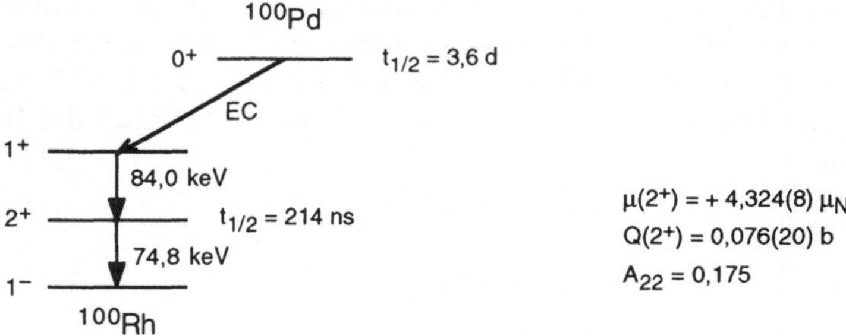

Abb. 5.11 Zerfallsschema von ^{100}Pd. Auf der rechten Seite sind die Kernmomente des Zwischenniveaus (LED 78, VIA 83) und die Anisotropiekoeffizienten der γ-γ-Kaskade (KOC 74) angegeben

Zwischenniveaus ($I = 2$) für nicht-axialsymmetrische Quadrupolwechselwirkung ($\eta \neq 0$) zu einem komplizierten Winkelkorrelationsspektrum. Insgesamt erhält man für $\eta \neq 0$ zehn verschiedene Übergangsfrequenzen plus einen konstanten Anteil (vergleiche Abb. 3.5).

5.4.2   Meßapparatur

Im theoretischen Teil dieses Kapitels haben wir gesehen, daß die Winkelkorrelation zwischen zwei γ-Quanten im allgemeinen nicht konstant ist, sondern eine zeitliche Entwicklung erfährt, die mit dem Störfaktor (Gl. (5.25)) beschrieben wird. Der Störfaktor enthält die gesamte Information über die Wechselwirkung im Zwischenzustand, so daß mit der Messung dieser Größe auch die Wechselwirkung vollständig bestimmt ist. Im folgenden sollen deshalb experimentelle Anordnungen beschrieben werden, mit denen die Störfaktoren gemessen werden können.

Anschaulich bedeutet die zeitliche Entwicklung der Winkelkorrelation eine Drehung der Ausstrahlcharakteristik mit Frequenzen, die durch die Wechselwirkung bestimmt sind. Für ortsfeste Detektoren erhält man damit eine zeitlich oszillierende Koinzidenzzählrate, die die Drehfrequenzen widerspiegelt; die Emissionskeule dreht sich sozusagen wie ein Leuchtfeuer am Detektor vorbei.

Die Apparatur für diese zeitlich differentielle Beobachtung der gestörten γ-γ-Winkelkorrelation (TDPAC: <u>t</u>ime <u>d</u>ifferential <u>p</u>erturbed <u>a</u>ngular <u>c</u>orrelation) ist im Prinzip der in Abb. 5.1 gezeigten Winkelkorrelationsapparatur sehr ähnlich. Allerdings beobachtet man jetzt nicht die Koinzidenzzählrate als Funktion des Winkels, sondern als Funktion der *Zeit*, die zwischen γ_1 und γ_2 abgelaufen ist (Abb. 5.12). Der entscheidende Punkt dieser Apparatur ist deshalb eine genaue Zeitmessung.

Von jedem der Detektoren werden zwei Signale abgenommen. Das Anodensignal wird im Constant-Fraction-Diskriminator (siehe Abschn. 5.4.3) in einen zeitscharfen Einheitsimpuls (Zeitsignal) umgewandelt und nach einer Verzögerung auf eine Koinzidenzstufe gegeben.

Die Koinzidenzstufe wird geöffnet und läßt damit das Zeitsignal hindurch, wenn ein Energiesignal, das von einer Dynode des Sekundärelektronen-Vervielfachers abgegriffen wird, im Einkanaldiskriminator die ausgewählte Impulshöhe, d.h. die richtige Energie, besitzt. Das Signal am Ausgang der Koinzidenzstufe enthält also jetzt Zeit- und Energieinformation. Durch dieses "Slow-Fast" Prinzip kann man also die Energieselektion (Entscheidung ob γ_1 oder γ_2) und die Zeitmessung getrennt durchführen.

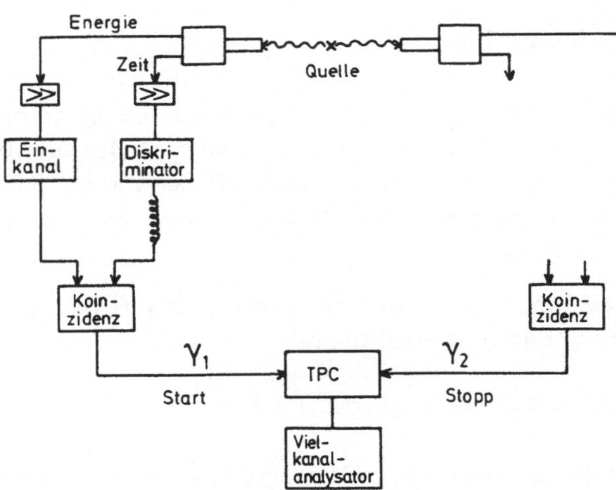

Abb. 5.12 Experimentelle Anordnung für eine zeitlich differentielle Winkelkorrelationsmessung. Im Vielkanalanalysator erhält man ein Zählratenspektrum der Form $N(\theta,t) = N_0 \exp(-t/\tau_N)\, W(\theta,t)$, wobei τ_N die Lebensdauer des Zwischenniveaus und $W(\theta,t)$ die zeitabhängige Winkelkorrelation beschreibt

Die Signale aus den Koinzidenzstufen werden zum Starten und Stoppen einer Uhr (TPC: siehe Abschn. 5.4.3) verwendet. Die Ausgangssignale des TPC werden über einen Analog-Digital-Wandler (ADC) auf den Vielkanalanalysator gegeben, der die Ereignisse als Funktion der Zeit einsortiert.

Von der Quelle mit Aktivität N registriert jeder Detektor i γ-Quanten mit der Zählrate $N_i = \varepsilon_i \Omega_i N$. Dabei beschreibt ε_i die Ansprechwahrscheinlichkeit und Ω_i den auf 4π normierten Raumwinkel. Somit ergibt sich als Koinzidenzzählrate zwischen Startdetektor i und Stoppdetektor j

$$N_{ij} = N_i\, \varepsilon_j\, \Omega_j = \varepsilon_i\, \varepsilon_j\, \Omega_i\, \Omega_j N \tag{5.46}$$

Neben den echten Koinzidenzen treten auch zufällige Ereignisse auf. Die zufälligen Koinzidenzen hängen von der Zeit τ ab, innerhalb der γ_2 noch als zu γ_1 gehörig gezählt wird. Es gilt

$$N_{ij}(\text{zufällig}) = N_i N_j\, \tau = \varepsilon_i\, \varepsilon_j\, \Omega_i\, \Omega_j N^2 \tau \tag{5.47}$$

Damit ergibt sich für das Verhältnis von echten zu zufälligen Koinzidenzen

$$\frac{N_{ij}}{N_{ij}(\text{zufällig})} = \frac{1}{N\tau} \tag{5.48}$$

In einem zeitlich differentiellen PAC-Experiment entspricht τ gerade dem TPC-Bereich, also typisch der Kernlebensdauer τ_N. Ist zum Beispiel $\tau = 1\,\mu$s, so darf die Präparataktivität N etwa 10^6 Zerfälle pro Sekunde nicht überschreiten, um noch ein Verhältnis von echten zu zufälligen Koinzidenzen von 1 : 1 zu erhalten.

Die Koinzidenzzählrate für ein bestimmtes Zeitintervall t zwischen dem Eintreffen von γ_1 und γ_2 ist gegeben als

$$N_{ij}(\theta, t) = N_0 \exp(-t/\tau_N)\, W(\theta, t) + B \tag{5.49}$$

Dabei gibt B die zeitunabhängige Untergrundzählrate an, die von zufälligen Ereignissen herrührt; $W(\theta, t)$ stellt die zeitabhängige Winkelkorrelationsfunktion dar (θ: Winkel zwischen den beiden Detektoren). Ein Beispiel für solche Meßspektren $N(90^\circ, t)$ und $N(180^\circ, t)$ ist in Abbildung 5.18 für den Fall von ^{111}Cd in Cadmium- Metall zu sehen.

Üblicherweise verwendet man vier Detektoren, die man jeweils unter 90° anordnet (Abb. 5.13). Jeder Detektor kann dann als Start- bzw. als Stoppdetektor arbeiten; diese Kombinationen führen zu insgesamt zwölf Koinzidenzspektren.

Aus jeweils vier Spektren, von denen vorher die konstante Untergrundzählrate B abgezogen wurde, läßt sich folgender Ausdruck bilden

$$R(t) = \frac{2}{3}\left[\sqrt{\frac{N_{13}(180°, t)\, N_{24}(180°, t)}{N_{14}(90°, t)\, N_{23}(90°, t)}} - 1\right] \qquad (5.50)$$

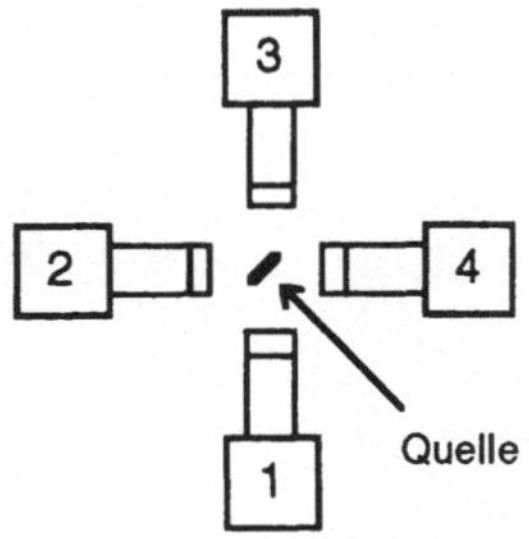

Abb. 5.13
Geometrische Anordnung der Detektoren für die Vier-Detektor-Apparatur bei der PAC-Methode

Für den Fall der axialsymmetrischen, statistisch orientierten Feldgradienten lautet die Winkelkorrelation (Gl.(5.44))

$$W(\theta, t) = 1 + A_{22}\, G_{22}(t)\, P_2(\cos\theta) + \dots \qquad (5.51)$$

wobei die Terme mit $k > 2$ häufig vernachlässigbar sind. Mit dieser besonders einfachen Winkelkorrelationsfunktion ergibt sich für $|A_{22}| \ll 1$ das Zählratenverhältnis (Gl. (5.50)) zu

$$R(t) \approx A_{22}\, G_{22}(t) \qquad (5.52)$$

Die Größe $R(t)$ enthält nur noch den gewünschten Störfaktor. Außerdem kann man sich leicht überzeugen, daß in Gleichung (5.50) die Ansprechwahrscheinlichkeit und der Raumwinkel jedes einzelnen Detektors herausfallen, da sie sowohl im Zähler wie im Nenner vorkommen. In Abbildung 5.18 ist auch das Zählratenverhältnis $R(t)$ für ^{111}Cd in Cadmium-Metall gezeigt.

5.4.3   Elektronische Geräte für die Zeitmessung

Vorderflankendiskriminator: Das Eintreffen eines γ-Quants kann durch die Elektronik nur mit einer gewissen Genauigkeit Δt festgestellt werden. Beim Vorderflankendiskriminator wird der Zeitpunkt des Ausgangssignals durch das Überschreiten einer Diskriminatorschwelle am Eingang (Abb. 5.14) festgelegt. Da man wegen des elektronischen Rauschens eine von Null verschiedene Diskriminatorschwelle wählen muß, ist das Ausgangssignal gegenüber dem "wahren"Einsatzpunkt verschoben, und zwar unterschiedlich stark für verschiedene Signalhöhen am Eingang. Diese Verschiebung ergibt eine prinzipielle Beschränkung der Zeitauflösung beim Vorderflankendiskriminator.

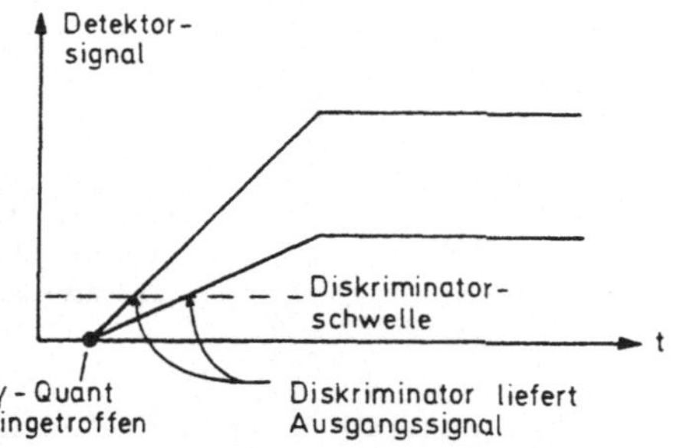

Abb. 5.14 Ursache der Zeitunschärfe für verschieden hohe Eingangssignale beim Vorderflankendiskriminator

Constant-Fraction-Diskriminator: Um den eben beschriebenen Nachteil zu vermeiden, benutzt man beim Constant-Fraction-Diskriminator ein Nulldurchgangssignal für die Zeitbestimmung und wird damit unabhängig von der Signalhöhe am Eingang. Das Prinzip des Constant-Fraction-Diskriminators ist in Abbildung 5.15 dargestellt. Das Eingangssignal wird zunächst verzweigt und nach Invertierung und Abschwächung des einen und Verzögerung des anderen wieder vereinigt. Der Signalverlauf ist im unteren Teil des Bildes zu sehen. Man erkennt, daß nach Vereinigung der Signale ein Nulldurchgang auftritt, dessen Zeitlage unabhängig von der Signalhöhe am Eingang ist. Der nachfolgende Nulldurchgangsdiskriminator registriert diesen Zeitpunkt und gibt ein Ausgangssignal.

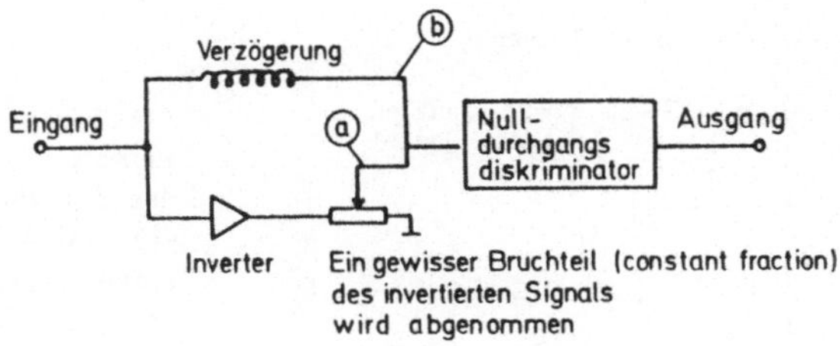

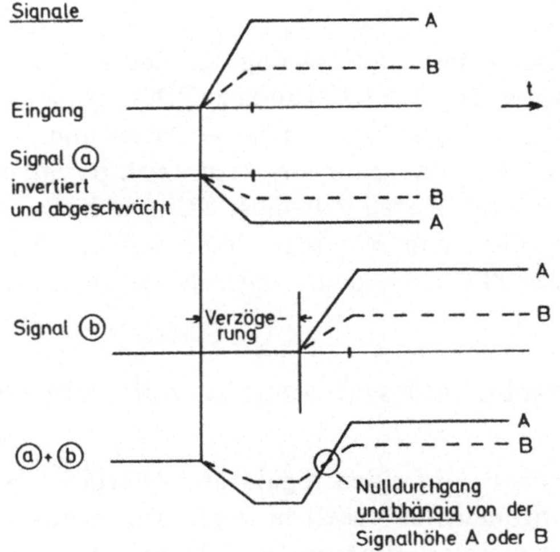

Abb. 5.15 Oben: Ersatzschaltbild für den Constant-Fraction-Diskriminator.
Unten: Signalverlauf an den Stellen a und b und nach Vereinigung der beiden Signale a + b

Zeit-Pulshöhen-Wandler (TPC): Der Zeit-Pulshöhen-Wandler TPC (time-pulseheight-converter) ist eine elektronisch gesteuerte Stoppuhr. Er verwandelt die Zeit zwischen zwei digitalen Eingangssignalen in ein Signal um, dessen Höhe proportional zum Zeitunterschied ist. Diese analogen Ausgangssignale können dann nach Signalhöhe in einem Vielkanalanalysator sortiert werden. Das Prinzip ist in Abbildung 5.16 gezeigt.

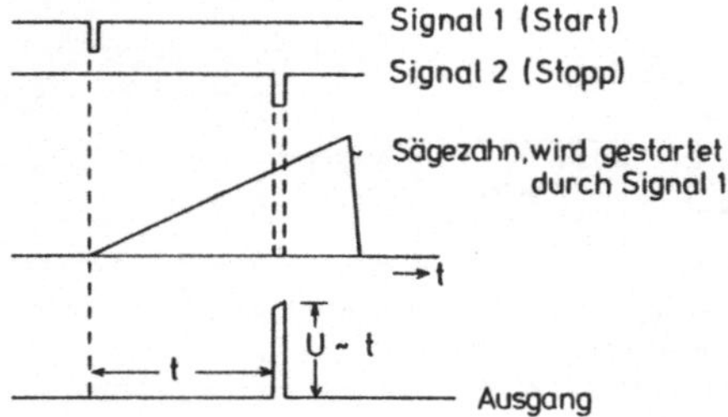

Abb. 5.16
Prinzipielle Funktionsweise des Zeit-Pulshöhen-Wandlers (TPC): das erste Signal startet einen Sägezahnimpuls; zum Zeitpunkt des zweiten Signals wird die Spannung des Sägezahns abgefragt

Eine andere Möglichkeit zur Messung des Zeitintervalls zwischen zwei Signalen bietet der Zeit-Digital-Wandler (TDC : time-digital-converter). Hier wird durch das Signal 1 ein Zähler gestartet und durch das Signal 2 gestoppt. So entsteht eine Zahl, die zum Zeitintervall proportional ist. Dieses Prinzip hat den Vorteil, daß diese Zahl direkt von einem Computer übernommen werden kann. Für sehr kleine Zeitbereiche (kleiner 100 ns) ist jedoch nur das TPC-Prinzip mit Sägezahn technisch realisierbar.

5.5   Elektrische Feldgradienten in nicht-kubischen Metallen

Wird ein Sondenkern auf einen regulären Gitterplatz in ein nicht-kubisches Metall eingebaut, so spürt er wegen der nicht-kubischen Anordnung der Nachbaratomrümpfe einen elektrischen Feldgradienten. Der am Kernort wirkende Feldgradient soll am Beispiel von ^{111}In PAC-Sonden in Cadmium-Metall diskutiert werden (Abb. 5.17).

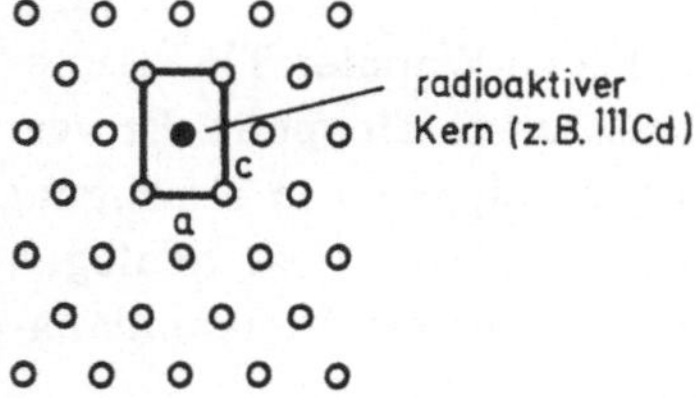

Abb. 5.17
Nicht-kubische Umgebung eines radioaktiven Kerns im hexagonalen Kristallgitter (z.B. Cd-Metall: $a = b \neq c$)

Cadmium besitzt eine hexagonale Kristallstruktur, welche einen axial-symmetrischen Feldgradienten ($\eta = 0$) verursacht. Für eine polykristalline Probe (viele kleine Kristallite) ist die Orientierung der Feldgradienten statistisch verteilt. Nach dem Zerfall des ^{111}In zum ^{111}Cd gleicht sich die Sonde innerhalb von ca. 10^{-13} s elektronisch den Wirtsatomen an. Somit beobachtet man den Feldgradienten im reinen System Cadmium. In Abbildung 5.18 sind PAC-Spektren für ^{111}Cd in Cadmium gezeigt. Im oberen Teil sind die Koinzidenzzählraten $N(\theta, t)$ für die zwei Detektorgeometrien $\theta = 90^\circ$ und $\theta = 180^\circ$ zu sehen. Im unteren Teil ist schließlich das Zählratenverhältnis $R(t)$ (vergleiche Gl. (5.50) und (5.52)) aufgetragen. Dem experimentellen Spektrum $R(t)$ wurde die Funktion

$$A_{22}\, G_{22}(t) = A_{22} \sum_{n=0}^{3} s_{2n} \cos n\, \omega_Q^0 t \tag{5.53}$$

nach der Methode der kleinsten Fehlerquadrate angepaßt. Da der Kernspin gleich 5/2 ist, treten nur drei Frequenzen auf, die im Verhältnis $1:2:3$ stehen (siehe Abschn. 3.2). Die Parameter s_{2n} sind fest und betragen für $I = 5/2$

$$s_{20} = 0{,}20 \;;\; s_{21} = 0{,}37 \;;\; s_{22} = 0{,}29 \;;\; s_{23} = 0{,}14 \tag{5.54}$$

Als Ergebnis erhält man für die Quadrupolkopplungskonstante (WIT 83)

$$\nu_Q = \frac{10}{3\pi}\, \omega_Q^0 = 124{,}7(5)\,\text{MHz} \tag{5.55}$$

Unter Verwendung des Wertes für das Quadrupolmoment des 5/2-Zustandes in ^{111}Cd ergibt sich daraus ein elektrischer Feldgradient von (siehe Gl. (3.43))

$$V_{zz} = 6{,}21(75)\cdot 10^{21}\,\text{V/m}^2 \qquad (\eta = 0) \tag{5.56}$$

Die angegebenen Werte gelten für Raumtemperatur ($T = 295$ K).

Die Berechnung des elektrischen Feldgradienten insbesondere in Metallen ist schwierig. Die Aufgabe besteht ja darin, den Beitrag der Gitterionen, der daran gebundenen Elektronen und den Leitungselektronen zum elektrischen Feldgradienten zu bestimmen. Dabei ist die schwierigste Aufgabe, die räumliche Verteilung der Leitungselektronen zu berechnen, da dieses zuverlässige Bandstrukturrechnungen in nicht-kubischen Metallen erfordern würde. Sehr erfolgreich haben sich sogenannte "Cluster"-

Rechnungen (self-consistent molecular-cluster calculations) erwiesen, bei denen der Festkörper durch einen Atomhaufen von einigen bis ca. 30 Atomen Größe repräsentiert wird und dann die elektronischen Zustände in selbstkonsistenter Weise gefunden werden. Mit diesem Verfahren hat Lindgren (LIN 86) den Meßwert für [111]Cd in Cd-Metall recht gut reproduziert (V_{zz}(theor) $\approx 5 \cdot 10^{21}$ V/m^2 bei $T = 0$ K).

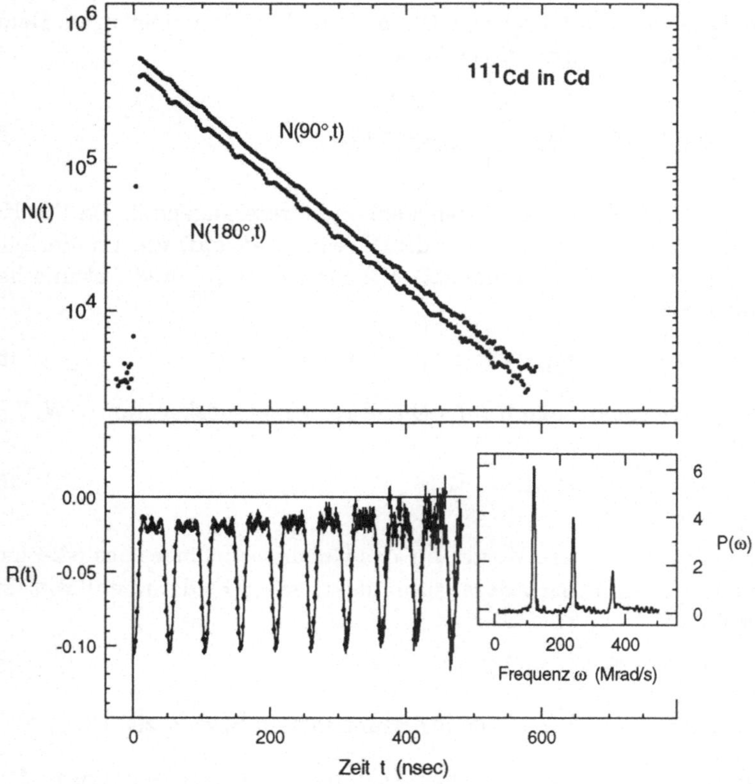

Abb. 5.18 PAC-Spektren für [111]Cd in Cadmium. Im oberen Teil des Bildes sind die Koinzidenzzählraten $N(\theta,t)$ für $\theta = 90°$ und $\theta = 180°$ aufgetragen, im unteren Teil das daraus abgeleitete Zählratenverhältnis $R(t)$. Die durchgezogene Kurve ist eine Anpassung mit der Theoriefunktion (5.53). Eingeblendet ist auch eine Fourier-Analyse des Meßspektrums $R(t)$, worin deutlich drei Frequenzen sichtbar sind

Oft behilft man sich mit einem phänomenologischen Modell. Dazu macht man den Ansatz

$$V_{zz} = (1 - \gamma_\infty)\, V_{zz}(\text{Gitter}) + (1 - R)\, V_{zz}(\text{el}) \tag{5.57}$$

wobei der erste Summand den von den Ionenrümpfen herrührenden elektrischen Feldgradienten und der zweite Summand den durch die Leitungselektronen verursachten Feldgradienten beschreibt. In beiden Fällen ist ein Verstärkungsfaktor $(1 - \gamma_\infty)$ bzw. $(1 - R)$ angebracht, der die Polarisation der Elektronenhülle um den radioaktiven Kern berücksichtigt. Der Faktor γ_∞ wird Sternheimer-Faktor genannt und kann auf der Basis von Hartree-Fock-Wellenfunktionen für die Hüllenelektronen berechnet werden. Der Index ∞ deutet an, daß sich die Quellen des Feldgradienten vollständig außerhalb der Elektronenhülle (im Unendlichen) befinden. Diese Voraussetzung ist im Festkörper nur begrenzt erfüllt. Üblicherweise erhält man für $1 - \gamma_\infty$ Werte in der Größenordnung 10 bis 100 (FEI 69), d.h. der Verstärkungsfaktor ist ganz beträchtlich und bestimmt im wesentlichen die Größenordnung des elektrischen Feldgradienten.

Ein analoger Faktor ist auch beim Feldgradienten, der durch Leitungselektronen bewirkt wird, anzubringen; er wird dort mit $1 - R$ bezeichnet.

V_{zz}**(Gitter).** Der von den Gitterionen herrührende elektrische Feldgradient kann leicht berechnet werden, wenn diese durch Punktladungen repräsentiert werden. Dabei müssen die Beiträge aller Gitteratome außer dem Beitrag des Aufpunkts aufsummiert werden. Für den gesamten Feldgradiententensor erhält man

$$V_{\alpha\beta}(\text{Gitter}) = \frac{Ze}{4\pi\varepsilon_0} \sum_{i\neq0} \frac{1}{r_i^5} \begin{pmatrix} 3x_i^2 - r_i^2 & 3x_i y_i & 3x_i z_i \\ 3x_i y_i & 3y_i^2 - r_i^2 & 3y_i z_i \\ 3x_i z_i & 3y_i z_i & 3z_i^2 - r_i^2 \end{pmatrix} \tag{5.58}$$

wobei $\vec{r}_i$ der Vektor vom Aufatom zur Punktladung i ist.

Temperaturabhängigkeit des elektrischen Feldgradienten. Experimentell wurde für viele Systeme eine verhältnismäßig starke Temperaturabhängigkeit des elektrischen Feldgradienten gefunden, die nicht allein durch die Ausdehnung des Gitters mit zunehmender Temperatur erklärt werden konnte. Für den Verlauf des Feldgradienten als Funktion der Temperatur wurde von Christiansen und Mitarbeitern (CHR 76) empirisch in sehr guter Näherung eine $T^{3/2}$-Abhängigkeit für viele nicht-kubische Metalle gefunden. Daher läßt sich schreiben

$$V_{zz}(T) = V_{zz}(0)\,(1 - B\,T^{3/2}) \tag{5.59}$$

Die Ursache für dieses $T^{3/2}$-Verhalten ist noch nicht vollständig geklärt, es wird aber auf Gitterschwingungen im Festkörper zurückgeführt. Mit diesem Modell läßt sich das Temperaturverhalten folgendermaßen beschreiben

$$V_{zz}(T) = V_{zz}(0)\,[1 - \alpha <u^2>(T)] \tag{5.60}$$

mit $<u^2>(T)$ als dem mittleren Auslenkungsquadrat der Gitterbausteine.

Die $T^{3/2}$-Abhängigkeit des elektrischen Feldgradienten ist hier auf ein $T^{3/2}$-Verhalten des mittleren Auslenkungsquadrats $<u^2>$ zurückgeführt. Im Debye-Modell ergibt sich für $<u^2>$ bei tiefen Temperaturen eine T^2-Abhängigkeit und für hohe Temperaturen eine lineare Abhängigkeit von T (siehe Abb. 4.7). Dieses Verhalten kommt in Näherung einer $T^{3/2}$-Abhängigkeit im gesamten Temperaturbereich recht nahe und stützt daher die Erklärung von Phononen als Ursache der Temperaturabhängigkeit des elektrischen Feldgradienten.

5.6   Atomare Defekte in Metallen

In Metallen mit kubischer Gitterstruktur ist der elektrische Feldgradient an den Gitterplätzen Null. Wenn allerdings auf Grund von Bestrahlungen z.B. ein Gitteratom fehlt, dann entsteht in unmittelbarer Umgebung des Defekts ein elektrischer Feldgradient, der mit der PAC-Methode gemessen werden kann. Da jede Defektkonfiguration im allgemeinen einen anderen elektrischen Feldgradienten erzeugt, kann man die verschiedenen Defekte unterscheiden und in einfachen Fällen auch ihre Struktur bestimmen.

Als Beispiel soll das sogenannte Neutrino-Rückstoß-Experiment (MET 84), das besonders klare Aussagen über die Produktion und das Ausheilverhalten der Defekte erlaubt, diskutiert werden.

Bei diesem Experiment wird zunächst die radioaktive Sonde ^{111}Sn über die Kernreaktion ^{93}Nb(^{22}Ne, 4n)^{111}Sn an einer dünnen Nb-Folie produziert und über den Rückstoß aus der Kernreaktion in die dahinter angebrachte Cu-Probe implantiert. Anschließend wird die Cu-Probe getempert, so daß alle ^{111}Sn-Atome auf substitutionellen Gitterplätzen in einer defektfreien Umgebung sitzen. Die dann vorliegende Situation ist in Abbildung 5.19 auf der linken Seite dargestellt. Der genaue Vorgang für die Herstellung dieser Konfiguration braucht uns hier nicht weiter zu interessieren, wichtig ist nur, daß die in Abbildung 5.19 links angegebene Situation vorliegt.

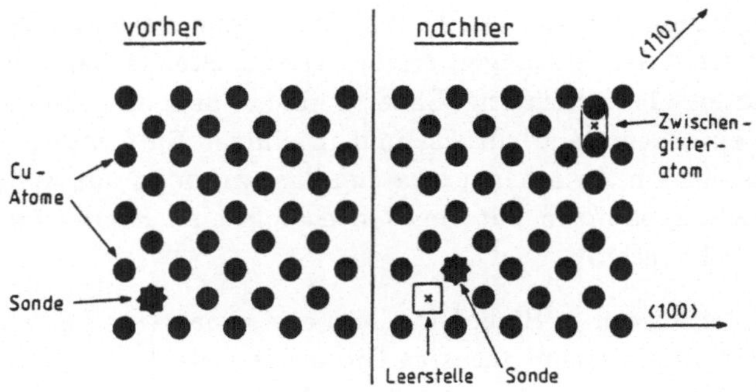

Abb. 5.19 Mikroskopische Situation im Gitter vor und nach dem Neutrino-Zerfall von ^{111}Sn (nach (MET 87))

Der Zerfall von ^{111}Sn verläuft nach folgender Sequenz mit entsprechenden Halbwertszeiten

$$^{111}\text{Sn} \xrightarrow{\ 35\ \text{min}\ } {}^{111}\text{In} \xrightarrow{\ 2,8\,\text{d}\ } {}^{111}\text{Cd}$$

Von den ^{111}Sn-Kernen zerfallen 61% über Elektroneneinfang (EC) in den Grundzustand von ^{111}In. Das dabei emittierte monoenergetische Neutrino überträgt auf Grund der Impulserhaltung auf das ^{111}In-Atom einen Rückstoß, der sich nach folgender Formel berechnet

$$E_{\text{Rückstoß}} = \frac{Q^2}{2\,M\,c^2} \tag{5.61}$$

Dabei ist $Q = 2436$ keV der Q-Wert des K-Elektronen-Einfangs und M die Masse des ^{111}In-Atoms. Einsetzen dieses Wertes in Gleichung (5.61) ergibt $E_{\text{Rückstoß}} = 29$ eV.

Die Schwelle für die Verlagerung eines Cu-Atoms in der Cu-Matrix ist wohlbekannt und beträgt 19 eV. Der Rückstoß von 29 eV ist also in der Lage ein Cu-Atom zu verlagern und damit ein Frenkel-Paar (Leerstelle und Zwischengitteratom) zu erzeugen; der Rückstoß reicht aber nicht aus für zwei solche Verlagerungen. Der zum EC-Prozeß konkurrierende β^+-Zerfall (39%) kann maximal 17 eV als Rückstoß übertragen und kann damit keine Verlagerung von Cu-Atomen bewirken.

Beim Zerfall von ^{111}Sn ist man also in der günstigen Situation, daß man entweder genau *ein* Frenkel-Paar erzeugt oder gar keines. Die plausibelste Verlagerung, die sich auch aus Konsistenzüberlegungen mit den nachfolgenden PAC-Messungen ergibt, ist eine Stoßkaskade in der dichtest gepackten <111>-Richtung. Dabei bleibt auf dem ursprünglichen Platz des ^{111}In eine Leerstelle zurück, und in einiger Entfernung von dieser Stelle entsteht ein Zwischengitteratom, das, wie man aus anderen Messungen weiß, zusammen mit dem Gitteratom eine Hantel bildet (siehe Abbildung 5.19 rechts).

Nach dem Zerfall von ^{111}Sn befindet sich also genau eine Leerstelle neben der Sonde ^{111}In auf einem nächsten Gitterplatz oder ^{111}In ist weiterhin in einer ungestörten Umgebung, falls keine Verlagerung erfolgte.

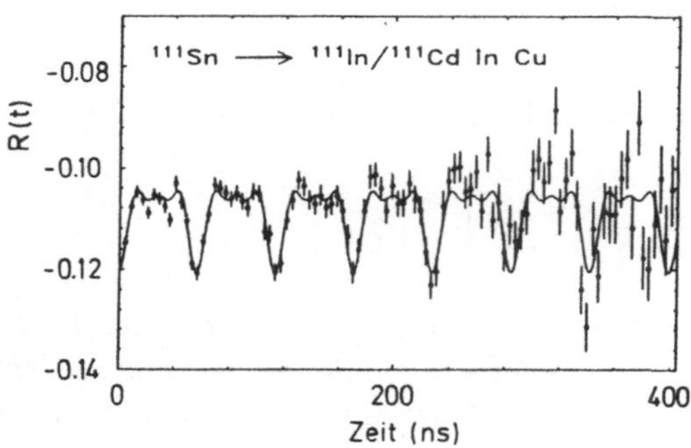

Abb. 5.20 PAC-Signal von ^{111}In nach dem Neutrinorückstoß aus dem ^{111}Sn-Zerfall in Kupfer (nach (MET 87))

In der nachfolgenden PAC-Messung (beim ^{111}In → ^{111}Cd Zerfall reicht die Rückstoßenergie nicht aus für eine weitere Verlagerung) wird man also neben einem ungestörten Anteil den elektrischen Feldgradienten einer

Leerstelle in nächster Nachbarschaft des Sondenatoms beobachten. Das entsprechende Meßspektrum ist in Abbildung 5.20 zu sehen. Es ist deutlich eine ungedämpfte Oszillation ($\eta = 0$) auf einem konstanten Sockel (ungestörte ^{111}In-Kerne) zu erkennen.

Dieses Experiment schafft also eine sehr klare Ausgangssituation, von der aus man das Ausheilverhalten der Defekte bei Temperaturerhöhung beobachten kann. In Abbildung 5.21 ist der Anteil der ^{111}In-Sonden, die eine Leerstelle neben sich haben, als Funktion der Ausheiltemperatur für 10 Minuten Anlaßzeit (isochrones Anlassen) aufgetragen. Eine erste Reduzierung dieses Anteils ist zwischen 30 K und 40 K zu erkennen. In dieser sogenannten Stufe I werden die Zwischengitteratome beweglich und rekombinieren mit den Leerstellen, so daß deren Anteil zurückgeht. Da aber ein Teil der Zwischengitteratome auch an die Oberfläche gelangt oder an Korngrenzen oder anderen Defekten hängenbleibt, werden in dieser Stufe nicht alle Leerstellen aufgefüllt. Erst in der sogenannten Stufe III, in der die Leerstellen selbst zu wandern beginnen und sich von der Sonde loslösen, erfolgt die vollständige Ausheilung der Probe. Danach beobachtet man wieder ein ungestörtes PAC-Spektrum ohne Oszillationen.

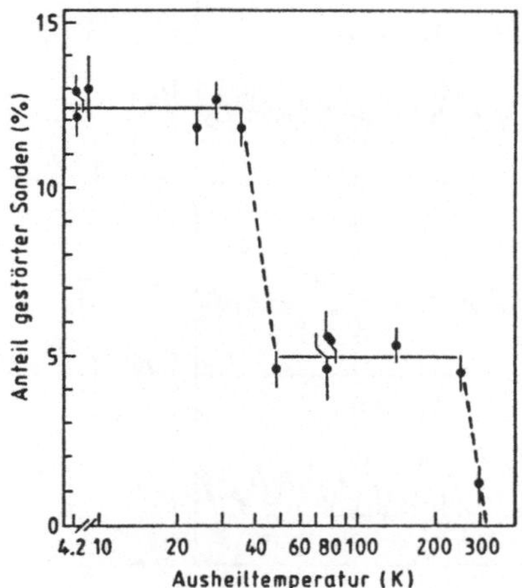

Abb. 5.21 Anteil von ^{111}In-Sonden mit einer Leerstelle als nächsten Nachbarn als Funktion der Ausheiltemperatur. Die Cu-Probe wurde jeweils 10 min bei der Ausheiltemperatur gehalten und dann wieder auf die Meßtemperatur von 4,2 K abgekühlt (nach (MET 87))

5.7   Adsorbatplätze auf Oberflächen

Radioaktive PAC-Sonden, die auf einem substitutionellen Gitterplatz im Inneren eines kubischen Kristalls sitzen, sind wegen der lokalen kubischen Symmetrie keinem elektrischen Feldgradienten ausgesetzt. Dieses ändert sich aber sofort, wenn die Sonden in oder auf der Oberflächenatomlage sitzen. Auf einem solchen Platz ist die lokale kubische Symmetrie wegen des Fehlens von Nachbaratomen gestört. Das Studium von Oberflächenphänomenen mit Hyperfeinsonden gewinnt zunehmend an Bedeutung (SCH 90).

Als ein Beispiel für solche Untersuchungen soll hier die Adsorption von ^{111}In auf Silberoberflächen kurz beschrieben werden (FIN 90). Zunächst müssen entsprechende monokristalline Oberflächen im Ultrahochvakuum hergestellt werden, deren Reinheit und Kristallinität üblicherweise mit Auger-Elektronenspektroskopie und Beugung niederenergetischer Elektronen (LEED : low-energy electron diffraction) überwacht wird. In dem zu diskutierenden Fall wurde eine gestufte Ag(100)-Oberfläche prä-

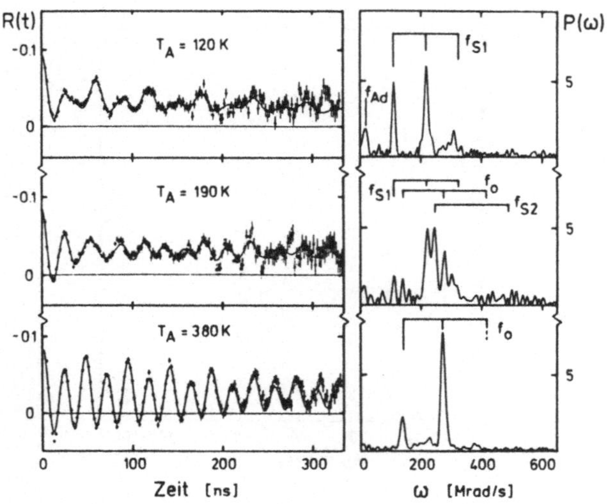

Abb. 5.22   PAC-Spektren zusammen mit deren Fourier-Analyse für ^{111}In auf gestuftem Ag(100) bei drei verschiedenen Anlaßtemperaturen (Anlaßzeit: 15 min, Meßtemperatur: 77 K). Die durchgezogenen Kurven sind Anpassungen an die experimentellen Punkte unter Verwendung von Gleichung (5.41)

pariert; die Stufung entlang der <001>-Richtung erreicht man durch leichtes Schrägschneiden des Einkristalls zur (100)-Ebene mit Neigung in die <010>-Richtung. Auf die so vorbereitete Ag-Oberfläche (ca. 10^{15} Ag-Atome pro cm^2 Oberfläche) werden bei $T = 77$ K etwa 10^{11} ^{111}In-Atome aufgebracht.

Bereits direkt nach dem Aufbringen der Sonden verspüren sie einen relativ schwachen elektrischen Feldgradienten; die Feldgradientensituation verändert sich jedoch drastisch mit zunehmender Anlaßtemperatur, was darauf hindeutet, daß die ^{111}In-Sonden verschiedene Oberflächenplätze nacheinander einnehmen. Die so gewonnenen PAC-Spektren zusammen mit den Fourier-Analysen sind in Abbildung 5.22 für drei Anlaßtemperaturen gezeigt. Die in der Anlaßsequenz auftretenden Sondenanteile mit verschiedenen elektrischen Feldgradienten sind mit f_{Ad}, f_{S1}, f_{S2} und f_0 gekennzeichnet. Die elektrischen Feldgradienten für die Anteile f_{Ad} und f_0 sind axialsymmetrisch mit senkrechter Orientierung zur Oberfläche, die anderen Feldgradienten für f_{S1} und f_{S2} sind nicht axialsymmetrisch und jeweils eine der Hauptachsen liegt längs der Stufenrichtung (siehe hierzu Achsenorientierungen in Abbildung 5.23 rechts).

In Abbildung 5.23 (linker Teil) sind die gefundenen Sondenanteile als Funktion der Anlaßtemperatur (Meßtemperatur ist stets $T = 77$ K) gezeigt.

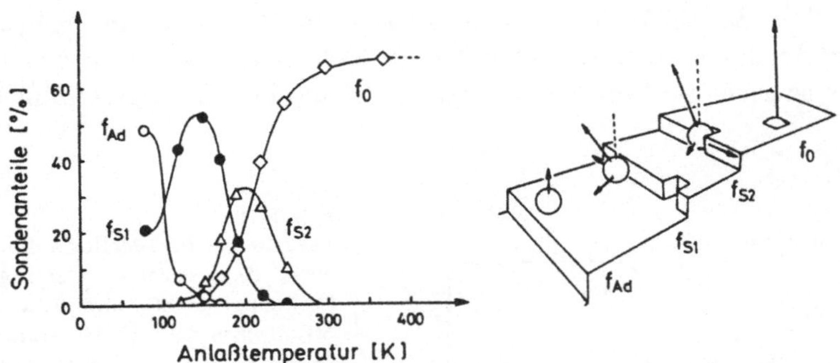

Abb. 5.23 Anteile der ^{111}In-Sonden auf gestuftem Ag(100), die durch verschiedene elektrische Feldgradienten charakterisiert sind, als Funktion der Anlaßtemperatur (linker Teil). Im rechten Teil ist das extrahierte Oberflächenplatzmodell schematisch dargestellt

Man erkennt deutlich eine Konversion der verschiedenen Oberflächenplätze des ^{111}In auf Silber. Dieses Temperaturverhalten zusammen mit den gemessenen Parametern der elektrischen Feldgradienten führt zu folgendem Modell der eingenommenen Adsorptionsplätze (siehe Abbildung 5.23 rechts). Bei tiefen Temperaturen lagern sich die ^{111}In-Sonden als Adatome auf den Terrassen an (f_{Ad}), bei Zufuhr von thermischer Energie wandern diese an die Stufen. Dabei besetzen sie zunächst adatomische Stufenplätze (f_{S1}), bei weiterer Temperaturerhöhung lagern sie sich substitutionell in die Stufe ein (f_{S2}). Schließlich diffundieren die Sonden bei noch höheren Temperaturen über Leerstellen in die erste Monolage der Oberfläche (f_0).

Das von den Autoren entwickelte Modell wurde durch Berechnungen der elektrischen Feldgradienten für die verschiedenen Plätze abgestützt (LIN 90); außerdem wurden mit Hilfe der Streuung niederenergetischer Ionen die verschiedenen Plätze bestätigt (BRE 91).

5.8   Innere Magnetfelder in ferromagnetischen Substanzen

Hier soll zunächst eine Abwandlung der bisher diskutierten Winkelkorrelationsmethode besprochen werden. Bei dieser Variante wird die Ausrichtung der Kernspins des isomeren Niveaus nicht durch ein γ_1-Quant, sondern durch Drehimpulsübertrag bei einer Kernreaktion bewirkt (Abb. 5.24). Den Zeitpunkt der Bildung des isomeren Zustands kann man entweder durch den Nachweis eines bei der Kernreaktion entstehenden Teilchens oder bei der Verwendung eines gepulsten Beschleunigerstrahls aus

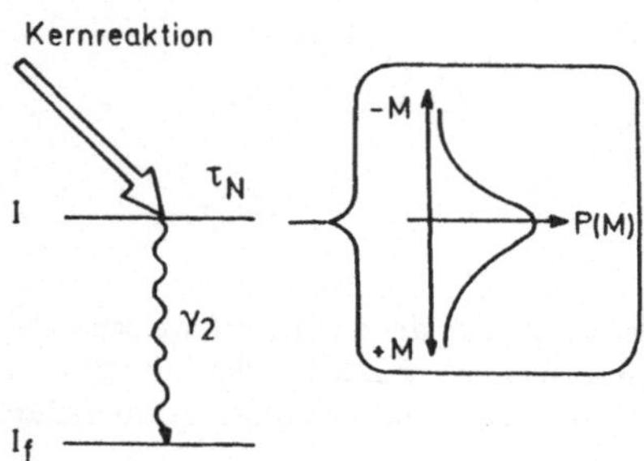

Abb. 5.24
Variante der PAC-Methode. Der bei einer Kernreaktion übertragene Drehimpuls steht senkrecht auf der Strahlachse, d.h. die Unterzustände mit kleinen M-Werten werden bevorzugt bevölkert. Die resultierende anisotrope γ_2-Winkelverteilung (bezüglich der Strahlachse) kann während der Lebensdauer τ_N unter dem Einfluß einer Hyperfeinwechselwirkung präzedieren

dem Eintreffen des Teilchenpulses am Target entnehmen. Durch diese Variante der PAC wird die Zahl der möglichen Sonden stark vermehrt.

Eine Anwendung dieser Methode ist z.B. die Messung lokaler Magnetfelder in ferromagnetischen Substanzen. Das B-Feld am Kernort kann man bei bekanntem g-Faktor der Sonde direkt aus der Präzessionsfrequenz der Winkelverteilung des γ_2-Quants entnehmen.

Als Beispiel ist das $R(t)$-Spektrum von ^{67}Ge-Sonden ($I = 9/2$ Isomer mit Lebensdauer $\tau_N = 101$ ns) in Nickel und Eisen gezeigt (Abb. 5.25). Die Sonden werden über die Kernreaktion ^{54}Fe(^{16}O,2p n)^{67}Ge mit einem gepulsten ^{16}O-Strahl (Energie: 53 MeV) erzeugt und durch den hohen Rückstoß in Nickel oder Eisen implantiert. Mit dieser Methode lassen sich die inneren B-Felder in magnetischen Substanzen mit hoher Genauigkeit bestimmen.

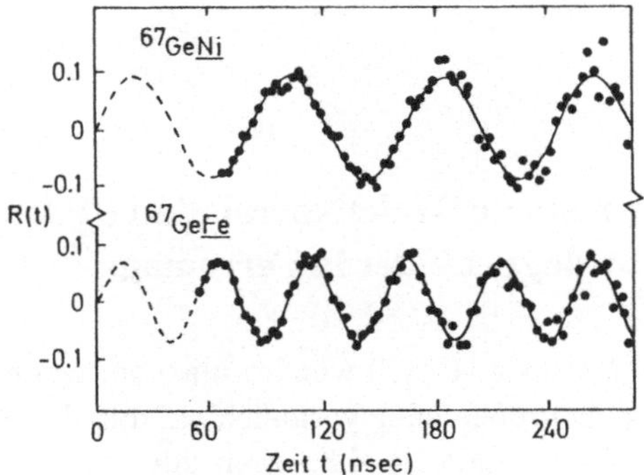

Abb. 5.25 $R(t)$-Spektren mit Larmorpräzession von ^{67}Ge-Sonden in Nickel und Eisen bei $T = 300$ K (RAG 78)

In Abbildung 5.26 sind lokale B-Felder B_{hf} für verschiedene Sondenkerne in Eisen zusammengestellt. Das magnetische Hyperfeinfeld B_{hf} ist durch die Spinpolarisation der Elektronen am Kernort bestimmt, Dipolbeiträge von den umgebenden magnetischen Momenten zum lokalen B-Feld sind im allgemeinen zu vernachlässigen. Abbildung 5.26 zeigt auch eine theoretische Berechnung (durchgezogene Linie) der inneren B-Felder, die recht gut mit den Meßwerten übereinstimmt. Die Theorie ist allerdings verhältnismäßig kompliziert und soll hier nicht weiter diskutiert werden.

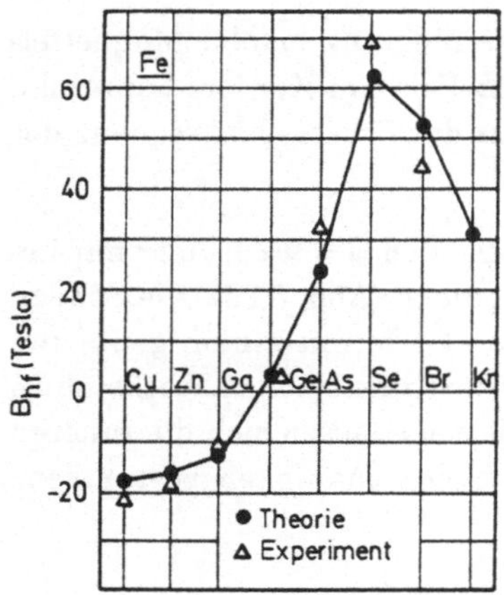

Abb. 5.26
Lokales B-Feld B_{hf} an verschiedenen Sondenkernen in Eisen. Die experimentellen Werte (Δ) werden mit theoretischen Werten (durchgezogene Linie) verglichen (KAN 81)

5.9   Integrale gestörte Winkelkorrelation (IPAC) und transiente Magnetfelder in Ferromagneten

Die integrale PAC-Methode (IPAC) wendet man an, wenn die experimentelle Zeitauflösung Δt größer oder vergleichbar mit der Lebensdauer τ_N des isomeren Zwischenniveaus ist, d.h. wenn gilt

$$\Delta t \geq \tau_N \tag{5.62}$$

In der Praxis heißt das, daß Kernzerfälle mit Lebensdauern unter einer Nanosekunde nur mit der integralen PAC-Methode vermessen werden können. In diesem Fall muß der differentielle Störfaktor $G_{k_1k_2}^{N_1N_2}(t)$ mit der Gewichtsfunktion des Kernzerfalls über die Zeit t integriert werden. Wir wollen uns hier auf die Messung von B-Feldern beschränken. Für die magnetische Wechselwirkung ergibt sich bei senkrechter Geometrie (siehe Gl. (5.36))

$$W_\perp(\theta,t,B_z) = \sum_k b_k \, \cos k \, (\theta - \omega_L t) \tag{5.63}$$

Die integrale γ-γ-Winkelverteilung ist dann

$$\overline{W_\perp(\theta,B_z)} = \frac{1}{\tau_N} \int_0^\infty \exp(-t/\tau_N)\; W_\perp(\theta,t,B_z)\, dt \tag{5.64}$$

Setzt man Gleichung (5.63) in (5.64) ein, so erhält man

$$\overline{W_\perp(\theta,B_z)} = \frac{1}{\tau_N} \sum_k b_k \int_0^\infty \exp(-t/\tau_N)\cos[k\,(\theta-\omega_L t)]\, dt =$$

$$= \sum_k b_k \frac{\cos[k\,(\theta-\Delta\theta)]}{\sqrt{1+(k\,\tau_N\,\omega_L)^2}} \tag{5.65}$$

mit

$$\tan k\,\Delta\theta = k\,\tau_N\,\omega_L \tag{5.66}$$

Für $\tau_N \ll 2\pi/\omega_L$ gilt $k\,\tau_N\omega_L \ll 1$, und man erhält dann

$$\overline{W_\perp(\theta,B_z)} = \sum_k b_k \cos[k\,(\theta-\tau_N\,\omega_L)] \tag{5.67}$$

Das Ergebnis bedeutet, daß die Winkelkorrelation wie die ursprüngliche Winkelkorrelation aussieht, daß sie aber um den Wert $\Delta\theta = \tau_N\,\omega_L$ verdreht ist. Dieser Sachverhalt ist in Abbildung 5.27 zusammen mit einem Meßspektrum für ^{192}Pt in Eisen verdeutlicht. Aus dem Drehwinkel $\Delta\theta$ kann man über die Beziehung

$$\Delta\theta = \tau_N\,\omega_L = -\,\tau_N g\,\frac{\mu_N}{\hbar}\,B_z \tag{5.68}$$

bei bekannter Lebensdauer τ_N und bekanntem g-Faktor das B-Feld am Kernort bestimmen. Diese Methode ist besonders gut geeignet zur Messung sehr großer innerer B-Felder in Ferromagneten (siehe Abschn. 5.7). Man muß allerdings durch Anlegen eines kleinen äußeren Magnetfeldes senkrecht zur Detektorebene erreichen, daß die inneren B-Felder ausgerichtet werden und damit senkrecht auf der Detektorebene stehen.

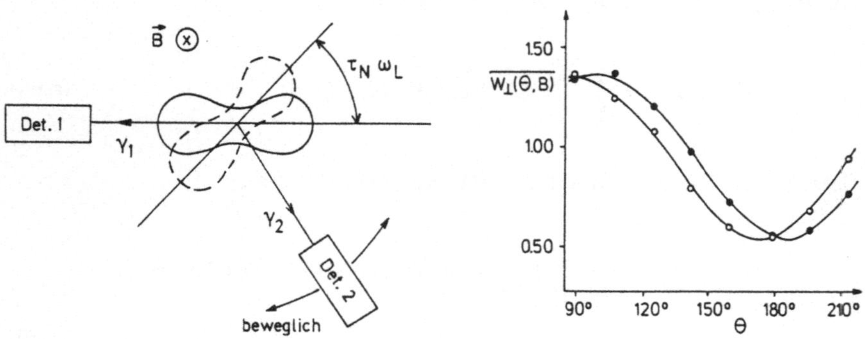

Abb. 5.27   Experimentelle Anordnung für eine IPAC-Messung (links) und Meßwerte (rechts) für die 604 – 317 keV Kaskade von ^{192}Pt in Eisen für zwei entgegengesetzte Richtungen des äußeren B-Feldes (KAT 75)

Die Bestimmung innerer B-Felder mit der IPAC-Methode ist im allgemeinen unproblematisch. Wendet man sich jedoch kurzlebigen Kernzuständen in magnetisierten Ferromagneten zu, die nicht durch ein erstes γ-Quant, sondern durch eine Kernreaktion, bevölkert werden, so beobachtet man andere Drehwinkel $\Delta\theta$ als bei der γ-γ-IPAC-Messung am gleichen Isotop. Diese Abweichungen werden zusätzlichen Magnetfeldern (transient magnetic fields) zugeschrieben, die beim Flug des Sondenions, das ja wegen der Kernreaktion einen hohen Rückstoß aufgenommen hat, auftreten.

Der Drehwinkel der γ-Winkelverteilung nach Kernreaktionen läßt sich näherungsweise als Summe der Drehung im statischen Feld $\vec{B}_0$ und der Drehung im transienten Feld $\vec{B}_{trans}$ ausdrücken

$$\Delta\theta = \Delta\theta(B_0) + \Delta\theta(B_{trans}) = -g\,\frac{\mu_N}{\hbar}\,(B_0 \cdot \tau_N + B_{trans} \cdot \tau_1) \qquad (5.69)$$

wobei B_{trans} das effektive transiente B-Feld und τ_1 die effektive Wirkungsdauer darstellt. Die Effektivwerte entstehen im allgemeinen durch eine komplizierte Mittelung während der Lebensdauer des Kernniveaus und der Abbremszeit im Ferromagneten. Einfache Verhältnisse erhält man, wenn entweder die Lebensdauer des Kernniveaus so kurz ist, daß während dieser Zeit praktisch keine Abbremsung erfolgt oder wenn man eine dünne Folie verwendet, die der radioaktive Kern im wesentlichen ungebremst durchfliegt. In beiden Fällen kann man das transiente B-Feld als konstant ansetzen. Die Wirkungsdauer ist im ersten Fall durch die Lebensdauer des Kernniveaus und im zweiten Fall durch die Durchflugszeit durch die ferromagnetische Folie gegeben. Wir wollen ein Beispiel für den zweiten Fall etwas genauer diskutieren (SPE 85).

Als radioaktive Sonde wurde der angeregte 3^--Zustand ($E^* = 6{,}13$ MeV, $\tau_N = 26{,}6$ ps) von ^{16}O verwendet, der über die Kernreaktion $^{16}O(\alpha,\alpha')$ erzeugt werden kann. Die Geschwindigkeit erhält die Sonde durch den Rückstoß aus der Kernreaktion. Höhere Geschwindigkeiten kann man durch die inverse Reaktion $^4He(^{16}O,^{16}O^*)$ erreichen, wobei man ^{16}O als Strahl und ^4He als Target verwendet. Die Sonden wurden nach Durchfliegen der ferromagnetischen Folie in einem nicht-magnetischen Metall (Ag) gestoppt.

Durch diese Anordnung erreicht man, daß die Drehung der Winkelkorrelation praktisch nur durch das transiente B-Feld während des Durchfliegens der ferromagnetischen Folie (Dicke ≈ 1 μm) erfolgt. Aus dem Drehwinkel kann man nach Beziehung (5.69) das transiente B-Feld berechnen. Die effektive Wirkungsdauer τ_1 ist identisch mit der Zeit, die das O-Atom zum Durchfliegen der Folie benötigt (≤ 1 ps).

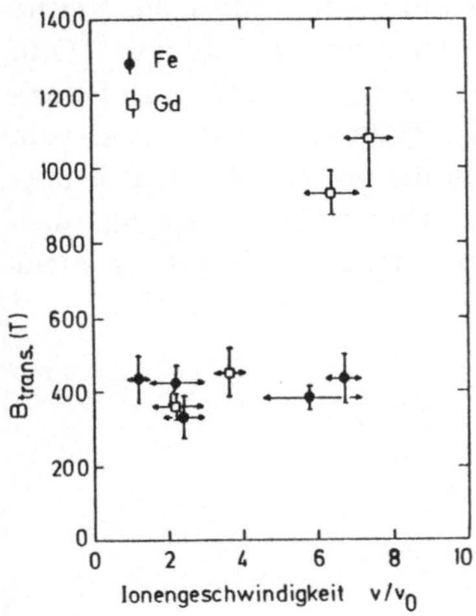

Abb. 5.28
Transientes B-Feld für O-Kerne beim Durchflug durch Fe- und Gd-Folien als Funktion der Ionengeschwindigkeit (SPE 85)

In Abbildung 5.28 sind die Ergebnisse für verschiedene Sondengeschwindigkeiten v/v_0 ($v_0 = c/137$) aufgetragen. Für Eisen ist das transiente B-Feld in dem gemessenen Bereich unabhängig von der Geschwindigkeit ungefähr 400 T, während man für Gadolinium einen deutlichen Anstieg von $\vec{B}_\text{trans}$ mit der Geschwindigkeit beobachtet. Die transienten B-Felder sind insgesamt einen Faktor 10 bis 100 größer als typische statische B-Felder in Eisen und Gadolinium (vergleiche z.B. Abbildung 5.26).

Das Phänomen der transienten B-Felder ist noch nicht vollständig verstanden. Wir wollen hier ein Modell diskutieren (DYB 79, SPE 85), das zumindest bei leichten Ionen ein gewisses Verständnis der transienten B-Felder ermöglicht. Bei diesem Modell nimmt man an, daß das transiente B-Feld durch die am Ion verbleibenden s-Elektronen bewirkt wird. Aus anderen Messungen (DYB 79) weiß man, daß die Wahrscheinlichkeit für ein Loch in der K-Schale von ^{16}O in Eisen für $2v_0 \le v \le 5v_0$ ungefähr 27 % ist. Das von dem verbleibenden $1s$-Elektron bewirkte Hyperfeinfeld beträgt 8550 T. Wenn man annimmt, daß die Spinstellung dieses Elektrons beim Durchfliegen der ferromagnetischen Folie häufig wechselt, im Mittel aber eine Polarisation parallel zur makroskopischen Magnetisierung übrig bleibt, so kann man damit das transiente B-Feld nach folgender Formel berechnen

$$B_\text{trans} = q\,p\,B_{1s} \tag{5.70}$$

wobei q die Wahrscheinlichkeit für genau ein $1s$-Elektron, p dessen Polarisationsgrad und B_{1s} das von einem $1s$-Elektron verursachte magnetische Hyperfeinfeld darstellt. Um das gemessene transiente B-Feld von ^{16}O in Eisen zu erhalten, benötigt man mit $q = 0{,}27$ und $B_{1s} = 8550$ T einen Polarisationsgrad von 17 %. Der Mechanismus des Polarisationsübertrags vom Ferromagneten auf das $1s$-Elektron wird in diesem Modell nicht beantwortet. Für Gadolinium ist die Wahrscheinlichkeit für Erzeugung eines K-Lochs nicht gemessen, so daß man eine ähnliche Rechnung nicht durchführen kann.

6 Magnetische Kernresonanz (NMR)

6.1 Methode

Die magnetische Kernresonanz (Nuclear Magnetic Resonance: NMR)
wurde im Jahre 1945 entdeckt, entscheidend daran beteiligt waren F.
Bloch und E.M. Purcell (BLO 46a, PUR 46).

Die magnetische Kernresonanz ist die älteste nukleare Methode zur Bestimmung von Festkörpereigenschaften, sie findet aber auch in anderen
Zweigen der Physik, sowie in der Chemie und Biologie intensive Anwendung. In jüngster Zeit ist sie auch in der Medizin von großer Bedeutung.
Dort wird sie verwendet, um NMR-Tomogramme vom menschlichen Körper aufzuzeichnen. Dabei werden Schnittbilder mit NMR-Parametern als
Kontrast erzeugt, ohne den menschlichen Körper zu verletzen.

Die NMR-Methode basiert auf dem Gedanken, daß die magnetischen Di-
polmomente von Kernen, im allgemeinen im Grundzustand, durch Anlegen eines Magnetfeldes teilweise ausgerichtet werden können, und daß
diese so erzeugte Magnetisierung durch Einstrahlung von Hochfrequenz
resonanzartig zerstört werden kann. Deshalb sollen zunächst die wichtigen Begriffe "Kernmagnetisierung" und "Resonante Hochfrequenzab-
sorption" diskutiert werden.

Kernmagnetisierung. Beim Anlegen eines statischen B-Feldes $\vec{B}_0$ an ein
Kernspinensemble spalten die Kernniveaus mit Kernspin I in $2I + 1$ äqui-
distante Unterniveaus auf (siehe Abschn. 3.1). Die vorher energetisch ent-
arteten M-Zustände werden um die Energie $E_{\mathrm{magn}}(M) = M\hbar\omega_{\mathrm{L}}$ (ω_{L}: Larmor-Frequenz) verschoben.

Im thermischen Gleichgewicht sind die verschiedenen M-Unterzustände
entsprechend der Boltzmann-Verteilung

$$P(M) \propto \exp\left[-E_{\mathrm{magn}}(M)/k_{\mathrm{B}}T\right] \tag{6.1}$$

besetzt. Wegen dieser ungleichen Bevölkerung der M-Zustände stellt sich
eine Polarisation der Kernspins ein, die sich wie folgt berechnet

$$<I_z> = \frac{\sum\limits_{M=-I}^{I} \hbar M \, \exp\left[-E_{\mathrm{magn}}(M)/k_{\mathrm{B}}T\right]}{\sum\limits_{M=-I}^{I} \exp\left[-E_{\mathrm{magn}}(M)/k_{\mathrm{B}}T\right]} \qquad (6.2)$$

Im Falle der magnetischen Kernspinaufspaltung ist für nicht zu tiefe Temperaturen $E_{\mathrm{magn}}(M)$ klein gegen $k_{\mathrm{B}}T$, so daß man eine Entwicklung der Exponentialfunktion benutzen kann. Damit ergibt sich unter Einsetzen von $E_{\mathrm{magn}}(M) = -\gamma \hbar M B_0$ (γ : gyromagnetisches Verhältnis)

$$<I_z> = \frac{\sum\limits_{M=-I}^{I} \hbar M \, (1 + \gamma \hbar M B_0 /k_{\mathrm{B}}T)}{\sum\limits_{M=-I}^{I} 1 + \gamma \hbar M B_0 /k_{\mathrm{B}}T} \qquad (6.3)$$

$\sum M$ von $M = -I$ bis $+I$ ergibt Null, so daß der erste Term im Zähler und der zweite Term im Nenner verschwinden. Damit erhält man

$$<I_z> = \frac{\gamma \hbar^2 B_0}{k_{\mathrm{B}}T} \cdot \frac{\sum M^2}{2I+1} = \frac{\gamma \hbar^2 I(I+1)}{3k_{\mathrm{B}}T} B_0 \qquad (6.4)$$

Der Wert der Kernspinpolarisation $<I_z>$ ist bei Raumtemperatur $(T=300\,\mathrm{K})$ sehr klein. Zum Beispiel erhält man für ein B-Feld mit $B_0 = 1$ T und $I = 1$, $\gamma = \mu_{\mathrm{N}}/\hbar$

$$\frac{<I_z>}{\hbar} = \frac{2}{3} \cdot \frac{\mu_{\mathrm{N}} B_0}{k_{\mathrm{B}}T} \approx 10^{-6} \qquad (6.5)$$

Trotz dieser Kleinheit spielt die ungleiche Besetzung der M-Unterzustände, wie wir im folgenden sehen werden, eine entscheidende Rolle bei der NMR.

Mit der Kernspinpolarisation $<I_z>$ ist auch eine Kernmagnetisierung verbunden. Die makroskopische Magnetisierung $\vec{M}$ der Atomkerne der Probe ist die Summe der Einzelmomente $\vec{\mu}_i$ pro Volumen V; man erhält

$$\vec{M} = \sum_i^n \frac{\vec{\mu}_i}{V} \tag{6.6}$$

Der Erwartungswert der z-Komponente von $\vec{M}$ in Richtung des äußeren Feldes $\vec{B}_0$ hat damit die folgende Form

$$M_z = \sum_i^n \frac{\vec{\mu}_{iz}}{V} = N\gamma <I_z> \tag{6.7}$$

wobei N die Dichte der Kernspins und $<I_z>$ die schon berechnete Kernspinpolarisation ist. Einsetzen von $<I_z>$ aus Gleichung (6.4) ergibt für die Magnetisierung im thermischen Gleichgewicht

$$M_0 = N\gamma \, \frac{\gamma\hbar^2 I(I+1)}{3k_\mathrm{B}T} \, B_0 \tag{6.8}$$

Der Vorfaktor vor B_0 beschreibt bis auf μ_0 die Kernsuszeptibilität (μ_0 : Permeabilität des Vakuums)

$$\chi_\mathrm{K} = \frac{N\gamma^2\hbar^2 I(I+1)}{3k_\mathrm{B}T} \, \mu_0 \tag{6.9}$$

Wegen $\gamma^2(\text{Kern}) \approx 10^{-6}\,\gamma^2(\text{Hülle})$ ist die Kernsuszeptibilität sehr klein. Sie zeigt eine $1/T$-Temperaturabhängigkeit (Curie-Gesetz).

Resonanzabsorption von Radiowellen. Bei Einstrahlung von Radiowellen mit der Frequenz $\omega = \omega_\mathrm{L}$ tritt Resonanzabsorption ein, da wegen der ungleichen Besetzung der unteren und oberen Niveaus etwas mehr Quanten absorbiert als emittiert werden. Es tritt eine Konkurrenzsituation ein. Die eingestrahlte Hochfrequenz versucht Gleichverteilung herzustellen, während das Gitter eine Boltzmann-Verteilung aufrecht zu erhalten versucht.

Als Methode zur Untersuchung des Festkörpers eignet sich die NMR aus folgenden Gründen: Zum einen ist die Resonanzfrequenz nicht genau die dem äußeren Feld entsprechende Larmorfrequenz, sondern sie ist geringfügig verschoben. Die Ursache für diese Verschiebung liegt in der (paramagnetischen) Verstärkung bzw. (diamagnetischen) Schwächung des äußeren Feldes durch die Elektronen, die den Kern umgeben. Die genaue Messung dieser Verschiebungen erlaubt Rückschlüsse auf die Umgebung des Atomkerns im Festkörper. Zum anderen besitzt die Resonanzlinie eine gewisse Breite, die mit Relaxationsprozessen im Festkörper zusammenhängt. Über die Messung der Linienbreiten bzw. der Relaxationszeiten erhält man ebenfalls Zugang zu mikroskopischen Eigenschaften des Festkörpers.

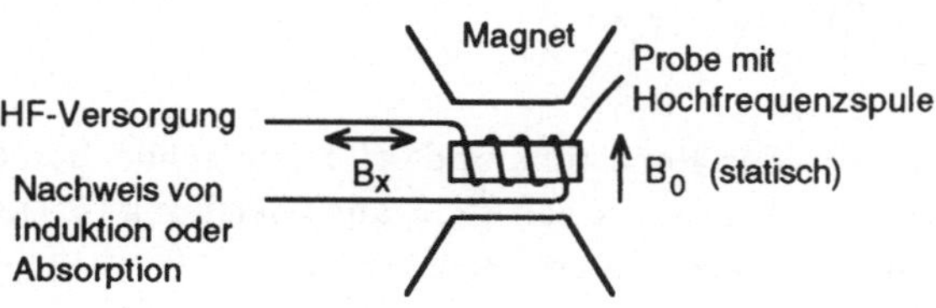

Abb. 6.1 Schematische Anordnung eines NMR-Experiments

Die experimentelle Anordnung bei einem NMR-Experiment ist schematisch in Abbildung 6.1 dargestellt. Die Probe befindet sich in einem äußeren statischen B-Feld $\vec{B}_0$. Zusätzlich wird ein zeitlich variierendes Hochfrequenzfeld $\vec{B}_{\mathrm{HF}}$ in einer Richtung senkrecht zu $\vec{B}_0$ angelegt. Das Hochfrequenzfeld hat die Form

$$\vec{B}_{\mathrm{HF}} = 2\,\vec{B}_1 \cos \omega t \tag{6.10}$$

Ein solches Feld kann man in zwei entgegengesetzt rotierende Magnetfelder mit den Frequenzen $+\omega$ und $-\omega$ zerlegen. In der Nähe der Resonanz der einen Frequenz (z.B. $+\omega$) ist der Beitrag der anderen Frequenz mit dem entgegengesetzten Vorzeichen zu vernachlässigen. Wir können daher von einem statischen Feld $\vec{B}_0$ in z-Richtung und einem in der x-y-Ebene rotierenden Feld $\vec{B}_1$ ausgehen. Das gesamte $\vec{B}$-Feld hat damit die Form

$$B_x = B_1 \cos \omega t\,, \qquad B_y = B_1 \sin \omega t\,, \qquad B_z = B_0 \tag{6.11}$$

Wenn man nun die Hochfrequenz oder das statische Magnetfeld durchstimmt, erreicht man irgendwann die Resonanzbedingung, die sich als Absorption im Primärkreis (Purcell, (PUR 46)) oder als Induktion in einem zweiten Schwingkreis (Bloch, (BLO 46a)) bemerkbar macht.

6.2 Klassische Behandlung der NMR (Bloch-Gleichungen)

Wir haben gesehen, daß sich beim Anlegen eines äußeren $\vec{B}_0$-Feldes an das Kernspinensemble eine Magnetisierung $\vec{M}$ einstellt. Das Verhalten dieser Magnetisierung unter dem Einfluß des $\vec{B}_0$-Feldes und des Hochfrequenzfeldes bei gleichzeitiger Wechselwirkung mit der Umgebung soll im folgenden diskutiert werden.

Freie Bewegungsgleichung. In einem äußeren Feld $\vec{B}$ erfährt ein magnetisches Moment $\vec{M}V$ ein Drehmoment der Größe $(\vec{M}V \times \vec{B})$, das zu einer Änderung des Gesamtdrehimpulses $\vec{I}$ führt. Es gilt

$$\frac{d\vec{I}}{dt} = (\vec{M}V \times \vec{B}) \tag{6.12}$$

oder wegen $\vec{M} = \gamma \sum_{i}^{n} \vec{I}_i/V = \gamma \vec{I}/V$

$$\frac{d\vec{M}}{dt} = \gamma(\vec{M} \times \vec{B}) \tag{6.13}$$

Als Lösung von Gleichung (6.13) erhält man eine Präzession der Magnetisierung $\vec{M}$ um das Magnetfeld $\vec{B}$; die Präzessionsfrequenz ist $\omega_L = -\gamma B$.

Relaxation. Im thermischen Gleichgewicht gilt für die Magnetisierung im äußeren $\vec{B}_0$-Feld

$$M_z = M_0 \qquad\qquad M_x = M_y = 0 \tag{6.14}$$

Abweichungen von diesen Werten gehen mit gewissen Zeitkonstanten (T_1 und T_2) in die Werte des thermischen Gleichgewichts über. Man macht folgenden Ansatz (BLO 46b)

$$\frac{dM_z}{dt} = \frac{M_0 - M_z}{T_1}$$

$$\frac{dM_x}{dt} = -\frac{M_x}{T_2} \qquad \text{und} \qquad \frac{dM_y}{dt} = -\frac{M_y}{T_2} \tag{6.15}$$

T_1 bezeichnet man als longitudinale oder Spin-Gitter-Relaxationszeit.

Es ist die charakteristische Zeit, in der Energie aus dem Kernspinsystem (Umbesetzung der M-Niveaus) ins Gittersystem übertragen wird. Eine anschauliche Interpretation von T_1 gibt Abbildung 6.2. Bringt man eine unmagnetische Probe ($\vec{M} = 0$) zur Zeit $t = 0$ in ein B-Feld $\vec{B}_0$, so steigt die Magnetisierung mit der Zeitkonstanten T_1 vom Wert 0 auf den Gleichgewichtswert M_0 an. Es gilt

$$M_z(t) = M_0 \left[1 - \exp(-t / T_1) \right] \tag{6.16}$$

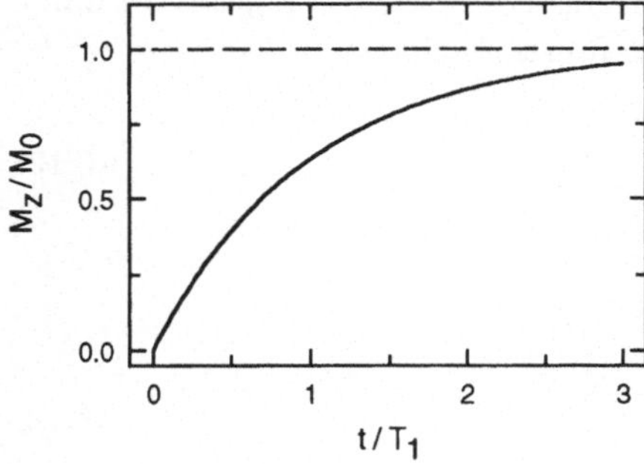

Abb. 6.2
Zeitlicher Verlauf der Magnetisierung M_z nach instantanem Anlegen eines Magnetfeldes

T_2 bezeichnet man als transversale oder Spin-Spin-Relaxationszeit.

Sie hat eine ganz andere Bedeutung als T_1. T_2 ist ein Maß für die Zeit, während der individuelle Momente, die zu M_x und M_y beitragen, in Phase bleiben. Oder anders ausgedrückt, wenn zu einem bestimmten Zeitpunkt eine Anzahl von Kernmomenten in die gleiche Richtung (z.B. x-Richtung) zeigen, dann werden diese aufgrund geringfügig verschiedener Präzessionsfrequenzen mit der Zeit außer Phase geraten. Die für diesen Prozeß typische Zeit ist T_2. Sie wird aus diesem Grund auch als Phasenrelaxation bezeichnet.

Die Bezeichnung Spin-Spin-Relaxationszeit für T_2 rührt daher, daß der Unterschied in den Präzessionsfrequenzen häufig durch die Spin-Spin-Wechselwirkung des beobachteten Spins mit seinen Nachbaratomen zustande kommt.

Die Bezeichnung transversale (bzw. longitudinale für T_1) Relaxationszeit ergibt sich direkt aus der Definition (Gl. (6.15)), da sich T_2 auf die transversale (senkrecht zu $\vec{B}_0$) und T_1 auf die longitudinale (parallel zu $\vec{B}_0$) Komponente von $\vec{M}$ bezieht. Für die longitudinale Komponente gibt es natürlich keinen Prozess, der die Phasenbeziehung ändert, da M_z gar keine Präzession durchführt. Andrerseits können die Spin-Gitter-Relaxationsprozesse auch einen Beitrag zu T_2 ergeben.

Kombination der freien Bewegungsgleichung (6.13) mit den Relaxationstermen (6.15) führt zu den Bloch-Gleichungen im Laborsystem

$$\frac{dM_z}{dt} = \gamma(\vec{M} \times \vec{B})_z + \frac{M_0 - M_z}{T_1}$$

$$\frac{dM_x}{dt} = \gamma(\vec{M} \times \vec{B})_x - \frac{M_x}{T_2} \tag{6.17}$$

$$\frac{dM_y}{dt} = \gamma(\vec{M} \times \vec{B})_y - \frac{M_y}{T_2}$$

Zur Lösung der Bloch-Gleichungen (6.17) geht man üblicherweise ins rotierende Koordinatensystem über, in dem man besonders einfache und anschauliche Lösungen erhält.

Übergang ins rotierende Koordinatensystem. Wir betrachten ein Koordinatensystem, das mit der gleichen Frequenz wie das Hochfrequenz-Feld um die B_0-Achse rotiert. Für den Beobachter im rotierenden System (x', y', z') ist also das B_1-Feld fest und soll z.B. in die x'-Richtung weisen.

Bei der Transformation der Gleichungen (6.17) ins rotierende System ist zu beachten, daß bei den Ableitungen ein zusätzlicher Term, wie er z.B. von der Coriolis-Kraft her bekannt ist, auftritt. Allgemein gilt für einen beliebigen Vektor $\vec{F}$

$$\left(\frac{d\vec{F}}{dt}\right)_{\text{rot}} = \left(\frac{d\vec{F}}{dt}\right)_{\text{fest}} - (\vec{\omega} \times \vec{F}) \tag{6.18}$$

wobei "rot" und "fest" das rotierende bzw. ortsfeste Koordinatensystem kennzeichnen.

Damit schreibt sich die Bewegungsgleichung (ohne Relaxationsterme) im rotierenden System ($\vec{B}$: äußeres B_0-Feld + HF-Feld, ω : Hochfrequenz)

$$\left(\frac{d\vec{M}}{dt}\right)_{\mathrm{rot}} = \gamma(\vec{M} \times \vec{B}) - (\vec{\omega} \times \vec{M}) =$$

$$= \gamma[\vec{M} \times (\vec{B} + \frac{\vec{\omega}}{\gamma})] = \gamma(\vec{M} \times \vec{B}_{\mathrm{eff}}) \tag{6.19}$$

wobei

$$\vec{B}_{\mathrm{eff}} = \vec{B} + \frac{\vec{\omega}}{\gamma} \tag{6.20}$$

gesetzt wurde. Mit den Einheitsvektoren $\vec{e}_{x'}$ und $\vec{e}_z$ im rotierenden System kann man Gleichung (6.20) auch folgendermaßen schreiben

$$\vec{B}_{\mathrm{eff}} = (B_0 - B_\omega)\,\vec{e}_z + B_1\,\vec{e}_{x'} \qquad \text{mit} \quad B_\omega = -\frac{\omega}{\gamma} \tag{6.21}$$

Die verschiedenen Beiträge zu $\vec{B}_{\mathrm{eff}}$ sind in Abbildung 6.3 dargestellt.

Durch die Transformation ins rotierende System wurde die Zeitabhängigkeit im B_1-Feld eliminiert; dadurch erhält die Bewegungsgleichung (6.19) die gleiche Form wie (6.13). Die Lösung ist also eine Präzession der Magnetisierung um $\vec{B}_{\mathrm{eff}}$. Man beachte, daß sich dadurch die z-Komponente der Magnetisierung verändert. Am effektivsten ändert sich M_z wenn $\omega = \omega_L = -\gamma B_0$ ist, d.h. bei Hochfrequenzeinstrahlung mit der Larmorfrequenz. Dann ist $\vec{B}_{\mathrm{eff}}$ mit $\vec{B}_1$ identisch und die Magnetisierung präzediert um $\vec{B}_1$.

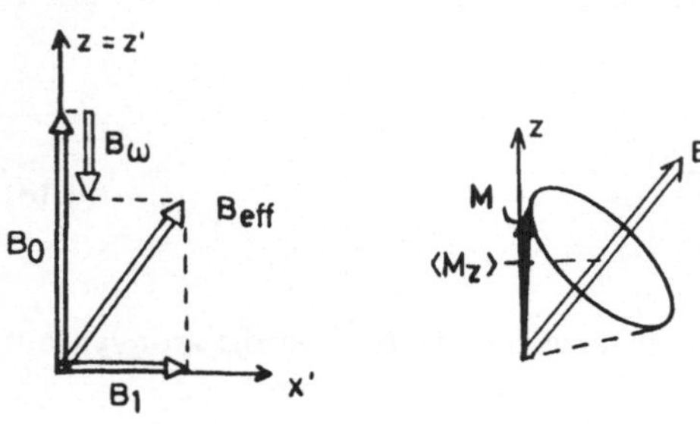

Abb. 6.3
Darstellung von $\vec{B}_{\mathrm{eff}}$ im rotierenden Koordinatensystem. Im rechten Teil des Bildes ist die Präzession von $\vec{M}$ um das effektive Magnetfeld im rotierenden System dargestellt

Man sieht an Abbildung 6.3, daß eine ursprünglich in z-Richtung weisende Magnetisierung durch Einschalten von B_1 während einer geeignet gewählten Zeit in die y'-Richtung oder $(-z)$-Richtung gedreht werden kann. Man spricht von einem 90° bzw. 180° Puls. Dadurch ist ein wohldefinierter Nicht-Gleichgewichtszustand geschaffen worden, und man kann z.B. die Wiederherstellung des Gleichgewichtszustandes und damit T_1 und T_2 messen. Diese Technik wird in der Tat bei vielen Untersuchungen angewendet.

Berücksichtigt man in Gleichung (6.19) noch die Relaxationsterme (Gl. (6.15)) und setzt man

$$\omega_{L,1} = -\gamma B_1 \quad \text{und} \quad \omega_{L,0} = -\gamma B_0 \tag{6.22}$$

so erhält man die Bloch-Gleichungen im rotierenden System (gekennzeichnet durch ~)

$$\frac{\mathrm{d}\tilde{M}_x}{\mathrm{d}t} = (\omega - \omega_{L,0})\,\tilde{M}_y - \frac{\tilde{M}_x}{T_2}$$

$$\frac{\mathrm{d}\tilde{M}_y}{\mathrm{d}t} = -(\omega - \omega_{L,0})\,\tilde{M}_x - \omega_{L,1}\tilde{M}_z - \frac{\tilde{M}_y}{T_2} \tag{6.23}$$

$$\frac{\mathrm{d}\tilde{M}_z}{\mathrm{d}t} = \omega_{L,1}\tilde{M}_y - \frac{\tilde{M}_z - M_0}{T_1}$$

Im folgenden wollen wir die Lösungen von (6.23) für den langsamen Resonanzdurchgang (slow passage) angeben. Ändert man B_0 oder ω so langsam, daß das System zu jedem Zeitpunkt im Gleichgewicht ist, so gilt

$$\frac{\mathrm{d}\tilde{M}_x}{\mathrm{d}t} = \frac{\mathrm{d}\tilde{M}_y}{\mathrm{d}t} = \frac{\mathrm{d}\tilde{M}_z}{\mathrm{d}t} = 0 \tag{6.24}$$

In diesem Fall reduziert sich (6.23) auf drei algebraische Gleichungen mit drei Unbekannten. Die Lösungen sind

$$\tilde{M}_x = \frac{(\omega - \omega_{L,0})\,\gamma B_1 T_2^{\,2}}{1 + \gamma^2 B_1^{\,2} T_1 T_2 + (\omega - \omega_{L,0})^2 T_2^{\,2}}\, M_0$$

$$\tilde{M}_y = \frac{\gamma B_1 T_2}{1 + \gamma^2 B_1^{\,2} T_1 T_2 + (\omega - \omega_{L,0})^2 T_2^{\,2}}\, M_0 \qquad (6.25)$$

$$\tilde{M}_z = \frac{1 + (\omega - \omega_{L,0})^2 T_2^{\,2}}{1 + \gamma^2 B_1^{\,2} T_1 T_2 + (\omega - \omega_{L,0})^2 T_2^{\,2}}\, M_0$$

Die Lösungen (6.25) gehen für $B_1 = 0$, also für verschwindendes HF- Feld, in die Gleichgewichtswerte im statischen B_0-Feld , $\tilde{M}_z = M_0$ und $\tilde{M}_x = \tilde{M}_y = 0$, über. Das Gleiche gilt für den Fall, daß die Terme mit $(\omega - \omega_{L,0})$ groß werden gegenüber anderen Termen, also weit weg von der Resonanz. In der Nähe der Resonanz wird aber , wie man an Gleichung (6.25) erkennt, die z-Komponente der Magnetisierung verringert und teilweise in die x'-y'-Ebene verlegt (siehe Abb. 6.4). Dieser Anteil der Magnetisierung ist von einer ortsfesten Empfängerspule aus gesehen nicht konstant, sondern dreht sich mit der Frequenz des rotierenden Systems und induziert in der Empfängerspule eine Wechselspannung, die mit einer geeigneten elektronischen Schaltung (siehe Abschn. 6.3) nachgewiesen werden kann. Bei Benutzung eines phasenempfindlichen Verstärkers kann man die $\tilde{M}_x$- und $\tilde{M}_y$-Komponente getrennt nachweisen.

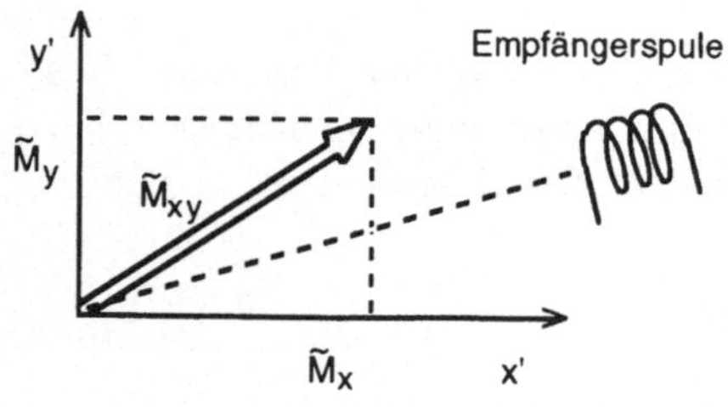

Abb. 6.4
Magnetisierung in der x'-y'-Ebene im rotierenden Koordinatensystem. Die Magnetisierung dreht sich mit der Frequenz ω an der ortsfesten Empfängerspule vorbei

Wie man an Gleichung (6.25) erkennt, verhält sich $\tilde{M}_x$ wie eine Dispersionskurve und $\tilde{M}_y$ wie eine Absorptionskurve; das sieht man besser an der folgenden Schreibweise

$$\tilde{M}_x = \gamma B_1 M_0 \frac{\omega - \omega_{L,0}}{(\omega - \omega_{L,0})^2 + \Gamma^2/4}$$

$$\tilde{M}_y = \frac{\gamma B_1 M_0}{T_2} \frac{1}{(\omega - \omega_{L,0})^2 + \Gamma^2/4} \tag{6.26}$$

mit

$$\Gamma = \frac{2}{T_2} \sqrt{1 + \gamma^2 B_1^{\;2} T_1 T_2} \tag{6.27}$$

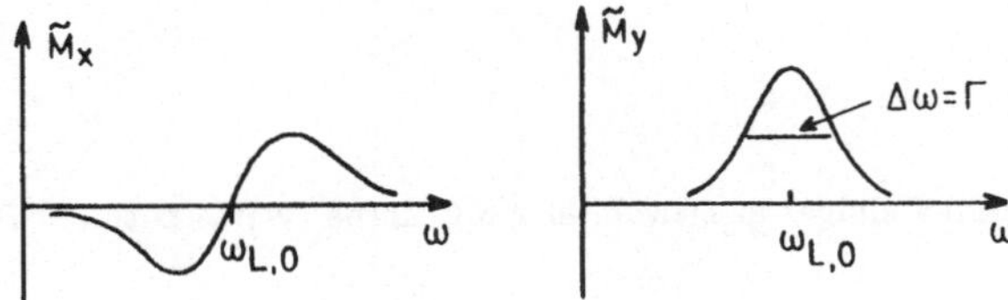

Abb. 6.5 Dispersions- und Absorptionssignal von $\tilde{M}_x$ und $\tilde{M}_y$

Für die Linienbreite Γ ergibt sich:

a) Schwaches Hochfrequenzfeld, d.h. $\gamma^2 B_1^{\;2} T_1 T_2 \ll 1$,

$$\Delta\omega = \Gamma = \frac{2}{T_2} \tag{6.28}$$

In diesem Fall ist die Linienbreite nur von T_2 abhängig. Aus der Messung der Linienbreite kann somit die Spin-Spin-Relaxationszeit bestimmt werden.

b) Starkes Hochfrequenzfeld, d.h. $\gamma^2 B_1^{\;2} T_1 T_2 \gg 1$,

$$\Delta\omega = \Gamma = 2 \gamma B_1 \sqrt{\frac{T_1}{T_2}} \tag{6.29}$$

Beim starken Hochfrequenzfeld wird also Γ auch durch das HF-Feld B_1 bestimmt und ist damit experimentell wählbar (power broadening).

6.3   Experimentelle Anordnungen

Für die NMR eignen sich alle stabilen Kerne mit $I \geq 1/2$, was die NMR zu einer vielseitig einsetzbaren Methode macht. Eine Auswahl von NMR-Kernen mit den wichtigsten Daten ist in Tabelle 6.1 angegeben. Neben stabilen Kernen können auch radioaktive Kerne zu Experimenten herangezogen werden; darauf werden wir in Kapitel 6.7 eingehen.

Bei der Durchführung von NMR-Experimenten sind prinzipiell zwei verschiedene Anordnungen zu unterscheiden:

a)   Die stationäre (continuous wave = CW) Methode, bei der ständig ein Hochfrequenzfeld geringer Stärke ($B_1 \approx 10^{-7}$ T) auf die Probe einwirkt.

Tabelle 6.1 Eigenschaften einiger ausgewählter NMR-Kerne (Werte nach (LED 78))

Isotop	Natürliche Häufigkeit (%)	Spin I	μ (μ_N)	Q (barn)	NMR-Frequenz (MHz/Tesla)
^{1}H	99,985	1/2	+2,793	0	42,576
^{2}H	0,0148	1	+0,857	+0,00288	6,532
^{7}Li	92,5	3/2	+3,256	−0,4	16,545
^{13}C	1,11	1/2	+0,702	0	10,701
^{19}F	100	1/2	+2,629	0	40,076
^{27}Al	100	5/2	+3,642	+0,15	11,104
^{31}P	100	1/2	+1,132	0	17,256
^{35}Cl	75,77	3/2	+0,822	−0,082	4,177
^{63}Cu	69,2	3/2	+2,223	−0,21	11,296
^{105}Pd	22,2	5/2	−0,642	+0,8	1,957
^{127}I	100	5/2	+2,813	−0,79	8,576
^{195}Pt	33,8	1/2	+0,609	0	9,283
^{207}Pb	22,1	1/2	+0,593	0	9,040

b) Die gepulste Kernresonanz, bei der zunächst durch einen kurzen, starken ($B_1 \approx 10^{-3}$ T) Hochfrequenzimpuls die Magnetisierung aus der z-Richtung herausgedreht wird. Nach Abschalten des Hochfrequenzfeldes wird die freie Präzession und Relaxation in einer Empfängerspule beobachtet.

Die klassische stationäre Methode wird in neuerer Zeit in zunehmendem Maße durch die gepulste NMR verdrängt, da diese eine grössere Empfindlichkeit und mehr verschiedenartige Einsatzmöglichkeiten bietet.

6.3.1 Stationäre Methode

Es soll hier nur die Beobachtung in der Senderspule (Purcell-Methode) diskutiert werden. Prinzipiell ist natürlich eine Trennung von Sender- und Empfängerspule möglich (Bloch-Methode). Der Grundgedanke ist bei beiden Methoden der gleiche : Die in der x-y-Ebene präzedierende Magnetisierung des Kernspin-Systems induziert in der Spule eine Spannung, die auf die folgende Art berechnet werden kann. In der Probe hat das von der Magnetisierung herrührende B-Feld folgenden Wert

$$\vec{B} = \mu_0 \vec{M} \tag{6.30}$$

Der damit verbundene magnetische Fluß Φ in der Spule ist

$$\Phi = A\,\eta\,B_x \tag{6.31}$$

wobei A die Spulenfläche mal Windungszahl und η den Füllfaktor darstellt. Der Füllfaktor ist das Verhältnis von effektivem Probevolumen zum Gesamtvolumen der Spule.

Die Rücktransformation der Magnetisierung aus dem rotierenden ins ortsfeste Koordinatensystem ergibt für die x-Komponente

$$M_x(t) = \tilde{M}_x \cos \omega t - \tilde{M}_y \sin \omega t \tag{6.32}$$

Mit den Gleichungen (6.30) und (6.31) erhält man damit für die induzierte Spannung

$$U_r = -\frac{\mathrm{d}\Phi}{\mathrm{d}t} = A\,\eta\,\mu_0\,\omega\,(\tilde{M}_x \sin \omega t + \tilde{M}_y \cos \omega t) \tag{6.33}$$

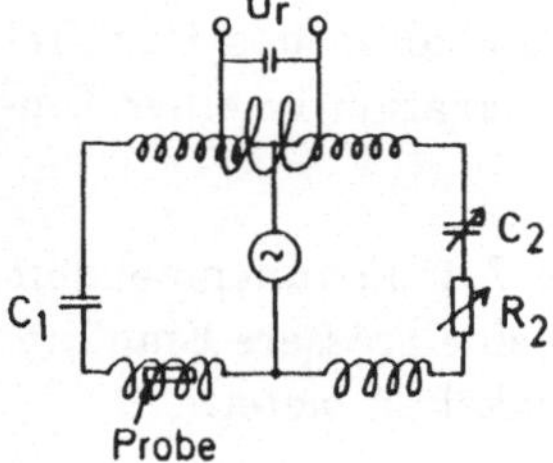

Abb. 6.6
Purcell-Brücke zur Kompensation
der Senderspannung. Die Brücke
wird außerhalb der Kernresonanz
auf Null abgeglichen

Durch eine Kompensationsschaltung (Purcell-Brücke, siehe Abb. 6.6) ist es möglich, die Senderspannung zu kompensieren, so daß am Ausgang direkt eine zu U_r proportionale Spannung anliegt. Man sieht an Gleichung (6.33), daß U_r eine Überlagerung des dispersiven ($\tilde{M}_x$) und absorptiven ($\tilde{M}_y$) Anteils darstellt. Bei Verwendung eines phasenempfindlichen Detektors (Abschn. 6.3.2) ist es möglich, die beiden Anteile getrennt zu beobachten. Je nach Wahl der Lock-in-Phase ($\delta = 0°$ oder $90°$) erhält man damit das Absorptions- oder Dispersionssignal. Ein prinzipielles Schaltbild einer NMR-Elektronik ist in Abbildung 6.7 angegeben.

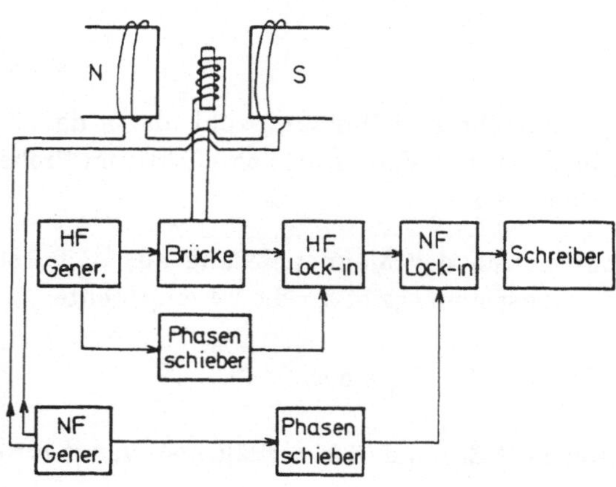

Abb. 6.7 Prinzip-Schaltbild einer NMR-Apparatur für die stationäre (CW) Methode. Weitere Erklärungen im Text

Der HF-Generator versorgt über die Purcell-Brücke die Senderspule um die Probe. Das Ausgangssignal der Brücke wird in einem HF-Lock-in-Verstärker, der sein Referenzsignal von dem HF-Generator bezieht, weiter verarbeitet. Je nach Wahl der Phasenverschiebung erhält man am Ausgang des HF-Lock-in-Verstärkers eine Gleichspannung, die $\widetilde{M}_y$ (für $\delta = 0°$) oder $\widetilde{M}_x$ (für $\delta = 90°$) proportional ist.

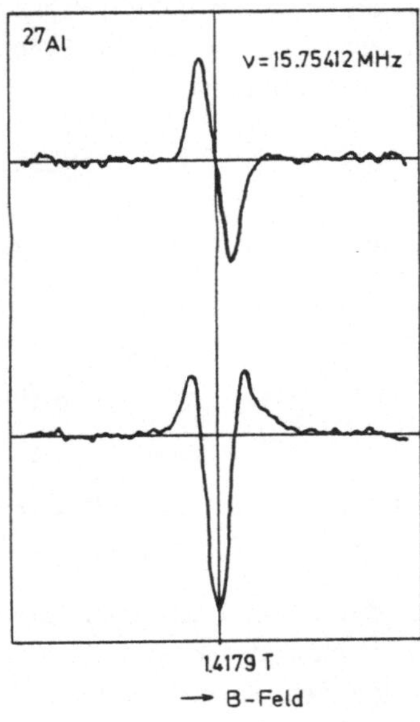

Abb. 6.8
Absorptions- und Dispersionssignal der ^{27}Al-Resonanz. Hier sind die differenzierten Signale gezeigt (STA 82)

Um das Signal-Rausch-Verhältnis weiter zu verbessern, bedient man sich des Lock-in-Prinzips ein zweites Mal. Man moduliert das konstante B-Feld $\vec{B}_0$ mit einer niederfrequenten Oszillation, wobei die Oszillationsamplitude klein gegen die Breite der NMR-Linie gehalten wird. Im niederfrequenten Lock-in-Verstärker werden dann nur die Signale durchgelassen, die die richtige Phase und Frequenz bezüglich der Magnetfeldmodulation aufweisen.

Die Resonanzlinie wird durch langsame Variation der HF-Frequenz oder des B_0-Feldes abgefahren. Ein Beispiel für ein Absorptions- und Dispersionssignal ist in Abbildung 6.8 dargestellt.

6.3.2 Lock-in Verstärker

Ein häufig auftretendes meßtechnisches Problem stellt sich dem Experimentator, wenn er sehr kleine elektrische Signale bei Anwesenheit hoher Rauschspannungen messen will. Eine Methode zur Verbesserung des Signal-Rauschspannungs-Verhältnisses ist das Lock-in Prinzip.

Die zu messende Spannung U_S wird über einen Parameter p, von dem sie abhängt, periodisch moduliert. Ein Beispiel aus dem vorangegangenen Kapitel ist die induzierte Spannung, die an einer Purcell-Brücke auftritt, als Funktion des Magnetfelds. Dazu wird der Parameter p mit der Referenzfrequenz ω_{ref} um seinen Sollwert p_0 periodisch verändert

$$p = p_0 + \Delta p \sin \omega_{ref} t \tag{6.34}$$

Durch eine Taylor-Entwicklung erhält man das Verhalten des Meßsignals U_S

$$U_S(p,t) = U_S(p_0) + \frac{\partial U_S}{\partial p}\Big|_{p_0} \Delta p \sin \omega_{ref} t \; + ... \tag{6.35}$$

Man sieht, daß die zeitliche Änderung der Meßgröße U_S an die Referenzfrequenz "angekettet" ist (Lock-in).

Schickt man nun das verrauschte Meßsignal durch ein Bandfilter, das auf die Referenzfrequenz eingestellt ist, so erhält man außer dem zeitlich variierenden Anteil des Meßsignals nur noch den Beitrag vom Rauschen der durch das Filter gelassen wird. Je schmalbandiger das Filter ist, umso besser wird das Signal-Rauschspannungs-Verhältnis.

Ein Ersatzschaltbild ist in Abbildung 6.9 (oben) dargestellt. In Abbildung 6.9 unten ist der Spannungsverlauf für verschiedene Phasen zwischen Signalspannung U_S und der Referenzspannung U_{ref} skizziert.

Man erkennt, daß die erste Stufe als Multiplikator arbeitet, also das Produkt $U_S \otimes U_{ref}$ am Ausgang erzeugt. Die Produktspannung $U_\otimes$ läßt sich leicht berechnen, wenn man das Rechteckschaltverhalten durch U_{ref} in Fourier-Form darstellt und die Phasenlage zwischen U_{ref} und den Schaltern S_1, S_2 durch δ beschreibt. Außerdem wird zum Meßsignal (Gl. (6.35)) noch eine zeitlich veränderliche Rauschspannung $U_R(t)$ addiert

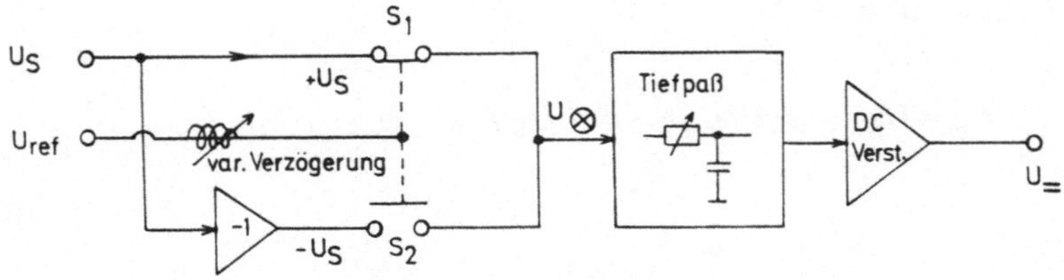

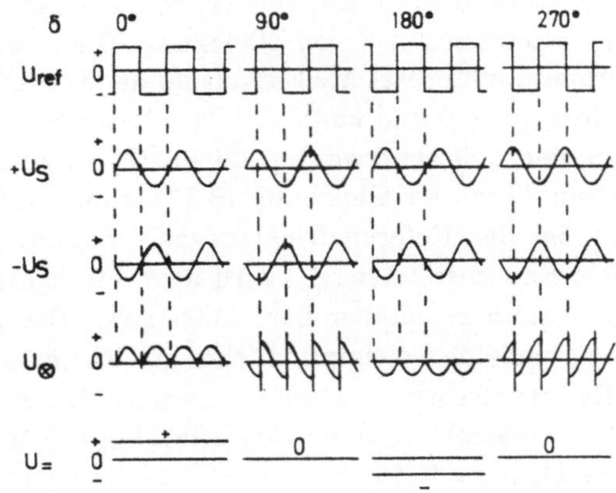

Abb. 6.9 Oben: Ersatzschaltbild eines Lock-in-Verstärkers. Wenn die Referenzspannung U_{ref} positiv ist, wird Schalter S_1 geschlossen, im umgekehrten Fall S_2. Unten: Spannungsverlauf für verschiedene Phasenbeziehungen zwischen Signalspannung U_S und Referenzspannung U_{ref}, wobei U_S die Frequenz von U_{ref} besitzen soll

$$U_\otimes = [U_S(p,t) + U_R(t)]\, U_{\text{ref}} = \tag{6.36}$$

$$= \left[U_S(p_0) + U_R(t) + \frac{\partial U_S}{\partial p}\Big|_{p_0} \Delta p \,\sin \omega_{\text{ref}} t \; + ...\right] \times$$

$$\times \left[\sin(\omega_{\text{ref}} t + \delta) + \frac{1}{3}\sin 3(\omega_{\text{ref}} t + \delta) + ...\right]$$

Beschränken wir uns auf den ersten Term in der Fourier-Entwicklung von U_{ref}, so ergibt sich

$$U_{\otimes} \approx U_S(p_0) \sin(\omega_{ref} t + \delta) + U_R(t) \sin(\omega_{ref} t + \delta) -$$

$$-\frac{\partial U_S}{\partial p}\Big|_{p0} \frac{\Delta p}{2} \cos(2\omega_{ref} t + \delta) + \frac{\partial U_S}{\partial p}\Big|_{p0} \frac{\Delta p}{2} \cos\delta \tag{6.37}$$

Diese Spannung geht auf den nachgeschalteten Tiefpaß, der (im Idealfall) nur Gleichspannungsanteile hindurchläßt. Solche Gleichspannungsanteile erkennt man im letzten Term von Gleichung (6.37), dieser ist ein Maß für die erste Ableitung unseres Meßsignals an der Stelle p_0 bezüglich des modulierten Parameters p und kann je nach Phasenlage δ maximiert oder zum Verschwinden gebracht werden (siehe $U_=$ in Abbildung 6.9). Aber auch im zweiten Term der Gleichung (6.37) treten auf Grund von Rauschspannungen bei der Referenzfrequenz zeitunabhängige Anteile auf. Der Beitrag des Rauschens bei ω_{ref} wird also durchgelassen, er ist aber im allgemeinen klein gegenüber dem Meßsignal. Der ganze Kreis hat also die Wirkung eines phasenempfindlichen Gleichrichters mit einer Filterung bei der Referenzfrequenz, dessen Filtergüte durch den Tiefpaß bestimmt wird. Man erreicht so außerordentlich hohe Filtergüten mit typischen Werten von $Q_{Filter} = 10^8$.

6.3.3 Gepulste Kernresonanz

Anhand von Abbildung 6.3 wurde gezeigt, daß durch Anlegen eines hochfrequenten $\vec{B}_1$-Feldes die Magnetisierung aus der z-Richtung herausgedreht werden kann. Der Spezialfall, bei dem das Hochfrequenzfeld genau die Larmorfrequenz besitzt, ist in Abbildung 6.10 dargestellt. In diesem Fall ist $\vec{B}_{eff} = \vec{B}_1$ (siehe Gl. (6.21)), und die Magnetisierung präzediert um die x'-Achse. Der Präzessionswinkel ergibt sich zu

$$\alpha = \gamma B_1 t_p \tag{6.38}$$

wobei t_p die Dauer des HF-Impulses bedeutet. Der Präzessionswinkel ist also durch die Dauer des HF-Impulses wählbar.

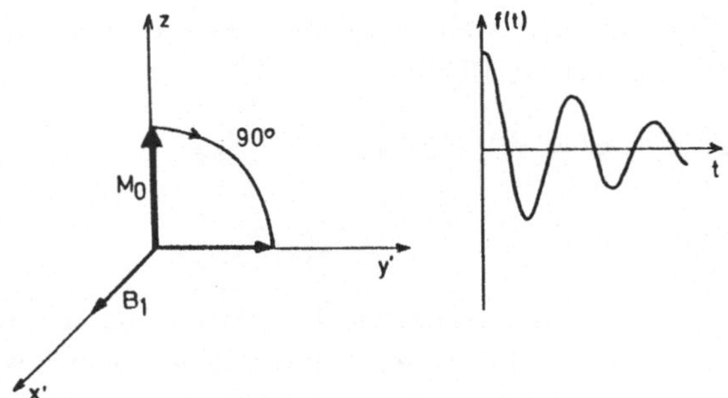

Abb. 6.10 Darstellung eines 90°-Impulses (linke Seite) und des nachfolgenden freien Induktionszerfalls (rechte Seite)

Nach einem 90°-Impuls weist die ursprünglich in z-Richtung liegende Magnetisierung in die y'-Richtung. Wenn man jetzt das HF-Feld abschaltet, so wird die Magnetisierung eine freie Präzession in der x-y-Ebene durchführen und schließlich durch Relaxationsprozesse (T_1- und T_2-Prozesse) in die Gleichgewichtslage zurückkehren (freier Induktionszerfall).

Die Beobachtung der Präzession erfolgt durch eine ortsfeste Empfängerspule, die i.a. mit der Senderspule identisch ist. Das Umschalten der Spule von Sender auf Empfänger wird wie der gesamte Zeittakt des Experiments durch einen Rechner gesteuert. Die in der Spule induzierte Spannung ist wieder durch die Gleichungen (6.30) bis (6.33) bestimmt. Es gibt aber einen wesentlichen Unterschied zur CW-Methode; während dort die einzelnen Resonanzlinien hintereinander durch Variation der Hochfrequenz (bzw. des B_0-Feldes) durchgefahren werden, erfolgt bei der gepulsten NMR die Beobachtung der verschiedenen Präzessionsfrequenzen gleichzeitig. Man kann auch sagen, daß die CW-Methode im Frequenzraum und die gepulste NMR im Zeitraum arbeitet.

Spüren die Kerne in der Probe unterschiedliche statische B-Felder (z. B. externes B_0-Feld + chemische Verschiebungen), so ist das wirksame B-Feld $\vec{B}_{eff}$ im rotierenden System auch verschieden. Nur für einen bestimmten Anteil der Kerne ist $\vec{B}_{eff} = \vec{B}_1$ und nur diese Kerne führen während t_p eine exakte 90°-Drehung aus. Die anderen Kernspins landen nicht in der x-y-Ebene und tragen deshalb nur teilweise zum freien Induktionszerfall bei. Damit Kerne mit voller Amplitude am freien Induktionszerfall teilnehmen können, muß gelten $|\omega_L - \omega| \ll \gamma B_1$, bzw. der Winkel zwischen $\vec{B}_{eff}$ und $\vec{B}_1$ muß sehr klein sein (vergl. Abb. 6.3). Dann erhält man mit $\alpha = \pi/2 = 90^\circ$ in Gleichung (6.38)

$$2\pi \Delta := |\omega_L - \omega| \ll \gamma B_1 = 2\pi/(4\,t_p) \qquad \text{bzw.}$$

$$t_p \ll 1/(4\,\Delta)$$

$$(6.39)$$

Dabei ist Δ der Frequenzbereich um die Trägerfrequenz ω, innerhalb dessen freier Induktionszerfall mit voller Amplitude beobachtet werden kann (Abb. 6.11). Durch eine Fourier-Transformation des Zeitspektrums kann man die enthaltenen Frequenzen und deren Linienbreiten erhalten.

Da man bei der gepulsten NMR im allgemeinen im Fourier-Raum arbeitet, spricht man häufig von der Impuls-FT-NMR-Spektroskopie (FT für Fourier-Transformation). Die gleichzeitige Beobachtung mehrerer NMR-Linien bei der gepulsten NMR bildet einen Statistikvorteil, da in gleicher Zeit mehr Information erhalten wird als bei der CW-Methode. Der entscheidende Vorteil der gepulsten NMR liegt aber in den vielfältigen Anwendungsmöglichkeiten, die durch gezielten Einsatz der Zeitstruktur ermöglicht werden. Als Beispiel wird im folgenden Kapitel die Spin-Echo-Methode behandelt.

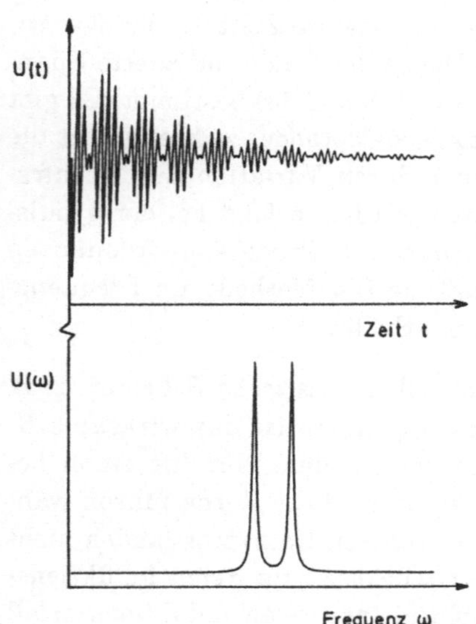

Abb. 6.11
Interferogramm von zwei freien Induktionszerfällen. Darunter ist das zugehörige Fourier-Spektrum dargestellt (HOL 83)

6.3.4   Spin-Echo-Methode

Der Zerfall der transversalen Magnetisierung nach einem 90°-Puls wird in vielen Fällen durch Inhomogenitäten des Magnetfeldes bewirkt, d.h. das lokale Magnetfeld variiert etwas für verschiedene Kerne. Die Ursache dafür können Inhomogenitäten des extern angelegten Feldes sein, aber auch intern verursachte Inhomogenitäten, z.B. durch Dipolfelder der umgebenden Atomkerne, sind denkbar. Diese Effekte kann man, solange sie nur zeitlich konstant sind, durch die Spin-Echo-Methode eliminieren.

Die Grundidee der Spin-Echo-Methode ist in Abbildung 6.12 dargestellt. Nach einem 90°-Puls präzedieren die Kernspins im leicht inhomogenen Magnetfeld mit etwas verschiedenen Frequenzen und kommen dadurch mit der Zeit außer Phase. Die makroskopische Magnetisierung des Kernspinsystems geht damit verloren. Wendet man aber nach einer bestimmten Zeit τ einen 180°-Puls (x'-Achse ist wieder Drehachse) an, dann werden alle Spinorientierungen umgedreht und die Spins laufen jetzt in dem gleichen Maße, in dem sie vorher auseinanderliefen, wieder aufeinander zu. Nach der Zeit 2τ (Länge des 180°-Pulses vernachlässigt) sind alle Spins wieder in Phase, d.h. die makroskopische Magnetisierung ist wieder hergestellt und man erhält ein Echo.

Wenn allerdings in der Zeit 2τ die Kerne ihren Platz verlassen haben und damit in einen anderen Bereich des inhomogenen Magnetfeldes gekommen sind, oder wenn durch andere zeitliche Veränderungen sich das lokale Magnetfeld für die individuellen Atome während der Zeit 2τ verändert hat, dann laufen die Spins nach 2τ nicht wieder zusammen, und man erhält je nach der Stärke dieser Effekte kein oder ein kleineres Echo. Durch die Spin-Echo-Methode ist es also möglich, diese interessanten Effekte von den trivialen Effekten der Feldinhomogenitäten abzutrennen.

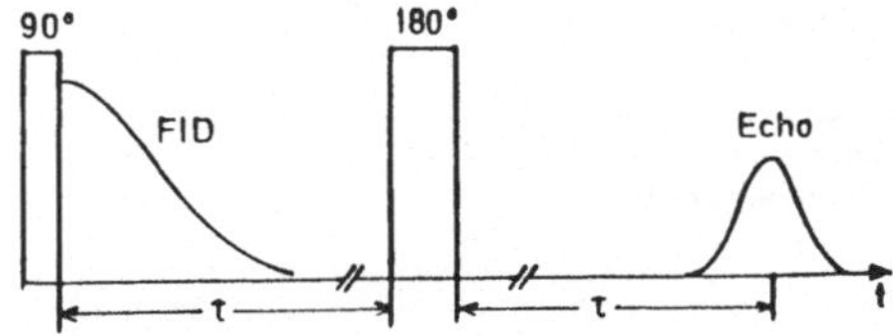

Abb. 6.12 Prinzip der Spin-Echo-Methode. Nach einem 90°-Puls zerfällt die transversale Magnetisierung durch freien Induktionszerfall (FID). Nach der Zeit τ werden durch einen 180°-Puls alle Spins umgedreht, danach erhält man nach einer weiteren Zeit τ das Echo, d.h. alle Spins sind wieder in Phase

6.4   Chemische Verschiebung

Die wahrscheinlich wichtigste Anwendung der Kernresonanzmethode findet nicht in der Festkörperphysik, sondern in der Chemie und Biochemie statt und beruht auf dem Effekt der chemischen Verschiebung. Es handelt sich dabei um die Tatsache, daß die elektrische Umgebung des Atomkerns die Resonanzlinie in einer charakteristischen Weise verschiebt.

Als chemische Verschiebung bezeichnet man die geringfügige Verschiebung des B-Felds am Kernort gegenüber dem äußeren Feld B_0. Man definiert

$$B_{\mathrm{Kern}} = (1 - \sigma)\,B_0 \tag{6.40}$$

und nennt σ die chemische Verschiebung. σ hat zwei Anteile, einen das äußere Feld schwächenden, diamagnetischen Anteil σ_D und einen das äußere Feld verstärkenden, paramagnetischen Anteil σ_P. Mit dieser Aufteilung erhält man statt Gleichung (6.40) folgenden Ausdruck

$$B_{\mathrm{Kern}} = (1 - \sigma_D + \sigma_P)\,B_0 \tag{6.41}$$

Die Verschiebungen sind in der Größenordnung von $\Delta\omega/\omega \approx 10^{-5}$ und können mit der hochauflösenden NMR ($\Delta\omega/\omega \approx 10^{-7}$) gut gemessen werden.

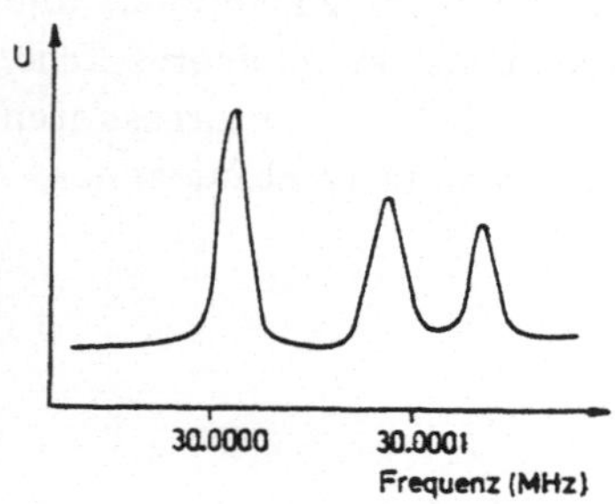

Abb. 6.13
Protonen-NMR-Resonanz von Äthylalkohol. Darunter ist die Strukturformel angegeben. Man erkennt drei nicht-äquivalente H-Positionen

Als Beispiel ist in Abbildung 6.13 die Protonenresonanz für Äthylalkohol gezeigt; man erkennt drei Resonanzen, die von Wasserstoff mit verschiedenen chemischen Umgebungen herrühren. Die chemische Verschiebung ist charakteristisch für die Bindung des untersuchten Atoms im Molekül (siehe Abb. 6.14) und kann damit zur Lösung struktureller Probleme herangezogen werden.

Wichtig ist, daß sich die chemische Verschiebung auf insgesamt diamagnetische Moleküle bezieht, d.h. auf Moleküle, die keine unpaarigen Elektronen besitzen und bei denen $\langle L_z \rangle = 0$ ist.

Qualitativ haben σ_D und σ_P folgende Ursache (eine genauere Beschreibung erfolgt weiter unten):

Diamagnetische Verschiebung σ_D: Das Einschalten des äußeren Magnetfeldes induziert in der Elektronenhülle des Moleküls einen Kreisstrom, der nach der Lenz-Regel das äußere Magnetfeld abschwächt.

Paramagnetische Verschiebung σ_P: Durch das Anlegen des äußeren *B*-Feldes wird ein magnetisches Dipolmoment induziert, das sich dann im *B*-Feld ausrichtet.

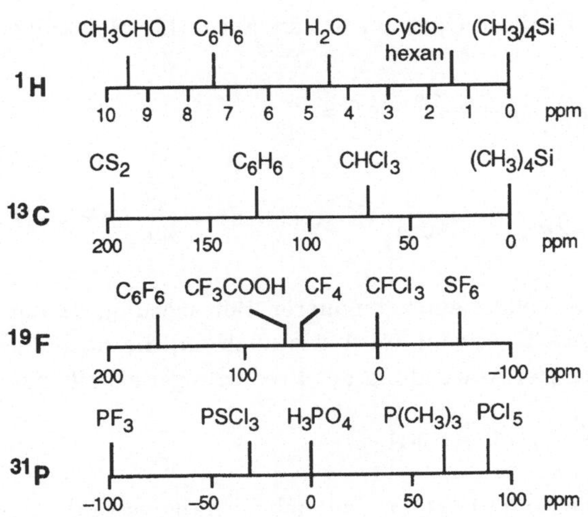

Abb. 6.14 Typische chemische Verschiebungen (in ppm) für die NMR-Kerne ^{1}H, ^{13}C, ^{19}F und ^{31}P (SHA 76)

Bevor wir zur quantitativen Beschreibung kommen, wollen wir uns nochmals die Ausgangslage vergegenwärtigen. Der NMR-Kern befindet sich in einer diamagnetischen Umgebung, d.h. er spürt in nullter Näherung nur das äußere Feld $\vec{B}_0$. In höherer Ordnung gibt es aber einen indirekten Einfluß der Elektronenhülle, indem das Magnetfeld diese verändert und dann von der veränderten Elektronenhülle ein zusätzliches Magnetfeld am Kernort erzeugt wird. Da das nur ein schwacher Effekt ist, kann er in der Störungstheorie behandelt werden.

Ein Elektron in der Umgebung eines Atomkerns spürt neben dem äußeren B-Feld $\vec{B}_0$ ein B-Feld $\vec{B}_\mu$, das vom Kerndipolmoment $\vec{\mu}$ herrührt. Die beiden Felder lassen sich durch Vektorpotentiale darstellen

$$\vec{A}_0 = \frac{1}{2}\,(\vec{B}_0 \times \vec{r})$$

$$\vec{A}_\mu = \frac{\mu_0}{4\pi\,r^3}\,(\vec{\mu} \times \vec{r}) \tag{6.42}$$

$$\vec{A} = \vec{A}_0 + \vec{A}_\mu = \left(\frac{1}{2}\vec{B}_0 + \frac{\mu_0}{4\pi\,r^3}\,\vec{\mu}\right) \times \vec{r}$$

Der gesamte Hamilton-Operator hat die Form (U : Molekülpotential)

$$\mathcal{H} = \frac{1}{2m_{\mathrm{e}}}\,(\vec{p} + e\vec{A})^2 - e\,U = \tag{6.43}$$

$$= -\frac{\hbar^2}{2m_{\mathrm{e}}}\,\vec{\nabla}^2 + \frac{e}{2m_{\mathrm{e}}}\,(\vec{p}\cdot\vec{A} + \vec{A}\cdot\vec{p}) + \frac{e^2}{2m_{\mathrm{e}}}\,\vec{A}^2 - e\,U$$

Der Term $\vec{p}\cdot\vec{A}$ bedarf einer genaueren Betrachtung, da der Differentialoperator $\vec{p} = -\mathrm{i}\,\hbar\,\vec{\nabla}$ sowohl auf $\vec{A}$ wie auch auf die nachfolgende Wellenfunktion wirkt. Bei Anwendung der Produktregel erhält man

$$\vec{p}\cdot\vec{A} = -\mathrm{i}\,\hbar\,(\vec{\nabla}\cdot\vec{A}) + \vec{A}\cdot\vec{p} \tag{6.44}$$

Da wir in Gleichung (6.42) die Coulomb-Eichung gewählt haben, gilt $\vec{\nabla}\cdot\vec{A} = 0$, und wir erhalten

$$\vec{p}\cdot\vec{A} = \vec{A}\cdot\vec{p} \tag{6.45}$$

Der Anteil $-(\hbar^2/2m_e)\,\vec{V}^2 - e\,U$ in Gleichung (6.43) ist der ungestörte Hamilton-Operator. Für den Rest, der den Störanteil beschreibt, erhält man damit

$$\mathcal{H}' = \frac{e}{2m_e}\,[2(\vec{A}\cdot\vec{p}) + e\,\vec{A}^2] \tag{6.46}$$

$2(\vec{A}\cdot\vec{p})$ kann man in folgender Weise umschreiben

$$2(\vec{A}\cdot\vec{p}) = [(\vec{B}_0 + \frac{\mu_0}{2\pi r^3}\,\vec{\mu}) \times \vec{r}]\cdot\vec{p} =$$

$$= (\vec{B}_0 + \frac{\mu_0}{2\pi r^3}\,\vec{\mu})\cdot(\vec{r} \times \vec{p}) = \tag{6.47}$$

$$= (\vec{B}_0 + \frac{\mu_0}{2\pi r^3}\,\vec{\mu})\cdot\vec{l}$$

Der Störoperator nimmt damit, wenn man über alle Elektronen j der Hülle summiert und außerdem das Bohr-Magneton $\mu_B = e\hbar/2m_e$ verwendet, folgende Form an

$$\mathcal{H}' = \sum_j \frac{\mu_B}{\hbar}\,(\vec{B}_0 + \frac{\mu_0}{2\pi r_j^3}\,\vec{\mu})\cdot\vec{l}_j + \frac{m_e\,\mu_B^2}{2\hbar^2}\,[(\vec{B}_0 + \frac{\mu_0}{2\pi r_j^3}\,\vec{\mu})\times\vec{r}_j]^2 \tag{6.48}$$

Da wir uns für die Wechselwirkung des Kerns mit der durch das äußere Feld beeinflußten Elektronenhülle interessieren, brauchen wir im folgenden nur Terme betrachten, die sowohl $\vec{B}_0$ als auch $\vec{\mu}$ enthalten. Einen solchen Ausdruck erhält man beim Ausmultiplizieren des letzten Terms in Gleichung (6.48). Da dieser Ausdruck gerade die diamagnetische Abschirmung liefern wird, wollen wir den Index D anfügen:

$$\mathcal{H}'_D = \sum_j \frac{m_e\,\mu_B^2}{2\hbar^2}\,2(\vec{B}_0 \times \vec{r}_j)\,\frac{\mu_0}{2\pi r_j^3}\,(\vec{\mu} \times \vec{r}_j) \tag{6.49}$$

In der Störungsrechnung 1.Ordnung ergibt sich mit Gleichung (6.49) und der Annahme, daß von $\vec{\mu}$ nur die Komponente in Richtung $\vec{B}_0$ (z- Richtung) einen von Null verschiedenen Erwartungswert hat, folgender Ausdruck

$$E'_D = \mu_z B_0 \left[\frac{m_e \mu_0 \mu_B^2}{2\pi \hbar^2} \sum_j \int \psi_j^* \frac{x_j^2 + y_j^2}{r_j^3} \psi_j \, d^3r \right] =$$

$$= -\mu_z B_0 (-\sigma_D) \tag{6.50}$$

mit

$$\sigma_D = \frac{m_e \mu_0 \mu_B^2}{2\pi \hbar^2} \sum_j \int \psi_j^* \frac{x_j^2 + y_j^2}{r_j^3} \psi_j \, d^3r \tag{6.51}$$

Man erkennt, daß σ_D immer positiv ist und damit nach Gleichung (6.40) das äußere Feld abschwächt. Für Wasserstoff ist $\sigma_D \approx 3 \cdot 10^{-5}$, für Blei $\sigma_D \approx 1 \cdot 10^{-2}$.

Für s-Elektronen erhält man für σ_D den schon von Lamb (LAM 41) angegebenen Ausdruck

$$\sigma_D(s) = \frac{m_e \mu_0 \mu_B^2}{2\pi \hbar^2} \sum_j \int \psi_j^* \frac{2}{3r_j} \psi_j \, d^3r$$

$$\tag{6.52}$$

$$\sigma_D(s) = \frac{\mu_0}{4\pi} \frac{4 m_e \mu_B^2}{3 \hbar^2} < \frac{1}{r} >$$

In dieser Näherung ist σ_D nur durch die radiale Verteilung der Elektronen im Grundzustand bestimmt.

In 1.Ordnung Störungsrechnung gibt es keine weiteren Terme, die $\vec{\mu}$ und $\vec{B}_0$ bilinear enthalten. Man bekommt aber einen zusätzlichen Term, der diese Bedingung erfüllt, wenn man zur 2.Ordnung Störungsrechnung geht. Der allgemeine Ausdruck der Störenergie lautet in 2.Ordnung

$$\Delta = \sum_n \frac{<0 \mid \mathcal{H}' \mid n> <n \mid \mathcal{H}' \mid 0>}{E_n - E_0} \tag{6.53}$$

wobei über alle angeregten Zustände $\mid n>$ zu summieren ist. Bei Beschränkung auf Terme, die $\vec{\mu}$ und $\vec{B}_0$ linear enthalten, erhält man

$$E'_{\mathrm{P}} = \sum_{n,j,k} \frac{<0 \mid \frac{\mu_{\mathrm{B}}}{\hbar} \vec{B}_0 \cdot \vec{l}_k \mid n> <n \mid \frac{\mu_{\mathrm{B}}}{\hbar} \frac{\mu_0}{2\pi r_j^{\,3}} \vec{\mu} \cdot \vec{l}_j \mid 0>}{E_n - E_0} \qquad (6.54)$$

Wenn man voraussetzt, daß von $\vec{\mu}$ nur die z-Komponente beobachtbar ist, dann erhält man

$$E'_{\mathrm{P}} = -\mu_z B_0 \left[\frac{\mu_0 \mu_{\mathrm{B}}^2}{2\pi\hbar^2} \sum_n \frac{1}{E_n - E_0} <0 \mid \sum_k l_{kz} \mid n> <n \mid \sum_j \frac{l_{jz}}{r_j^{\,3}} \mid 0> \right] =$$

$$= -\mu_z B_0 \sigma_{\mathrm{P}} \qquad (6.55)$$

mit der paramagnetischen Verstärkung

$$\sigma_{\mathrm{P}} = \frac{\mu_0 \mu_{\mathrm{B}}^2}{2\pi\hbar^2} \sum_n \frac{1}{E_n - E_0} <0 \mid \sum_k l_{kz} \mid n> <n \mid \sum_j \frac{l_{jz}}{r_j^{\,3}} \mid 0> \qquad (6.56)$$

Die Berechnung von σ_{P} erfordert also die Kenntnis der angeregten Zustände des Atoms bzw. Moleküls, in dem sich der Kern befindet; sie ist damit nur schwer durchführbar. Anschaulich beschreibt σ_{P} den Effekt, daß das Molekül durch das B-Feld vom Grundzustand mit $<L_z> = 0$ zu einem angeregten Zustand mit $<L_z> \neq 0$ angeregt wird und damit eine gewisse paramagnetische Suszeptibilität erhält.

6.5   Knight-Shift in Metallen

Als Knight-Shift bezeichnet man die Verschiebung der NMR-Linie aufgrund *polarisierter Leitungselektronen*. Sie ist benannt nach W.D. Knight, der die Resonanzverschiebung 1949 an Kupfer zuerst entdeckte (KNI 49). Die Polarisation der Leitungselektronen erfolgt durch Anheben bzw. Absenken der Spin-auf- und Spin-ab-Bänder im äußeren Feld $\vec{B}_0$ und hat damit die gleiche Ursache wie die Pauli-Spinsuszeptibilität. Wir wollen uns zunächst diesem Problemkreis zuwenden. Im nächsten Schritt werden wir dann die Wirkung der polarisierten Elektronen auf den Kernspin betrachten.

Pauli-Spinsuszeptibilität. Bei Beschränkung auf das freie Elektronengas erhält man für die Zustandsdichte $D(E)$

$$D(E) = \frac{3N}{2E_{\mathrm{F}}^{3/2}} \sqrt{E} \tag{6.57}$$

mit N der Elektronendichte und E_{F} der Fermi-Energie. Ohne äußeres Magnetfeld sind die Zustände gleichmäßig mit Spin-auf- und Spin-ab-Elektronen besetzt. Beim Einschalten eines B-Feldes $\vec{B}_0$ erhält man aber eine Verschiebung der Bänder (siehe Abbildung 6.15), und zwar wird das Band mit dem magnetischen Moment parallel zu $\vec{B}_0$ um den Betrag $\mu_{\mathrm{B}}B_0$ abgesenkt, während das Band mit antiparalleler Einstellung um den Betrag $\mu_{\mathrm{B}}B_0$ angehoben wird. Da beide Bänder bis zur Fermi-Energie aufgefüllt werden, erhält man einen Überschuß an Elektronen mit $\vec{\mu}_{\mathrm{S}}$ parallel zu $\vec{B}_0$ und damit ein magnetisches Moment bzw. eine Polarisation der Probe.

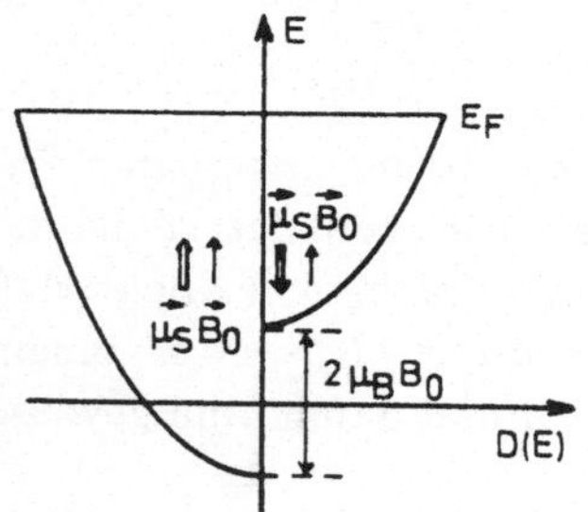

Abb. 6.15
Verschiebung der Energiebänder im äußeren Feld $\vec{B}_0$ (für freies Elektronengas)

Für die Dichte der Elektronen mit $\vec{\mu}_{\mathrm{S}}$ parallel zu $\vec{B}_0$ erhält man

$$N_+ = \frac{1}{2} \int\limits_{-\mu_{\mathrm{B}}B_0}^{\infty} f(E) \cdot D(E + \mu_{\mathrm{B}} B_0) \, \mathrm{d}E$$

$$N_+ \approx \frac{1}{2} \int\limits_{0}^{\infty} f(E) \cdot D(E) \, \mathrm{d}E + \frac{1}{2} \mu_{\mathrm{B}} B_0 \, D(E_{\mathrm{F}}) \tag{6.58}$$

wobei $f(E)$ die Fermi-Verteilungsfunktion angibt. Gleichung (6.58) gilt für $k_{\mathrm{B}}T \ll E_{\mathrm{F}}$. Außerdem wurde angenommen, daß die Verschiebung $\mu_{\mathrm{B}} B_0$

klein ist, so daß $D(E)$ im Bereich zwischen E_F und $E_F + \mu_B B_0$ durch $D(E_F)$ angenähert werden kann. Analog erhält man für die Dichte der Elektronen mit $\vec{\mu}_S$ antiparallel zu $\vec{B}_0$

$$N_- = \frac{1}{2} \int\limits_{\mu_B B_0}^{\infty} f(E) \cdot D(E - \mu_B B_0)\, \mathrm{d}E$$

$$N_- \approx \frac{1}{2} \int\limits_{0}^{\infty} f(E) \cdot D(E)\, \mathrm{d}E \; - \; \frac{1}{2} \mu_B B_0\, D(E_F)$$

$$(6.59)$$

Für die Magnetisierung ergibt sich damit

$$M = \mu_B\,(N_+ - N_-) = \mu_B{}^2 B_0\, D(E_F) = \frac{3 N \mu_B{}^2}{2 k_B T_F}\, B_0 \tag{6.60}$$

wobei $T_F = E_F/k_B$ die Fermi-Temperatur bezeichnet. Für die Pauli-Spin-suszeptibilität ergibt sich

$$\chi_{\text{Pauli}} = \frac{\mu_0 M}{B_0} = \mu_0\, \frac{3 N \mu_B{}^2}{2 k_B T_F} \tag{6.61}$$

Im Gegensatz zur Suszeptibilität gebundener Elektronen mit $j = 1/2$ ($l = 0$, $s = 1/2$), für die $\chi = \mu_0 N \mu_B{}^2/(k_B T)$ gilt (für $\mu_B B \ll k_B T$), hängt χ_{Pauli} nicht von der Temperatur ab. Sie ist auch wegen $T_F/T \approx 10^2$ (bei $T = 300$ K) um ca. zwei Grössenordnungen kleiner als die Suszeptibilität gebundener Elektronen.

Die Magnetisierung hängt mit der Spinpolarisation im äußeren Magnetfeld wie folgt zusammen

$$M = N \gamma_e \langle S_z \rangle \tag{6.62}$$

Daraus und mit Hilfe der Beziehung (6.61) erhält man

$$\langle S_z \rangle = \frac{\chi_{\text{Pauli}}}{N \gamma_e} \frac{B_0}{\mu_0} = \frac{3}{2} \frac{\mu_B{}^2 B_0}{\gamma_e k_B T_F} \tag{6.63}$$

Im folgenden betrachten wir das von einem Elektronenspin $\vec{S}$ erzeugte Magnetfeld $\vec{B}_S$ am Kernort. Der damit verbundene Hamilton-Operator beschreibt die magnetische Hyperfeinwechselwirkung

$$\mathcal{H}_{hf} = - \gamma_N (\vec{I} \cdot \vec{B}_S) \tag{6.64}$$

Bei der Berechnung von $\vec{B}_S$ muß zwischen Elektronen *außerhalb* und *innerhalb* des Kernvolumens unterschieden werden, das heißt, es muß einerseits die Dipol-Dipol-Wechselwirkung und andrerseits die Fermi-Kontakt-Wechselwirkung betrachtet werden.

Dipol-Dipol-Wechselwirkung. Ein magnetisches Moment $\vec{\mu}_S = \gamma_e \vec{S}$ außerhalb des Kernvolumens kann nur über das Dipolfeld mit dem Kernmoment in Wechselwirkung treten. Für das Dipolfeld im Abstand $\vec{r}$ gilt

$$\vec{B}_S(l \neq 0) = \frac{\mu_0}{4\pi} \gamma_e \frac{3(\vec{S} \cdot \vec{r}) \vec{r} - \vec{S} r^2}{r^5} \tag{6.65}$$

Für s-Elektronen ergibt sich bei Mittelung über alle Richtungen $\vec{B}_S = 0$. Gleichung (6.65) liefert also nur Beiträge für $l \neq 0$.

Fermi-Kontakt-Wechselwirkung. s-Elektronen besitzen auch innerhalb des Kernvolumens eine nicht verschwindende Aufenthaltswahrscheinlichkeit und können damit in direkte Kontaktwechselwirkung mit dem Kernmoment treten. Zur Ableitung dieses Beitrages betrachten wir die mit dem Elektronenspin $\vec{S}$ verbundene Magnetisierung $\vec{M}(\vec{S})$, die folgende Form besitzt

$$\vec{M}(\vec{S}) = \gamma_e \vec{S} \; | \psi(\vec{r}) |^2 \tag{6.66}$$

Dabei ist $| \psi(\vec{r}) |^2$ die Dichte der Elektronen am Ort $\vec{r}$. Für das Magnetfeld am Kernort in einem magnetisierten Medium (polarisierte Elektronenwolke) gilt

$$\vec{B}_S = \mu_0 \vec{M}(\vec{S}) - \frac{1}{3} \mu_0 \vec{M}(\vec{S}) = \frac{2}{3} \mu_0 \vec{M}(\vec{S}) \tag{6.67}$$

wobei von $\mu_0 \vec{M}(\vec{S})$ der Demagnetisierungsanteil einer Kugel ($\vec{B}_{dem} = -(1/3)$ $\mu_0 \vec{M}(\vec{S})$) abgezogen wurde. Gleichung (6.66) in (6.67) eingesetzt ergibt für $\vec{r} = 0$

$$\vec{B}_S(l=0) = \frac{2}{3}\mu_0\gamma_e\,|\psi(0)|^2\,\vec{S} \tag{6.68}$$

Für den Hamilton-Operator der Hyperfeinwechselwirkung erhält man damit

$$\mathcal{H}_{hf} = -\gamma_N(\vec{I}\cdot\vec{B}_S) = \tag{6.69}$$

$$= -\frac{\mu_0}{4\pi}\gamma_N\gamma_e\left[\frac{3(\vec{S}\cdot\vec{r})(\vec{r}\cdot\vec{I}) - (\vec{S}\cdot\vec{I})r^2}{r^5} + \frac{8\pi}{3}\,|\psi(0)|^2\,(\vec{S}\cdot\vec{I})\right]$$

Der erste Term in Gleichung (6.69) entspricht der Dipol-Dipol-Wechselwirkung für $l \neq 0$ und der zweite Term der Fermi-Kontaktwechselwirkung für Elektronen mit $l = 0$. Für den Kontaktterm führt man die Abkürzung

$$a = \frac{\mu_0}{4\pi}\frac{8\pi}{3}\gamma_N\gamma_e\,\hbar^2\,|\psi(0)|^2 \tag{6.70}$$

ein und nennt a die Hyperfeinwechselwirkungskonstante.

Als Knight-Shift bezeichnet man die Verschiebung der Resonanzfrequenz aufgrund der Wechselwirkung in Gleichung (6.69); im allgemeinen spielt dabei der Kontaktterm die wichtigere Rolle. Im starken Magnetfeld ($|\gamma_e S_z B_0| \gg |\mathcal{H}_{hf}|$) ist von $\vec{S}$ nur die z-Komponente von Null verschieden und wir erhalten für s-Elektronen mit $\Delta B = B_S(l=0)$ aus Gleichung (6.68)

$$\frac{\Delta\omega}{\omega} = \frac{\Delta B}{B_0} = \frac{\mu_0}{4\pi}\frac{8\pi}{3}\gamma_e\,|\psi(0)|^2\,\frac{\langle S_z\rangle}{B_0} \tag{6.71}$$

Wenn man $\langle S_z\rangle$ aus Gleichung (6.63) einsetzt, ergibt sich

$$K = \frac{\Delta\omega}{\omega} = \frac{2}{3}\chi_{Pauli}\,\frac{|\psi(0)|^2}{N} \tag{6.72}$$

Die Größe K bezeichnet man als Knight-Shift; sie ist bis auf den Faktor 2/3 gleich der Pauli-Spinsuszeptibilität multipliziert mit dem Verstärkungsfaktor $|\psi(0)|^2/N$, der das Verhältnis der Elektronendichte am Kernort zur mittleren Elektronendichte angibt. Aus den beiden Größen K und χ_{Pauli}, die unabhängig gemessen werden können, kann man also die Überhöhung (oder Abschwächung) der Elektronendichte am Kernort bestimmen.

$|\psi(0)|^2$ in Gleichung (6.72) kann auch durch die Hyperfeinkonstante a (Gl. (6.70)) ausgedrückt werden. Damit erhält man den Zusammenhang

$$K = \frac{a\,\chi_{\text{Pauli}}}{\mu_0\,N\,\gamma_N\,\gamma_e\,\hbar^2} \tag{6.73}$$

In Tabelle 6.2 sind einige Werte der Knight-Shift angegeben. Sie können sowohl negativ als auch positiv sein. Es werden Verschiebungen bis zu einigen Prozent beobachtet; im allgemeinen sind die Werte aber in der Größenordnung von Promille und weniger. Die Pauli-Suszeptibilität und die Knight-Shift sind wesentlich kleiner als die Werte, die man für gebundene Elektronen erhält. Der Grund dafür ist, daß sich der größte Teil der Leitungselektronen in Zuständen befindet, die sowohl mit Spin-auf- wie auch mit Spin-ab-Elektronen besetzt sind. Nur ein kleiner Teil der Elektronen in der Nähe der Fermi-Kante trägt daher zum Paramagnetismus bei.

Tab. 6.2 Knight-Shift einiger Metalle

Metall	Li	Al	Cu	Pd	Pb
Knight-Shift (%)	0,0261	0,162	0,237	–3,0	1,47

6.6   Spin-Gitter-Relaxation

Die Spin-Gitter-Relaxationszeit T_1 haben wir als phänomenologisch eingeführte Größe in den Bloch-Gleichungen kennengelernt, sie ist als die charakteristische Zeit zu verstehen, die ein Kernspinsystem beim Einschalten des externen B-Feldes braucht, um ins thermische Gleichgewicht zu kommen. Dazu ist es offensichtlich notwendig, daß das Gittersystem Energiequanten $\hbar\,\omega_{\text{L},0}$ vom Kernspinsystem aufnimmt oder auch abgibt, um die Boltzmann-Verteilung der M-Unterzustände zu erreichen. Die Relaxationsrate $1/T_1$ wird also davon abhängen, mit welcher Wahrscheinlichkeit im Gittersystem magnetische Fluktuationen bei der Larmor-Frequenz $\omega_{\text{L},0}$ auftreten, die im Kernspinsystem dann Übergänge induzieren.

Im folgenden wollen wir die Diskussion auf Kerne mit Kernspins $I = 1/2$ beschränken, da für diesen Fall die nachfolgenden Überlegungen besonders einfach werden. Für diesen Fall gilt

$$\frac{1}{T_1} = W_\uparrow + W_\downarrow \approx 2\,W \tag{6.74}$$

mit $W_\uparrow$ der Wahrscheinlichkeit pro Zeiteinheit für Anregung vom tieferen in den höheren M-Zustand und $W_\downarrow$ der Wahrscheinlichkeit pro Zeiteinheit für den umgekehrten Prozess. Da bei der NMR die beiden M-Zustände $+1/2$ und $-1/2$ nur minimal verschieden besetzt sind, können beide Raten in erster Näherung gleichgesetzt werden.

Um die Spin-Gitter-Relaxationszeit für ein bestimmtes physikalisches System abzuleiten, muß also die Rate W abgeschätzt werden. Dieses soll für zwei wichtige Fälle getan werden; einmal für diffundierende Atomkerne, die durch die Bewegung wechselnden magnetischen Dipolfeldern von den Nachbarkernen ausgesetzt sind und zum anderen für Atomkerne in Metallen, bei denen Leitungselektronen am Kernort fluktuierende B-Felder erzeugen und so die Spin-Gitter-Relaxation beherrschen.

6.6.1 Spin-Gitter-Relaxation durch Bewegung

Es soll die Spin-Gitter-Relaxation für Selbstdiffusion von Atomen in einem Festkörper diskutiert werden. Bei der Selbstdiffusion springt ein Atom von Gitterplatz zu Gitterplatz, indem es seinen Platz mit einer benachbarten Leerstelle vertauscht. Außer dem externen B-Feld spürt ein Atomkern die Summe der magnetischen Dipolfelder seiner Nachbarkerne; der Beitrag dieser Dipolfelder variiert von Gitterplatz zu Gitterplatz, da wir eine statistische Verteilung der Kernspins auf die M-Zustände annehmen wollen. Durch Diffusion ist also ein Atomkern einem wechselnden B-Feld ausgesetzt. Bei Selbstdiffusion wird die mittlere Verweilzeit $\bar{\tau}$ eines Atoms auf einem Gitterplatz durch das bekannte Arrhenius-Verhalten beschrieben

$$\frac{1}{\bar{\tau}} = \frac{1}{\tau_\infty} \exp\!\left(-\frac{Q}{k_B T}\right) \tag{6.75}$$

Dabei ist τ_∞ die mittlere Verweilzeit bei unendlich hoher Temperatur. Ihr reziproker Wert entspricht der mittleren Versuchsfrequenz, mit der das Atom gegen die Barriere läuft und $Q = E^F + E^M$ ist die Aktivierungsenergie für Selbstdiffusion, die sich aus der Summe der Energie zur Erzeugung einer Leerstelle E^F und der Energie für die Wanderung einer Leerstelle E^M zusammensetzt. Die Verteilung der Verweilzeiten um den Mittelwert $\bar{\tau}$, die manchmal sehr kompliziert sein kann, soll hier durch eine exponentielle Verteilung beschrieben werden (Abb. 6.16, links)

$$P(\tau) = P_0 \exp(-\frac{|\tau|}{\bar{\tau}}) \tag{6.76}$$

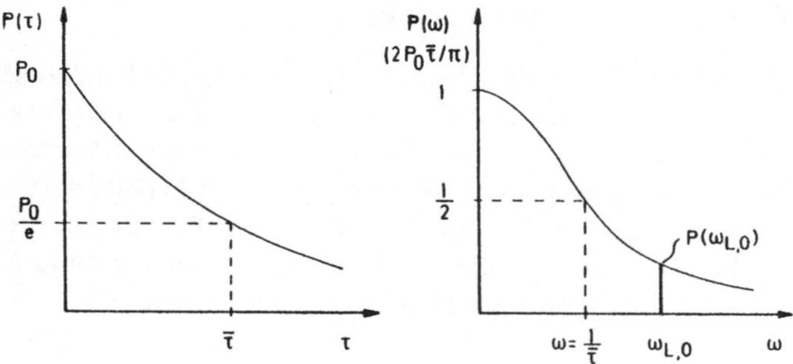

Abb. 6.16 Verteilung der Verweilzeiten zwischen zwei Sprüngen (links) und die entsprechende Verteilung der Sprungfrequenzen (rechts) für die atomare Selbstdiffusion

Die Verteilung der Sprungfrequenzen ergibt sich aus der Fourier-Transformation von $P(\tau)$

$$P(\omega) = \frac{1}{2\pi} \int_{-\infty}^{\infty} P(\tau) \, \exp(-i\,\omega\tau) \, d\tau = \tag{6.77}$$

$$= \frac{2P_0}{\pi} \frac{\bar{\tau}}{1 + \omega^2 \bar{\tau}^2}$$

Dieses Frequenzverhalten ist natürlich auch dem magnetischen Dipolfeld am Kernort des diffundierenden Kerns aufgeprägt, da es sich bei jedem Sprung ändert. Die für die Magnetfeldänderungen charakteristische Zeit ist die Korrelationszeit τ_c. Sie ist bis auf einen Faktor (von der Größenordnung 1) gleich der mittleren Verweilzeit $\bar{\tau}$. Es gilt also $\tau_c \approx \bar{\tau}$. Der genaue Zusammenhang zwischen τ_c und $\bar{\tau}$ muß für jeden einzelnen Fall berechnet werden. Der Anteil des wechselnden Dipolfeldes, der gerade mit der Larmor-Frequenz schwingt und senkrecht auf $\vec{B}_0$ steht, erzeugt Übergänge im Kernspinsystem. Die Übergangsrate W ist also der Größe $P(\omega = \omega_{L,0})$ proportional (siehe Abb. 6.16, rechts)

$$W \propto \frac{\tau_c}{1 + (\omega_{L,0})^2 \, \tau_c^2} \tag{6.78}$$

Bedenken wir noch, daß die Übergangsrate außerdem von der Energie des magnetischen Wechselfeldes ($E \propto B_{dip}^2$) abhängt und nehmen wir der Einfachheit halber an, daß jede Feldkomponente nur zwischen zwei Werten $+B_{dip}$ und $-B_{dip}$ schwankt, so ergibt sich für T_1 folgende Abhängigkeit

$$\frac{1}{T_1} \propto B_{dip}^2 \, \frac{\tau_c}{1 + (\omega_{L,0})^2 \, \tau_c^2} \tag{6.79}$$

Aus dieser Beziehung werden sofort einige wichtige Zusammenhänge deutlich:

a) Die Relaxationsrate $1/T_1$ wird am stärksten, bzw. T_1 wird minimal, für $\omega_{L,0} \, \tau_c = 1$; das bedeutet, daß dann die reziproke Korrelationszeit $1/\tau_c$ gerade der Larmor-Frequenz entspricht.

b) Für $\omega_{L,0} \, \tau_c \gg 1$, wenn also der Kern während der Verweilzeit auf einem Gitterplatz sehr viele Larmor-Präzessionen ausführt, gilt ($\omega_{L,0}$ sei festgehalten)

$$\frac{1}{T_1} \propto \frac{1}{\tau_c} \propto \exp(-\frac{Q}{k_B T}) \tag{6.80}$$

c) Für $\omega_{L,0} \, \tau_c \ll 1$, wenn also der Kern viele Sprünge während einer Larmor-Präzession ausführt, gilt

$$\frac{1}{T_1} \propto \tau_c \propto \exp(+\frac{Q}{k_B T}) \tag{6.81}$$

Wie man sieht, wird durch die schnelle Bewegung des diffundierenden Kerns die Relaxationsrate herabgesetzt, was bedeutet, daß die verschiedenen Dipolfelder jetzt so kurz wirken, daß sie den Kern kaum beeinflussen können. Dieser Effekt ist auch in der Spin-Spin-

Relaxationszeit T_2 bzw. in der Linienbreite $\Delta\omega = 2/T_2$ (siehe Gl. (6.28)) beobachtbar und wird als *Linienverengung durch Bewegung* (motional narrowing) bezeichnet.

In Abbildung 6.17 ist das Verhalten der Relaxationsrate $1/T_1$ als Funktion der reziproken Temperatur schematisch dargestellt und zwar für zwei verschiedene Larmor-Frequenzen, d.h. zwei verschiedene externe B_0-Felder. Ein experimentelles Beispiel für diesen Sachverhalt wird im nachfolgenden Abschnitt 6.7 behandelt werden.

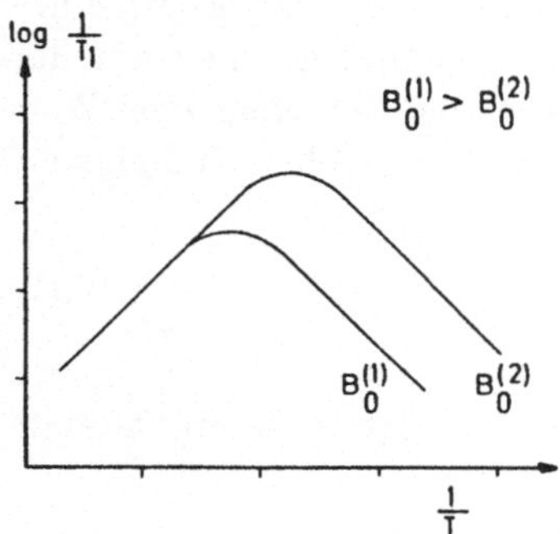

Abb. 6.17
Zusammenhang (schematisch) der Relaxationsrate $1/T_1$ mit der reziproken Temperatur bei der atomaren Selbstdiffusion für zwei verschiedene externe B_0-Felder. Die Äste der Kurven haben gerade die Steigung $-Q/k_B$ oder $+Q/k_B$ (Gl. (6.80) und (6.81))

6.6.2   Spin-Gitter-Relaxation in Metallen: Korringa-Relation

Ein anderer wichtiger Spin-Gitter-Relaxationsprozeß tritt in Metallen auf; er rührt von der Streuung von Leitungselektronen am Spin des Atomkerns her. Bei diesem Prozeß wird gleichzeitig der Spin des Elektrons und der Spin des Atomkerns umgeklappt. Es erfolgt ein Spinaustausch. Die dafür entscheidende Wechselwirkung ist durch den Fermi-Kontaktterm (zweiter Term in Gleichung (6.69))

$$\mathcal{H}_{hf} = -\frac{2}{3}\mu_0\,\gamma_N\,\gamma_e\;|\phi(0)|^2\,(\vec{S}\cdot\vec{I}) \tag{6.82}$$

gegeben, der auch für die Knight-Shift verantwortlich ist. Während wir dort die Diagonalelemente berechnet haben, werden wir es hier mit den Nicht-Diagonalelementen dieser Wechselwirkung zu tun haben, da diese für die Übergänge verantwortlich sind. Die in Gleichung (6.82) benutzte Wellenfunktion $\phi(\vec{r})$ ist auf ein Elektron pro Einheitsvolumen normiert.

Bevor wir die Details diskutieren, wollen wir zunächst einige allgemeine Überlegungen anstellen. Die Energieüberträge bei diesem Streuprozeß, der ja nur ein Umklappen des Elektron- und Kernspins beinhaltet, sind klein, nämlich: $\Delta E \approx \hbar(\omega_{L,0}(\text{Kern}) - \omega_{L,0}(\text{Elektron}))$; $\omega_{L,0}$ ist die Larmorfrequenz des Kern- bzw. Elektronspins im äußeren Magnetfeld. Diese Energien sind wesentlich kleiner als die Fermi-Energie der Leitungselektronen und bei nicht zu niedrigen Temperaturen auch kleiner als $k_B T$. Das hat zur Folge, daß nur Elektronen in der Nähe der Fermi-Kante an diesem Streuprozeß teilnehmen können, da nur für diese unbesetzte Zustände zur Verfügung stehen. Die gesamte Streuwahrscheinlichkeit hängt vom Produkt aus der Anzahl der besetzten und unbesetzten Zustände ab. Sei

$$f(E) = \frac{1}{1 + \exp(E - E_F)/k_B T} \tag{6.83}$$

die Fermi-Verteilung der Leitungselektronen, dann erwarten wir nach den obigen Überlegungen für die Relaxationsrate $1/T_1$

$$\frac{1}{T_1} \propto f(E)\,[1 - f(E')] \tag{6.84}$$

wenn das Elektron mit der Energie E nach der Streuung die Energie E' besitzen soll. Mit der Annahme $E \approx E'$ folgt

$$\frac{1}{T_1} \propto f(E)\,[1 - f(E')] = \frac{\exp(E - E_F)/k_B T}{[1 + \exp(E - E_F)/k_B T]^2} =$$

$$= -k_B T\,\frac{df(E)}{dE} \tag{6.85}$$

oder

$$\frac{1}{T_1} \propto f(E)\,[1 - f(E')] \approx k_B T\,\delta(E - E_F) \tag{6.86}$$

Die Beziehung (6.86) folgt aus (6.85) durch Integration von $df(E)/dE$ von 0 bis ∞. Die δ-Funktion trägt der Tatsache Rechnung, daß $f(E)\cdot(1 - f(E))$ nur in der Nähe von $E = E_F$ von Null verschieden ist.

An Gleichung (6.86) erkennt man, daß wir eine Proportionalität von $1/T_1$ zur Temperatur T erwarten. Diese Proportionalität hängt damit zusammen, daß mit zunehmender Temperatur wegen der Aufweichung der Fermi-Kante mehr Elektronen am Streuprozeß teilnehmen.

Zur quantitativen Ableitung der Streuformel gehen wir von Fermi's goldener Regel für die Übergangswahrscheinlichkeit aus

$$W_{if} = \frac{2\pi}{\hbar} \; | <f| \, \mathcal{H}_{hf} \, |i> |^2 \; \frac{dn_f}{dE_f} \tag{6.87}$$

Wir wollen uns auch hier wieder auf Kerne mit Spin 1/2 beschränken. Die Verallgemeinerung bereitet keine prinzipiellen Schwierigkeiten (siehe (ABR 61)). Außerdem wollen wir annehmen, daß wir im Paschen-Back-Bereich (Hochfeldnäherung) arbeiten. Dann können wir die Zustände durch

$$|i> = |+,-> \qquad\qquad |f> = |-,+> \tag{6.88}$$

kennzeichnen. Dabei beschreibt $|+,->$ einen Zustand mit $I_z = +\hbar/2$ (Kern) und $S_z = -\hbar/2$ (Elektron), entsprechendes gilt für $|-,+>$. Der Hamilton-Operator hat in sphärischen Koordinaten folgende Form (vergleiche Gl. (6.82))

$$\mathcal{H}_{hf} = -\frac{2}{3} \mu_0 \, \gamma_N \, \gamma_e \; |\phi(0)|^2 \, [I_z S_z + \frac{1}{2} \, (I_+ S_- + I_- S_+)] \tag{6.89}$$

Damit erhalten wir für die Übergangswahrscheinlichkeit (ohne Faktor dn_f/dE_f)

$$W(|+,-> \rightarrow |-,+>) = \frac{2\pi}{\hbar} \, (\frac{2}{3} \mu_0 \, \gamma_N \, \gamma_e)^2 \; |\phi(0)|^4 \, \frac{\hbar^4}{4} \tag{6.90}$$

Die gesamte Übergangswahrscheinlichkeit erhalten wir durch Multiplikation von $W(|+,-> \rightarrow |-,+>)$ mit dem statistischen Faktor

$$D(E) \cdot f(E) \cdot D(E') \cdot [1 - f(E')] \tag{6.91}$$

wobei $D(E) \cdot f(E)$ die Zahl der streuenden Elektronen und $D(E') \cdot [1 - f(E')]$ die Zahl der freien Endzustände darstellt. Mit Gleichung (6.86) erhalten wir für den statistischen Faktor

$$D(E_{\mathrm{F}})^2 \, k_{\mathrm{B}} T \tag{6.92}$$

und damit für die Relaxationsrate $1/T_1$

$$\frac{1}{T_1} = 2 \cdot \frac{2\pi}{\hbar} \, (\tfrac{2}{3} \mu_0 \, \gamma_{\mathrm{N}} \, \gamma_{\mathrm{e}})^2 \; |\phi(0)|^4 \; \frac{\hbar^4}{4} \, D(E_{\mathrm{F}})^2 \, k_{\mathrm{B}} T =$$

$$= \frac{4\pi}{9} \, \mu_0{}^2 \, \gamma_{\mathrm{N}}{}^2 \, \gamma_{\mathrm{e}}{}^2 \, \hbar^3 \; |\phi(0)|^4 \; D(E_{\mathrm{F}})^2 \, k_{\mathrm{B}} T \tag{6.93}$$

Der Faktor 2 in Gleichung (6.93) berücksichtigt die Tatsache, daß ein Spin-umklappen in beiden Richtungen möglich ist (vergleiche Gl. (6.74)).

Die Formel (6.93) stellt das Endergebnis unserer Überlegungen dar. Für ein freies Elektronengas kann $D(E_{\mathrm{F}})$ noch nach der Beziehung (6.57) ange-geben werden. Allerdings muß dabei beachtet werden, daß sich die hier benutzte Zustandsdichte $D(E)$ nur auf eine Spinstellung der Elektronen be-zieht und dadurch um den Faktor 2 kleiner ist als in Gleichung (6.57) an-gegeben. In Gleichung (6.93) eingesetzt erhält man damit

$$\frac{1}{T_1} = \frac{\pi}{4} \, \mu_0{}^2 \, \gamma_{\mathrm{N}}{}^2 \, \gamma_{\mathrm{e}}{}^2 \, \hbar^3 \; |\phi(0)|^4 \; \frac{T}{T_{\mathrm{F}}} \, \frac{1}{k_{\mathrm{B}} T_{\mathrm{F}}} \tag{6.94}$$

Dabei wurde die gesamte Elektronendichte am Kernort eingeführt, für die gilt

$$|\psi(0)|^2 = N \, |\phi(0)|^2 \tag{6.95}$$

Korringa-Relation. Die Knight-Shift K aus Gleichung (6.72) und $1/T_1$ aus Gleichung (6.94) sind, wie man leicht nachrechnen kann, durch folgende Relation miteinander verknüpft:

$$T_1 T = \frac{\hbar}{4\pi k_{\mathrm{B}}} \left(\frac{\gamma_{\mathrm{e}}}{\gamma_{\mathrm{N}}} \right)^2 \frac{1}{K^2} \tag{6.96}$$

Diese Beziehung wird als Korringa-Relation bezeichnet. An Gleichung (6.96) erkennt man auch, daß $T_1 T$ (Relaxationszeit mal Temperatur) nach den hier dargelegten Überlegungen selbst nicht mehr von der Temperatur abhängen sollte. Das ist in der Tat über weite Bereiche erfüllt. Ein Beispiel einer solchen Messung ist in Abbildung 6.18 dargestellt.

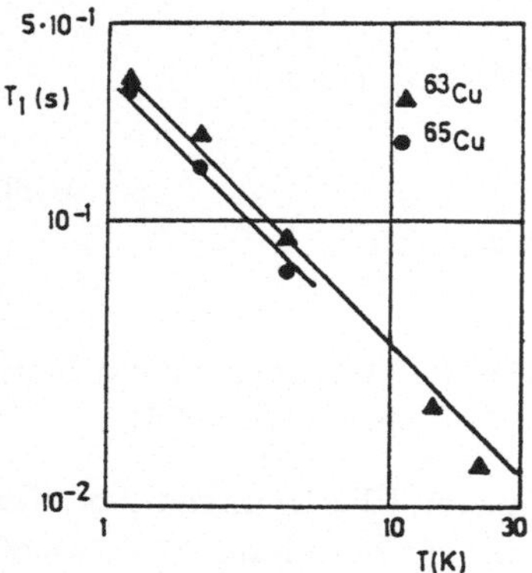

Abb. 6.18
Relaxationszeit T_1 für ^{63}Cu und ^{65}Cu in metallischem Kupfer als Funktion der Temperatur in einer log-log-Darstellung. Die eingezeichneten Geraden haben die Steigung -1 und bestätigen damit die Beziehung $T_1 \propto 1/T$ (BLO 49)

6.7   NMR mit radioaktiven Kernen und Selbstdiffusion in Metallen

Messungen mit konventioneller NMR beruhen auf der (bei Raumtemperatur) sehr kleinen Kernspinpolarisation, die von der Boltzmann-Verteilung für die M-Unterzustände verursacht wird (vergleiche Abschnitt 6.1). Um allerdings ein meßbares Induktionssignal zu erhalten, ist dafür eine beträchtliche Anzahl von Sondenkernen notwendig (10^{14} Kerne und mehr). Verwendet man dagegen radioaktive NMR-Kerne, deren Kernspins durch Kernreaktionen polarisiert oder ausgerichtet werden, so kommt man mit weit weniger Probenkernen aus (typisch 10^6 Kerne). Die ungleiche M-Bevölkerung der Kernspins ist jetzt unabhängig vom angelegten B_0-Feld; sie äußert sich durch eine anisotrope Winkelverteilung der β- oder γ-Strahlung in bezug auf die Strahlachse. Beobachtet wird die Kernresonanz über die Zerstörung der anisotropen Winkelverteilung.

Zur Polarisation von radioaktiven Kernen verwendet man hauptsächlich Kernreaktionen mit polarisierten Protonen- oder Deuteronenstrahlen oder aber den Einfang von polarisierten, thermischen Neutronen. Die so erzeugte Kernspinpolarisation kann über den nachfolgenden β-Zerfall des

Kerns nachgewiesen werden, da die Emission der Elektronen bzw. Positronen in bezug auf die Polarisationsrichtung der Kerne anisotrop erfolgt.

In Abbildung 6.19 ist schematisch der Aufbau für ein NMR-Experiment mit β-instabilen Kernen (β-NMR), die durch polarisierte, thermische Neutronen erzeugt werden, gezeigt. Der Neutronenstrahl wird durch ein Unterbrecherrad gepulst, in den Strahlpausen werden die Zerfallselektronen (bzw. -positronen) nachgewiesen. Wegen der erzeugten Kernspinpolarisation weist man in den beiden β-Detektoren eine "Nord-Süd"-Asymmetrie nach; durch Hochfrequenz-Einstrahlung kann diese dann verändert werden.

Bei der NMR mit γ-instabilen Kernen (γ-NMR) werden die Kerne durch den Drehimpulsübertrag bei Kernreaktionen ausgerichtet und die anisotrope γ-Winkelverteilung wird als Indikator für die Kernresonanz verwendet (QUI 69). Diese Variante der NMR wollen wir hier nicht weiter verfolgen; sie findet heute vor allem Einsatz bei Relaxationsphänomenen in flüssigen Metallen (RIE 72).

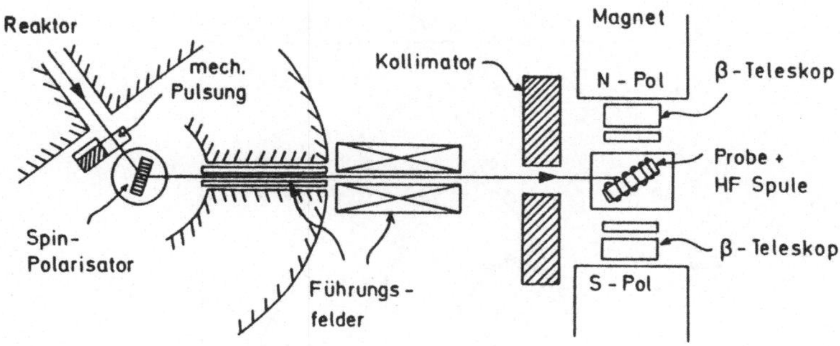

Abb. 6.19 Schematischer Aufbau für ein β-NMR-Experiment an Kernen, die durch Einfang polarisierter, thermischer Neutronen erzeugt werden. Nach (WIN 71)

Bei der Verwendung radioaktiver Kerne für die NMR gibt es Restriktionen bezüglich der Kernlebensdauer τ_N. Wie wir ausführlich in Abschnitt 6.2 diskutiert haben, präzedieren die Kernspins in Resonanz nur um das $\vec{B}_1$-Feld, was ja zur Zerstörung der Kernspinpolarisation führt. Würde der

Kernzustand aber nur sehr kurz im Vergleich zur Larmor-Umlaufzeit $T(B_1) = 2\pi/\omega_{L,1}$ leben, könnte die Polarisation nicht aus der ursprünglichen z-Richtung herausgedreht werden und damit keine Kernresonanz beobachtet werden. Es muß also folgende Bedingung erfüllt sein

$$|\omega_{L,1}|\,\tau_N \gg 1 \qquad \text{bzw.} \qquad \gamma B_1 \tau_N \gg 1 \tag{6.97}$$

Da aber das $\vec{B}_1$-Feld aus technischen Gründen nicht beliebig stark gemacht werden kann ($B_1 \leq 2$ mT) ergibt das eine untere Grenze für die Kernlebensdauer. Üblicherweise liegen die Lebensdauern der verwendeten radioaktiven NMR-Kerne zwischen 0,1 ms und 10 s.

Als Beispiel für eine β-NMR-Messung wollen wir die Selbstdiffusion von ^{8}Li-Kernen ($t_{1/2} = 0,8$ s) in festem Li-Metall diskutieren. Natürliches Li-Metall besteht zu 92,5% aus ^{7}Li und zu 7,5% aus ^{6}Li. Durch Neutroneneinfang an ^{7}Li wird das Isotop ^{8}Li erzeugt. Gemessen wurde die Spin-Gitter-Relaxationszeit T_1 durch Beobachtung des Zerfalls der β-Asymmetrie ($A \propto \exp(-t/T_1)$) nach der Erzeugung durch einen Neutronenaktivierungspuls.

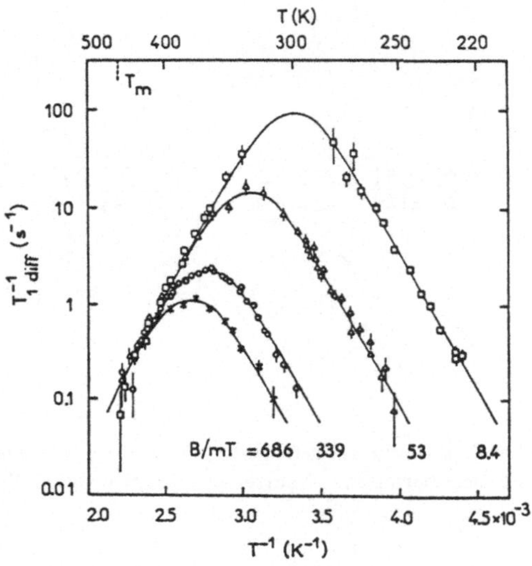

Abb. 6.20 Spin-Gitter-Relaxationsrate durch Selbstdiffusion von ^{8}Li in Li-Metall als Funktion der reziproken Temperatur für verschiedene externe B_0-Felder (HEI 85)

Es ist zu beachten, daß von der beobachteten Relaxationsrate noch die Rate der Korringa-Relaxation im Li-Metall abgezogen werden muß, um so die reine Spin-Gitter-Relaxation durch Selbstdiffusion zu erhalten. Das Ergebnis für die so erhaltene diffusive Relaxationsrate $1/T_{1,\mathrm{diff}}$ ist in Abbildung 6.20 gezeigt.

Die Abhängigkeit der Spin-Gitter-Relaxationsrate $1/T_1$ von der Temperatur bei diffusiver Bewegung haben wir in Abschnitt 6.6.1 ausführlich behandelt, so daß wir aus dem Meßergebnis in Abbildung 6.20 sofort die entscheidenden Parameter ablesen können. Aus der Steigung der Meßkurve rechts und links vom Maximum (vergleiche Abb. 6.17) läßt sich die Selbstdiffusionsenergie Q für Lithium-Metall entnehmen; es ergibt sich

$$Q = 0{,}57(2)\,\mathrm{eV}$$

Außerdem erhält man durch die Lage des Maximums von $1/T_1$ unter Zuhilfenahme der Beziehung $\omega_{\mathrm{L},0}\,\tau_{\mathrm{c}} = 1$ bei dieser Temperatur einen Anhaltspunkt für den Absolutwert von τ_{c} und damit von $\bar{\tau}$. Bei der in Abbildung 6.18 dargestellten Messung konnte die Li-Selbstdiffusion im Temperaturbereich zwischen 220 K und dem Schmelzpunkt ($T_{\mathrm{m}} = 454\,\mathrm{K}$) gemessen werden. Man beobachtet atomare Verweilzeiten, die von 10^{-3} s bis herunter zu 10^{-9} s abnehmen.

7   Kernorientierung (NO)

7.1   Methode

Bei der Methode der Kernorientierung (<u>N</u>uclear <u>O</u>rientation : NO) macht man sich, ebenso wie bei der magnetischen Kernresonanz, die Kernspinpolarisation im thermischen Gleichgewicht in einem $\vec{B}$-Feld zunutze. Bei der Kernorientierung geht man aber, im Gegensatz zur NMR, zu sehr tiefen Temperaturen und zu starken $\vec{B}$-Feldern, so daß hohe Kernspinpolarisationen auftreten. Die entscheidende Größe ist dabei das Verhältnis der Niveauaufspaltung ΔE zur thermischen Energie $k_B T$. Im Falle der magnetischen Wechselwirkung ist $\Delta E = E_{\mathrm{magn}}(M+1) - E_{\mathrm{magn}}(M) = -g\,\mu_N B_z$ (Gl. (3.3)). Wenn

$$\Delta E / k_B T \gg 1 \tag{7.1}$$

gilt, dann sind im thermischen Gleichgewicht die tiefer liegenden M-Zustände sehr viel stärker besetzt als die höher liegenden. Wird die Niveauaufspaltung über elektrische Quadrupolwechselwirkung erzeugt, so erreicht man wegen der M^2-Entartung nur ein Kernspinalignment. Beides, Kernspinpolarisation und Kernspinalignment, werden zusammenfassend als Kernorientierung bezeichnet.

Die Methode der Kernorientierung wird üblicherweise an radioaktiven Kernen durchgeführt, weil man dort durch den Nachweis der Anisotropie der Zerfallsstrahlung eine sehr hohe Empfindlichkeit erreicht. Ein berühmtes Beispiel für Kernorientierung ist das Wu-Experiment, bei dem mit ^{60}Co-Kernen (siehe Zerfallsschema, Abb. 5.3) die Paritätsverletzung beim β-Zerfall erstmals nachgewiesen wurde (WUA 57).

Wir wollen die physikalisch wichtigen Größen bei der Kernorientierung kurz diskutieren. Um die starken Magnetfelder zu erreichen, die man zur Kernorientierung braucht, baut man am besten die radioaktiven Kerne in ferromagnetische Substanzen ein. Zur Ausrichtung der Weiß-Bezirke muß man zusätzlich ein kleines äußeres $\vec{B}$-Feld von einigen 0,1 T anlegen. Für den häufig verwendeten Kern ^{54}Mn beträgt das innere B-Feld im Nickel $B_{\mathrm{lok}} = -\,32{,}55$ T. Die resultierende Aufspaltung des 3^+ Grundzustandes mit $\mu_g = +\,3{,}28\,\mu_N$ ist in Abbildung 7.1 dargestellt, zusammen mit der Besetzungswahrscheinlichkeit $P(M)$ im thermischen Gleichgewicht, die durch die Boltzmann-Verteilung gegeben ist

$$P(M) \propto \exp[-E_{\mathrm{magn}}(M)/k_{\mathrm{B}} T] \tag{7.2}$$

Als Temperatur, bei der das Verhältnis $\Delta E /k_{\mathrm{B}} T$ für ^{54}Mn in Nickel gleich Eins wird, findet man

$$T = \frac{\Delta E}{k_{\mathrm{B}}} = \frac{(\mu_{\mathrm{g}}/I_{\mathrm{g}})\, B_{\mathrm{lok}}}{k_{\mathrm{B}}} = 13,1\ \mathrm{mK} \tag{7.3}$$

Bei 10 mK ergibt sich für das Besetzungsverhältnis der beiden extremen M-Zustände

$$P(+3) : P(-3) = 1 : 2592 \tag{7.4}$$

In der Tat zeigt sich also, daß bei sehr tiefen Temperaturen praktisch nur der unterste Zustand besetzt ist, und man so eine optimale Kernspinpolarisation erreicht hat.

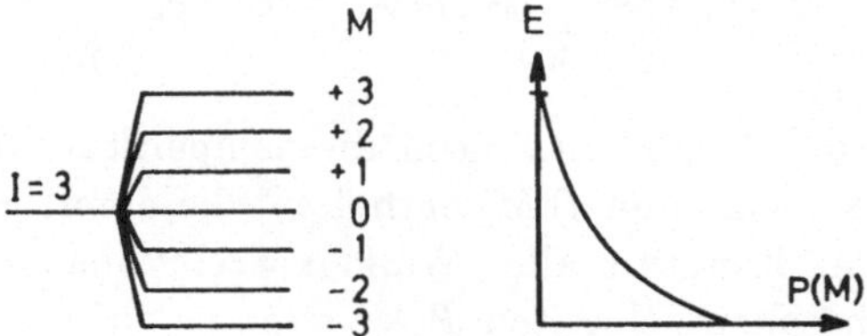

Abb. 7.1 Magnetfeldaufspaltung des Grundzustandes von ^{54}Mn in Nickel. Auf der rechten Seite ist schematisch die Besetzungswahrscheinlichkeit angegeben.

Anisotropie der γ-Strahlung. Zerfällt ein kernspin-orientiertes System z.B. über γ-Zerfall, so ist die Ausstrahlcharakteristik der γ-Strahlung im allgemeinen anisotrop. Diesen Sachverhalt haben wir in Kapitel 5 ausführlich diskutiert, so daß hier nur das Endergebnis für die Winkelverteilung der γ-Strahlung (siehe Gl. (5.19)) wiederholt werden soll. Es gilt

$$W(T,\theta) = \sum_{\substack{k \text{ gerade}}}^{k_{\max}} \rho_k(I,T)\, U_k\, A_k(2)\, P_k(\cos\theta) \tag{7.5}$$

Dabei ist T die Temperatur und θ der Winkel zwischen γ-Emissionsrichtung und der Achse der Kernorientierung. Der statistische Tensor $\rho_k(I,T)$ (siehe Gl. (5.20)) enthält die Besetzungswahrscheinlichkeit $P(M)$ des Ausgangszustandes; sie hängt von der Temperatur über die Boltzmann-Verteilung (Gl. (7.2)) ab. Es gilt

$$\rho_k(I,T) = \sqrt{(2k + 1)(2I + 1)} \sum_M (-)^{I-M} \begin{pmatrix} I & I & k \\ M & -M & 0 \end{pmatrix} P(M) \tag{7.6}$$

Es kommt häufig vor, daß beim Zerfall des orientierten Kernspinsystems ein unbeobachteter Zwischenschritt, z.B. β-Zerfall oder Elektroneneinfang, eingeschoben ist (siehe Zerfallsschema von ^{54}Mn in Abb. 7.4). In diesem Fall müssen in die Winkelverteilung sogenannte "Deorientierungsparameter" U_k der unbeobachteten Zwischenübergänge eingeführt werden (GRO 65). Die Größen $A_k(2)$ sind tabelliert (FER 65) und $P_k(\cos \theta)$ sind die Legendre-Polynome.

Zum Beispiel erhält man für die Winkelverteilung der γ-Strahlung beim Zerfall von ^{54}Mn bei Messung unter $\theta = 0^\circ$ (LOU 74)

$$W(T,0^\circ) = 1 + 0{,}38887 \sum_M M^2 P(M) - 0{,}055553 \sum_M M^4 P(M) \tag{7.7}$$

In diesem Ausdruck sind nur noch die temperaturabhängigen Besetzungswahrscheinlichkeiten $P(M)$ enthalten, die damit gemessen werden können. Aus der Kenntnis aller Winkelkorrelationsparameter und der Besetzungswahrscheinlichkeiten $P(M)$ kann so auf die Temperatur, bei der sich das Kernspinsystem befindet, geschlossen werden und somit kann die Kernorientierung als "Kernthermometer", geeignet für sehr tiefe Temperaturen, verwendet werden.

7.2   Experimentelle Anordnung

Die experimentelle Anordnung ist verhältnismäßig einfach. Man benötigt einen NaI- oder Ge-Detektor, mit dem man die emittierte γ- Strahlung unter einem festen Winkel (z.B. $\theta = 0^\circ$) nachweist. Die Normierung der Zählrate gewinnt man aus einer Messung bei einer höheren Temperatur, bei der keine Polarisation mehr vorhanden ist. Die Meßgröße $W(T,0^\circ)$ erhält man dann aus

$$W(T,0^\circ) = \frac{N_c}{N_w} \tag{7.8}$$

wobei N_c und N_w die Zählraten bei kalter bzw. warmer Probe sind.

Der wichtigste Teil der experimentellen Anordnung ist das Kühlgerät, mit dem man die tiefen Temperaturen erreichen kann. Man benutzt dazu heute fast ausschließlich kontinuierlich arbeitende ^{3}He/^{4}He-Mischkryostaten, die wir im folgenden kurz besprechen wollen.

7.2.1 ^{3}He/^{4}He-Mischkryostat

Das Prinzip des ^{3}He/^{4}He-Mischkryostaten beruht auf der kontinuierlichen "Verdampfung" von flüssigem ^{3}He in flüssiges ^{4}He. Bei diesem Prozess wird der Umgebung Wärme entzogen. Das ^{3}He wird aus dem ^{4}He-Bad durch Abpumpen an einer anderen Stelle bei erhöhter Temperatur wieder entfernt. Wichtig ist, daß sich auch bei tiefsten Temperaturen eine bestimmte Menge ^{3}He in ^{4}He löst.

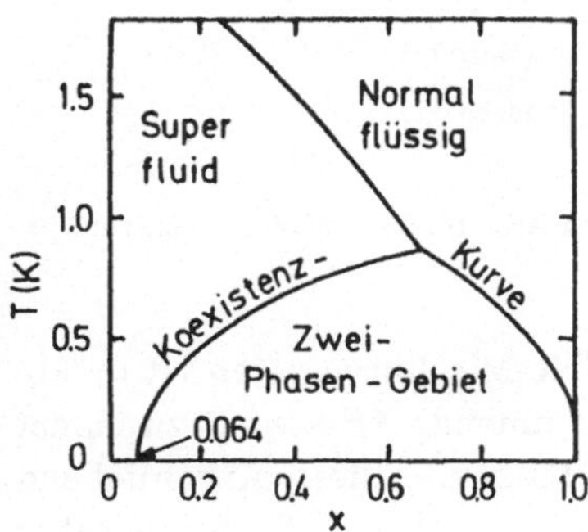

Abb. 7.2
Phasendiagramm einer ^{3}He-^{4}He-Mischung.
x = n(^{3}He)/[n(^{3}He)+n(^{4}He)] ist die relative ^{3}He-Konzentration. Der trikritische Punkt ist bei 0,84 K (LOU 74)

Dieser Sachverhalt soll zunächst am ^{3}He/^{4}He-Phasendiagramm erläutert werden (Abb. 7.2). Oberhalb der Koexistenzkurve sind ^{3}He und ^{4}He beliebig mischbar. Kühlt man eine solche Flüssigkeit (z.B. 20% ^{3}He, 80% ^{4}He) ab, so trennen sich unterhalb der Koexistenzkurve spontan die Phasen: es bildet sich eine ^{3}He-reiche Phase, die wegen der kleineren Dichte oben schwimmt, und eine ^{4}He-reiche Phase, die nach unten sinkt. Unterhalb 100 mK besteht die ^{3}He-reiche Phase im thermischen Gleichgewicht praktisch aus reinem ^{3}He, während die ^{4}He-reiche Phase immerhin noch 6,4% (bei T = 0) ^{3}He enthält. Wenn es gelingt, dem ^{4}He-reichen Bad ^{3}He zu entziehen (durch fraktionierte Destillation, siehe unten), dann kann weiteres ^{3}He aus der oberen Phase in die ^{4}He-reiche Phase "verdampfen" und dabei das Gemisch abkühlen.

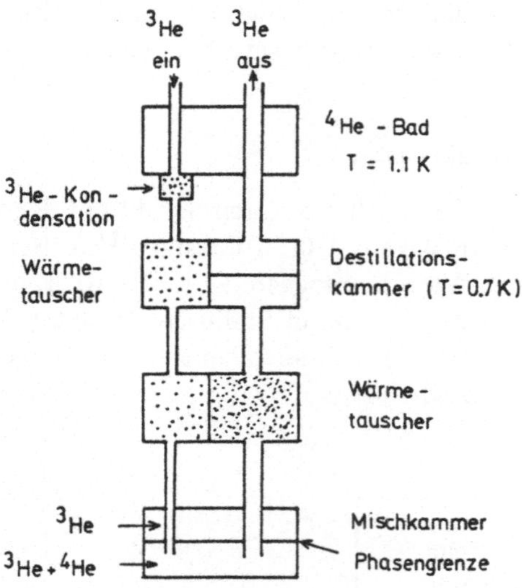

Abb. 7.3 Die prinzipiellen Teile eines kontinuierlich arbeitenden Mischkryostaten.

Die prinzipielle Funktionsweise eines ^{3}He/^{4}He-Mischkryostaten ist in Abbildung 7.3 dargestellt. Das von außen kommende ^{3}He wird zunächst durch Kontakt mit einem ^{4}He-Bad (T $\approx$ 1,1 K) kondensiert. Anschließend wird es im Gegenstromverfahren auf eine möglichst tiefe Temperatur vorgekühlt, bevor es in die Mischkammer eintritt. Dort findet dann der "Verdampfungsprozess" ins ^{4}He statt. Das ^{3}He wird aus dem ^{3}He/^{4}He-Gemisch durch Abpumpen in der Destillationskammer entfernt. Die Temperatur in diesem Bereich wird durch das Vorkühlen des einströmenden ^{3}He bzw., falls das nicht reicht, durch eine Heizung auf ungefähr 0,7 K gehalten. Bei dieser Temperatur kann ^{3}He gut abgepumpt werden, während ^{4}He praktisch noch nicht verdampft (fraktionierte Destillation). Aus der Mischkammer gelangt das ^{3}He durch osmotischen Druck in die Destillationskammer.

7.2.2 Radioaktive Quellen für die Kernorientierung

Als Beispiel radioaktiver Probenkerne, die sich für Kernorientierung eignen, sollen die Kerne ^{54}Mn und ^{177}Lu anhand ihrer Zerfallsschemata kurz vorgestellt werden.

^{54}Mn – ^{54}Cr. Das Isotop ^{54}Mn kann über verschiedene Kernreaktionen gebildet werden. Ausgehend von ^{51}V (99,75 % Häufigkeit) als Target läßt sich die Reaktion ^{51}V(α,n)^{54}Mn ausführen, es sind aber auch Reaktionen mit Protonenstrahlen möglich, z.B. ^{54}Cr(p,n)^{54}Mn.

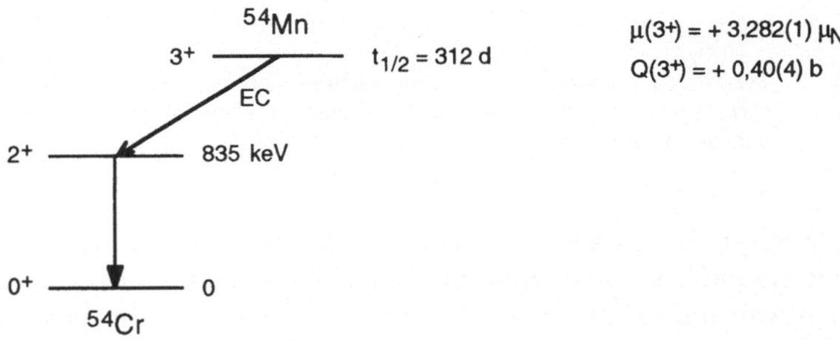

Abb. 7.4 Zerfallsschema von ^{54}Mn. Auf der rechten Seite ist das magnetische Dipolmoment und das elektrische Quadrupolmoment vom interessierenden Zustand angegeben (LED 78)

^{177}Lu – ^{177}Hf. ^{177}Lu läßt sich am bequemsten über Neutroneneinfang an ^{176}Lu (Häufigkeit: 2,6 %) in einem Reaktor herstellen. Dabei wird auch vom ^{175}Lu (Häufigkeit: 97,4 %) ausgehend im Isotop ^{176}Lu ein 1^--Zustand mit einer Halbwertszeit von 3,7 Stunden angeregt, der ebenfalls für Kernorientierungsexperimente geeignet ist.

Typische Quellstärken der radioaktiven Proben sind einige μCi (1 μCi = $3{,}7 \cdot 10^4$ Zerfälle/s). Man möchte die Quellstärke möglichst klein halten, da die absorbierte Strahlung zu einer Erwärmung der Probe führt. Bei ^{54}Mn ist die absorbierte Leistung (Röntgenstrahlen aus dem EC-Prozess) pro μCi Quellstärke 50 pW. Bei β-Emittern kann diese Leistung wesentlich höher sein. Um allerdings die benötigte Zählstatistik zu erreichen, kann man nicht wesentlich unter einige μCi gehen.

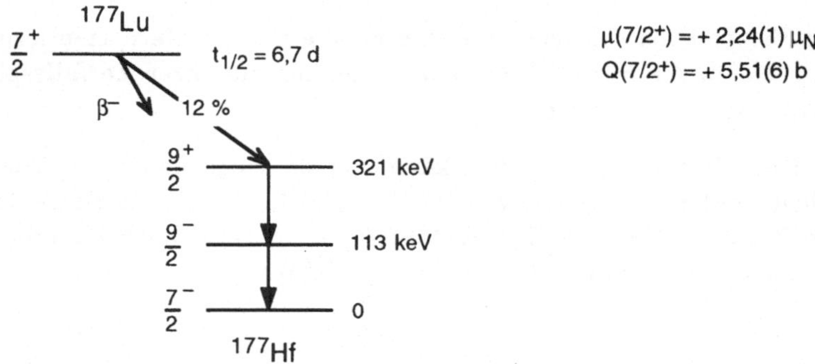

Abb. 7.5 Zerfallsschema von ^{177}Lu. Auf der rechten Seite ist das magnetische Dipolmoment und das elektrische Quadrupolmoment vom interessierenden Zustand angegeben (LED 78)

Bei langlebigen ($t_{1/2} \geq$ einige Tage) radioaktiven Substanzen kann man die Probe im aufgewärmten Zustand in den Kryostaten einbauen und dann den Kryostaten kaltfahren. Eine typische Zeit bis zum Erreichen der Basistemperatur ist ein Tag. Für kurzlebige radioaktive Substanzen hat man das sogenannte "top-loading"-Verfahren entwickelt. Dabei wird die Probe von oben in einen bereits kalten Kryostaten eingeführt; die Probe muß allerdings durch Kontakte an den verschiedenen Stufen des Kryostaten auf die jeweilige Temperatur abgekühlt werden. Ein solches Verfahren dauert einige Stunden. Ganz kurzlebige Substanzen ($t_{1/2} \approx$ einige Minuten) können schließlich durch Implantation in die kalte Probe eingebracht werden. Eine Begrenzung zu kurzen Lebensdauern wird dabei durch die Spin-Gitter-Relaxation gegeben, d.h. durch die Zeit, mit der das Kernspinsystem die Gittertemperatur annimmt.

7.2.3 Magnetische Kernresonanz an orientierten Kernen (NMR/NO)

Eine besonders hohe Genauigkeit bei der Bestimmung der Hyperfeinaufspaltung erreicht man durch Kombination von magnetischer Kernresonanz (NMR) und Kernorientierung (NO).

Wie wir bei der Diskussion der Kernresonanz (siehe Kapitel 6) gesehen haben, wirkt die eingestrahlte Hochfrequenz der ungleichen Besetzung der M-Unterzustände entgegen, d.h. sie zerstört die Kernpolarisation. Die hohe Empfindlichkeit erreicht man dadurch, daß man die Resonanzabsorption über das Verschwinden der anisotropen Winkelverteilung nachweist. Ein Beispiel ist in Abb. 7.6 für den Fall von ^{60}Co im Ferromagneten Eisen angegeben (STO 84).

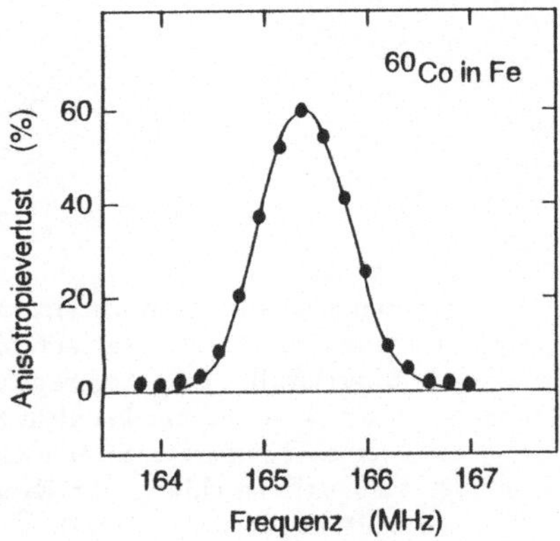

Abb. 7.6
NMR/NO-Resonanz von ^{60}Co in Eisen (STO 84)

7.3 Hyperfeinfelder

Wie wir im methodischen Teil dieses Kapitels gesehen haben, ist die Anisotropie der Winkelverteilung unter anderem durch die Stärke der Hyperfeinaufspaltung der Kernniveaus bestimmt. Wenn alle übrigen Parameter bekannt sind (z.B. durch Eichung an einem bekannten System), kann man somit durch Messung der Anisotropie die Hyperfeinfelder bestimmen. Ein Teil der in Abbildung 5.26 gezeigten inneren B-Feldern ist über Kernorientierung gemessen worden.

Ein wichtiger Gesichtspunkt ist, daß über Kernorientierung auch das Vorzeichen der Hyperfeinwechselwirkung gemessen werden kann. Bei magnetischer Wechselwirkung ist das allerdings nur möglich, wenn man die paritätsverletzende β-Strahlung nachweist, da es dann einen Unterschied macht, ob der M-Zustand mit $M = +I$ oder $M = -I$ den Grundzustand bildet. Für γ-Strahlung spielt das keine Rolle, so daß in diesem Fall das Vorzeichen der magnetischen Wechselwirkung nicht bestimmt werden kann.

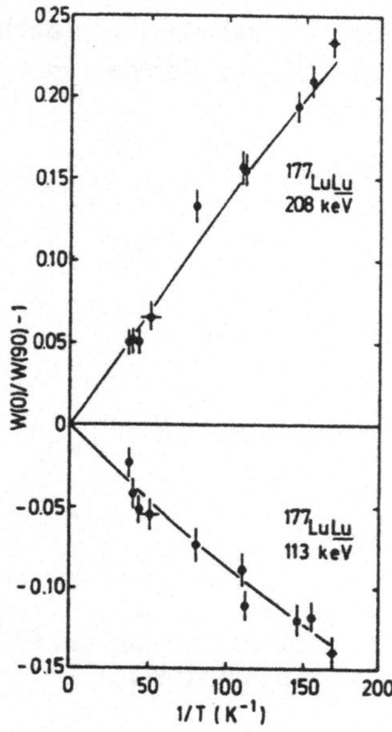

Abb. 7.7
Reine Quadrupol-Kernorientierung von ^{177}Lu in einem Lu-
Einkristall. Bei Auftragung
über $1/T$ erhält man bei nicht zu
kleinen Temperaturen eine Gerade (Entwicklung der Exponentialfunktion in $P(M)$)
(ERN 79)

Bei quadrupolarer Aufspaltung kann auch bei Messung der γ-Strahlung
das Vorzeichen der Wechselwirkung bestimmt werden, da in diesem Fall
entweder die großen M-Werte ($|M| = I$) oder die kleinen M-Werte ($|M| =
0,1/2$) den Grundzustand bilden. Eine Invertierung der Termfolge führt
zu einem Wechsel im Vorzeichen der Anisotropie. Man kann also bei quadrupolarer Wechselwirkung direkt aus dem Vorzeichen der Anisotropie
das Vorzeichen der Hyperfeinwechselwirkung bestimmen. Ein Beispiel
für reine Quadrupol-Kernorientierung ist in Abbildung 7.7 zu sehen.

7.4   Spin-Gitter-Relaxation bei tiefen Temperaturen

Wenn in einem Kernorientierungsexperiment die Temperatur der Probe
verändert wird, dann dauert es eine bestimmte Zeit, bis sich auch das
Spinsystem auf die neue Temperatur eingestellt hat. Ein Beispiel einer
solchen Messung ist in Abbildung 7.8 dargestellt.

In diesem Experiment wurde die Probe in der Mischkammer eines ^{3}He/
^{4}He-Mischkryostaten durch Induktionsheizung auf eine Temperatur von

ca. 90 mK aufgeheizt. Nach Abschalten der Heizung kühlt sich die Probe innerhalb einer sehr kurzen Zeit (ca. 0,1 s) auf die Badtemperatur von ca. 36 mK ab. Das Spinsystem folgt dieser Temperaturänderung nur mit einer gewissen Verzögerung.

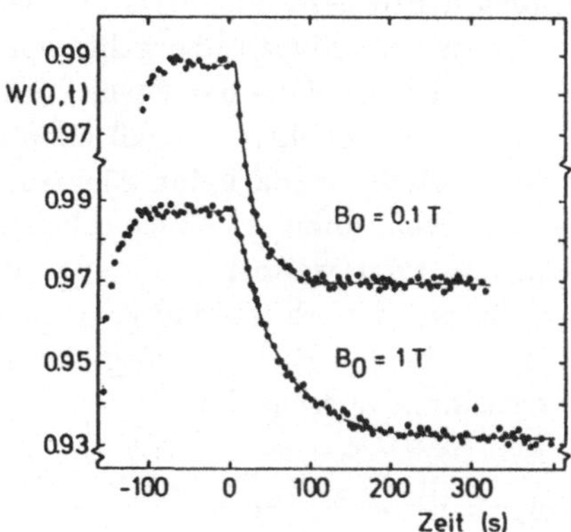

Abb. 7.8 Relaxationskurven für ^{60}Co in Fe bei zwei verschiedenen Magnetfeldern. Für $B_0 = 0{,}1$ T wurde die Temperatur zum Zeitpunkt $t = 0$ von 92 mK auf 37,8 mK (oben), für $B_0 = 1$ T von 90 mK auf 36,4 mK (unten) abgesenkt. Das Spinsystem folgt der Abkühlung (neue Gleichgewichtsbesetzung der M-Niveaus) mit gewisser Verzögerung (KLE 77)

Das Erreichen der neuen Gleichgewichtsbesetzung der Spin-Unterzustände ist an dem Einmünden der Anisotropie in den neuen konstanten Wert erkennbar. Die Relaxationszeiten sind im vorliegenden Fall in der Größenordnung von 10 bis 100 Sekunden. Das sind typische Zeiten bei Metallen (bei ca. 10 mK). Bei paramagnetischen Sonden in diamagnetischen Metallen (z.B. ^{54}Mn in Cu) können diese Zeiten wegen der Verstärkung durch den Elektronenspin wesentlich kürzer (einige μs) werden. Bei Halbleitern und Isolatoren werden dagegen sehr lange Relaxationszeiten erwartet.

Der entscheidende Prozeß für die Kernspinrelaxation in Metallen ist die Spinaustauschstreuung von Leitungselektronen (Korringa-Streuung). Wir haben diesen Prozeß in Abschnitt 6.6.2 ausführlich besprochen. Eine wichtige Voraussetzung bei der Ableitung der Formeln war dort, daß die Energieaufspaltung des Kernniveaus klein gegenüber der Energiever-

schmierung der Fermi-Kante war. Das hatte zur Folge, daß die Streuwahrscheinlichkeit von einem höheren in ein tieferes Kernniveau $W_\downarrow$ und
von einem tieferen in ein höheres Kernniveau $W_\uparrow$ gleich waren. Diese
Voraussetzung muß natürlich bei den tiefen Temperaturen, die wir jetzt
betrachten, fallengelassen werden. Die Unsymmetrie kommt dadurch zustande, daß zwar weiterhin Prozesse möglich sind, bei denen der Kern
von einem höheren in ein tieferes Niveau übergeht, wobei gleichzeitig ein
Elektron von einem Niveau in der Nähe der Fermi-Kante in einen freien
Zustand befördert wird, der umgekehrte Prozeß aber mit abnehmender
Temperatur nicht mehr möglich ist, da keine Elektronen mehr vorhanden sind, die Energie verlieren könnten. Anschaulich kann man die Situation so beschreiben, daß zwar weiterhin die spontane Emission vom
oberen ins untere Kernniveau möglich ist, daß aber die stimulierte Emission und Absorption, die in beiden Richtungen gleich ist und das Hoch-
temperaturverhalten bestimmt, ausscheidet.

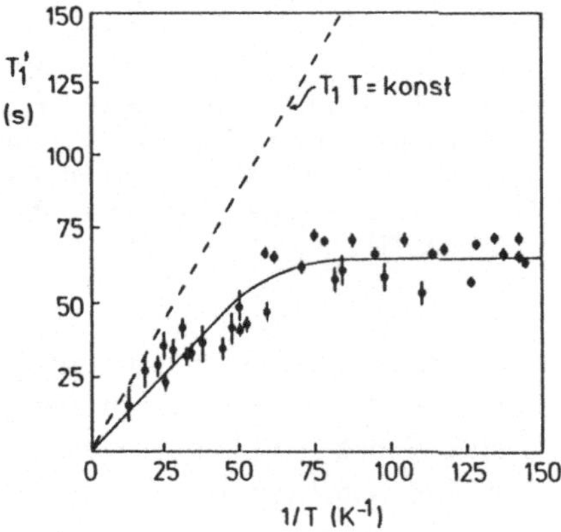

Abb. 7.9 Relaxationszeit T_1' von ^{60}Co in Eisen als Funktion der inversen Temperatur.
Die durchgezogene Kurve entspricht einer theoretischen Überlegung. Die gestrichelte Kurve gibt die Korringa-Relation an. Bei tiefen Temperaturen mün-
det die Relaxationszeit in einen konstanten Wert ein (BRE 68)

An der Abwärtsstreuung $W_\downarrow$, bei der Elektronen in freie Zustände oberhalb der Fermi-Kante gestreut werden, nehmen nur Elektronen in Niveaus bis ΔE unterhalb der Fermi-Kante teil. Elektronen in noch tiefer liegenden Zuständen können nicht teilnehmen, da sie bei einer Energie-

aufnahme von ΔE in besetzte Zustände gestreut würden. Wir erwarten
also für $k_B T \ll \Delta E$

$$W_\downarrow \approx \Delta E \quad \text{und} \quad W_\uparrow = 0 \tag{7.9}$$

Aus den Übergangsraten in Gleichung (7.9) folgt, zusammen mit den
Überlegungen in Abschnitt 6.6.2, daß die Relaxationsrate bei tiefen Temperaturen einen konstanten Wert annimmt. Dieses wird auch experimentell beobachtet, ein Ergebnis ist in Abbildung 7.9 gezeigt.

Die dort aufgetragene Relaxationszeit wird mit T_1' bezeichnet, einerseits
um sie nicht mit der Korringa-Relaxationszeit T_1 bei höheren Temperaturen zu verwechseln und andrerseits, da bei tiefen Temperaturen verschiedene Zeiten für die einzelnen Subniveaus auftreten und T_1' nur als grober
Mittelwert betrachtet werden kann. Eine ausführliche theoretische Behandlung des Problems findet man bei Bacon und Mitarbeitern (BAC 72).

8 Myon-Spin-Rotation (µSR)

Myonen gehören wie die Elektronen zur Familie der Leptonen. Sie existieren in zwei Ladungszuständen. Das positive Myon (μ^+) ist das Antiteilchen zum negativen Myon (μ^-). Das Verhalten der beiden Teilchen im Festkörper ist sehr verschieden. Das positive Myon ist mit dem Proton (H^+) vergleichbar. Es wird von den Atomkernen abgestoßen und deshalb im allgemeinen auf interstitiellen Plätzen zwischen den Gitteratomen eingelagert. Das negative Myon verhält sich im Festkörper wie ein Elektron. Es wird von den positiven Atomkernen angezogen und auf Bohrschen Bahnen eingefangen. Wegen der wesentlich größeren Masse des Myons im Vergleich zum Elektron sind diese Bahnen enger am Atomkern.

Da für Festkörperuntersuchungen vor allem positive Myonen verwendet werden, wollen wir uns im folgenden auf Untersuchungen mit der μ^+-Spin-Rotation beschränken.

8.1 Methode

Die Produktion der Myonen erfolgt über den Pionenzerfall. Es werden also zunächst in einem hochenergetischen ($E_p \geq 600$ MeV) Protonenstoß Pionen erzeugt, die nach einer mittleren Lebensdauer von $\tau = 26$ ns in Myonen zerfallen. Die entsprechenden Reaktionen sind

$$p + p \rightarrow p + n + \pi^+$$

$$\pi^+ \xrightarrow{\quad 26 \text{ ns} \quad} \mu^+ + \nu_\mu \tag{8.1}$$

Dabei ist es wichtig, daß die Myonen aufgrund dieses Produktionsprozesses im Ruhesystem des Pions zu 100% polarisiert sind. Das kann man folgendermaßen verstehen (siehe Abbildung 8.1): Myon und Neutrino haben den Spin 1/2, das Pion hat den Spin 0. Als masseloses Teilchen hat das Neutrino die Helizität -1. Aus Impuls- und Drehimpulserhaltung folgt dann zwangsläufig, daß der Spin des Myons antiparallel zur Flugrichtung steht.

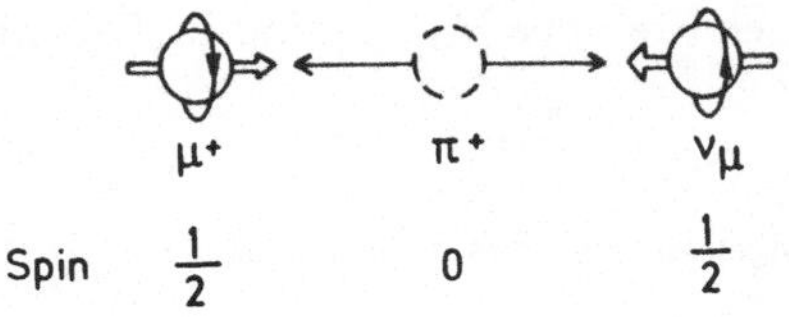

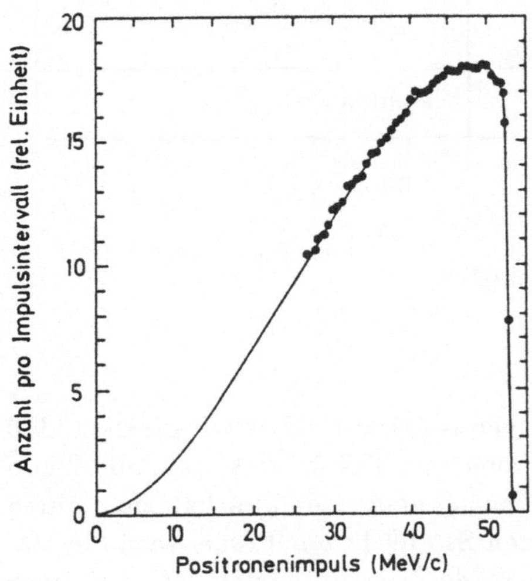

Abb. 8.1
π^+-Zerfall.
Der Spin des Myons steht antiparallel zur Emissionsrichtung.
Im Ruhesystem des Pions beträgt
die Energie des emittierten Myons 4,12 MeV

Die zweite wichtige Eigenschaft des Myons im Zusammenhang mit der
μSR ist die Tatsache, daß der Myonenzerfall

$$\mu^+ \to e^+ + \nu_e + \bar{\nu}_\mu \tag{8.2}$$

anisotrop erfolgt, d.h. daß die Positronen (über das e^+-Spektrum gemittelt)
bevorzugt in die Richtung des Spins emittiert werden. Somit kann aus der
Messung der bevorzugten Emissionsrichtung die Spinstellung festgestellt
werden.

Abb. 8.2
Impulsspektrum der Positronen beim Zerfall des positiven Myons. Nach (BAR 65)

Die Impulsverteilung der Zerfallspositronen ist in Abbildung 8.2 dargestellt. Die maximale Energie beträgt 52,83 MeV, die mittlere Energie liegt
bei 36 MeV. Es handelt sich also um verhältnismäßig hochenergetische

Teilchen, die leicht nachzuweisen sind. Ihre Reichweite in Aluminium beträgt ca. 5 cm. Die wichtigsten Eigenschaften des Myons sind in Tabelle 8.1 aufgeführt.

Tab. 8.1 Für die Festkörperphysik relevante Eigenschaften des positiven Myons

Spin	1/2
Masse	$105{,}659\,\mathrm{MeV}/c^2$ $(206{,}769\,m_e)$
gyromagnetisches Verhältnis	$8{,}5161 \cdot 10^8\,\dfrac{\mathrm{rad}}{\mathrm{s\,T}}$
Zerfall	$\mu^+ \rightarrow e^+ + \nu_e + \bar{\nu}_\mu$
mittlere Lebensdauer $\tau = t_{1/2}\ln 2$	$2{,}197 \cdot 10^{-6}\,\mathrm{s}$
Polarisation im Ruhesystem	$100\,\%$
Winkelverteilung (über e^+-Energie gemittelt)	$1 + 0{,}33\cos\theta$
Charakter	leichtes Proton

8.2   Experimentelle Anordnung

8.2.1   Myonenstrahl

"Arizona-Myonen". Im vorangehenden Abschnitt haben wir gesehen, daß die Myonen im Ruhesystem des Pions zu 100% polarisiert sind. Wenn man also Myonen von *gestoppten* Pionen benutzt, dann erhält man einen vollständig (antiparallel) polarisierten Strahl. In der Praxis wird ein solcher Strahl folgendermaßen realisiert (da dies zum ersten Mal von einer Gruppe aus Arizona ausgeführt wurde, wird er auch "Arizona-Strahl" genannt).

Die primären Protonen (z.B. $E_p = 600$ MeV) produzieren in einem Berylliumblock von einigen Zentimetern Länge zunächst hochenergetische Pionen. Ein Teil dieser Pionen kommt noch im Produktionstarget zur Ruhe und zerfällt unter Emission von vollständig polarisierten Myonen mit der Energie von 4,1 MeV. Diese Myonen müssen nun ihrerseits das Target verlassen können, wenn sie für einen Strahl zur Verfügung stehen sollen. Das ist aber nur möglich, falls sie bereits nahe an der Oberfläche des Targets entstanden sind. Man spricht deshalb auch von "Oberflächenmyonen". Mit Hilfe eines Strahlführungssystems von einigen Metern Länge, bestehend aus Quadrupollinsen und Ablenkmagneten, werden die Myonen dann schließlich in Form eines Myonenstrahls dem Experimentator zur Verfügung gestellt. Es zeigt sich, daß trotz der einschränkenden Bedingungen für die Produktion der "Arizona"-Myonen ein μ^+-Strahl von 10^6 bis 10^7 μ^+/s erreicht werden kann.

Die wesentlichen Vorteile der "Arizona"-Myonen sind die vollständige Polarisation und die hohe Stoppdichte (geringe Reichweitenstreuung). Letzteres hat zur Folge, daß dünne Proben verwendet werden können. Der Nachteil ist, daß wegen der geringen Energie der Myonen keine oder nur dünne Fenster im Strahlweg benutzt werden dürfen. Außerdem ist diese Anordnung nur für positive Myonen geeignet. Die negativen Myonen werden wegen des hohen Einfangwirkungsquerschnittes zum größten Teil im Beryllium-Target festgehalten, so daß kein intensiver μ^--Strahl möglich ist.

Schnelle Myonen. Wegen der erwähnten Nachteile hat man auch Strahlen entwickelt, bei denen die Pionen *im Flug* zerfallen. Man extrahiert dabei zunächst aus dem Beryllium-Target Pionen (z.B. mit einem Impuls von 220 MeV/c) und läßt sie im Flug zerfallen. Wegen der unterschiedlichen Lebensdauer des Pions (26 ns) und des Myons (2,2 µs) hat man nach einer bestimmten Flugstrecke fast nur noch Myonen im Strahl. Eine große Winkelakzeptanz unter optimalen Strahlführungsbedingungen kann man durch "Aufspulen" der Pionen und Myonen in einem supraleitenden Solenoid (ca. 8 m lang) erreichen.

Die so entstandenen Myonen haben wegen der kinetischen Energie der Pionen einen höheren Impuls (z.B. 120 MeV/c) und können damit leichter als die langsamen "Arizona"-Myonen zur Festkörperprobe geführt werden. Ein Nachteil ist häufig die geringere Stoppdichte und die nicht vollständige Polarisation. Letzteres hängt damit zusammen, daß die Spinrichtung mit der Emissionsrichtung im Schwerpunktsystem zusammenhängt und damit bei endlicher Winkel- und Energieakzeptanz des Strahlführungssystems über einen gewissen Bereich von Spinstellungen gemittelt wird (siehe Abbildung 8.3).

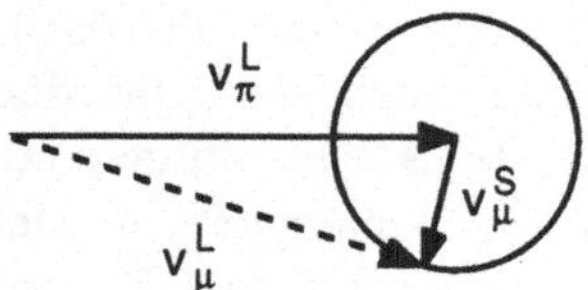

Abb. 8.3
Kinematik beim Pionenzerfall im Flug. Dargestellt sind die Geschwindigkeitsvektoren für das Pion bzw. Myon im Schwerpunkt (S)- bzw. Laborsystem (L)

8.2.2 Meßapparatur

Die Abbildung 8.4 zeigt schematisch die Winkelverteilung der emittierten Positronen für eine gegebene Spinstellung des Myons. Wenn der Spin in einem Magnetfeld präzediert, dann präzediert auch die Emissionswahrscheinlichkeit, und man erhält eine Verteilung, die folgender Formel genügt

$$W(\phi,t) = 1 + A \cos (\phi - \omega_L t) \tag{8.3}$$

Dabei ist ϕ der Winkel zwischen der Polarisation zur Zeit $t = 0$ und der Beobachtungsrichtung; ω_L ist die Larmorfrequenz. Bei Mittelung über das gesamte Positronenspektrum ist $A = 1/3$. An Abbildung 8.4 bzw. Beziehung (8.3) erkennt man, daß man in einem ortsfesten Detektor eine mit der Larmorfrequenz oszillierende Zählrate erhält.

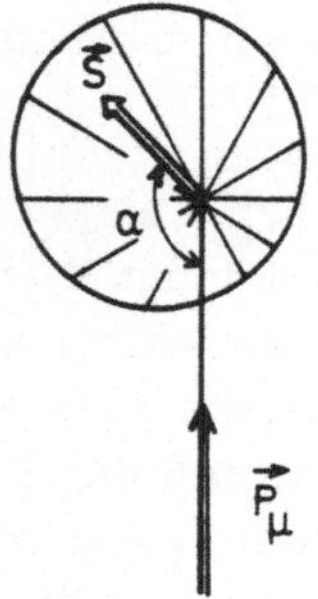

Abb. 8.4
Winkelverteilung der emittierten Positronen beim Myonzerfall im Polardiagramm. Die gezeichnete Situation entspricht dem Fall, daß sich der Spin um den Winkel $\alpha = \omega_L t$ gegenüber der ursprünglichen Richtung (antiparallel zum Myonenimpuls) gedreht hat

Zur Aufnahme dieser Zählrate bedient man sich der in Abbildung 8.5 skizzierten Apparatur: ein Myon erzeugt im Detektor M (<u>M</u>yonzähler) ein Signal und wird dann in der Probe gestoppt. Dieses Signal wird zum Starten einer Uhr verwendet, falls nicht gleichzeitig auch der Detektor E_1 (<u>E</u>lektronzähler) angesprochen hat. Wenn der Detektor E_1 ebenfalls anspricht, dann handelt es sich um ein falsches Signal (z.B. von nicht gestoppten Myonen oder durchfliegenden Elektronen). Der Zerfall des Myons wird in dem Teleskop ($E_1 \wedge E_2$) registriert. Mit diesem Signal wird die Uhr gestoppt, falls es nicht gleichzeitig mit einem M-Signal zusammenfällt (in diesem Fall würde es sich um ein durchfliegendes μ^+ oder e^+ handeln). Die Uhr verwandelt die Zeit zwischen Start und Stopp in eine Adresse und erhöht den Kanalinhalt dieser Adresse im Histogramm-Speicher um 1 (siehe Abschnitt 5.4.3).

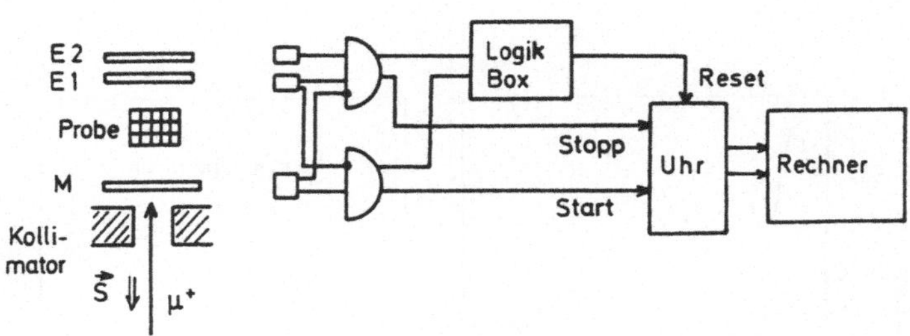

Abb. 8.5 µSR-Meßapparatur (schematisch). Weitere Erklärungen im Text

Die Logik-Box soll über den "Reset"-Eingang die Weitergabe des Ereignisses verhindern, falls folgende Situationen eingetreten sind:

a)   Innerhalb einer festgelegten Zeit (z.B. 6 µs) nach dem ersten M-Signal kommt ein zweites M-Signal. In diesem Fall ist die Zuordnung der Zerfallspositronen nicht mehr möglich, und das Ereignis muß verworfen werden.

b)   Das Gleiche muß geschehen, falls innerhalb dieser Zeit zwei Elektronensignale registriert werden.

Falls man, um z.B. die Zählrate zu erhöhen, mehr als ein Elektronenteleskop verwendet, muß man zusätzlich ein "Routing"-Signal generieren, um die Signale in die verschiedenen Bereiche des Speichers einzusortieren. Dies kann ebenfalls in der Logik-Box gemacht werden.

Die Detektoren bestehen aus Plastikszintillatoren (hohe Zeitauflösung), die über Lichtleiter an Sekundärelektronen-Vervielfacher angeschlossen sind. Lichtleiter benutzt man, um die Beeinflussung des Sekundärelektronen-Vervielfachers durch das Magnetfeld zu vermeiden.

Die Zählrate der Ereignisse im E-Teleskop als Funktion der Zeit t, gemessen vom Zeitpunkt des Eintreffens der Myonen in der Probe, ist durch folgenden Ausdruck gegeben

$$N(t) = N_0 \exp(-t/\tau_\mu)\,[1 + P(t)A\,\cos(\phi - \omega_L\,t)] + B \tag{8.4}$$

mit τ_μ der Lebensdauer des Myons ($\tau_\mu = 2{,}2\ \mu s$), $P(t)$ der Polarisation als Funktion der Zeit und B einem zeitunabhängigen Untergrund durch zufällige Ereignisse.

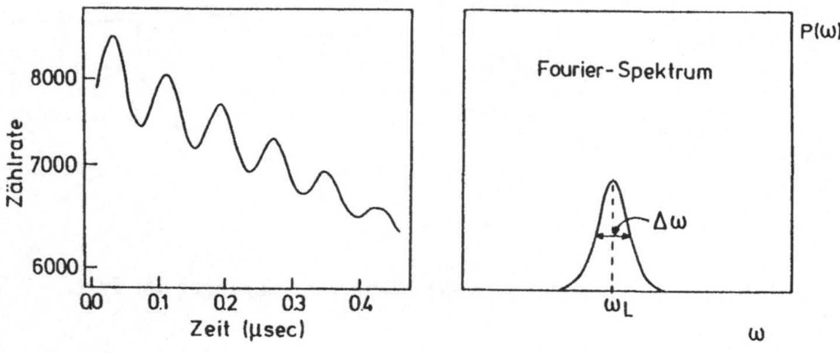

Abb. 8.6 Zeitdifferentielles und Fourier-transformiertes μSR-Spektrum (schematisch)

Abbildung 8.6 zeigt schematisch ein μSR-Spektrum. Man erkennt, daß die Zählrate mit der Myonenlebensdauer abfällt. Diesem Abfall ist eine Oszillation mit der Periode $2\pi/\omega_L$ überlagert. Im allgemeinen können mehrere Präzessionsfrequenzen ω_L^i vorliegen, nämlich dann, wenn die Myonen z.B. auf verschiedenen Plätzen verschiedene Magnetfelder spüren. Man erhält dann die Meßgrößen

$$P_i(t)\ ,\ A_i\ ,\ \omega_L^i\ \text{und}\ \phi_i \tag{8.5}$$

$P_i(t)$ beschreibt das Verhalten der Polarisation der Myonen auf Platz i als Funktion der Zeit, A_i ergibt den Anteil der mit der Frequenz ω_L^i präzedierenden Myonen an der Gesamtanisotropie und ϕ_i die Anfangsphase. ϕ_i ist im allgemeinen der Winkel zwischen der Anfangspolarisation und der Teleskoprichtung. Falls allerdings nach $t = 0$ eine schnelle Zustandsänderung stattgefunden hat, kann ϕ_i auch einen anderen Wert besitzen.

Das zeitdifferentielle Meßspektrum $N(t)$ kann man auch einer Fourier-Transformation unterwerfen und erhält dann die entsprechenden Linien im Frequenzraum (rechte Seite von Abb. 8.6). Das ist vor allem wichtig, um noch unbekannte Frequenzen zu entdecken, die häufig im Zeitspektrum nicht klar erkenntlich sind. Die Extraktion der Meßparameter wird allerdings meistens anhand des Zeitspektrums vorgenommen. Im Prinzip sind die Darstellungen im Zeit- und Frequenzraum äquivalent.

8.3   Innere B-Felder in magnetischen Substanzen

Als magnetische Sonde ist das Myon besonders gut geeignet, lokale Magnetfelder in magnetischen Substanzen zu messen. Aus der Präzessionsfrequenz erhält man über die Beziehung

$$\nu_\mu = \frac{\gamma}{2\pi} B_\mu \qquad \text{mit} \qquad \frac{\gamma}{2\pi} = 135{,}5 \text{ MHz/T} \tag{8.6}$$

direkt das lokale B-Feld B_μ am Myonort.

Eine gewisse Schwierigkeit ergibt sich daraus, daß der Aufenthaltsort des Myons im Gitter im allgemeinen nicht bekannt ist. Man nimmt an, daß sich das Myon im ungestörten Gitter auf Zwischengitterplätzen aufhält. In kubischen Kristallen kommen dafür vor allem die besonders großen Tetraeder- und Oktaederlücken in Frage. Direkte Information über den Aufenthaltsort des Myons kann man aus Gitterführungsexperimenten gewinnen. Solche Experimente werden in zunehmenden Maße durchgeführt (SIG 84). Außerdem muß man sich vergegenwärtigen, daß das Myon die Umgebung beeinflußt und damit durch seine Anwesenheit das lokale Magnetfeld verändert. Bei einem Vergleich der Meßergebnisse mit Rechnungen muß das berücksichtigt werden.

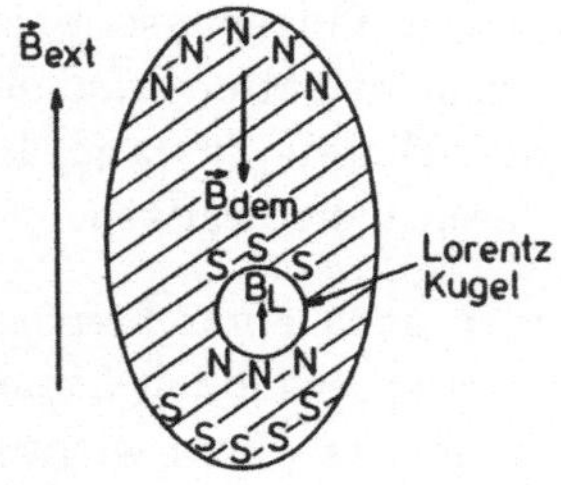

Abb. 8.7
Die verschiedenen Beiträge zum
lokalen B-Feld $\vec{B}_\mu$. N und S bezeichnen Nord- bzw. Südpole

In ferromagnetischen Metallen kann das lokale B-Feld $\vec{B}_\mu$ in folgender
Weise zerlegt werden (siehe Abb. 8.7, (HEL 76))

$$\vec{B}_\mu = \vec{B}_{\text{ext}} + \vec{B}_{\text{dem}} + \vec{B}_{\text{L}} + \vec{B}_{\text{dip}} + \vec{B}_{\text{Fermi}} \tag{8.7}$$

Dabei ist $\vec{B}_{\text{ext}}$ das externe Feld. $\vec{B}_{\text{dem}}$ ist das Demagnetisierungsfeld
aufgrund der magnetischen Pole an der Oberfläche. $\vec{B}_{\text{dem}}$ hängt von der
Form der Probe ab; für eine Kugel gilt

$$\vec{B}_{\text{dem}}(\text{Kugel}) = -\frac{1}{3}\mu_0 \vec{M} \tag{8.8}$$

wobei $\vec{M}$ die makroskopische Magnetisierung der Probe darstellt ; $\mu_0 =$
$1{,}256\ 10^{-6}$ Vs/Am ist die Permeabilität des Vakuums. Das Lorentz-Feld
$\vec{B}_{\text{L}}$ ist das Feld in einer hypothetischen Hohlkugel um den Aufpunkt. Es
hat den Wert

$$\vec{B}_{\text{L}} = \frac{1}{3}\mu_0 \vec{M}_{\text{s}} \tag{8.9}$$

wobei $\vec{M}_{\text{s}}$ die Sättigungsmagnetisierung darstellt. $\vec{M}_{\text{s}}$ kann in einer makroskopischen Messung bestimmt werden. $\vec{B}_{\text{dip}}$ ist das B-Feld der einzelnen Dipole in der Lorentz-Kugel. Es ist durch folgenden Ausdruck gegeben (vergleiche Gl.(6.65))

$$\vec{B}_{\text{dip}} = \frac{\mu_0}{4\pi} \sum_j \frac{3(\vec{\mu}_j \cdot \vec{r}_j)\,\vec{r}_j - \vec{\mu}_j r_j^2}{r_j^5} \tag{8.10}$$

Dabei ist $\vec{\mu}_j$ das Dipolmoment der Gitteratome und $\vec{r}_j$ der Radiusvektor vom Aufpunkt zum Dipol. Für einen ungestörten Kristall ist $\vec{B}_{dip}$ leicht zu berechnen. Man muß allerdings bedenken, daß das Myon möglicherweise die umgebenden Atome etwas verrückt.

Das Hyperfein- oder Fermi-Kontaktfeld $\vec{B}_{Fermi}$ wird durch die Polarisation der Leitungselektronen bewirkt. Es ist in Kapitel 6.5 abgeleitet worden und durch den folgenden Ausdruck gegeben

$$\vec{B}_{Fermi} = -\frac{2\mu_0}{3}\,\mu_e\,\rho_{Spin}(0) \tag{8.11}$$

$\rho_{Spin}(0)$ ist die Spindichte am Myonort.

Die meisten µSR-Messungen an magnetischen Substanzen werden ohne äußeres Feld und bei entmagnetisierter Probe (z.B. durch vorangehendes Glühen) durchgeführt. In diesem Fall ist $\vec{B}_{ext} = \vec{B}_{dem} = 0$ und man erhält

$$\vec{B}_\mu = \vec{B}_L + \vec{B}_{dip} + \vec{B}_{Fermi} \tag{8.12}$$

Da $\vec{B}_L$ und $\vec{B}_{dip}$ (letzteres mit der erwähnten Einschränkung) berechnet werden können, erhält man aus der Meßgröße $\vec{B}_\mu$ direkt das physikalisch interessante Fermi-Kontaktfeld $\vec{B}_{Fermi}$.

Beispiel: μ^+ in Nickel

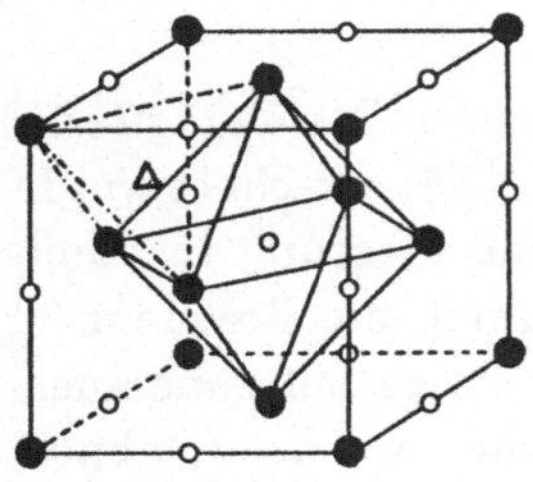

Abb. 8.8
Einheitszelle des kubisch-flächen-zentrierten Gitters. Die schwarzen Punkte markieren die Lage der Gitteratome. Die offenen Kreise bezeichnen die Oktaederplätze. Außerdem ist in der oberen vorderen Ecke ein Tetraederplatz angedeutet (offenes Dreieck)

Nickel besitzt eine kubisch-flächenzentrierte Kristallstruktur. In diesem Fall ist das Dipolfeld auf Tetraeder- und Oktaederplätzen wegen der kubischen Umgebung Null. In Analogie zum Kupfer, das ebenfalls kubisch-flächenzentrierte Struktur besitzt und von dem der Myonort bestimmt wurde, nimmt man an, daß das Myon in Nickel auf Oktaederplätzen sitzt (siehe Abb. 8.8). Damit reduziert sich Gleichung (8.12) auf

$$\vec{B}_\mu = \vec{B}_L + \vec{B}_{Fermi} \tag{8.13}$$

In Abbildung 8.9 ist die Temperaturabhängigkeit der gemessenen µSR-Frequenz v_μ und des daraus abgeleiteten Betrages des B-Feldes aufgetragen. Der Verlauf von v_μ und B_μ folgt ungefähr der makroskopischen Magnetisierungskurve (gestrichelte Kurve).

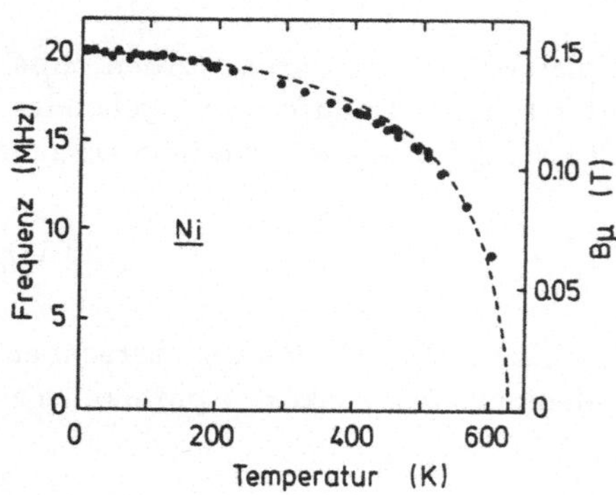

Abb. 8.9
Temperaturabhängigkeit der Myonpräzession in Nickel. Die gestrichelte Kurve gibt den Verlauf der Magnetisierung normiert bei $T = 0$ K an (DEN 79)

Die Extrapolation der Meßkurve ergibt für $T = 0$ K

$$B_\mu = + 0{,}149(1)\,\text{T} \quad \text{und} \quad B_{Fermi} = - 0{,}072(1)\,\text{T} \tag{8.14}$$

Dabei ist B_μ die Meßgröße, während B_{Fermi} daraus nach Beziehung (8.13) mit dem bekannten Lorentz-Feld $B_L = + 0{,}221$ T (DEN 79) berechnet wurde. Das positive Vorzeichen von B_μ wurde durch eine Messung in einem äußeren Magnetfeld bestimmt. Man findet dabei, daß die Frequenz v_μ nach Erreichen der Sättigungsmagnetisierung der Probe mit zunehmendem Feld zunimmt. Bei einem negativen Vorzeichen würde v_μ abnehmen. Der Wert von B_{Fermi} stimmt ungefähr mit dem Wert überein, den man im ungestörten Gitter aus der bekannten Magnetisierung an Oktaederplätzen errechnet. Diese Übereinstimmung ist aber eher zufällig, da im allgemeinen die Spindichte durch die Ladung des Myons stark verändert wird.

Beispiel: μ^+ in Eisen

Eisen besitzt in dem hier interessierenden Temperaturbereich ($T < 1180$ K) eine kubisch-raumzentrierte Kristallstruktur. In diesem Fall sind die als Tetraeder- und Oktaederplätze bezeichneten Positionen nicht von idealen, sondern von verzerrten Tetraedern bzw. Oktaedern umgeben (siehe Abb. 8.10).

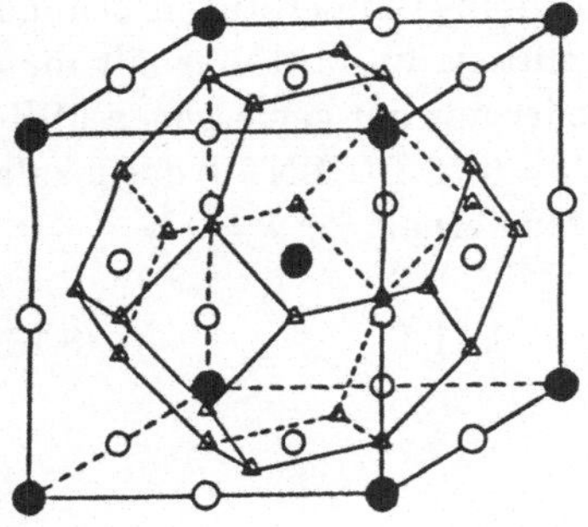

Abb. 8.10
Einheitszelle des kubisch-raumzentrierten Gitters. Neben den Gitteratomen (geschlossene Kreise) sind auch die tetraedrischen (offene Dreiecke) bzw. oktaedrischen (offene Kreise) Zwischengitterplätze eingezeichnet

Das hat aber zur Folge, daß die Dipolfelder an diesen Plätzen nicht verschwinden. Wir wollen für die weitere Diskussion annehmen, daß das Myon auf Tetraederplätzen sitzt. Das wird durch Gitterführungsexperimente an Wasserstoff in verschiedenen kubisch-raumzentrierten Metallen und durch Pion-Experimente am kubisch-raumzentrierten Metall Tantal nahegelegt (MAI 84).

Wichtig ist zunächst, festzustellen, daß die Dipolfelder an den möglichen Tetraederplätzen nicht identisch sind, sondern davon abhängen, wie die tetragonale Achse des verzerrten Tetraeders bezüglich der Magnetisierung orientiert ist. Ohne äußeres Feld weist die Magnetisierung in einem Weiß-Bezirk in Eisen in Richtung einer Kubuskante, die wir mit der <001> Richtung identifizieren wollen. Die tetragonale Achse kann dazu entweder senkrecht oder parallel stehen. Für die Dipolfelder der Tetraederplätze errechnet man nach Formel (8.10) folgende Werte

$$B_{\text{dip}}^{\parallel} = -\,0{,}52\ \text{T} \qquad \text{und} \qquad B_{\text{dip}}^{\perp} = +\,0{,}26\ \text{T} \tag{8.15}$$

wobei sich $B_{dip}^{\parallel}$ auf parallele und $B_{dip}^{\perp}$ auf senkrechte Orientierung der tetragonalen Achse zur Magnetisierung bezieht. Die Plätze mit $B_{dip}^{\perp}$ kommen doppelt so häufig vor wie diejenigen mit $B_{dip}^{\parallel}$. Bei Mittelung über alle Plätze erhält man damit Null. Da sich die beiden Plätze energetisch nicht unterscheiden, sollten sie von Myonen entsprechend ihrem statistischen Gewicht besetzt werden. Man würde also für nicht diffundierende Myonen zwei verschiedene Frequenzen erwarten. Experimentell ist aber immer nur eine Frequenz beobachtet worden. Man schließt daraus, daß das Myon auch bei den tiefsten bisher untersuchten Temperaturen schnell diffundiert und dabei über die Dipolfelder mittelt. Im Mittel erhält man also im Eisen $B_{dip} = 0$. Damit kann man wieder aus der gemessenen µSR-Frequenz und dem bekannten Lorentz-Feld $B_L = 0{,}73$ T (DEN 79) das lokale Feld und das Fermi-Kontaktfeld berechnen. Man erhält für $T = 0$ K

$$B_\mu = -\,0{,}38(1)\,\text{T} \qquad \text{und} \qquad B_{Fermi} = -\,1{,}11\,\text{T} \tag{8.16}$$

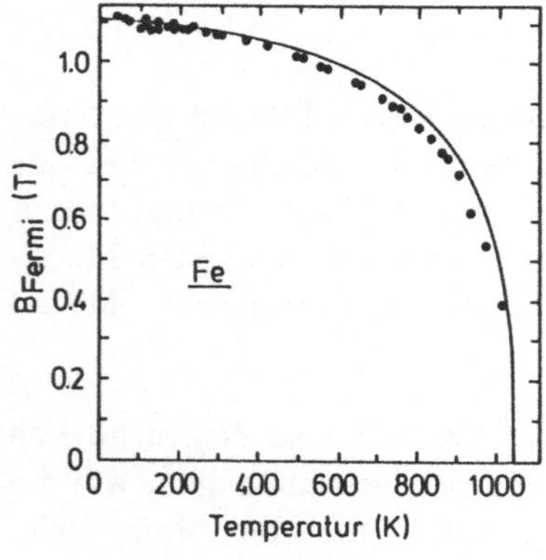

Abb. 8.11
Fermi-Kontaktfeld am Myonplatz in Eisen. Die durchgezogene Linie zeigt den Verlauf der makroskopischen (normierten) Magnetisierung (DEN 79)

Das hier gefundene Fermi-Kontaktfeld ist um den Faktor 10 größer als der aus der Neutronenstreuung gewonnene Wert für das ungestörte Gitter. Durch das Myon wird also die Spinpolarisation um einen Faktor 10 verstärkt. Der Temperaturverlauf von B_{Fermi} ist in Abbildung 8.11 dargestellt. Man erkennt, daß die Temperaturabhängigkeit von B_{Fermi} ungefähr der makroskopischen Magnetisierung folgt.

8.4 Diffusion des positiven Myons

Das positive Myon ist nur in den seltensten Fällen im Festkörper in Ruhe; meistens diffundiert es sehr schnell, indem es von Zwischengitterplatz zu Zwischengitterplatz springt. Die Myonendiffusion erlangte besonderes Interesse durch die Tatsache, daß das positive Myon im Festkörper als ein leichtes Isotop des Wasserstoffs betrachtet werden kann. Dadurch hat man für Diffusionsmessungen einen großen Bereich verschiedener Isotope (vom Myon mit $1/9\,m_H$ bis zum Tritium mit $3\,m_H$) zur Verfügung. Wegen der geringen Masse können mit dem Myon vor allem Quanteneffekte, die bei tiefen Temperaturen eine Rolle spielen, studiert werden.

Für die Messung der Myondiffusion werden zwei verschiedene Prinzipien (Linienverengung durch Bewegung und Einfang an Defekten) verwendet. Im folgenden sollen zunächst diese beiden Prinzipien mit Anwendungsbeispielen diskutiert werden. In einem weiteren Abschnitt werden wir dann auf die Diffusionsmodelle eingehen.

8.4.1 Linienverengung durch Bewegung

Als Linienverengung durch Bewegung (motional narrowing) bezeichnet man in der NMR die Abnahme der Linienbreite auf Grund der Bewegung der Teilchen (vergleiche Abschnitt 6.6.1). Den gleichen Effekt beobachtet man auch in der µSR. Die direkte Analogie besteht in einer Verschmälerung der Linienbreite im Fourier-Spektrum; im Zeitspektrum entspricht das einer Abnahme der Relaxationsrate.

Ruhendes Myon. Der Ausgangspunkt für die Linienverengung durch Bewegung ist eine gewisse Verteilung von lokalen Magnetfeldern im Kristall. Wir wollen hier annehmen, daß diese Verteilung durch die Kernmomente der das Myon umgebenden Matrixatome bewirkt wird. In diamagnetischen Metallen ist diese Dipol-Dipol-Wechselwirkung die Hauptursache für lokal variierende Magnetfelder.

Nehmen wir an, die lokalen Magnetfelder folgen einer Gauß-Verteilung um den Mittelwert des äußeren Feldes B_0; dann ergibt sich für die Präzessionsfrequenzen der Myonen ebenfalls eine Gauß-Verteilung, die wir folgendermaßen schreiben (das hier gewählte σ unterscheidet sich um den Faktor 2 von dem der Standardform)

$$f(\omega) = \frac{1}{2\sigma\sqrt{\pi}} \, \exp\left[-\frac{(\omega-\omega_{L,0})^2}{4\sigma^2}\right] \tag{8.17}$$

Mit Gleichung (8.17) als Gewichtsfunktion erhält man

$$\overline{\Delta\omega^2} = \int_{-\infty}^{+\infty} (\omega-\omega_{L,0})^2 \, f(\omega) \, d\omega = \sigma^2 = \gamma_\mu^2 \, \overline{\Delta B^2} \tag{8.18}$$

Im Zeitspektrum erhält man eine Überlagerung von Präzessionssignalen mit etwas verschiedenen Frequenzen. Das Resultat über das Myonen-ensemble gemittelt ergibt

$$\overline{\cos\omega t} = \frac{1}{2\sigma\sqrt{\pi}} \int_{-\infty}^{+\infty} \exp\left[-\frac{(\omega-\omega_{L,0})^2}{4\sigma^2}\right] \cos\omega t \, d\omega =$$

$$\tag{8.19}$$

$$= \exp(-\sigma^2 t^2) \cos\omega_{L,0} t$$

Das heißt, man erhält ein gedämpftes Myonensignal bei der Frequenz $\omega_{L,0}$ mit einer Gauß-Funktion als Einhüllenden.

Die durch Kerndipole bewirkten Magnetfelder liegen in der Größenordnung von 10^{-4} T. Unter der Annahme, daß das auch dem quadratischen Mittelwert entspricht, erhält man nach Gleichung (8.18) σ-Werte in der Größenordnung von $0{,}1$ μs^{-1}. Bei einer genaueren Betrachtung muß natürlich der Platz des Myons im Kristallgitter und die Orientierung des äußeren Magnetfeldes berücksichtigt werden. Bei nicht zu kleinen Werten des äußeren Feldes (B_0 groß gegen das vom Myon erzeugte Feld am Kernort) erhält man

$$\sigma^2 = \gamma_\mu^2 \frac{1}{6} I(I+1) \, \hbar^2 \, \gamma_I^2 \left(\frac{\mu_0}{4\pi}\right)^2 \sum_j \frac{(1-3\cos^2\theta_j)^2}{r_j^6} \tag{8.20}$$

Dabei sind γ_μ und γ_I die gyromagnetischen Verhältnisse des Myons bzw. des Atomkerns, I ist der Kernspin, $\vec{r}_j$ der Abstand des Atoms j vom Myon und θ_j der Winkel zwischen $\vec{r}_j$ und dem äußeren Feld $\vec{B}_0$. Man erkennt deutlich die Struktur von $\vec{B}_{dip}$ aus Gleichung (8.10), wenn man sich dort wegen des starken äußeren Magnetfeldes auf die z-Komponente von $\vec{\mu}_j$

beschränkt. Für eine genauere Ableitung von Gleichung (8.20) muß allerdings auf die Literatur verwiesen werden (SEE 78).

Nebenbei sei bemerkt, daß die starke Abhängigkeit von σ^2 in Gleichung (8.20) vom Abstand der nächsten Nachbaratome ($\vec{r}_j$) und vor allem von der Orientierung im äußeren Magnetfeld (θ_j) dazu benutzt werden kann, den Ort des Myons im Kristall zu bestimmen. Im Kupfer wurde auf diese Art festgestellt, daß sich das Myon auf Oktaederplätzen aufhält, wobei es die nächsten Nachbarn um 5% nach außen drückt (CAM 77).

Für polykristalline Proben muß man den winkelabhängigen Teil in Gleichung (8.20) über alle Raumrichtungen mitteln. Es gilt

$$\overline{(1-3\cos^2\theta_j)^2} = \frac{4}{5} \tag{8.21}$$

Diffundierendes Myon. Wenn das Myon diffundiert, dann mittelt es über die verschiedenen Magnetfelder, und die Dämpfung der Myonenpräzession nimmt ab. Eine entscheidende Größe für die Beschreibung dieses Effektes ist die sogenannte Korrelationszeit τ_c. Qualitativ handelt es sich dabei um die Zeit, die das Myon braucht, um in einen Bereich zu kommen, in dem sich der variierende Teil des Magnetfeldes "beträchtlich" vom Ausgangswert unterscheidet. Die exakte Definition geht von der Korrelationsfunktion

$$g(t') = <B(t) \cdot B(t-t')>_t \tag{8.22}$$

aus, wobei $< >_t$ die zeitliche Mittelwertbildung bedeutet, und definiert τ_c als diejenige Zeit, bei der gilt

$$g(\tau_c) = \frac{g(0)}{e} \tag{8.23}$$

Es ist klar, daß das "motional narrowing" dann wirksam wird, wenn

$$\sigma\tau_c \leq 1 \tag{8.24}$$

ist, weil dann Magnetfeldänderungen eintreten, noch bevor die Polarisation beträchtlich abgenommen hat. Eine quantitative Überlegung (SEE 78), die wir hier nicht nachvollziehen wollen, ergibt für die Zeitabhängigkeit der Polarisation

$$P(t) = P(0)\,\exp\{-2\sigma^2\,\tau_c^{\,2}\,[\exp(-t/\tau_c) - 1 + t/\tau_c]\} \qquad (8.25)$$

Dabei ist σ die Depolarisationsrate des ruhenden Myons und τ_c die oben definierte Korrelationszeit. Für ein ruhendes Myon ($\tau_c \to \infty$) muß Gleichung (8.25) natürlich in (8.19) übergehen. Das sieht man sofort , wenn man $\exp(-t/\tau_c)$ in Gleichung (8.25) bis zum quadratischen Term entwickelt.

Den zweiten Extremfall erhält man für schnell diffundierende Myonen. Wenn

$$\sigma\tau_c \ll 1 \qquad (8.26)$$

ist, dann ist der entscheidende Zeitbereich von $P(t)$ durch die Bedingung $t \gg \tau_c$ bestimmt, wodurch in der eckigen Klammer in Gleichung (8.25) der Term t/τ_c überwiegt. Damit ergibt sich die sogenannte "motional narrowing"-Formel

$$P(t) = P(0)\,\exp(-\lambda t) \qquad (8.27)$$

mit

$$\lambda = 2\sigma^2\,\tau_c \qquad (8.28)$$

Für sehr kleine Zeiten ($t \le \tau_c$) wird das Zeitverhalten durch (8.27) nicht korrekt beschrieben; das ist aber bei Vorliegen der Bedingung (8.24) weitgehend uninteressant, da der Ausdruck in der geschweiften Klammer ungefähr Null ist und damit $P(t) \approx P(0)$. Im Zwischenbereich, in dem $\sigma\tau_c \approx 1$ ist, muß man die volle Formel (8.25) verwenden.

Beispiel: μ^+ in Kupfer

Das klassische Beispiel für die μ^+-Diffusion ist die Messung von Grebinnik und Mitarbeitern (GRE 75) in Kupfer. An den μSR-Spektren in Abbildung 8.12 erkennt man bei tiefen Temperaturen deutlich eine Dämpfung; bei 330 K ist sie nicht mehr sichtbar.

Als ein Maß für die Dämpfung ist in Abbildung 8.13 die Rate t_e^{-1} aufgetragen, wobei t_e die Zeit angibt, nach der die Polarisation auf den Wert $1/e$ abgefallen ist. Man erkennt in Abbildung 8.13 bei $T = 100$ K deutlich das Ein-

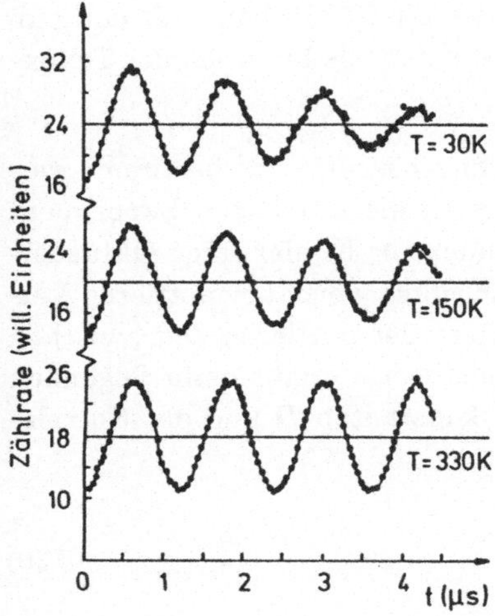

Abb. 8.12
µSR-Spektren von Kupfer für drei verschiedene Temperaturen. Das äußere Magnetfeld betrug 6.2 mT (GRE 75)

setzen der Linienverengung durch Bewegung an der Abnahme der Depolarisationsrate. Bei tiefen Temperaturen erhält man einen konstanten Wert von t_e^{-1}, der dort mit dem statischen Wert σ übereinstimmt und

$$\sigma = 0{,}266 \cdot 10^6 \text{ s}^{-1} \tag{8.29}$$

als Wert hat. Er stimmt auch gut mit dem nach Gleichung (8.20) berechneten Wert für unbewegliche Myonen in Cu überein.

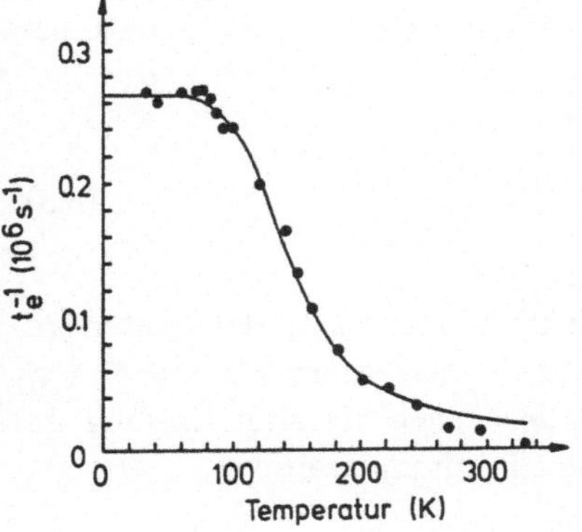

Abb. 8.13
Relaxationsrate t_e^{-1} in Kupfer als Funktion der Temperatur (GRE 75)

Den Wert für σ hält man jetzt fest und bestimmt für alle Temperaturen durch Anpassen der Meßkurven mit Gleichung (8.25), bzw. mit den einfachen Formeln (8.27) und (8.28), den Wert von τ_c als Funktion der Temperatur.

Aus der Korrelationszeit τ_c kann der Diffusionskoeffizient bestimmt werden. Wir machen dazu folgende Annahmen, die durch das Experiment nahegelegt werden: 1) Das Myon diffundiert in Kupfer über Oktaederplätze und 2) die Korrelationszeit τ_c ist ungefähr gleich der mittleren Verweilzeit $\bar\tau$ des Myons auf einem Platz (gleich der mittleren Zeit zwischen zwei Sprüngen). Die allgemeine Diffusionstheorie ergibt dann folgenden Zusammenhang zwischen der Diffusionskonstanten D und der Korrelationszeit τ_c

$$D = \frac{a^2}{12\tau_c} \tag{8.30}$$

Gleichung (8.30) gilt für ein kubisch-flächenzentriertes Gitter und Diffusion über Oktaederplätze; a ist die Gitterkonstante.

8.4.2   Einfang an Gitterdefekten

Gitterdefekte wie Fremdatome oder Leerstellen besitzen häufig eine positive Bindungsenergie für Myonen und können daher frei diffundierende Myonen einfangen. Wenn man davon ausgeht, daß die Myonen bei der Implantation zunächst statistisch verteilt im Kristall deponiert werden, so kann man aus der Zeit von der Implantation bis zum Eintreffen der Myonen am Defekt bei bekannter Defektkonzentration die Myondiffusion bestimmen. Mit gewissen, im allgemeinen unkritischen Annahmen kommt man zu folgender Formel

$$D = \frac{V_A}{4r_0 c_D}\,\frac{1}{\tau_D} \tag{8.31}$$

Dabei ist c_D die Konzentration der Defekte pro Atom, r_0 der Einfangradius, ab dem das Myon festgehalten wird, V_A das Atomvolumen und τ_D die Zeit vom Eintreffen des Myons in der Probe bis zum Einfang am Defekt. τ_D muß durch das µSR-Experiment bestimmt werden.

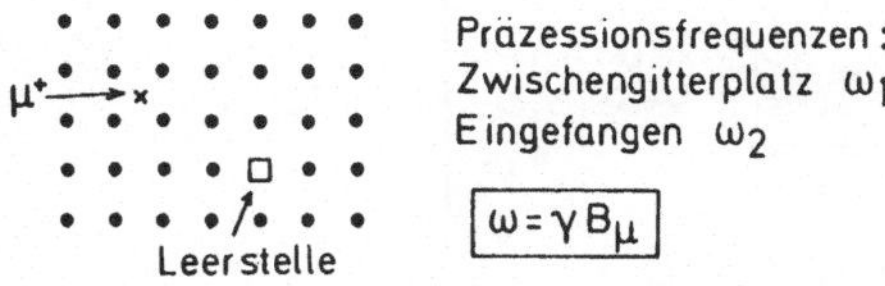

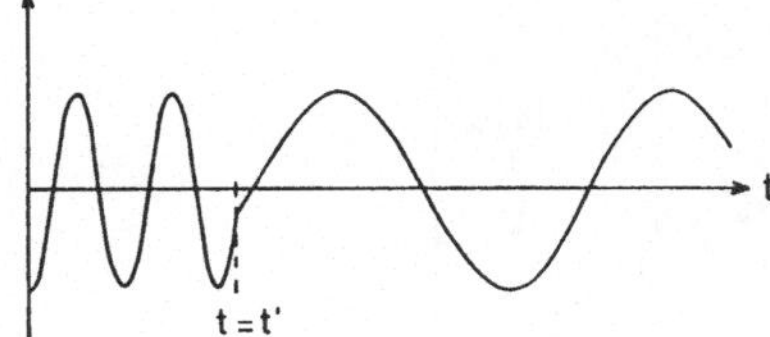

Abb. 8.14
Myondiffusion, ausgehend von statistisch verteilten Myonen im Gitter bis zum Einfang an einer Leerstelle. Im unteren Teil des Bildes ist der Wechsel der Präzessionsfrequenz beim Einfang angedeutet

Beispiel: Defekte in Eisen.

Möslang und Mitarbeiter (MÖS 83) haben eine Eisenprobe bei tiefen Temperaturen mit Elektronen bestrahlt und dadurch Leerstellen in der Probe erzeugt. Die Konzentration der Leerstellen (ca. 10^{-5} pro Atom) kann grob durch die Messung des Restwiderstandes bei 4 K bestimmt werden. Im µSR-Experiment werden die Myonen wegen der geringen Konzentration der Defekte zunächst in ungestörten Bereichen des Eisens zur Ruhe kommen. Ab diesem Zeitpunkt ($t = 0$) beginnt der Spin der Myonen im lokalen Magnetfeld des Eisens zu präzedieren. Die Präzessionsfrequenz ist in diesem Fall 50 MHz. Nach einer gewissen freien Diffusionszeit , die natürlich statistisch verteilt ist, werden die Myonen an den Leerstellen eingefangen und befinden sich jetzt auf substitutionellen (Gitter-) Plätzen mit einem anderen lokalen Magnetfeld. Das führt zu einem Wechsel der Präzessionsfrequenz beim Einfang. Dieser Effekt ist in Abbildung 8.15 deutlich sichtbar. Aus dem Zeitpunkt des Frequenzwechsels (Linie τ_D in Abb. 8.15) kann man die mittlere Zeit τ_D bestimmen, die das Myon braucht, um von einem willkürlichen Stoppplatz bis zu einer Leerstelle zu kommen. (In der Praxis erhält man eine genauere Zeitbestimmung von τ_D aus der Amplitude der zweiten Frequenz). Man erkennt in Abbildung 8.15, daß τ_D stark temperaturabhängig ist, was natürlich auf die unterschiedlich schnelle Diffusion des Myons zurückzuführen ist.

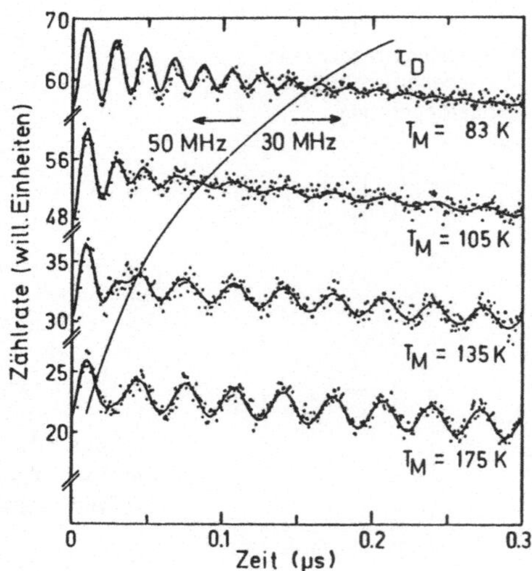

Abb. 8.15 µSR-Signale von elektronenbestrahltem Eisen. Man erkennt den Wechsel der Präzessionsfrequenz bei ungefähr τ_D

Aus dem Meßwert τ_D kann man über Gleichung (8.31) die Diffusionskonstante D bestimmen. Sie ist in Abbildung 8.16 gezeigt; dabei wurde $r_0 = 3a$ (Gitterkonstante a) angenommen. Die große Unsicherheit in r_0 und in der Defektkonzentration c_D geben eine große systematische Unsicherheit für D, die in den in Abbildung 8.16 angegebenen Fehlern nicht enthalten ist.

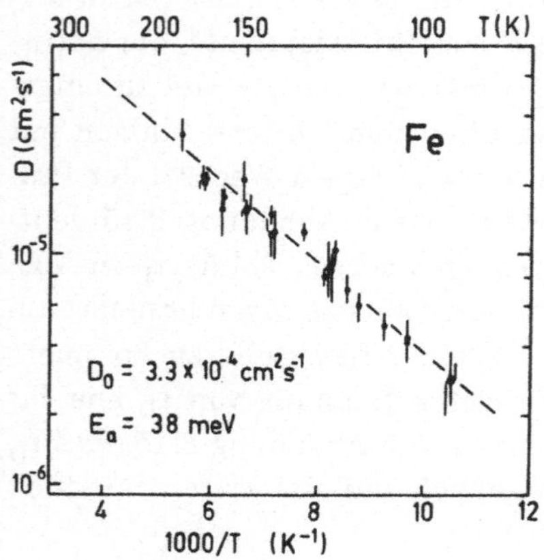

Abb. 8.16
Diffusionskoeffizient für Myonen in Eisen nach (MÖS 83)

8.4.3 Diffusionsmodelle

Klassische Diffusion. Die klassische Vorstellung von der Diffusion eines interstitiellen Teilchens im Festkörper ist schematisch in Abbildung 8.17 dargestellt. Das Teilchen muß dabei auf dem Weg von einem Potentialminimum zum anderen eine Barriere der Höhe E_a überwinden. Die Wahrscheinlichkeit, daß das Teilchen die dafür erforderliche Energie besitzt, wird durch die Boltzmann-Verteilung $f(E) \propto \exp(-E_a/k_B T)$ geregelt. Damit erhält man für die Sprungfrequenz v und für den Diffusionskoeffizienten D ein Arrhenius-Gesetz

$$v = v_0 \exp(-E_a/k_B T) \tag{8.32}$$

$$D = D_0 \exp(-E_a/k_B T) \tag{8.33}$$

v_0 bezeichnet man als Versuchsfrequenz; sie hat einen Wert in der Größenordnung der Debye-Frequenz ($v_0 \approx 10^{13}\ \mathrm{s}^{-1}$).

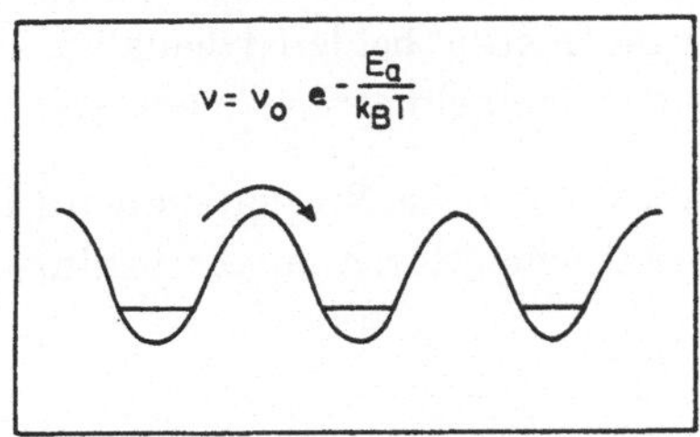

Abb. 8.17 Modellvorstellung für klassische Diffusion. Dabei werden Sprünge über die Barriere E_a angenommen

Inkohärentes Tunneln. Bei tiefen Temperaturen (in vielen Fällen ab Zimmertemperatur oder etwas tiefer) wird die Sprungfrequenz nach Gleichung (8.32) so klein, daß praktisch keine Diffusion mehr stattfinden sollte. Bei Wasserstoff (z.B. in Nb und Ta), vor allem aber bei Myonen findet man, daß die Diffusion nicht einfriert, sondern in einigen Fällen bis zu sehr tiefen Temperaturen beobachtbar ist. In diesen Fällen erfolgt die Diffusion über einen Tunnelprozess (vergleiche Abbildung 8.18).

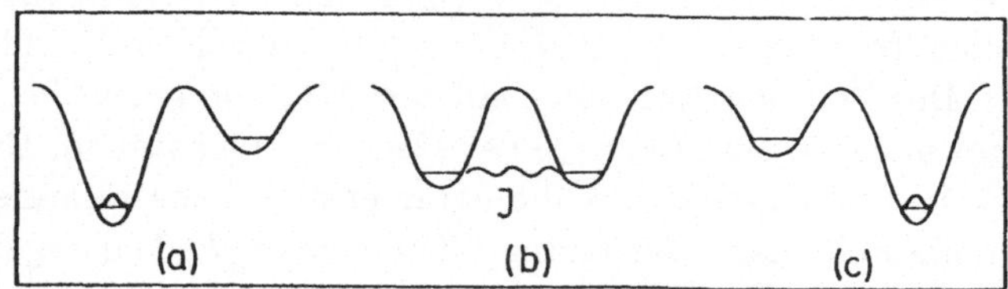

Abb. 8.18 Schematische Darstellung des inkohärenten Tunnelprozesses

Um die Temperaturabhängigkeit dieses Prozesses etwas genauer zu verstehen, müssen wir uns zunächst mit der "Selbstlokalisierung" eines Teilchens befassen. Das hat damit zu tun, daß das Gitter auf die Anwesenheit eines Teilchens reagiert, indem es sich z.B. lokal aufweitet, und dadurch die Energie absenkt. Man sagt, es bildet ein Polaron. Das bedeutet aber, daß das besetzte Niveau gegenüber den benachbarten unbesetzten Niveaus energetisch abgesenkt ist. Für einen Tunnelprozess müssen also zuerst durch thermische Energie beide Niveaus auf die gleiche Höhe gebracht werden, bevor das Tunnelmatrixelement wirksam werden kann.

Die Wahrscheinlichkeit für gleiche Niveaulage wird bei nicht zu kleinen Temperaturen im wesentlichen durch ein Arrhenius-Gesetz gegeben

$$W_1 \propto \exp(-E_a'/k_B T) \tag{8.34}$$

jetzt aber mit einer wesentlich kleineren Aktivierungsenergie (E_a') als für Sprünge über die Barriere (E_a). Die Tunnelwahrscheinlichkeit wird nach der Störungsrechnung durch das Quadrat des Tunnelmatrixelements J bestimmt. Also

$$W_2 \propto J^2 \tag{8.35}$$

Falls beide Wahrscheinlichkeiten klein sind, erhält man die Gesamtwahrscheinlichkeit, die der Sprungrate v entspricht, als Produkt der Einzelwahrscheinlichkeiten. Damit gilt

$$v \propto J^2 \exp(-E_a'/k_B T) \tag{8.36}$$

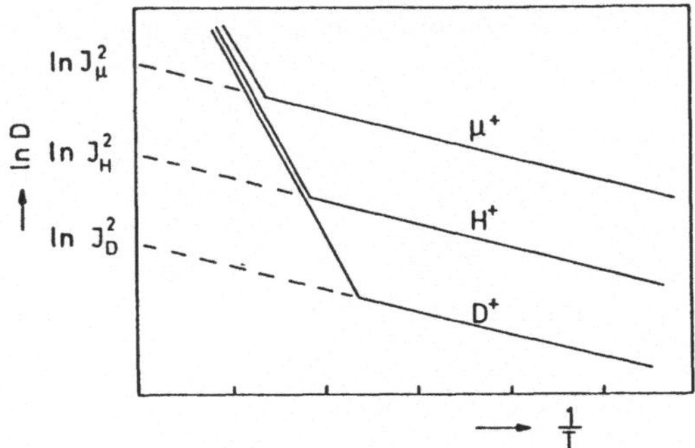

Abb. 8.19 Diffusionsverhalten verschiedener "Wasserstoffisotope" (schematisch). Der Knick zeigt den Übergang von klassischer Diffusion zum inkohärenten Tunneln

Insgesamt erwartet man damit ein Diffusionsverhalten, wie es schematisch in Abbildung 8.19 gezeigt ist.

Dabei wurde angenommen, daß bei höheren Temperaturen für alle Teilchen das klassische Diffusionsverhalten überwiegt, bei dem nur geringe Isotopenabhängigkeiten erwartet werden. Bei tieferen Temperaturen sollte für alle Isotope das Abknicken der Arrhenius-Geraden beobachtbar werden. Da das Tunnelmatrixelement aber sehr stark massenabhängig ist, sollte der Knick mit zunehmender Masse nach unten verschoben sein. Zu bemerken ist noch, daß E'_a in erster Näherung massenunabhängig sein sollte, da die Selbstlokalisierung im wesentlichen ein elektrischer Effekt ist, der nur von der Ladung der Teilchen abhängt.

Als experimentelles Beispiel soll hier die Myondiffusion in Kupfer (siehe Abschnitt 8.4.1) angegeben werden.

Die Abbildung 8.20 zeigt in einer von Seeger gegebenen Auftragung (SEE 78) die Myon- und Wasserstoffdiffusion in Kupfer in einer gemeinsamen Arrhenius-Darstellung. Man erkennt deutlich die wesentlich geringere Aktivierungsenergie (entspricht der Steigung in der Arrhenius-Darstellung) der Myonendiffusion. Das Bild enthält die Annahme, daß bei höheren Temperaturen ($T > 300$ K) die Myondiffusion mit der Wasserstoffdiffusion zusammenfällt. Bei noch tieferen Temperaturen, weit unterhalb des bisher gemessenen Bereiches, würde man auch für Wasserstoff ein Abknicken der Arrhenius-Geraden erwarten. In einigen kubisch-raumzentrierten Metallen (Nb, Ta) wurde ein solches Abknicken in der Tat beobachtet.

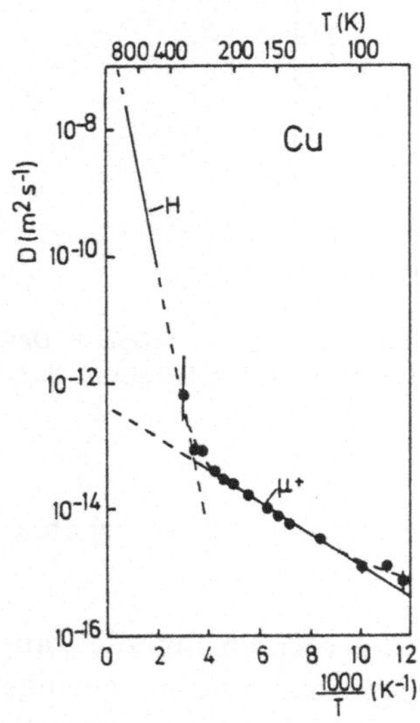

Abb. 8.20
Temperaturabhängigkeit des Diffusionskoeffizienten von Wasserstoff (steile Gerade) und Myon (Meßpunkte) in Kupfer. (SEE 78)

Kohärentes Tunneln. In einem idealen periodischen Potential sind die Lösungen der Schrödinger-Gleichung für ein interstitielles Teilchen Bandzustände (Abb. 8.21). Eine wesentliche Rolle für das Auftreten von Bandzuständen spielt das Verhältnis von Bandbreite zu Potentialinhomogenität.

Die Bandbreite im idealen periodischen Potential ist durch das Tunnelmatrixelement J gegeben. Für ein gegebenes Potential kann J im Prinzip

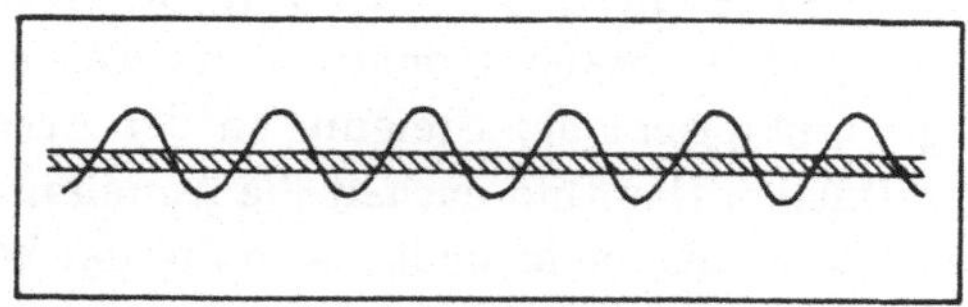

Abb. 8.21 Bandzustände in einem idealen periodischen Potential

berechnet werden. Die Potentiale im Festkörper sind jedoch meistens nicht sehr gut bekannt, so daß man nur sehr grobe Abschätzungen für J angeben kann. Außerdem muß man noch berücksichtigen, daß nicht nur das nackte Teilchen, sondern auch die Gitterverzerrung und die Elektronenabschirmwolke tunneln müssen. Wir werden das resultierende Tunnelmatrixelement mit J_{eff} bezeichnen.

In einem realen Kristall treten durch Verunreinigungen oder Gitterdefekte Störungen des idealen Potentialverlaufs auf. Als ein Maß für diese Störungen kann die mittlere Verschiebung ΔE zweier benachbarter Potentialminima betrachtet werden.

Als eine notwendige Voraussetzung für das Auftreten von Bandzuständen werden wir die Bedingung

$$J_{\text{eff}} > \Delta E \tag{8.37}$$

ansehen. Die umgekehrte Bedingung $\Delta E > J_{\text{eff}}$ wird in der Literatur als Bedingung für die "Anderson-Lokalisation" (AND 58) für Elektronen angegeben. Wegen (8.37) erwartet man Bandzustände nur bei sehr reinen und defektfreien Kristallen. Außerdem sollte die Temperatur möglichst niedrig sein.

Der Diffusionskoeffizient für eine Bandausbreitung ist durch den folgenden Ausdruck gegeben (KEH 84)

$$D = \frac{1}{3} v^2 \tau_{\text{tr}} \tag{8.38}$$

Dabei ist v die mittlere Geschwindigkeit der Teilchen in den besetzten Bandzuständen und τ_{tr} die Transportlebensdauer, d.h. die Zeit zwischen zwei Streuprozessen. Falls τ_{tr} im wesentlichen durch die Streuung an Elektronen begrenzt wird, erhält man für D eine Temperaturabhängigkeit der folgenden Form (KEH 84)

$$D \propto J_{\text{eff}}^{2} T^{-1} \tag{8.39}$$

Man sieht, daß D für diesen Prozess mit abnehmender Temperatur zunimmt. Man erwartet also insgesamt ein Diffusionsverhalten, das zunächst im Bereich der klassischen Diffusion und des inkohärenten Tunnelns mit abnehmender Temperatur abnimmt, dann aber ab einer bestimmten Temperatur umkehrt und wieder zunimmt. Ein Beispiel für ein solches Verhalten scheint in der Tat im Fall der Myondiffusion in Aluminium gefunden worden zu sein (vergleiche Abbildung 8.22).

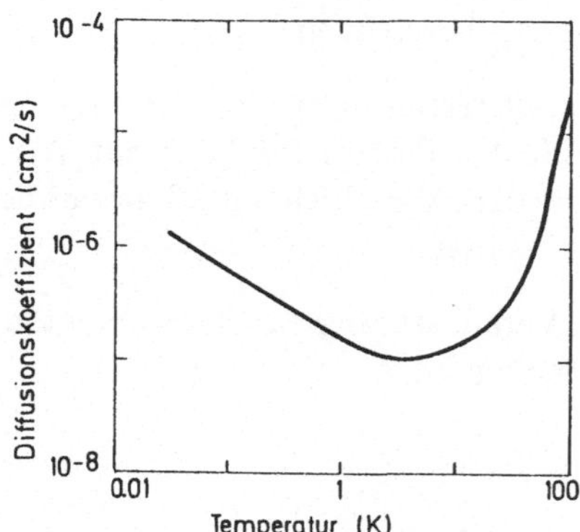

Abb. 8.22 Schematische Darstellung der Myondiffusion in Aluminium. Die Werte werden durch eine Analyse von μSR-Daten an Mn-dotiertem Aluminium im Rahmen des Einfangmodells (vergleiche Kap. 8.4.2) nahegelegt (KEH 84)

8.5   Myonium in Halbleitern

In Halbleitern und Isolatoren kann das positive Myon ein Elektron einfangen und Myonium (μ^+e^-) bilden. Dieser Zustand entspricht dem nicht-ionisierten Wasserstoff im Festkörper. Wegen des ungepaarten Elektrons ist Myonium paramagnetisch.

In Metallen ist ein solcher Zustand nicht möglich, da grob gesprochen das Elektron an das Leitungsband abgegeben wird. Man kann auch sagen, daß das Elektron am Myon ständig durch Elektronen unterschiedlicher Spinstellungen ausgetauscht wird, so daß insgesamt ein diamagnetisches Verhalten zustandekommt. In einem μSR-Experiment ist ein solcher Zustand von einem freien μ^+ nicht zu unterscheiden.

Myoniumzustände wurden inzwischen in einer Reihe von Isolatoren und Halbleitern direkt nachgewiesen. Ausführliche Untersuchungen liegen vor allem für SiO_2 und die reinen Halbleiter Si, Ge und Diamant vor. Als ein Beispiel wollen wir im folgenden Silizium und Germanium etwas genauer betrachten.

Wie wir später sehen werden, kann man die verschiedenen Zustände aufgrund der Hyperfeinwechselwirkung leicht unterscheiden. In Si und Ge findet man bei tiefen Temperaturen drei verschiedene Zustände: normales Myonium mit einer starken Hyperfeinwechselwirkung, anomales Myonium mit einer relativ schwachen Hyperfeinwechselwirkung (PAT 78) und zu einem geringen Prozentsatz (typischerweise 10 %) freies oder diamagnetisches μ^+. Die beiden Myoniumzustände kommen in Silizium ungefähr gleich häufig vor. Wir wollen uns im folgenden mit dem normalen Myonium etwas eingehender befassen und sein Verhalten im externen B-Feld diskutieren.

8.5.1 Normales Myonium (μ^+e^-)

In einem äußeren Magnetfeld $\vec{B}$ schreibt sich der Spinanteil des Hamilton-Operators folgendermaßen

$$\mathcal{H} = \frac{a}{\hbar^2}\vec{J}\cdot\vec{S} - \gamma_\mu\,\vec{S}\cdot\vec{B} - \gamma_e\,\vec{J}\cdot\vec{B} \tag{8.40}$$

Die beiden letzten Terme beschreiben die Zeeman-Energien des Myonenspins (S), beziehungsweise Elektronenspins (J) im äußeren Magnetfeld. Der erste Term gibt die Hyperfeinwechselwirkung (Fermi-Kontaktwechselwirkung) wieder. Wir haben hier einen isotropen Ansatz gewählt, da dieser für die Beschreibung des normalen Myoniums ausreicht. Die Stärke der Hyperfeinwechselwirkung a soll hier als freier Parameter betrachtet werden; a hängt über (siehe Gl. (6.70))

$$a = \frac{2}{3}\mu_0\,\gamma_\mu\,\gamma_e\,\hbar^2\,|\psi(0)|^2 \tag{8.41}$$

mit der Aufenthaltswahrscheinlichkeit des gebundenen Elektrons am Myonort $|\psi(0)|^2$ zusammen. Gleichung (8.40) ist bis auf den Zahlenwert von γ_μ identisch mit dem Hamilton-Operator des $1s$-Grundzustandes von Wasserstoff. Die Energieeigenwerte ergeben das bekannte Breit-Rabi-Diagramm. Wir wollen hier die beiden Spezialfälle für ein starkes und schwaches Magnetfeld etwas genauer diskutieren.

8.5.2   Zeeman-Bereich (schwaches Magnetfeld)

Im schwachen Magnetfeld sind die Zeeman-Terme in (8.40) klein gegen
die Hyperfeinwechselwirkungsenergie a, so daß das Kopplungsschema
von Abbildung 8.23 gilt.

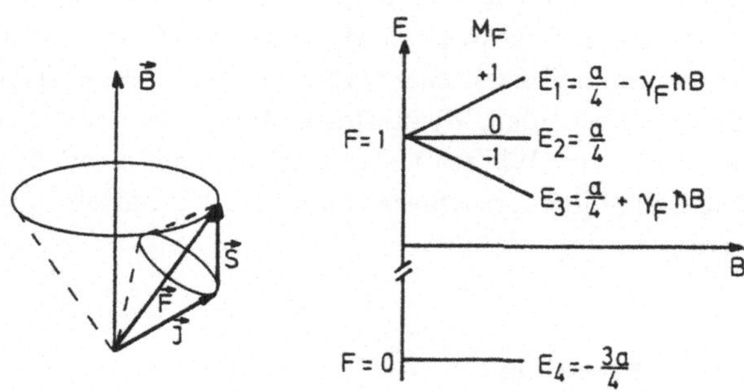

Abb. 8.23 Kopplungschema für $\vec{J}$ und $\vec{S}$ zu $\vec{F}$ und Energiediagramm für schwaches
Magnetfeld $\vec{B}$

In diesem Fall präzedieren $\vec{J}$ und $\vec{S}$ schnell um die Achse des gemeinsamen Drehimpulses

$$\vec{F} = \vec{J} + \vec{S} \tag{8.42}$$

während $\vec{F}$ als Ganzes langsam um das äußere Feld $\vec{B}$ präzediert. In diesem Fall sind F und M_F sowie J und S, nicht aber M_J und M_S gute
Quantenzahlen. Nach Quadrierung von (8.42) erhält man für die Hyperfeinwechselwirkungsenergie

$$\frac{a}{\hbar^2} <\vec{J} \cdot \vec{S}> = \frac{a}{\hbar^2} < \frac{1}{2}(|\vec{F}|^2 - |(\vec{J}|^2 - |(\vec{S}|^2)> =$$

$$= \frac{a}{2}\,[F(F+1) - J(J+1) - S(S+1)] = \tag{8.43}$$

$$= \frac{a}{4}\,[2F(F+1) - 3]$$

wobei < > die Bildung des quantenmechanischen Erwartungswertes andeutet und $J = S = 1/2$ verwendet wurde.

Zur Bestimmung der Zeeman-Energie berechnen wir zunächst das gyromagnetische Verhältnis für F nach der verallgemeinerten Landé-Formel (2.11) und erhalten

$$\gamma_F = \frac{1}{2}(\gamma_\mu + \gamma_e) \approx \frac{1}{2}\gamma_e \qquad (\text{wegen } |\gamma_\mu| \ll |\gamma_e|) \tag{8.44}$$

Damit erhalten wir für die Zeeman-Energie von $\vec{F}$

$$-\gamma_F \langle \vec{F} \cdot \vec{B} \rangle = -\gamma_F B \hbar M_F \tag{8.45}$$

und insgesamt

$$\langle \mathcal{H} \rangle = \frac{a}{4}[2F(F+1) - 3] - \gamma_F B \hbar M_F \tag{8.46}$$

mit $F = 0$ oder 1 und $|M_F| \leq F$. Das daraus folgende Niveauschema ist in Abbildung 8.23 aufgetragen (Beachte: γ_e ist negativ!).

8.5.3 Paschen-Back-Bereich (starkes Magnetfeld)

Falls einer der Zeeman-Terme in (8.40) groß gegenüber dem Hyperfeinwechselwirkungsterm ist, dann sind $\vec{J}$ und $\vec{S}$ entkoppelt, und jeder Drehimpuls präzediert getrennt um das äußere Magnetfeld (vergleiche Abb. 8.24).

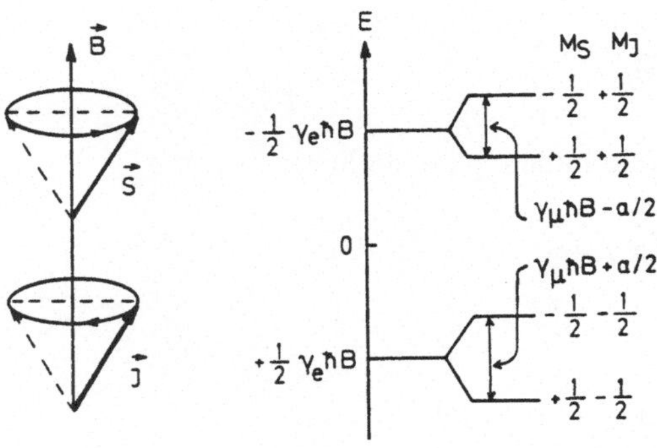

Abb. 8.24 Kopplungsschema und Energieniveaus im starken Magnetfeld

In diesem Fall sind J und M_J, S und M_S gute Quantenzahlen. In der Störungstheorie erster Ordnung erhält man dann

$$\mathcal{H} = \frac{a}{\hbar^2} <J_z S_z> - \gamma_\mu <S_z> B - \gamma_e <J_z> B =$$

$$= a\, M_J M_S - \gamma_\mu B \hbar M_S - \gamma_e B \hbar M_J \tag{8.47}$$

mit $M_J = \pm 1/2$ und $M_S = \pm 1/2$. Das resultierende Termschema ist in Abbildung 8.24 dargestellt. Man muß dabei beachten, daß $|\gamma_\mu| \ll |\gamma_e|$ und daß γ_e negativ ist.

8.5.4   Allgemeine Lösung

Die allgemeine Lösung des Hamilton-Operators (8.40) ergibt für die Energieeigenwerte (CEL 83)

$$E_1(M_F = +1) = \frac{a}{4} - \frac{\gamma_e + \gamma_\mu}{2}\, \hbar B$$

$$E_3(M_F = -1) = \frac{a}{4} + \frac{\gamma_e + \gamma_\mu}{2}\, \hbar B \tag{8.48}$$

$$E_{2,4}(M_F = 0) = -\frac{a}{4} \pm \frac{a}{2} \sqrt{1 + x^2}$$

mit

$$x = - \frac{\gamma_e - \gamma_\mu}{a}\, \hbar B \tag{8.49}$$

Die Eigenzustände haben folgende Form

$$\psi_1 = |+>_\mu |+>_e$$

$$\psi_3 = |->_\mu |->_e$$

$$\psi_2 = \alpha\, |+>_\mu |->_e + \beta\, |->_\mu |+>_e \tag{8.50}$$

$$\psi_4 = \beta\, |+>_\mu |->_e - \alpha\, |->_\mu |+>_e$$

mit

$$\alpha = \frac{1}{\sqrt{2}} \sqrt{1 - \frac{x}{\sqrt{1 + x^2}}}$$

$$\beta = \frac{1}{\sqrt{2}} \sqrt{1 + \frac{x}{\sqrt{1 + x^2}}}$$

(8.51)

Das Breit-Rabi-Diagramm ist schematisch in Abbildung 8.25 dargestellt.

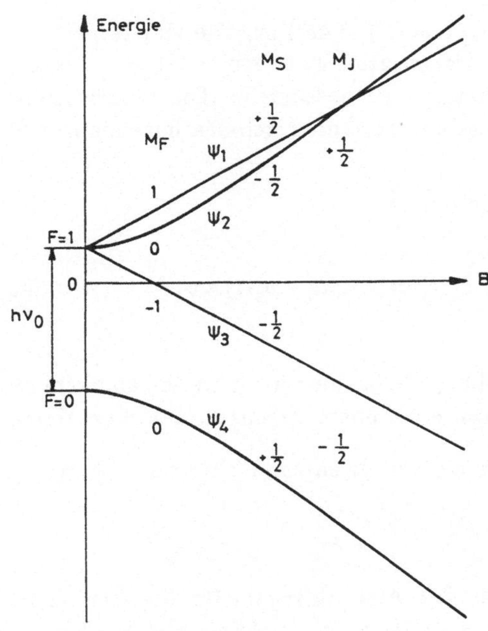

Abb. 8.25 Breit-Rabi-Diagramm für Myonium. Die Energieabstände sind nicht maßstabsgerecht gezeichnet

Experimentell kann man nur die Übergangsfrequenzen im Breit-Rabi-Diagramm messen. Um diesen bei allen Präzessionsexperimenten wichtigen Gedanken noch einmal zu verdeutlichen, wollen wir die Überlegungen aus Abschnitt 3.1.2 an dem konkreten Beispiel wiederholen.

8.5.5   Präzession des μ⁺-Spins in Myonium

Wir müssen dazu die Erwartungswerte der Spinoperatoren σ_x, σ_y, σ_z berechnen ($\vec{\sigma} = 2\vec{S}/\hbar$). Es ist dabei zu beachten, daß die σ_i nur auf die Myon- (nicht auf die Elektron-) Wellenfunktion wirken. Die gesamte Wellenfunktion zu einer beliebigen Zeit t kann als Überlagerung der Eigenzustände in Gleichung (8.50) mit den zugehörigen Zeitentwicklungen dargestellt werden

$$\psi(t) = \sum_{i=1}^{4} c_i\,\psi_i\,\exp(-i\,\omega_i\,t) \tag{8.52}$$

wobei $\omega_i = E_i/\hbar$ (E_i aus Gl. (8.48)) ist. Die vier Konstanten sind aus dem Anfangswert der Polarisation (z.B. $<\sigma_x> = 1$, $<\sigma_y> = <\sigma_z> = 0$) und der Normierungsbedingung zu bestimmen. Die Polarisation in der x-Richtung (Detektorposition) ist dann durch den folgenden Ausdruck gegeben

$$P(t) = <\psi(t)\,|\,\sigma_x\,|\,\psi(t)> =$$

$$= \sum_{j,k=1}^{4} c_k{}^* c_j\,\exp[-i\,(\omega_j - \omega_k)\,t]\,<\psi_k\,|\,\frac{1}{2}\,(\sigma_+ + \sigma_-)\,|\,\psi_j> \tag{8.53}$$

Wir wollen Gleichung (8.53) hier nicht weiter ausrechnen, sondern statt dessen einige daran erkennbare Eigenschaften diskutieren.

Man sieht, daß im Zeitverhalten von P(t) nur die Übergangsfrequenzen

$$\omega_{jk} = \omega_j - \omega_k \tag{8.54}$$

eine Rolle spielen. Die Auswahlregeln für die möglichen Übergangsfrequenzen (Merke: es findet keine Umbesetzung der Niveaus statt!) erhält man aus der Betrachtung von $<\psi_k\,|\,(\sigma_+ + \sigma_-)\,|\,\psi_j>$. Man erkennt, daß die Summanden mit $j = k$ in Gleichung (8.53) verschwinden, da σ_+ und σ_- keine Diagonalelemente besitzen. Außerdem erkennt man an der expliziten Form der ψ_i in Gleichung (8.50), daß die Übergänge $1 \leftrightarrow 3$ und $2 \leftrightarrow 4$ keinen Beitrag zu $P(t)$ liefern. Für $1 \leftrightarrow 3$ ist dies ganz leicht zu sehen, da für diese Zustände die Elektronenwellenfunktionen orthogonal sind und σ_+ und σ_- nur auf das Myon wirken. Die Auswahlregel "$1 \leftrightarrow 3$ verboten" hätte man auch ganz allgemein daran sehen können, daß $\vec{\sigma}$ ein Tensor erster Stufe (Vektor) ist und sich die Zustände 1 und 3 um $\Delta M_F = 2$ unterscheiden.

Die weitere Behandlung von Gleichung (8.53) führt zu folgendem Ergebnis (CEL 83)

$$P(t) = \frac{1}{2} \left[\cos^2\beta \left(\cos \omega_{12} t + \cos \omega_{34} t \right) + \right.$$

$$\left. + \sin^2\beta \left(\cos \omega_{14} t + \cos \omega_{23} t \right) \right] \qquad (8.55)$$

mit

$$\tan 2\beta = \frac{a}{(-\gamma_e + \gamma_\mu)\, \hbar\, B} \qquad (8.56)$$

Im Zeeman-Bereich ist $a \gg (-\gamma_e + \gamma_\mu)\, \hbar\, B$, d.h. man erhält $\beta = 45^\circ$. Damit sind in $P(t)$ alle vier Frequenzen, jede mit der Amplitude 1/4, vertreten. In der Praxis beobachtet man aber meist nur ω_{12} und ω_{23}, da die beiden anderen Frequenzen für normales Myonium zu hoch sind, um experimentell beobachtet werden zu können.

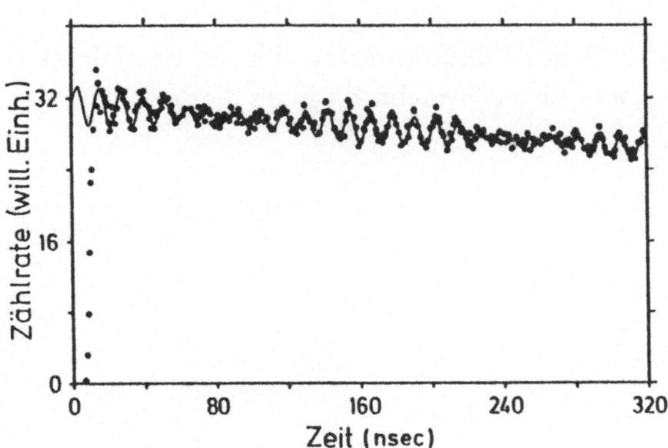

Abb. 8.26 μSR-Spektrum von normalem Myonium in Germanium

Die Abbildung 8.26 zeigt ein μSR-Spektrum von Myonium in Germanium. Man erkennt deutlich eine Schwebung, die durch die Überlagerung der beiden nicht sehr verschiedenen Frequenzen ω_{12} und ω_{23} zustandekommt.

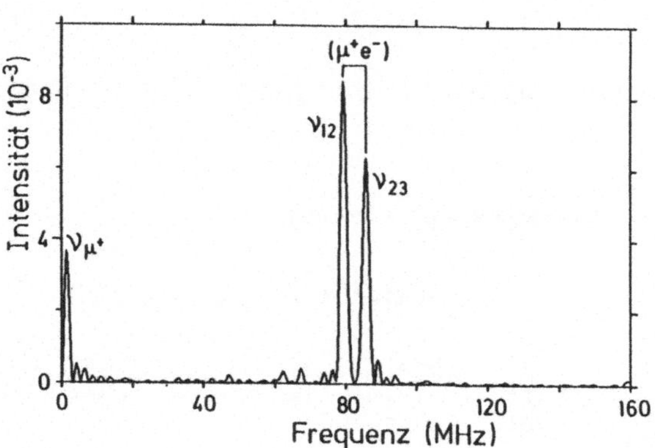

Abb. 8.27 Fourierspektrum von normalem Myonium in Germanium

In Abbildung 8.27 ist das zugehörige Fourierspektrum gezeigt. Aus der Aufspaltung der Linien kann man die Hyperfeinkonstante a bestimmen. Für Germanium erhält man

$$\nu_0 = a/h = 2360\ \text{MHz}$$

Das entspricht 53% des Vakuumwertes, d.h. im Festkörper ist die Hyperfeinkopplung etwas abgeschwächt.

9 Positronenvernichtung

9.1 Methode

Das Positron (e^+) ist das Antiteilchen des Elektrons; es wird unter anderem beim β^+-Zerfall von radioaktiven Kernen erzeugt. Im Festkörper verhält sich das Positron ähnlich wie das positive Myon oder Proton und kann in dieser Hinsicht als ein leichtes Isotop des Wasserstoffs angesehen werden.

Die Methode der Positronenvernichtung ist sehr verschieden von den bisher beschriebenen Techniken, bei denen die Hyperfeinwechselwirkung eine entscheidende Rolle spielte. Bei der üblichen Anwendung der Positronenvernichtung ist die Hyperfeinwechselwirkung ohne Bedeutung. Der Einsatz dieser Methode in der Festkörperphysik beruht vielmehr darauf, daß das Positron beim Zusammentreffen mit einem Elektron vernichtet wird und daß man aus der dabei emittierten γ-Strahlung Rückschlüsse auf die Dichte und die Geschwindigkeit der Elektronen im Festkörper ziehen kann.

Tritt ein Positron, das von einer β^+-Quelle emittiert wird, in einen Festkörper ein, verliert es sehr schnell seine Energie (innerhalb ca. 10^{-12} s), bis es thermische Energien erreicht hat. Mit dieser thermischen Energie kann das Positron im Festkörper diffundieren (wie ein μ^+ oder H^+), bis es sich schließlich mit einem Elektron unter Aussendung von γ-Strahlung vernichtet. Vorwiegend entstehen dabei zwei γ-Quanten der Energie 511 keV, was dem Zerfall eines Elektron-Positron-Paares mit antiparallelen Spins entspricht. Ebenso kann das Positron aber auch auf Elektronen mit parallelem Spin treffen; dieses System kann wegen der Erhaltung des Drehimpulses nur durch drei γ-Quanten zerfallen. Dieser Zerfall ist um den Faktor 372 unwahrscheinlicher.

Bevor das Positron vernichtet wird, kann es auch ein Elektron einfangen und ein wasserstoffähnliches System bilden (Positronium). Im Grundzustand entsteht entweder der 1^1S_0 Singlett-Zustand (Para-Positronium) oder der 1^3S_1 Triplett-Zustand (Ortho-Positronium), und zwar bei Abwesenheit einer Para-Ortho-Konversion mit einem Verzweigungsverhältnis

von 1 : 3. Der Singlett-Zustand zerfällt mit einer Zerfallslebensdauer von
125 ps, der Triplett-Zustand hingegen mit 142 ns (wegen der bereits erwähnten Drehimpulserhaltung). Im Medium kann das Triplett-Positro-
nium aber auch einen 2γ-Zerfall erleiden, wenn es nämlich mit einem
weiteren Elektron zusammenstößt, das bezüglich des e$^+$ antiparallelen
Spin trägt. In Metallen wird kein Positronium gebildet, da die Ladung des
Positrons durch die Leitungselektronen so effektiv abgeschirmt wird, daß
keine gebundenen Zustände entstehen können.

Für Festkörperuntersuchungen kann man die folgenden Meßgrößen verwenden:

Annihilationswinkelkorrelation beim 2γ-Zerfall. Im Schwerpunktsystem
ist die Energie der Vernichtungsquanten exakt $m_e c^2$ (= 511 keV), und die
beiden Quanten fliegen entgegengesetzt auseinander. Im Laborsystem
gilt das nur, solange das e$^+$e$^-$-Paar keine kinetische Energie besitzt. Die
Energie der thermalisierten Positronen ist sehr klein ($E \approx 10$ meV); die
Elektronen andrerseits besitzen kinetische Energien bis hin zur Fermi-
Energie ($E \leq 10$ eV). Dies macht sich darin bemerkbar, daß die beiden γ-
Quanten nicht streng unter 180° emittiert werden, sondern unter einem
Winkel, der um den Wert θ von 180° abweicht (siehe Abbildung 9.1)

$$\theta \approx \frac{p_T}{m_e c} \tag{9.1}$$

Dabei ist p_T der Impuls des Elektron-Positron-Paares vor der Vernichtung senkrecht zur Emissionsrichtung der γ-Quanten. Die Abweichung
von der 180°-Korrelation enthält also Information über die Impulsverteilung der Elektronen.

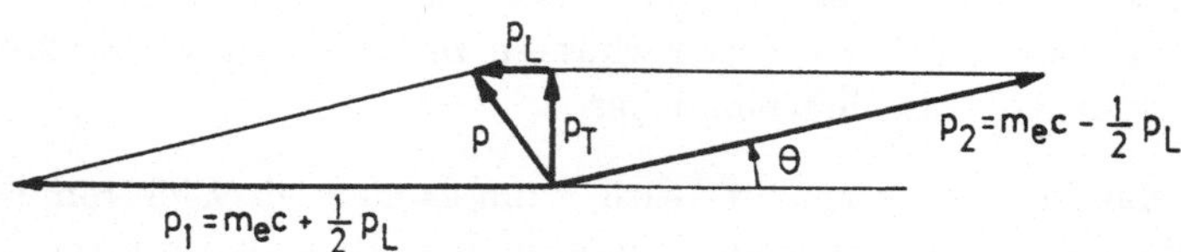

Abb. 9.1 Impulserhaltung bei der 2γ-Vernichtung des Positrons. $\vec{p}$ ist der Impuls des
e$^+$e$^-$-Paares und p_L bzw. p_T die zugehörige longitudinale bzw. transversale
Komponente

Energie der Vernichtungsquanten. Die kinetische Energie des e^+e^--Paares vor der Vernichtung verursacht außer der Abweichung der 2γ-Winkelkorrelation von 180° auch eine Doppler-Verschiebung der Energie der zwei γ-Quanten (siehe wieder Abbildung 9.1). Die Doppler-Verschiebung ist $\Delta v / v = v_L/c$ (mit der longitudinalen Schwerpunktgeschwindigkeit $v_L = p_L/2m_e$). Daher ergibt sich als Doppler-Verschiebung bei einer Energie von $E = m_e c^2$

$$\Delta E = \pm \frac{v_L}{c} E = \pm \frac{cp_L}{2} \tag{9.2}$$

Daran erkennt man, daß die Energieverschiebung bei den Zerfallsquanten die Impulsverteilung der Elektronen wiederspiegelt.

Lebensdauer des Positrons. Die Zerfallsrate des freien Positrons in Materie gibt Auskunft über die Dichte der Elektronen am Orte des Positrons. Für den Grenzfall nichtrelativistischer Geschwindigkeiten des e^+e^--Paares erhält man bei der Berechnung des Wirkungsquerschnitts des 2γ-Zerfalls, daß die Zerfallsrate gerade proportional zur Elektronendichte am Positronenort ist. Das Positron kann sich im Festkörper an verschiedenen Plätzen aufhalten und ist so eine empfindliche Sonde der Elektronendichte.

9.2　Positronenquellen und Meßanordnungen

9.2.1　Positronenquellen

Die Anforderungen an eine Quelle zum Studium der Positronenvernichtung sind wesentlich leichter zu erfüllen als bei Quellen für den Mößbauer-Effekt oder die PAC-Methode. Wichtig ist für die Positronenvernichtung eine hohe Ausbeute an e^+-Strahlung und eine nicht zu geringe Energie der Positronen, damit sie gut aus der Quelle emittiert werden und tief genug in das Probenmaterial eindringen können. Daher gibt es zahlreiche Positronenquellen, die für diese Experimente geeignet sind; z.B. eignet sich ^{22}Na, ^{55}Co, ^{57}Ni, ^{58}Co, ^{64}Cu, ^{68}Ge und ^{90}Nb. Im folgenden sollen zwei häufig verwendete Quellen, ^{22}Na und ^{64}Cu, vorgestellt werden.

^{22}Na – ^{22}Ne. Das Isotop ^{22}Na hat sich zur Standardquelle für die Positronenvernichtung entwickelt. Einerseits liegt das an der extrem guten Positronenausbeute (90 %) und der langen Lebensdauer ($t_{1/2}$ = 2,6 Jahre). Zum anderen hat die ^{22}Na-Quelle noch eine weitere wichtige Eigenschaft; nach dem β^+-Zerfall mit $E_{max}(e^+)$ = 544 keV tritt ein γ-Quant der Energie E_γ = 1275 keV auf. Dieses kann für Lebensdauermessungen des Positrons als Startereignis genützt werden. Zur Herstellung des Isotops ^{22}Na eignen sich diverse Kernreaktionen, z.B. ^{24}Mg$(d,\alpha)^{22}$Na. Es werden Quellen mit Stärken von typisch 10 mCi (= 3.7·10^8 Zerfälle/s) verwendet.

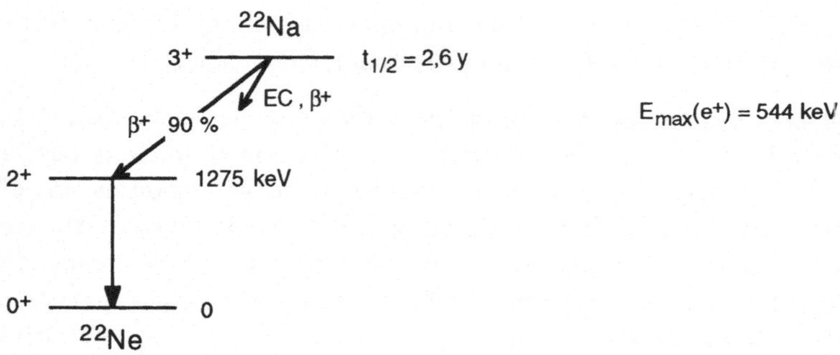

Abb. 9.2 Zerfallsschema von ^{22}Na (LED 78)

^{64}Cu – ^{64}Ni. Das Isotop ^{64}Cu läßt sich sehr bequem aus ^{63}Cu (natürliche Häufigkeit 68 %) durch Neutroneneinfang entsprechend der Reaktion ^{63}Cu$(n,\gamma)^{64}$Cu erzeugen. Allerdings ist die Quelle relativ kurzlebig ($t_{1/2}$ = 12,7 Stunden) und hat auch nur eine geringe Positronenausbeute (19 %).

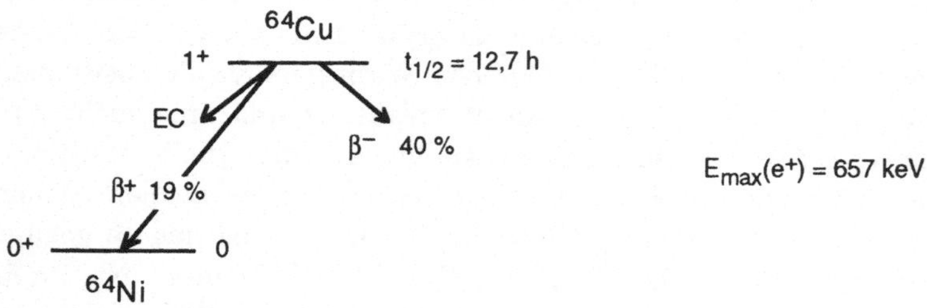

Abb. 9.3 Zerfallsschema von ^{64}Cu (LED 78)

9.2.2 Meßanordnungen

Winkelkorrelationsapparatur. Der Aufbau einer Winkelkorrelationsapparatur für 2γ-Vernichtung ist in Abbildung 9.4 gezeigt. Positronen treten aus der Quelle aus und werden in der Probe gestoppt. Die Vernichtungsstrahlung wird von einem festen und einem beweglichen NaI-Detektor nachgewiesen, wobei durch Abschirmung ein enger Winkelbereich ausgeblendet wird.

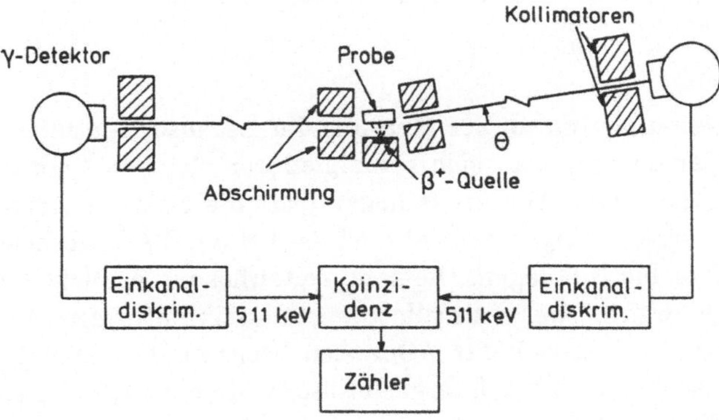

Abb. 9.4 Schematischer Aufbau einer Winkelkorrelationsapparatur für 2γ-Positronenvernichtung

Um Winkelauflösungen von ca. 1 mrad zu erreichen, muß der Abstand der Detektoren einige Meter betragen. Die Detektorsignale laufen über Verstärker und Einkanaldiskriminatoren, um die 511 keV-Strahlung auszublenden und werden dann in Koinzidenz gezählt (experimentelle Kurven siehe Abb. 9.8).

Energiespektrum der Vernichtungsstrahlung. Zur Messung der Doppler-Verschiebung der γ-Quanten (siehe Gleichung (9.2)) benötigt man γ-Detektoren mit höchster Auflösung, da die Energieverschiebung klein ist. Für Elektronen, die sich mit einer kinetischen Energie von 10 eV mit einem Positron vernichten, ist die zu messende Doppler-Verschiebung kleiner als 1,5 keV. In Abbildung 9.5 ist der schematische Aufbau einer solchen Apparatur dargestellt.

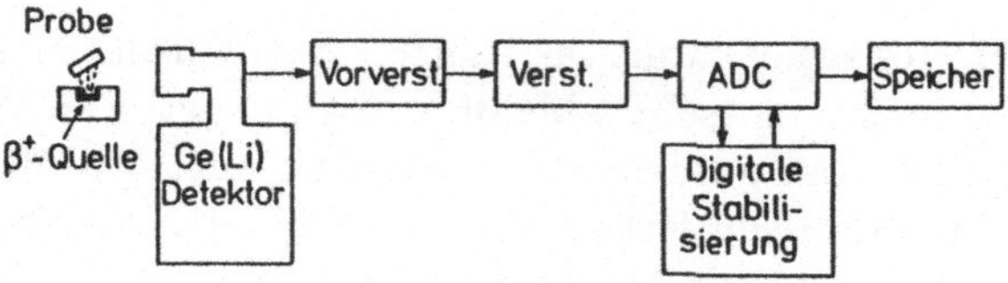

Abb. 9.5 Schematischer Aufbau der Apparatur zur Messung der Doppler-Verschiebung in der Energie der Vernichtungsquanten. Wegen der geringen Energieverschiebungen ist es notwendig, den Analog-Digital-Konverter (ADC) zu stabilisieren

Lebensdauermessungen. Zur Messung der Lebensdauer der Positronen im Festkörper bedient man sich prinzipiell der gleichen Anordnung wie bei der PAC-Methode. Allerdings liegen jetzt die zu messenden Lebensdauern im Bereich einiger ps, während sie bei der PAC-Methode im Bereich von 10 ns bis 1 μs lagen. Die hohe Zeitauflösung erreicht man durch Verwendung organischer Szintillatoren (Plastikmaterialien), die eine sehr schnelle Ansprechzeit für γ-Quanten besitzen. Der Nachteil dieser Detektoren ist die schlechte Energieauflösung, da die γ-Quanten nur über Compton-Effekt nachgewiesen werden (siehe Abschnitt 2.4).

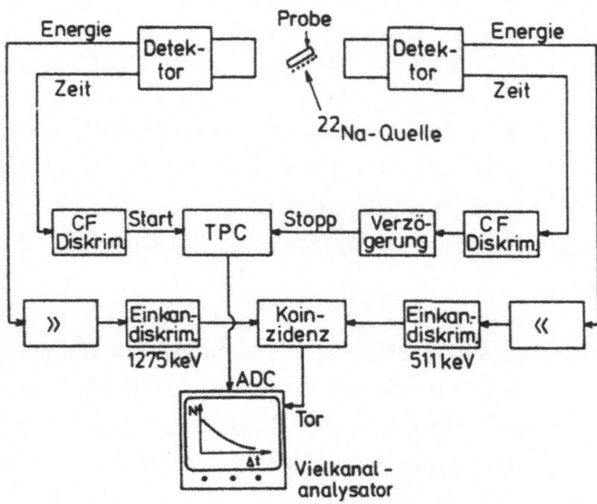

Abb. 9.6 Schematischer Aufbau zur Messung der Positronenlebensdauer unter Verwendung einer ²²Na-Quelle

Eine schematische Anordnung ist in Abbildung 9.6 gezeigt. Dabei wird eine ^{22}Na-Quelle verwendet, wobei der Startkreis auf die 1275 keV γ-Strahlung und der Stoppkreis auf die 511 keV Vernichtungsstrahlung eingestellt ist. Wegen der hohen Anforderungen an die Zeitauflösung gehen die Zeitsignale direkt auf den TPC, die Energieinformation wird über ein lineares Tor nachträglich durch Verwerfen der nicht geeigneten Signale aufgeprägt.

9.3 Annihilationswinkelkorrelation und Fermi-Impuls von Leitungselektronen in Metallen

Wie schon oben diskutiert wurde, enthält die Winkelkorrelation der 2γ-Vernichtungsstrahlung Informationen über die Impulsverteilung der Elektronen, die sich mit dem Positron vernichten. Es soll hier die Form der Winkelverteilung für Leitungselektronen in Metallen im Modell des freien Elektronengases (bei $T = 0$ K) explizit angegeben werden. Im freien Elektronengas sind alle Impulse bis zum Fermi-Impuls besetzt, und zwar derart, daß die Impulse die Fermi-Kugel mit Radius $\hbar k_F$ ($\hbar k_F$ Fermi-Impuls) gleichmäßig ausfüllen. Eine Abweichung der Winkelkorrelation um den Winkel θ von der 180°-Emission der Vernichtungsstrahlung rührt von der transversalen Impulskomponente der Leitungselektronen her (siehe Gl. (9.1)). Die Zählrate pro Impulsintervall Δp_T der γ-Quanten mit einer Korrelation 180° ± θ ist daher proportional dem Volumen der herausgeschnittenen Scheibe, für die $p_T \approx m_e c \theta$ gilt (siehe Abbildung 9.7).

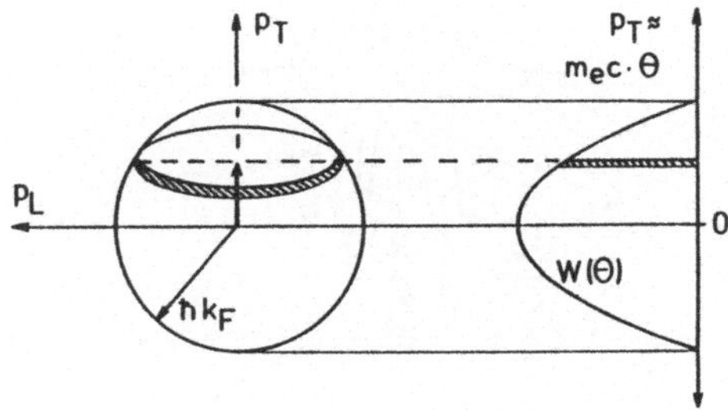

Abb. 9.7 Winkelkorrelation der Vernichtungsquanten im Modell des freien Elektronengases

Die Winkelkorrelation ist deshalb

$$W(\theta) = \frac{\mathrm{d}N}{\mathrm{d}\theta} \propto \frac{(\hbar^2 k_\mathrm{F}^2 - p_\mathrm{T}^2)\,\mathrm{d}p_\mathrm{T}}{\mathrm{d}\theta} \qquad \text{oder} \tag{9.3}$$

$$W(\theta) = \mathrm{const}\cdot(\hbar^2 k_\mathrm{F}^2 - m_\mathrm{e}^2 c^2\,\theta^2) \tag{9.4}$$

Wie man erkennt, ergibt das eine parabolische Abhängigkeit von θ. Der maximale Wert von $W(\theta)$ ergibt sich für $\theta = 0^\circ$; die Koinzidenzrate verschwindet für Winkel größer als ein maximaler Winkel θ_max, der über folgende Beziehung mit dem Fermi-Impuls zusammenhängt

$$\theta_\mathrm{max} = \frac{\hbar k_\mathrm{F}}{m_\mathrm{e} c} \tag{9.5}$$

In Abbildung 9.8 sind experimentelle Winkelverteilungskurven für verschiedene Metalle gezeigt (LAN 55). Es läßt sich deutlich die parabolische Abhängigkeit erkennen, die allerdings auf einem breiteren Untergrund sitzt. Dieser Untergrund rührt her von Positronenvernichtungen mit Elektronen, die an den Atomrümpfen gebunden sind.

Mit diesem Verfahren lassen sich Fermi-Impulse in Metallen sehr genau bestimmen; für einige Metalle sind diese in Tabelle 9.1 zusammengestellt.

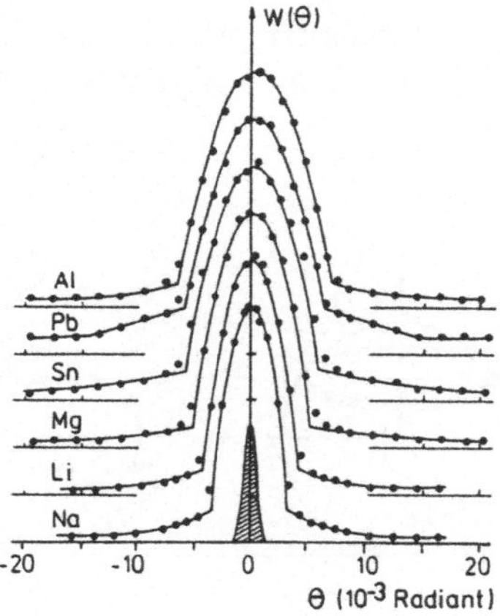

Abb. 9.8 Experimentelle Winkelverteilungen der 2γ-Vernichtungsstrahlung von Positronen in einigen Metallen. Die schattierte Fläche repräsentiert die apparative Winkelauflösung (LAN 55)

Tabelle 9.1 Dichte der Leitungselektronen, Fermi-Energie E_F, Fermi-Temperatur T_F und Fermi-Vektor k_F für einige Metalle (FRE 81)

Element	n $(10^{22}/cm^3)$	E_F (eV)	T_F $(10^4\,K)$	k_F $(10^8\,cm^{-1})$
Li	4,70	4,74	5,51	1,12
Na	2,65	3,24	3,77	0,92
Cu	8,47	7,00	8,16	1,36
Ag	5,86	5,49	6,38	1,20
Au	5,90	5,53	6,42	1,21
Mg	8,61	7,08	8,23	1,36
Ca	4,61	4,69	5,44	1,11
Nb	5,56	5,32	6,18	1,18
Fe	17,0	11,1	13,0	1,71
Cd	9,27	7,47	8,68	1,40
Hg	8,65	7,13	8,29	1,37
Al	18,1	11,7	13,6	1,75
In	11,5	8,63	10,0	1,51
Ti	10,5	8,15	9,46	1,46
Sn	14,8	10,2	11,8	1,64
Pb	13,2	9,47	11,0	1,58

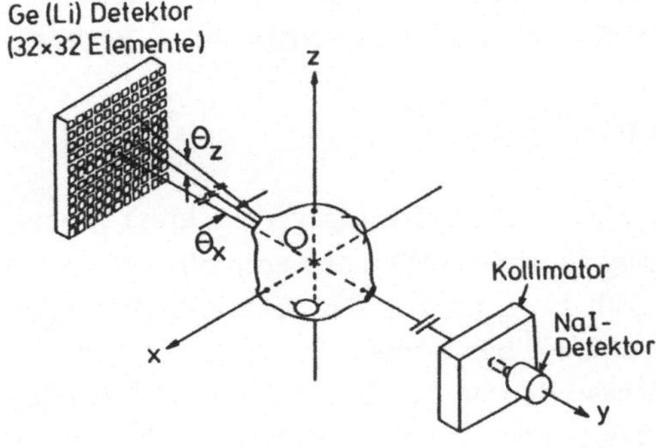

Abb. 9.9 Schematische Anordnung zur Vermessung der Fermi-Fläche mit einer Multidetektoranordnung. Nach (DOY 73)

In realen Metallen ist die Fermi-Fläche nicht die Oberfläche einer Kugel. Wegen Bandstruktureffekten gibt es Ausbuchtungen, die von der Richtung im Gitter abhängen. Über diese Ausbuchtungen wird bei der Verwendung polykristalliner Metallproben gemittelt. Verwendet man jedoch Einkristalle, so läßt sich die Winkelkorrelation für verschiedene Orientierungen messen. Man erhält dabei Projektionen der Fermi-Fläche, aus denen man die gesamte Fermi-Fläche rekonstruieren kann. In Abbildung 9.9 ist das Verfahren angedeutet, die Fermi-Fläche eines Metalls zu vermessen.

9.4 Lebensdauer des Positrons und Gitterdefekte in Metallen

Die Lebensdauer thermalisierter Positronen im Festkörper hängt von der mittleren Elektronendichte am Positronenort ab. Dieser Sachverhalt kann dazu benützt werden, Gitterdefekte im Festkörper zu studieren. Wir beschränken uns im weiteren auf Metalle, da dort die Positroniumbildung vernachlässigt werden kann, was die Analyse vereinfacht. Lebensdauermessungen eignen sich besonders gut zur Untersuchung von Leerstellen. Diese sind bezüglich der Umgebung negativ geladen, weil ein positives Ion entfernt wurde. Das positive Positron kann nun von der Leerstelle eingefangen werden und hat dann am Platz der Leerstelle infolge der geringeren Elektronendichte eine längere Lebensdauer.

Die Konzentration der Leerstellen im Metall läßt sich aus dem Verhältnis von freien zu eingefangenen Positronen bestimmen. Im thermischen Gleichgewicht ist die Leerstellenkonzentration c_v gegeben durch

$$c_\mathrm{v} = c_0 \exp\left(-E_\mathrm{v}^\mathrm{F}/k_\mathrm{B}\,T\right) \tag{9.6}$$

(c_0 ist ein von der Entropie abhängiger Vorfaktor), wobei E_v^F die Energie ist, die zur Bildung (Formation) einer Leerstelle (v : vacancy) aufgebracht werden muß. Durch Bestimmung der Konzentration c_v als Funktion der Temperatur läßt sich E_v^F bestimmen. Für $E_\mathrm{v}^\mathrm{F} = 1$ eV ist bei 1000 K die Konzentration der Leerstellen bei ca. 10^{-5} pro Atom. Experimentell muß man also das Verhältnis der freien (n_f) zu den an Leerstellen gebundenen (n_v) Positronen ermitteln. Um daraus auf die gewünschte Formationsenergie E_v^F zu schließen, macht man sich ein einfaches Haftstellenmodell (siehe Abbildung 9.10) und löst die entsprechenden Ratengleichungen.

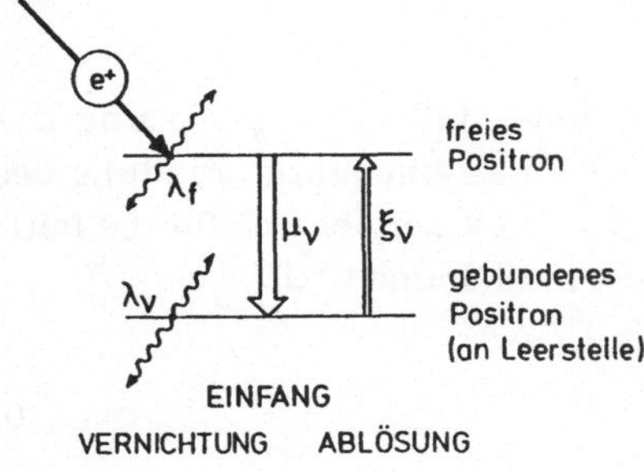

Abb. 9.10
Haftstellenmodell für thermalisierte Positronen in einem Metall. Die Bezeichnungen sind im Text erklärt

Es seien λ_f und λ_v die Annihilationsraten für die freien bzw. die an Leerstellen gebundenen Positronen. Die Positronen sollen mit der Rate μ_v in der Leerstelle eingefangen werden und sich mit der Rate ξ_v von der Leerstelle ablösen können. Natürlich ist $\mu_v \gg \xi_v$, da wir ja von einem an die Leerstelle gebundenen Positron ausgehen. Die Ratengleichungen lauten dann

$$\frac{dn_f}{dt} = -\lambda_f n_f - \mu_v c_v n_f + \xi_v n_v + N$$

$$\frac{dn_v}{dt} = -\lambda_v n_v + \mu_v c_v n_f - \xi_v n_v$$

$$(9.7)$$

wobei N die Anzahl der pro Sekunde eingestrahlten Positronen angibt. Im thermischen Gleichgewicht ($dn_f/dt = dn_v/dt = 0$) ist dann der Bruchteil freier bzw. gebundener Positronen gegeben durch ($f_f + f_v = 1$)

$$f_f = \frac{n_f}{n_f + n_v} = \frac{\lambda_v + \xi_v}{\lambda_v + \xi_v + \mu_v c_v}$$

$$f_v = \frac{n_v}{n_f + n_v} = \frac{\mu_v c_v}{\lambda_v + \xi_v + \mu_v c_v}$$

$$(9.8)$$

Experimentell mißt man entweder f_f und f_v getrennt, indem man die verschiedenen Anteile über die entsprechenden Annihilationslebensdauern $\tau_f = 1/\lambda_f$ und $\tau_v = 1/\lambda_v$ unterscheidet, oder aber man mißt eine mittlere Lebensdauer $\bar\tau$, die durch

$$\frac{1}{\bar{\tau}} = f_f \frac{1}{\tau_f} + f_v \frac{1}{\tau_v} \tag{9.9}$$

gegeben ist. Mit der zusätzlichen Annahme, daß keine Loslösung des Positrons von der Leerstelle eintritt ($\xi_v \approx 0$), was eine starke Bindung des Positrons an die Leerstelle voraussetzt ($E^B \approx 1$ eV), ergibt sich für die mittlere Lebensdauer aus den Gleichungen (9.6), (9.8) und (9.9)

$$\bar{\tau} = \frac{\lambda_v + \mu_v\, c_0 \exp\left(-E_v^F/k_B\, T\right)}{\lambda_v\, \lambda_f + \mu_v\, \lambda_v\, c_0 \exp\left(-E_v^F/k_B\, T\right)} \tag{9.10}$$

Eine graphische Darstellung dieser Funktion ist in Abbildung 9.11 gegeben. Aus der Kurvenform und ihrer Lage lassen sich die gewünschten Parameter entnehmen.

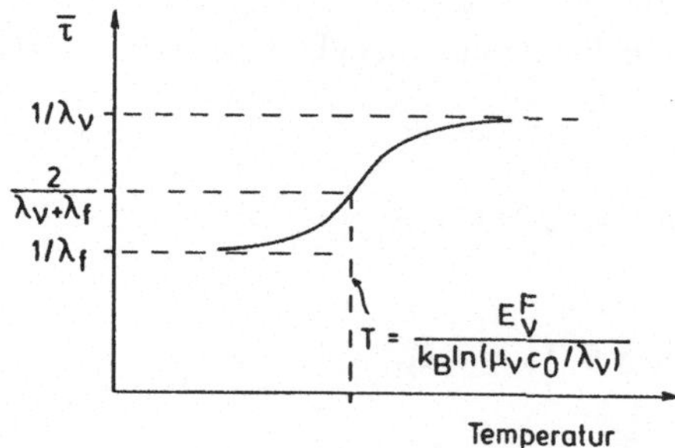

Abb. 9.11 Graphische Darstellung der Funktion für die mittlere Annihilationslebensdauer $\bar{\tau}$ nach Gleichung (9.10)

Ein Beispiel einer solchen Messung für Gold (HER 77) ist in Abbildung 9.12 zu sehen. Man erkennt deutlich den vorher diskutierten Verlauf. Die sichtbare Verzerrung der Kurve im Bereich zwischen 300 K und 700 K wird erklärt durch metastabilen Positronenselbsteinfang (self-trapping), den man sich so vorstellt, daß das Positron in seiner Umgebung den Kristall stark genug deformieren kann, um sich dort einzunisten. Dies verringert die Beweglichkeit der Positronen und erhöht die Annihilationslebensdauer. Auch bei sehr hohen Temperaturen werden Abweichungen beobachtet, die auf die Bildung von Doppelleerstellen und größeren Leerstellenkomplexen zurückzuführen sind.

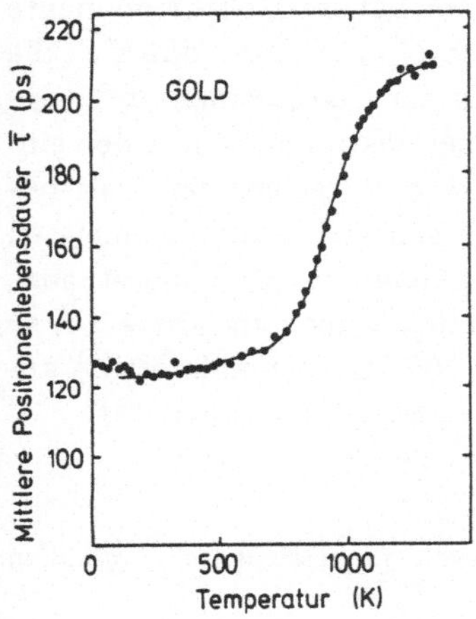

Abb. 9.12
Mittlere Positronenlebensdauer in Gold als Funktion der Temperatur (HER 77)

Die Messung der Positronenlebensdauer kann auch benutzt werden, um Defekte in bestrahlten Materialien zu untersuchen. Ein Beispiel dafür ist in Abbildung 9.13 gezeigt; hier handelt es sich um Molybdän, das bei tiefen Temperaturen mit Elektronen geschädigt wurde (ELD 75). Durch sukzessives (isochrones) Anlassen heilen die Defekte in zwei Stufen aus, was sich am Widerstand der Probe deutlich zeigt. In der ersten Stufe (sog. Stufe III) nimmt man an, daß die Leerstellen mobil werden und sich zusammenlagern. Bei der zweiten Stufe (sog. Stufe V) lösen sich die Leerstellenagglomerationen auf.

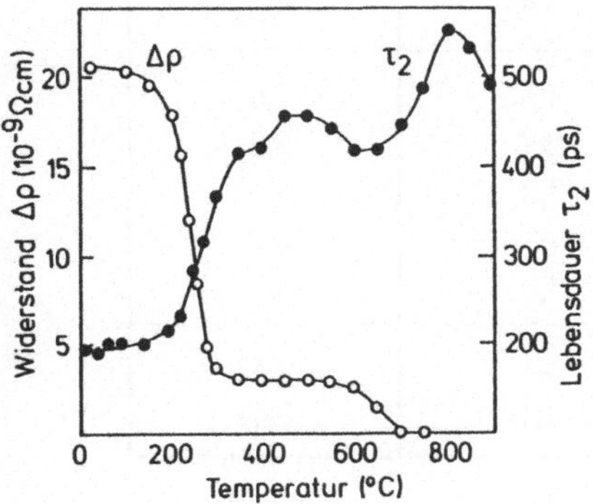

Abb. 9.13
Widerstandsänderung und lange Positronenlebensdauer τ_2 in elektronenbestrahltem Molybdän als Funktion der Anlaßtemperatur (ELD 75)

Gleichzeitig mit der Widerstandserholung ist das Verhalten der langen Lebensdauer τ_2 der e^+-Vernichtung (die kurze Lebensdauerkomponente rührt von den freien Positronen her) gemessen. Man erkennt, daß sich die Lebensdauer stark in dem Bereich erhöht, in dem die Leerstellen beginnen sich anzulagern (250 °C). Dies ist in Übereinstimmung mit der einfachen Vorstellung, daß die Elektronendichte mit wachsender Leerstellenanhäufung abnimmt. Oberhalb 700 °C lösen sich zwar die meisten Leerstellenagglomerate auf, wie man an der Abnahme des Widerstandes erkennt, die wenigen noch verbleibenden nehmen aber an Größe zu, so daß die Positronenlebensdauer τ_2 oberhalb 700 °C nochmals etwas ansteigt. Über 1000 °C verschwinden auch diese Leerstellenagglomerate.

Tabelle 9.2 Bildungsenergie E_v^F einer Einzelleerstelle in verschiedenen Metallen (REC 83)

Metall	Kristall-struktur	E_v^F (eV)	
		Abschrecken	Positronen-vernichtung
Al		0,66	0,66
Ni		1,60	---
Cu	kubisch	1,27	1,24
Ag	flächen-	1,10	1,16
Pt	zentriert	1,51	---
Au		0,94	0,97
Pb		0,54	0,54
α-F		>1,55	1,5
Nb	kubisch	>2,7	2,0
Mo	raum-	3,2	---
Ta	zentriert	---	2,2
W		3,9	3,5
Zn	hexagonal	---	0,53
Cd		0,42	0,47

Diese beiden Beispiele aus dem Bereich der Defekte in Metallen zeigen, wie wichtig die Positronenvernichtungsmethode zum Studium der Defekte ist. Es hat sich herausgestellt, daß gerade die durch Positronenvernichtung ermittelten Werte für die Bildungsenergie einer Einzelleerstelle E_v^F zu den zuverlässigsten überhaupt gehören. Eine Auswahl von Werten für E_v^F für einige Metalle, erhalten aus Positronvernichtungs- und Abschreckexperimenten, ist in Tabelle 9.2 gegeben.

10 Neutronenstreuung

Über die de Broglie-Beziehung kann dem Neutron wie jedem Materieteilchen eine Wellenlänge zugeordnet werden (siehe Tabelle 1). Für thermische Neutronen ($E_{\text{kin}} \approx 25$ meV) ist diese Wellenlänge 0,18 nm und damit in der gleichen Größenordnung wie die Gitterabstände im Festkörper. Auf Grund dieser Tatsache sind Neutronen ähnlich wie Röntgenstrahlen für Beugungsexperimente an Festkörpern einsetzbar.

Das Neutron tritt auf zwei verschiedene Arten mit dem Festkörper in Wechselwirkung:

1) Auf Grund der *starken Wechselwirkung* wird das Neutron an den *Atomkernen* der Probe gestreut. Damit ist ähnlich wie mit Röntgenstrahlung eine Bestimmung der räumlichen Anordnung der Atome im Festkörper möglich.

2) Auf Grund seines *magnetischen Dipolmoments* wird das Neutron aber auch an den *magnetischen Atomen* im Festkörper gestreut, so daß mit Neutronen eine Bestimmung der magnetischen Struktur des Festkörpers möglich ist.

Neutronen werden besonders vorteilhaft bei der Bestimmung von dynamischen Vorgängen (Diffusion, Schwingungen) in kondensierter Materie eingesetzt. Das hängt damit zusammen, daß die Energie der Neutronen bei gegebener Wellenlänge verhältnismäßig niedrig ist und damit nur eine geringe relative Energieauflösung erforderlich ist, um elastische von inelastischen oder quasielastischen Vorgängen zu trennen. Diesen Sachverhalt soll folgendes Beispiel verdeutlichen.

Bei der Röntgen-Beugung ist zur Auflösung von Gitterabständen von 0,1 nm eine Energie der Röntgen-Quanten von etwa 12 keV notwendig (λ(nm) = 1,24/E(keV) für Röntgen-Strahlung); hingegen müssen Neutronen dafür nur eine Energie von etwa 80 meV besitzen (λ(nm) = 0,0286/$\sqrt{E}$ (eV) für Neutronen). Elementare Anregungen des Festkörpers wie Phononen und Magnonen besitzen Energien um 0,1 eV und kleiner; daraus erkennt man sofort, daß bei der Röntgen-Beugung inelastische Effekte (0,1 eV im Vergleich zu 12 keV) experimentell äußerst schwer zugänglich sind; bei der Neutronenstreuung sind sie dagegen sehr gut meßbar.

Im folgenden soll zunächst neben den Eigenschaften des Neutrons die Erzeugung monochromatischer Neutronenstrahlen diskutiert werden, dann der Nachweis von Neutronen, die Bestimmung der Neutronenenergie und schließlich die Neutronenbeugung mit Anwendungsbeispielen. Eine ausführliche Darstellung der Neutronenstreuung findet man zum Beispiel in (BAC 75).

10.1 Eigenschaften des Neutrons und Produktion von Neutronenstrahlen

Das Neutron zerfällt durch β-Zerfall zu einem Proton, einem Elektron und einem Antineutrino, $n \rightarrow p + e^- + \bar{\nu}_e$. Der β-Zerfall ist paritätsverletzend; das Antineutrino $\bar{\nu}_e$ besitzt Rechtshelizität, das Elektron ist linkshändig polarisiert.

Tabelle 10.1 Eigenschaften des Neutrons

Masse	$939{,}573 \text{ MeV}/c^2$
Spin	$1/2$
Zerfall	β-Zerfall: $n \rightarrow p + e^- + \bar{\nu}_e$
Lebensdauer	$1{,}01 \cdot 10^3 \text{ s}$
g-Faktor	$g_S = -3{,}82638$
Wellenlänge	$\lambda = \dfrac{h}{p} = \dfrac{h}{\sqrt{2m_n E}} \; ; \; \lambda(\text{nm}) = \dfrac{0{,}0286}{\sqrt{E(\text{eV})}}$ $\lambda = 0{,}18 \text{ nm}$ für $E = 25 \text{ meV}$ ($\hat{=} 290 \text{ K}$)
Wechselwirkung mit Materie	a) Kernwechselwirkung ($\rightarrow$ Kernkraft) b) Magnetische Wechselwirkung ($\rightarrow g$-Faktor)

Zur Erzeugung von Neutronen verwendet man entweder Kernreaktoren oder Teilchenbeschleuniger. Im letzteren Fall spricht man von Spallationsneutronenquellen, da die Neutronen durch Spallation (Zersplittern) von Atomkernen entstehen.

Kernreaktoren. Die typische Kernreaktion ist dabei

$$^{235}\text{U} + \text{n}_{\text{therm}} \rightarrow \text{A} + \text{B} + 2{,}3\,\text{n}$$

wobei A und B zwei Spaltfragmente des ursprünglichen ^{235}U-Kerns sind und n_{therm} ein Neutron mit thermischer Energie bezeichnet. Die Neutronen aus der obigen Kernspaltung werden durch einen Moderator (z.B. H_2O) auf thermische Energie abgebremst und können dann weitere Kernspaltungen auslösen (Kettenreaktion). Ein Teil der Neutronen wird durch Öffnungen im Reaktorkern herausgeleitet und steht für Experimente zur Verfügung. Typische Leistungen von Forschungsreaktoren sind 10 bis 100 MW (der Hochflußreaktor in Grenoble hat 57 MW, die Mittelflußreaktoren in Jülich und Berlin haben je 10 MW).

Die Energieverteilung der Neutronen, die den Kernreaktor verlassen, hängt von der Moderatortemperatur ab. Die in Grenoble zur Verfügung stehenden Neutronenverteilungen sind in Abbildung 10.1 angegeben. Die "kalten" Neutronen werden dadurch erzeugt, daß die Neutronen aus dem Reaktorkern zunächst in einen Moderator aus flüssigem Deuterium (bei einer Temperatur $T = 25$ K) und von da zum Experiment geleitet werden. Als "heißen" Moderator verwendet man zum Beispiel Graphit bei einer Temperatur von 2000 K.

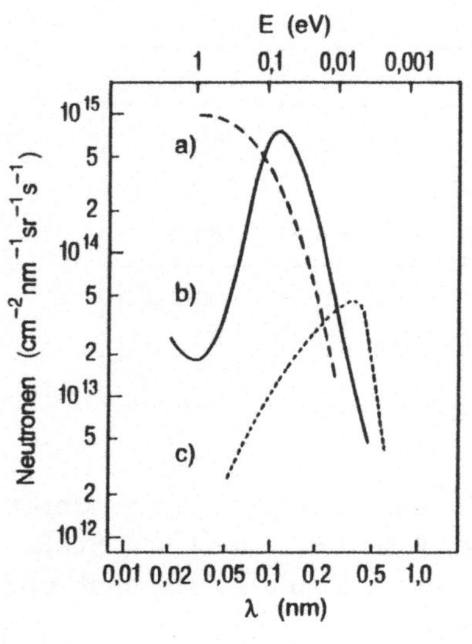

Abb. 10.1
Neutronenfluß am Hochflußreaktor in Grenoble als Funktion der Wellenlänge für verschiedene Moderatortemperaturen
a) 2000 K
b) 300 K
c) 25 K
(nach (BEE 88))

Spallationsneutronenquellen. Hier werden die Neutronen durch Beschuß schwerer Elemente mit hochenergetischen Protonen ($E_\mathrm{p} \approx 800$ MeV) erzeugt. Die typische Kernreaktion ist

$$p + {}^{238}\mathrm{U} \rightarrow \text{Spallationsprodukte} + x\,\mathrm{n}$$

Die Zahl der Neutronen pro Proton hängt stark von der Protonenenergie und dem verwendeten Targetmaterial ab. Für 800 MeV Protonen und Uran als Target erhält man im Mittel 28 Neutronen pro Proton. Verwendet man, um das Erbrüten von Plutonium zu vermeiden, statt Uran zum Beispiel Tantal, so sinkt die Neutronenausbeute auf die Hälfte ab.

Nach der Erzeugung werden die Neutronen wie beim Reaktor moderiert, bevor sie für Streuexperimente verwendet werden. Wenn man, was häufig der Fall ist, gepulste Beschleuniger für die Spallationsreaktion einsetzt, erhält man auch gepulste Neutronenstrahlen. Das ist von besonderem Vorteil bei Flugzeitmessungen, da dann der Zerhacker (siehe unten : mechanische Monochromatoren) eingespart werden kann.

Monochromatoren. *Mechanische Monochromatoren* bestehen aus einem für Neutronen stark absorbierenden Festkörperzylinder mit einem durchgehenden Loch (siehe Abb. 10.2). Neutronen einer bestimmten Geschwindigkeit können den rotierenden Zylinder auf dem durchgehenden Pfad passieren, alle anderen treffen auf das Zylindermaterial auf und werden absorbiert. Der monochromatische Neutronenstrahl ist gleichzeitig gepulst.

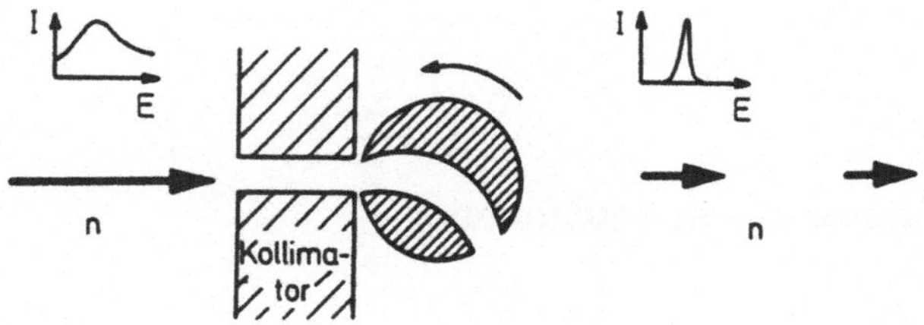

Abb. 10.2 Wirkungsweise eines mechanischen Monochromators. Nur Neutronen mit einer bestimmten Geschwindigkeit (Energie) können den rotierenden Festkörperzylinder auf dem durchgehenden Pfad passieren, alle übrigen werden absorbiert. Der Neutronenstrahl ist gepulst

Eine alternative Methode ist, daß man mehrere Scheiben mit Schlitzen auf einer gemeinsamen Achse rotieren läßt. Durch die Wahl der Versetzung der Schlitze in den verschiedenen Scheiben und der Drehgeschwindigkeit kann man Neutronen einer bestimmten Energie aussortieren und wie oben bei der Zylinderanordnung pulsen. Die Apparaturen werden auch als "Chopper" (Zerhacker) bezeichnet.

Beim *Kristallmonochromator* wird die Bragg-Bedingung für gebeugte Teilchen ausgenutzt (siehe Abb. 10.3). Der Monochromatorkristall sollte einen kleinen Neutronenabsorptionskoeffizienten besitzen. Die am häufigsten verwendeten Materialien sind pyrolytischer Graphit, Kupfer, Germanium, Silizium und Beryllium.

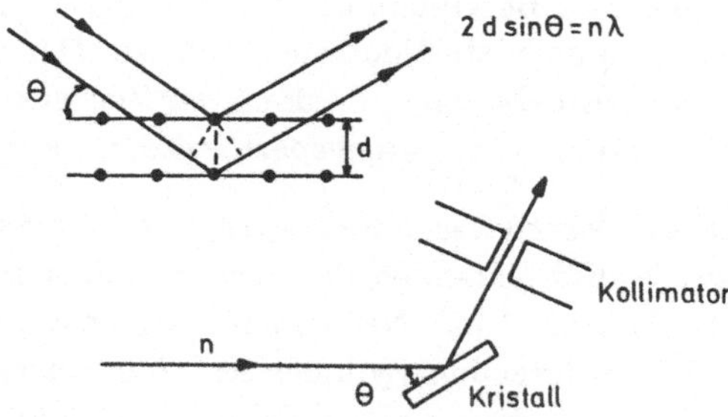

Abb. 10.3 Wirkungsweise eines Kristallmonochromators. Ein Neutronenstrahl fällt unter dem Winkel θ auf einen Kristall und wird an den Netzebenen mit Abstand d gebeugt. Für $2d\,\sin\theta = n\lambda$ erhält man Bragg-Reflexion

10.2 Nachweis von Neutronen

Da das Neutron keine Ladung besitzt, läßt es sich nicht durch Ionisationswirkung nachweisen. Zum Nachweis langsamer Neutronen benutzt man deshalb Kernreaktionen, bei denen geladene Folgeprodukte mit hohen kinetischen Energien (exotherme Reaktion) entstehen, die dann detektiert werden können. Die häufig benutzten Reaktionen sind

$$^7\text{Li*} + {}^4\text{He} \rightarrow {}^7\text{Li} + {}^4\text{He} + \gamma \qquad E_\gamma = 0,48\ \text{MeV},$$

$$E_{\text{kin}}({}^7\text{Li} + {}^4\text{He}) = 2,3\ \text{MeV}$$

$$93\,\% \nearrow$$
$$\text{n} + {}^{10}\text{B}$$
$$7\,\% \searrow$$

$$^7\text{Li} + {}^4\text{He} \qquad\qquad E_{\text{kin}}({}^7\text{Li} + {}^4\text{He}) = 2,78\ \text{MeV}$$

und

$$\text{n} + {}^3\text{He} \rightarrow \text{p} + {}^3\text{H} \qquad\qquad E_{\text{kin}}(\text{p} + {}^3\text{H}) = 0,77\ \text{MeV}$$

Bortrifluorid (BF$_3$)-Detektor. Der Detektor besteht aus einem mit BF$_3$-Gas gefüllten Proportionalzählrohr. Das BF$_3$-Gas ist mit dem ^{10}B-Isotop hoch angereichert (natürliche Isotopenhäufigkeit 80% ^{11}B, 20% ^{10}B). Das Gas im Zählrohr hat einen Druck von ≥ 1 bar, um genügend ^{10}B-Kerne zur Neutronenabsorption zur Verfügung zu stellen. Die bei der Kernreaktion entstehenden ^{7}Li- und ^{4}He-Kerne ionisieren das Gas. Die dabei entstehenden Ladungen werden durch eine angelegte Hochspannung getrennt und über einen Arbeitswiderstand als Spannungsimpuls detektiert. Die Nachweiswahrscheinlichkeit beträgt für thermische Neutronen mit Energien unterhalb 1 eV ungefähr 50 %. Für Neutronenenergien über 1 eV sinkt die Nachweisempfindlichkeit drastisch ab.

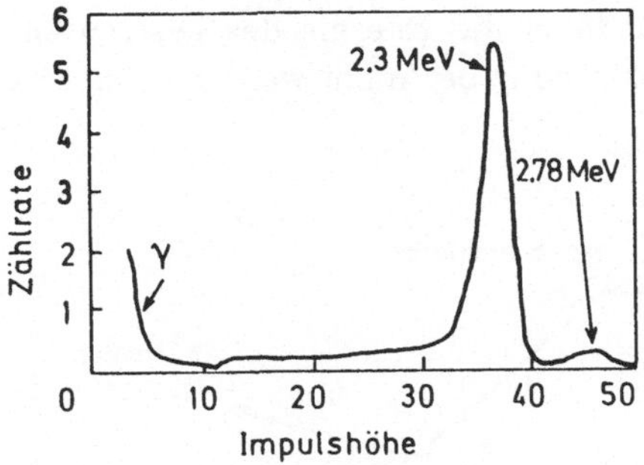

Abb. 10.4 Impulshöhenspektrum eines BF$_3$-Zählrohres bei Beschuß mit thermischen Neutronen (BEC 64). Die Linien bei 2,3 MeV und 2,78 MeV entsprechen der kinetischen Energie von ^{7}Li + ^{4}He

³He-Detektor. Bei diesen Detektoren besteht das Zählgas aus ^{3}He. Da der Wirkungsquerschnitt für den Einfang thermischer Neutronen bei ^{3}He um 40 % größer ist als bei ^{10}B ($\sigma(^{10}$B$)$ = 3840 b, $\sigma(^3$He$)$ = 5500 b) können diese Detektoren kleiner gebaut werden. Die kleinere Bauweise ergibt den Vorteil, daß die Sammelzeit der freigesetzten Elektronen kürzer ist, so daß eine bessere Zeitauflösung erreicht werden kann.

Mit den obengenannten Detektoren kann man zwar das Eintreffen der Neutronen am Detektor nicht aber deren Energie messen. Für die Energiebestimmung benutzt man andere Verfahren wie z.B. die Flugzeitmessung. Die Neutronenenergie wird dabei aus der Flugzeit der Neutronen zwischen Probe und Detektor bestimmt. Die experimentelle Anordnung ist in Abbildung 10.5 gezeigt.

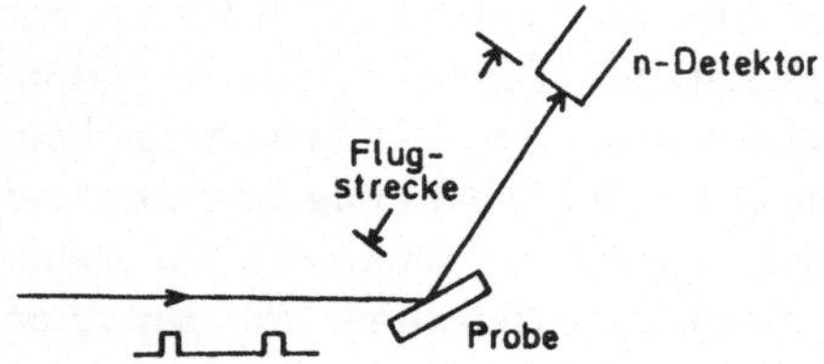

Abb. 10.5
Prinzipielle Anordnung für ein Flugzeitspektrometer

Eine andere Anordnung zur Messung der Neutronenenergie ist das Kristallspektrometer. Mit Hilfe eines Kristalls bekannter Gitterdimensionen (Analysator) kann dabei die Energie des gestreuten Neutronenstrahls durch die Bragg-Bedingung bestimmt werden (Abb. 10.6).

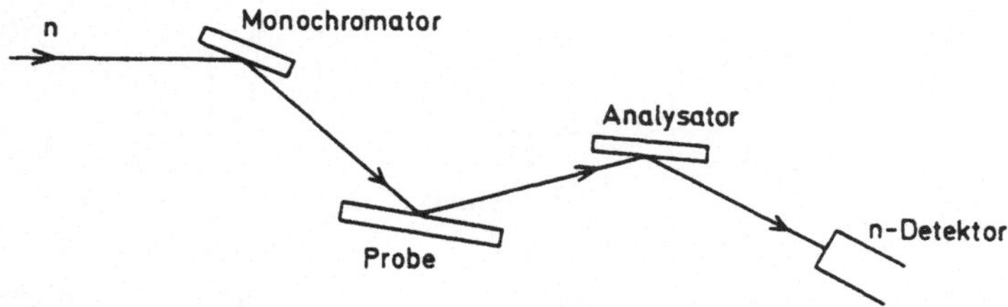

Abb. 10.6 Prinzipielle Anordnung eines Drei-Achsen-Spektrometers

10.3 Theorie der Neutronenstreuung

10.3.1 Streuung an einem Atomkern

Wir betrachten die elastische Streuung eines Neutrons an einem im Festkörper gebundenen Atomkern. In diesem Fall kann ähnlich wie beim Mößbauer-Effekt der Rückstoß vernachlässigt werden, sodaß die Energie des gestreuten Neutrons gleich der Energie des einfallenden Neutrons ist. Es gilt

$$|\vec{k}| = |\vec{k}'| = \frac{2\pi}{\lambda} \tag{10.1}$$

wobei $\vec{k}$ und $\vec{k}'$ die Wellenvektoren des ein- bzw. auslaufenden Neutrons darstellen. Die Gesamtwellenfunktion des Neutrons lautet für große Entfernung vom Streuzentrum

$$\psi(r,\theta,\phi) = A\left[\exp(ikz) + f(\theta,\phi)\,\frac{\exp ikr}{r}\right] \tag{10.2}$$

wobei $A\cdot\exp(ikz)$ die einlaufende ebene Welle und $A\cdot f(\theta,\phi)\,(\exp ikr)/r$ die auslaufende Kugelwelle bezeichnet; A ist eine Normierungskonstante und $f(\theta,\phi)$ die Streuamplitude. Für thermische Neutronen ist die Wellenlänge groß gegen die Reichweite des Kernpotentials, so daß man nur die s-Wellenstreuung betrachten muß. In diesem Fall ist $f(\theta,\phi)$ eine Konstante. Bei Vernachlässigung von Absorption gilt

$$f(\theta,\phi) = -b \tag{10.3}$$

wobei b eine positive oder negative reelle Zahl ist. b bezeichnet man als Streulänge.

Der differentielle Wirkungsquerschnitt $d\sigma/d\Omega$ ist definiert als das Verhältnis der Zahl der in das Raumwinkelelement $d\Omega$ gestreuten Teilchen zur Stromdichte der einfallenden Teilchen. Mit Gleichungen (10.2) und (10.3) erhält man

$$\frac{d\sigma}{d\Omega} = |f(\theta,\phi)|^2 = b^2 \tag{10.4}$$

bzw. für den totalen Wirkungsquerschnitt

$$\sigma = \int \frac{d\sigma}{d\Omega}\, d\Omega = 4\pi\, b^2 \tag{10.5}$$

An Gleichungen (10.4) und (10.5) erkennt man, daß die Streulänge b die Stärke der Streuung beschreibt. b ist von der Tiefe und dem Radius des Kernpotentials abhängig und ist im allgemeinen für jedes Isotop verschieden. In Abbildung 10.7 sind einige Werte für die Streulänge angegeben. Sofern keine Isotopenangabe gemacht ist, bezeichnet b den Mittelwert über alle Isotope eines Elements. Der allgemeine Trend von b als Funktion des Atomgewichts ist durch die gestrichelte Kurve angegeben. Man erkennt, daß im Gegensatz zur Röntgen-Streuung, die mit der Kernladungszahl Z linear ansteigt, keine starke Massenabhängigkeit vorhanden ist. Das bedeutet, daß mit Neutronenstreuung leichte und schwere Elemente etwa gleich gut nachgewiesen werden können. Die Streustärke ist eine individuelle Größe für jedes Isotop.

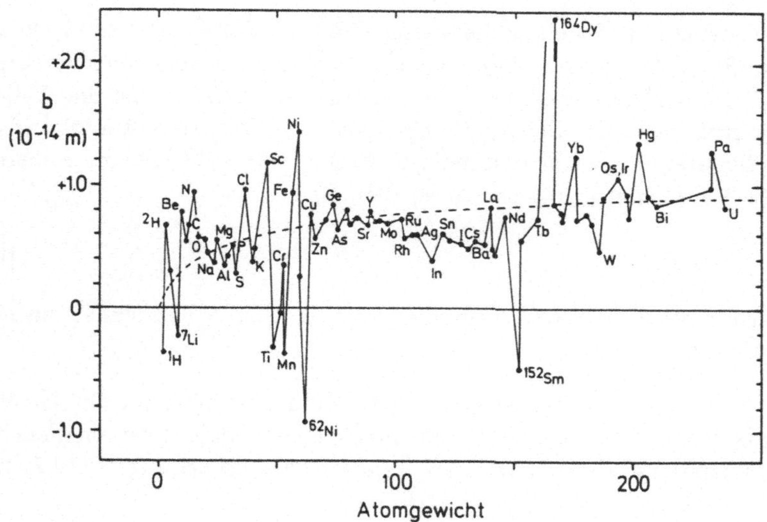

Abb. 10.7 Streulänge als Funktion der Atommasse. Die gestrichelte Linie entspricht der Potentialstreuung (JEF 81)

10.3.2 Neutronenstreuung an kondensierter Materie

Bei der Streuung von langsamen Neutronen an kondensierter Materie muß man die Beiträge der einzelnen Streuzentren kohärent aufsummieren. Das bedeutet aber, daß man den Gangunterschied im Phasenfaktor der ebenen Wellen berücksichtigen muß (siehe Abb. 10.8).

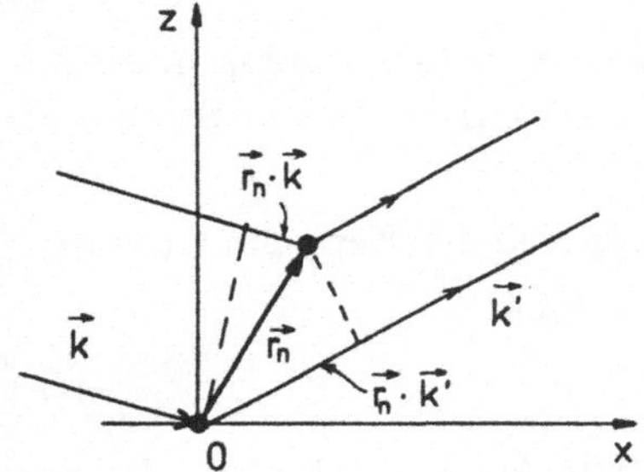

Abb. 10.8
Zur Berechnung des Phasenunterschieds eines am Punkt $\vec{r}_n$ gestreuten Neutrons gegenüber einem am Ursprung gestreuten Neutrons

Der Phasenunterschied eines am Punkt $\vec{r}_n$ gestreuten Neutrons gegenüber einem am Ursprung gestreuten Neutrons beträgt

$$\vec{k} \cdot \vec{r}_n - \vec{k}' \cdot \vec{r}_n = (\vec{k} - \vec{k}') \cdot \vec{r}_n = -\vec{q} \cdot \vec{r}_n \tag{10.6}$$

wobei

$$\vec{k} - \vec{k}' = \Delta\vec{k} := -\vec{q} \tag{10.7}$$

gesetzt wurde. Der Zusammenhang zwischen dem Streuvektor $\vec{q}$ und dem Streuwinkel 2θ kann an Abbildung 10.9 abgelesen werden. Es gilt

$$\sin\theta = \frac{|\vec{q}|}{2|\vec{k}|} \tag{10.8}$$

Die kohärente Summation aller Streubeiträge in Richtung $\vec{k}'$ ergibt für die Streuamplitude f_c (c für kondensierte Materie)

$$f_c = \sum_n b_n \exp(-i\,\vec{q} \cdot \vec{r}_n) \tag{10.9}$$

wobei $\vec{r}_n$ die Position des Streuzentrums n bezeichnet.

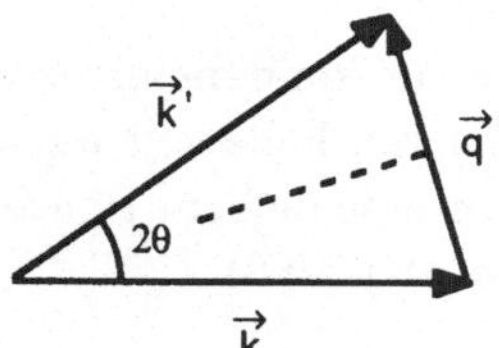

Abb. 10.9
Zusammenhang zwischen dem Streuvektor $\vec{q}$ und dem Streuwinkel 2θ für elastische Streuung ($|\vec{k}'| = |\vec{k}|$)

Wir wollen zunächst folgende Annahmen machen (wir werden diese Annahmen später fallen lassen und die Konsequenzen für den Streuquerschnitt diskutieren):

a)   alle Atome gehören zum gleichen Isotop und der Kernspin ist Null

b)   die Einheitszelle enthält nur ein Atom, und

c)   die Atomkerne sind in Ruhe.

Aufgrund der Annahmen a) und b) sind alle Atome äquivalent. Daraus folgt, daß ihre Streulängen b_n gleich sind ($b_n = b$) und wir erhalten

$$\frac{d\sigma}{d\Omega} = |f_c|^2 = b^2 \left| \sum_n \exp(-i\,\vec{q}\cdot\vec{r}_n) \right|^2 \tag{10.10}$$

Falls der Ursprung in einen Gitterpunkt gelegt wird, gilt

$$\vec{r}_n = p_n\,\vec{a} + q_n\,\vec{b} + r_n\,\vec{c} \tag{10.11}$$

wobei p_n, q_n, r_n ganze Zahlen und $\vec{a}, \vec{b}, \vec{c}$ die Achsen der Einheitszelle sind. Die reziproken Gittervektoren haben folgende Form

$$\vec{G}_{hkl} = h\,\vec{A} + k\,\vec{B} + l\,\vec{C} \tag{10.12}$$

mit den ganzen Zahlen h, k, l (Miller-Indizes) und

$$\vec{A} = \frac{2\pi(\vec{b}\times\vec{c})}{\vec{a}\cdot(\vec{b}\times\vec{c})} \;; \quad \vec{B} = \frac{2\pi(\vec{c}\times\vec{a})}{\vec{a}\cdot(\vec{b}\times\vec{c})} \;; \quad \vec{C} = \frac{2\pi(\vec{a}\times\vec{b})}{\vec{a}\cdot(\vec{b}\times\vec{c})} \tag{10.13}$$

An den Ausdrücken (10.11) bis (10.13) erkennt man, daß $\vec{G}_{hkl}\cdot\vec{r}_n$ immer ein ganzzahliges Vielfaches von 2π ergibt. Daraus folgt

$$\left| \sum_n \exp(-i\,\vec{G}_{hkl}\cdot\vec{r}_n) \right|^2 = \left| \sum_n \exp(-i\,2\pi) \right|^2 = N^2 \tag{10.14}$$

mit N der Zahl der Atome. Falls also

$$\vec{q} = \vec{G}_{hkl} \tag{10.15}$$

ist, erhält man konstruktive Interferenz (Bragg-Bedingung). Für solche $\vec{q}$-Werte, die weit weg von einem reziproken Gittervektor liegen, mitteln sich die Beiträge von den verschiedenen Atomen in Gleichung (10.10) zu Null. Für $\vec{q}$-Werte nahe $\vec{G}_{hkl}$ gibt es gewisse Beiträge zum Gesamtstreuquerschnitt. Durch diese Prozesse wird die Breite der Bragg-Linie bestimmt; sie ist proportional zu $1/N$. Mit diesen Überlegungen erhält man schließlich für den differentiellen Wirkungsquerschnitt (δ : Kronecker Symbol)

$$\frac{d\sigma}{d\Omega} \propto b^2 N\,\delta(\vec{q} - \vec{G}_{hkl}) \tag{10.16}$$

Wir können hier nur eine Proportionalität schreiben, da wir noch berücksichtigen müssen, wieviele Reflexe in das Raumwinkelelement $d\Omega$ fallen.

Wir wollen jetzt die erste Annahme (gleiches Isotop, kein Kernspin) fallen lassen. Bei Atomkernen mit Spin ungleich Null kann die Streuung des Neutrons mit Spin parallel oder antiparallel zum Kernspin erfolgen; diese Prozesse haben unterschiedliche Streulängen. Das Gleiche gilt, wie wir schon früher betont haben, für die Streuung an verschiedenen Isotopen. Im allgemeinen haben wir also, obwohl eine völlig periodische Gitteranordnung vorliegt, keine vollständige Periodizität im Streupotential. Bei statistisch verteilten Spinstellungen und Isotopen haben wir ein statistisch fluktuierendes Potential. Der fluktuierende Anteil des Potentials ist nicht interferenzfähig und führt zu einer isotropen (winkelunabhängigen) Streuung. Dieser Anteil wird als inkohärente Neutronenstreuung bezeichnet.

Die kohärente Neutronenstreuung kommt dadurch zustande, daß auch bei Isotopenmischungen und bei unterschiedlichen Spinstellungen ein mittleres periodisches Potential übrigbleibt, das zu Interferenzen (Bragg-Bedingung) führt. Die kohärente Neutronenstreuung wird bewirkt durch die mittlere Streulänge

$$\overline{b} = \frac{1}{N} \sum_{n=1}^{N} b_n \tag{10.17}$$

Man erhält

$$\left(\frac{d\sigma}{d\Omega}\right)_{\text{coh}} \propto \overline{b}^{\,2} N\, \delta(\vec{q} - \vec{G}_{hkl}) \tag{10.18}$$

Für inkohärente Streuung ist die Abweichung vom Mittelwert entscheidend

$$\overline{b^2} - \overline{b}^{\,2} = \frac{1}{N} \left[\sum_{n=1}^{N} b_n{}^2 - (\sum_{n=1}^{N} b_n)^2 \right] \tag{10.19}$$

Es gilt

$$\left(\frac{d\sigma}{d\Omega}\right)_{\text{incoh}} = N\,(\overline{b^2} - \overline{b}^{\,2}) \tag{10.20}$$

Tabelle 10.2 Streuquerschnitte einiger Atome. Bei den Elementen ohne Angabe der Massenzahl ist der Wert für das natürliche Isotopengemisch angegeben (BAC 75)

Kern	Kernspin	σ_{coh} (barn)	σ_{incoh} (barn)
^{1}H	1/2	1,8	79,7
^{2}H	1	5,6	2,0
^{9}Be	3/2	7,5	0,0
^{27}Al	5/2	1,5	0,0
Ca		2,8	0,4
Fe		11,3	0,5
Ni		13,3	4,7
Cu		7,3	1,2
Zn		4,1	0,1
Pd		4,5	0,3
W		2,9	2,8
Pb		11,1	0,3

Der inkohärente Streuquerschnitt ist winkelunabhängig. In Tabelle 10.2 sind einige Werte für kohärente und inkohärente Streuquerschnitte zusammengestellt. Man erkennt, daß Wasserstoff vor allem inkohärent streut, während bei Deuterium der kohärente Streuquerschnitt überwiegt. Aus diesem Grunde ist Deuterium besser für Strukturuntersuchungen geeignet.

Debye-Waller-Faktor. Falls wir die Bedingung, die Atome sollen sich in Ruhe befinden, fallen lassen, erhalten wir einen Debye-Waller-Faktor, der die Schwächung des Reflexes durch Gitterschwingungen angibt. Die Ableitung dieses Faktors wurde bereits in Kapitel 4 (Mößbauer-Effekt) durchgeführt. Sie kann hier, indem man $\vec{k}$ durch $\vec{q}$ ersetzt, direkt übernommen werden (Gl. (4.13)). Man erhält mit den in Kapitel 4 gemachten, vereinfachenden Annahmen

$$f_{\mathrm{DWF}} = |\exp(-W)|^2 = \exp(-q^2 <u^2>/3) \qquad (10.21)$$

wobei q den Betrag des Streuvektors und $<u^2>$ das mittlere Auslenkungsquadrat der Atome darstellt. Die Intensität eines Bragg-Reflexes ist dann

$$I_{hkl} = I^0_{hkl}\ \exp(-2W) \qquad (10.22)$$

Geometrischer Strukturfaktor. Falls wir auch die Annahme, die Einheitszelle enthalte nur ein Atom, fallen lassen, müssen wir bei der Berechnung der Stärke eines Bragg-Reflexes, die Zahl und die Position der Atome in der Einheitszelle berücksichtigen. Faßt man die Vektoren $\vec{p}_i$ als Positionsvektoren der Einheitszelle und $\vec{\rho}_i$ als Positionsvektoren der Atome innerhalb der Einheitszelle auf, so läßt sich Beziehung (10.9) folgendermaßen umschreiben (mit Debye-Waller-Faktor)

$$f_{\mathrm{c}} = \sum_n \exp(-\mathrm{i}\,\vec{q}\cdot\vec{p}_n)\left[\sum_j \overline{b}_j \exp(-W_j)\exp(-\mathrm{i}\,\vec{q}\cdot\vec{\rho}_j)\right] \qquad (10.23)$$

wobei die Summe n über alle Einheitszellen und die Summe j über alle Atome in der n-ten Einheitszelle zu nehmen ist. Der Debye-Waller-Faktor wird hier individuell für jedes Atom in der Einheitszelle angesetzt. Unter Berücksichtigung der Bragg-Bedingung erhält man

$$F_{hkl} = \sum_j \overline{b}_j \, \exp(-W_j) \, \exp(-\mathrm{i}\,\vec{G}_{hkl} \cdot \vec{\rho}_j) \tag{10.24}$$

Mit

$$\vec{G}_{hkl} = h\,\vec{A} + k\,\vec{B} + l\,\vec{C}$$

$$\vec{\rho}_j = u_j\,\vec{a} + v_j\,\vec{b} + w_j\,\vec{c} \tag{10.25}$$

wobei u_j, v_j und w_j reelle Zahlen zwischen Null und Eins sind, und

$$\vec{a} \cdot \vec{A} = \vec{b} \cdot \vec{B} = \vec{c} \cdot \vec{C} = 2\pi$$

$$\vec{a} \cdot \vec{B} = \vec{a} \cdot \vec{C} = \dots = 0 \tag{10.26}$$

ergibt sich

$$F_{hkl} = \sum_j \overline{b}_j \, \exp(-W_j) \, \exp[-2\pi\,\mathrm{i}\,(u_j\,h + v_j\,k + w_j\,l)] \tag{10.27}$$

F_{hkl} wird als geometrischer Strukturfaktor bezeichnet. Für die Intensität eines Bragg-Reflexes gilt

$$I_{hkl} \propto |F_{hkl}|^2 \tag{10.28}$$

10.4   Elastische Neutronenstreuung

Die elastische Neutronenstreuung wird analog zur Röntgenstreuung zur Aufklärung von Kristallstrukturen verwendet. Wir erinnern uns, daß ein Vorteil der Neutronenbeugung darin besteht, daß auch leichte Elemente (z.B. H) nachgewiesen werden können und daß die Neutronenbeugung auch auf die magnetische Struktur empfindlich ist. Wir werden im folgenden für jedes dieser besonderen Anwendungsgebiete ein Beispiel geben.

Beispiel: Gitterstruktur von NaH

Der NaH-Kristall besteht aus zwei ineinander geschachtelten kubisch-flächenzentrierten Kristallgittern (siehe Abb. 10.10). Die Kenntnis dieser Gitterstruktur ist natürlich erst das Ergebnis der Beugungsexperimente. Wir wollen sie hier vorwegnehmen und anschließend zeigen, daß sie mit den beobachteten Beugungsreflexen übereinstimmt.

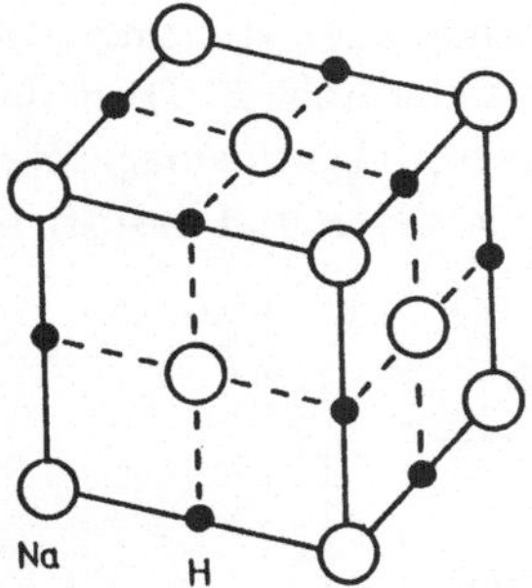

Abb. 10.10
Modell eines NaH-Kristalls

Die NaH-Einheitszelle enthält vier Na und H Atome auf folgenden Positionen

Na			H		
u	v	w	u	v	w
0	0	0	1/2	1/2	1/2
0	1/2	1/2	1/2	0	0
1/2	0	1/2	0	1/2	0
1/2	1/2	0	0	0	1/2

Der Strukturfaktor (10.27) hat damit ohne Debye-Waller-Faktor folgende Form

$$F_{hkl} = b(\text{Na}) \left\{ 1 + \exp[-i\pi(k+l)] + \exp[-i\pi(h+k)] + \exp[-i\pi(h+l)] \right\} +$$

$$+ \, b(\text{H}) \left\{ \exp[-i\pi(h+k+l)] + \exp(-i\pi h) + \exp(-i\pi k) + \exp(-i\pi l) \right\}$$

$$(10.29)$$

Man erhält damit für folgende Kombinationen der Miller-Indizes als Werte für F_{hkl}

h, k, l gerade:	$F = 4\,b(\text{Na}) + 4\,b(\text{H})$
h, k, l ungerade:	$F = 4\,b(\text{Na}) - 4\,b(\text{H})$
h gerade; k, l ungerade:	$F = 0$
h, k gerade; l ungerade:	$F = 0$

Für Röntgen-Beugung ist $b(\text{H})$ gegenüber $b(\text{Na})$ zu vernachlässigen, und man erhält Reflexe, falls entweder alle h, k, l gerade oder alle ungerade sind. Für Neutronenbeugung gilt $b(\text{Na}) \approx - b(\text{H})$ (siehe Abb. 10.7), so daß man für h, k, l gerade keine Bragg-Reflexe erwartet. Die beobachteten Reflexe (siehe Abb. 10.11) entsprechen diesen Vorhersagen und bestätigen die vorgeschlagene Struktur.

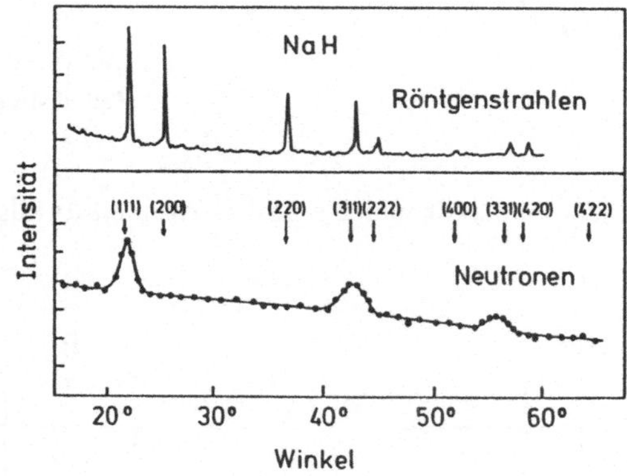

Abb. 10.11 Röntgen- und Neutronenbeugung am kubisch-flächenzentrierten NaH. Nach (SHU 48) und (HEL 76)

Beispiel: Kristallstruktur des Hochtemperatur-Supraleiters $YBa_2Cu_3O_7$

$YBa_2Cu_3O_7$ ist ein typischer Vertreter der neuentdeckten oxydischen Supraleiter; seine Übergangstemperatur zur Supraleitung liegt bei 93 K, d.h. oberhalb der Temperatur des flüssigen Stickstoffs (77 K). Dadurch werden die Kühlprobleme gegenüber der Kühlung mit flüssigem Helium bei den klassischen Supraleitern wesentlich erleichtert.

Die Kristallstruktur von $YBa_2Cu_3O_7$ wurde zuerst mit Neutronenbeugung aufgeklärt. Das ist nicht verwunderlich, da das leichte Element Sauerstoff in Anwesenheit von schweren Elementen wie Barium nachgewiesen werden mußte, was mit Röntgenstrahlung sehr schwierig ist.

Abbildung 10.12 zeigt das Neutronendiffraktogramm einer $YBa_2Cu_3O_7$ Pulverprobe. Die ersten auftretenden Bragg-Reflexe sind entsprechend einer orthorhombischen Einheitszelle indiziert. Die Analyse ergibt im vorliegenden Fall folgenden Werte für die Gitterkonstanten: $a = 0{,}382$ nm, $b = 0{,}388$ nm und $c = 1{,}175$ nm. Die Tatsache, daß c ungefähr dreimal so groß ist wie b und daß a etwas kleiner ist als b, spiegelt sich in dem Linientriplett indiziert mit (003), (010), (100) beim Streuwinkel von etwa 38° wieder.

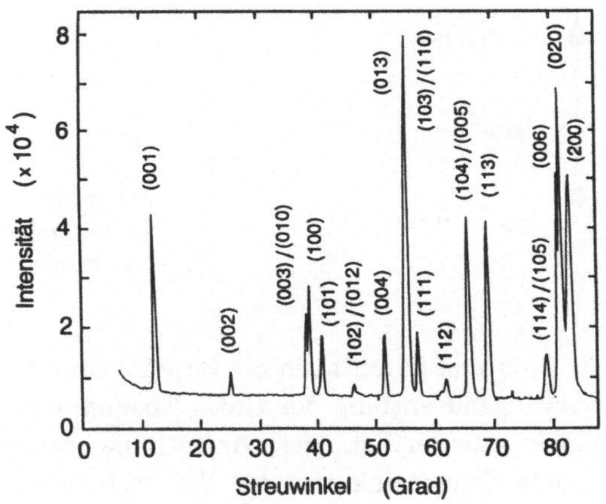

Abb. 10.12 Neutronendiffraktogramm einer $YBa_2Cu_3O_7$ Pulverprobe. Die Indizierung (*hkl*) bezieht sich auf eine orthorhombische Einheitszelle

Das Röntgendiffraktogramm einer $YBa_2Cu_3O_7$ Probe hat qualitativ die gleiche Form wie für Neutronen in Abbildung 10.12, insbesondere findet man die gleichen Reflexe, lediglich die Linienintensitäten, die durch den Strukturfaktor (Gl. (10.24)) bestimmt werden, sind verschieden. Bei Röntgenstrahlung ist der Beitrag des Sauerstoffs praktisch vernachlässigbar, während er bei der Neutronenbeugung sogar etwas größer ist als der von Barium (vergleiche Abb. 10.7). Aus einer detaillierten Anpassung der gerechneten Linienintensitäten an die gemessenen Neutronenbeugungsdaten konnte die in Abbildung 10.13 gezeigte Kristallstruktur abgeleitet werden. Wichtige Strukturmerkmale sind die CuO_2-Ebenen unterhalb und oberhalb der Yttrium-Atome und die CuO-Ketten entlang der b-Achse der Einheitszelle.

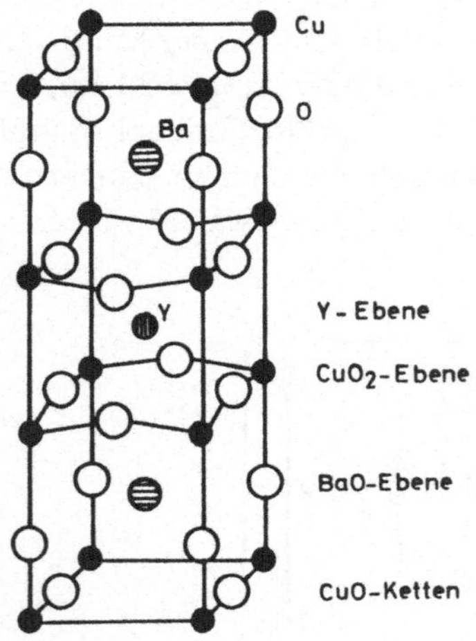

Abb. 10.13
Einheitszelle des $YBa_2Cu_3O_7$
Supraleiters

Die elektrische Leitung und damit auch die Supraleitung findet nach heutiger Kenntnis vorwiegend entlang der CuO_2-Ebenen statt, während sie senkrecht dazu stark behindert ist. Diese Anisotropie bereitet neben anderen Problemen große Schwierigkeiten bei der technischen Anwendung dieser Materialien, da man für optimale Transporteigenschaften einkristalline oder zumindest c-Achsen orientierte Substanzen benötigt.

Der Sauerstoff in den CuO-Ketten kann durch Tempern im Vakuum leicht entfernt werden. Bei geeigneter Wahl des Sauerstoffpartialdruckes und der Temperatur kann man jede beliebige Sauerstoffkonzentration zwischen O_6 (alle O-Atome aus der Kette entfernt) und O_7 (alle O-Atomplätze in der Kette besetzt) einstellen. Die Tatsache, daß die O-Atome aus der CuO-Kette herausgenommen werden (und nicht von anderen Positionen) wurde ebenfalls durch Neutronenbeugung herausgefunden. Das Ergebnis erhält man durch einen genauen Vergleich der gemessenen Linienintensitäten mit den gerechneten, wobei man die O-Konzentration an bestimmten Gitterpositionen variiert.

Beispiel: Magnetische Struktur von $YBa_2Cu_3O_6$

Die Entfernung von Sauerstoff aus den CuO-Ketten (siehe oben) verringert kontinuierlich die Sprungtemperatur der Supraleitung, die bei $O_{6,4}$ vollständig verschwindet. Bei ungefähr der gleichen Sauerstoffstöchiometrie findet man das Einsetzen einer magnetischen Ordnung in diesem System, die bei der Stöchiometrie $O_{6,0}$ voll ausgeprägt ist.

Daß $YBa_2Cu_3O_6$ bei reduziertem Sauerstoffgehalt magnetische Ordnung aufweist, wurde zuerst in μSR-Untersuchungen an dem Auftreten einer μSR-Präzession im äußeren Nullfeld erkannt. Obwohl diese Experimente sehr eindeutig das Vorhandensein von magnetischer Ordnung nachwiesen, war es damit nicht möglich, genauere Angaben über die magnetische Struktur zu machen; dieses gelingt nur über die Neutronenbeugung.

In Abbildung 10.14 ist ein Ausschnitt aus dem Neutronenbeugungsspektrum von einer $YBa_2Cu_3O_{6,15}$ Probe zu erkennen. Es ist der Winkelbereich zwischen dem (002)- und (003)-Reflex (siehe Abb. 10.12) gezeigt. Man sieht

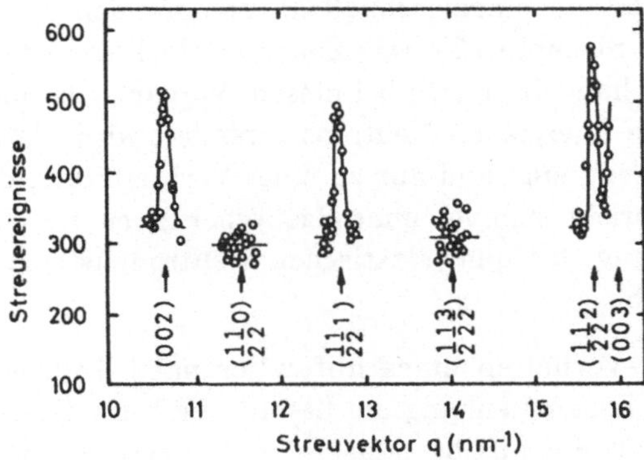

Abb. 10.14 Ausschnitt aus einem Neutronendiffraktogramm einer $YBa_2Cu_3O_{6,15}$ Pulverprobe (TRA 88). Die Streurate ist hier statt über dem Streuwinkel über dem übertragenen Impuls aufgetragen. Gezeigt ist der Ausschnitt zwischen dem (002)- und (003)-Reflex. Das Auftreten des (1/2,1/2,1)-Reflexes ist ein eindeutiges Zeichen für eine Überstruktur, die in dem vorliegenden Fall magnetischen Ursprungs ist. Das Fehlen des (1/2,1/2,0)- und (1/2,1/2,3/2)-Reflexes gibt Hinweise auf die Anordnung der magnetischen Momente in der Einheitszelle. Die magnetischen Momente sind an den Cu-Atomen in den CuO_2 Ebenen lokalisiert und liegen in dieser Ebene

deutlich einen weiteren Reflex, der in der Einheitszelle eine halbzahlige
Induzierung erfordert. Diese Linie wird der magnetischen Streuung zugeordnet (später mit polarisierten Neutronen bewiesen). Eine Analyse des
gesamten Spektrums, insbesondere natürlich der magnetischen Reflexe,
ergibt, daß in dieser Substanz die Cu-Atome in den CuO_2-Ebenen anti-
ferromagnetisch geordnet sind und magnetische Momente von 0,6 μ_B
tragen.

Das Spannungsfeld von Magnetismus und Supraleitung in diesen Materialien und die Tatsache, daß sie durch geringfügige Änderung in der
Sauerstoffstöchiometrie ineinander übergeführt werden können, gehört
zu den interessantesten Themen in der Erforschung der neuen Hoch-T_C-
Supraleiter. Ob die Neigung dieser Materialien zu magnetischer Ordnung für den Mechanismus der Supraleitung von Bedeutung ist, ist zur
Zeit noch offen.

10.5   Quasielastische Neutronenstreuung

Ein Neutron, das an einem schnell diffundierenden Teilchen gestreut
wird, wird beim Streuprozeß etwas Energie aufnehmen oder abgeben. Genau genommen handelt es sich bei diesem Vorgang um eine inelastische
Streuung, da die Energie des Neutrons verändert wird. Da aber die Energieüberträge gering sind und nur zu einer Verbreiterung der elastischen
Linie führen, spricht man von quasielastischer Streuung. Für eine detaillierte Darstellung der quasielastischen Neutronenstreuung verweisen
wir auf (LEC 83b).

Das Raum-Zeit-Verhalten eines diffundierenden Teilchens beschreibt
man in diesem Zusammenhang am besten durch die Selbstkorrelationsfunktion $G_s(\vec{r},t)$, die angibt (klassische Interpretation), mit welcher
Wahrscheinlichkeit sich ein Teilchen zum Zeitpunkt t am Ort $\vec{r}$ befindet,
wenn das gleiche Teilchen zum Zeitpunkt $t = 0$ am Ort $\vec{r} = 0$ war. Van
Hove (HOV 54) hat gezeigt, daß die Selbstkorrelation in folgender Weise
mit dem Wirkungsquerschnitt für inkohärente Neutronenstreuung
$d^2\sigma_{inc}/d\Omega\,d\omega$ zusammenhängt

$$\frac{d^2\sigma_{inc}}{d\Omega\,d\omega} = \frac{\sigma_{inc}}{4\pi}\,\frac{k'}{k}\,S_{inc}(\vec{q},\omega) \tag{10.30}$$

mit

$$S_{inc}(\vec{q},\omega) = \int \int G_s(\vec{r},t) \; \exp[i(\vec{q}\cdot\vec{r} - \omega t)] \, d^3r \, dt \qquad (10.31)$$

Dabei ist $\hbar\omega$ die übertragene Energie und $\hbar\vec{q}$ der übertragene Impuls. σ_{inc} ist der totale inkohärente Wirkungsquerschnitt (siehe Tabelle 10.2), $\hbar\vec{k}$ und $\hbar\vec{k}'$ sind die Neutronenimpulse vor bzw. nach der Streuung. S_{inc} wird als inkohärente Streufunktion bezeichnet. Nach Gleichung (10.31) ist sie gerade die Fourier-Transformierte der Selbstkorrelationsfunktion $G_s(\vec{r},t)$. Gleichung (10.30) besagt, daß der inkohärente Wirkungsquerschnitt pro Raumwinkel- und Energieintervall außer von trivialen Faktoren nur von $S_{inc}(\vec{q},\omega)$ abhängt. Qualitativ kann man die Gleichungen (10.30) und (10.31) so verstehen, daß der Streuquerschnitt von der spektralen Verteilung der Impulse und Frequenzen in der Selbstkorrelationsfunktion $G_s(\vec{r},t)$ abhängt. Ähnliche Ausdrücke wie in Gleichungen (10.30) und (10.31) erhält man auch für den kohärenten Streuquerschnitt (Intensität in den Bragg-Reflexen), wobei allerdings die gesamte Korrelationsfunktion $G(\vec{r},t)$ einzusetzen ist, bei der man die Unterscheidung zwischen einem bestimmten Atom und anderen äquivalenten Atomen fallen läßt. Bei der Messung der Diffusion mittels quasielastischer Neutronenstreuung brauchen wir uns allerdings nur um die inkohärente Streuung (Intensität zwischen den Bragg-Reflexen) zu kümmern.

Manchmal ist es zweckmäßig, eine intermediäre Funktion $I_s(\vec{q},t)$ einzuführen, bei der $G_s(\vec{r},t)$ bezüglich des Ortes, nicht aber bezüglich der Zeit, Fourier-transformiert ist. Es gilt

$$I_s(\vec{q},t) = \int G_s(\vec{r},t) \exp(i\,\vec{q}\cdot\vec{r}) \, d^3r \qquad (10.32)$$

Beispiel: Diffusion in Wasser

Die quasielastische Neutronenstreuung wird in vielfältiger Weise verwendet, um die Dynamik von Flüssigkeiten und Bewegungsvorgänge in Festkörpern zu studieren. Ein klassisches Beispiel ist die Diffusion von Wassermolekülen in Wasser.

Ein herausgegriffenes Wassermolekül befinde sich zum Zeitpunkt $t = 0$ am Ort $\vec{r} = 0$. Wir fragen nach der Wahrscheinlichkeit, dieses Teilchen zu einem späteren Zeitpunkt t am Ort $\vec{r}$ zu finden. Diese Wahrscheinlichkeit entspricht gerade der Selbstkorrelationsfunktion $G_s(\vec{r},t)$. Im Sinne der klassischen (kontinuierlichen) Diffusion haben wir damit das zweite Fick-Gesetz

$$\frac{\partial G_s(\vec{r},t)}{\partial t} = D\,\Delta G_s(\vec{r},t) \tag{10.33}$$

anzuwenden und die Differentialgleichung (10.33) mit der Randbedingung $G_s(\vec{r},0) = \partial(\vec{r})$ zu lösen. D ist der Selbstdiffusionskoeffizient und Δ der Laplace-Operator. Man erhält als normierte Lösung ($\int G_s(\vec{r},t)\,\mathrm{d}^3 r = 1$)

$$G_s(\vec{r},t) = (4\pi D t)^{-3/2}\,\exp(-\frac{r^2}{4Dt}) \tag{10.34}$$

Gleichung (10.34) besagt, daß die Aufenthaltswahrscheinlichkeit des Teilchens zu einem Zeitpunkt t einer Glockenkurve um den ursprünglichen Aufenthaltsort entspricht. Die Breite der Kurve ist im wesentlichen durch die Größe $D\,t$ bestimmt. In Abbildung 10.15 sind einige dieser Glockenkurven für den realistischen Fall der Selbstdiffusion von Wasser dargestellt. Man erkennt, daß ein Wassermolekül in Zeiten von 10^{-12} s Distanzen in der Größenordnung von 0,1 nm zurücklegt (die Werte für D wurden aus Neutronenstreuung gewonnen; auf welche Weise das geschieht, werden wir gleich sehen). Bei den sehr kleinen Distanzen, die hier betrachtet werden, scheint es bereits an dieser Stelle zweifelhaft, ob die angenommene kontinuierliche Diffusion ein gutes Modell darstellt. Man muß vielmehr vermuten, daß sprungartige Bewegungen mit längeren Verweilzeiten an einem bestimmten Ort eine Rolle spielen werden.

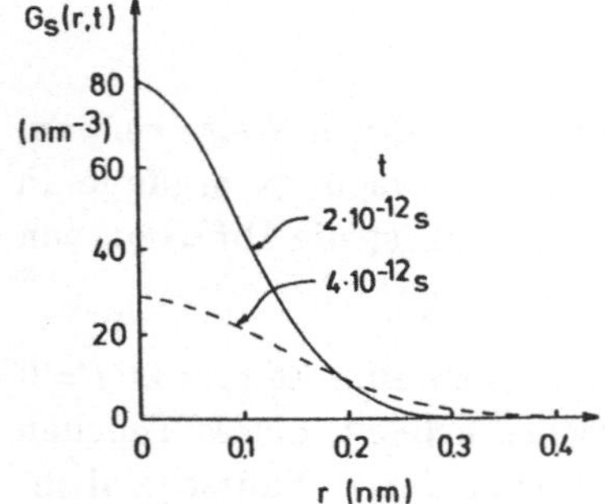

Abb. 10.15
Radiale Abhängigkeit der Selbstkorrelationsfunktion, berechnet nach Gleichung (10.34) für $D = 2{,}13\cdot10^{-5}$ cm²/s (realistischer Wert für Wasser bei 25°C)

Die durch Neutronenstreuung bestimmbare Streufunktion $S_{inc}(\vec{q},\omega)$ erhält man durch Fourier-Transformation von Gleichung (10.34)

$$S_{inc}(\vec{q},\omega) = \int \int (4\pi D t)^{-3/2} \exp(-\frac{r^2}{4Dt}) \exp[i(\vec{q} \cdot \vec{r} - \omega t)]\, d^3r\, dt$$

$$(10.35)$$

$$S_{inc}(\vec{q},\omega) = \frac{1}{\pi} \frac{Dq^2}{\omega^2 + (Dq^2)^2}$$

Für festes $\vec{q}$ entspricht das einer Lorentz-Verteilung mit der Breite von (FWHM : Full-width-half-maximum)

$$\Delta\omega = 2Dq^2 \qquad\qquad (10.36)$$

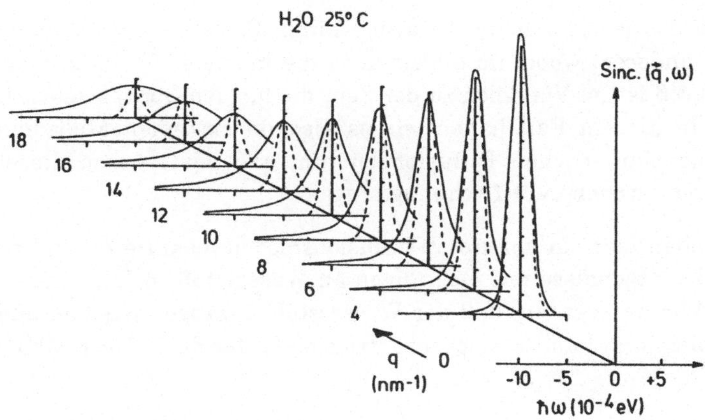

Abb. 10.16 Gemessene Streufunktionen $S_{inc}(\vec{q},\omega)$ für Wasser bei 25°C für verschiedene Werte von q. Die gestrichelten Kurven geben die experimentelle Auflösung an (SAK 62)

Die Abbildung 10.16 zeigt gemessene Streufunktionen für Wasser bei 25°C. Als Parameter ist der Betrag des übertragenen Impulses angegeben. Aus der Breite der Kurven kann man nach Gleichung (10.36) den Diffusionskoeffizienten und damit nach Gleichung (10.34) die Glockenkurve in Abbildung 10.15 berechnen. Bei $q = 10$ nm^{-1} erhält man nach Korrektur mit der experimentellen Auflösung eine Breite in der Energie von $\Delta E = \hbar\Delta\omega = 2{,}8 \cdot 10^{-4}$ eV und daraus nach Gleichchung (10.36) einen Diffusionskoeffizienten für Wasser bei 25°C von $D = 2{,}13 \cdot 10^{-5}$ cm^2/s.

An Abbildung 10.16 erkennt man, daß die Breite der quasielastischen Linie mit q zunimmt. Nach Gleichung (10.36) sollte $\Delta\omega$ mit q^2 anwachsen. Experimentell findet man allerdings oberhalb von ungefähr $q = 15$ nm^{-1} deutliche Abweichungen von diesem Gesetz. Das bedeutet, daß die Annahme einer kontinuierlichen Diffusion bei kleinen Distanzen, die bei hohen Impulsüberträgen gemessen werden, nicht zutrifft. Wir wollen dieses Problem nicht weiter verfolgen, sondern uns einem weiteren Beispiel zuwenden, bei dem wir von Anfang an einen nicht-kontinuierlichen Ansatz für die Diffusion machen.

Beispiel: Diffusion von Wasserstoff in Palladium

Im Festkörper erfolgt die Diffusion durch Sprünge von einem Platz zu einem anderen, wobei im allgemeinen die mittlere Verweilzeit an einem Platz groß ist im Vergleich zu der Zeit, die für den Sprung selbst benötigt wird. In diesem Fall haben wir es also im extremen Maße mit einer nicht-kontinuierlichen Diffusion zu tun, und wir müssen diesem Umstand von vorneherein Rechnung tragen.

Wir wollen hier ein konkretes Diffusionsmodell diskutieren und anschließend die Ergebnisse mit Messungen an Wasserstoff in Palladium vergleichen. Wir nehmen an, daß der Wasserstoff Sprünge zwischen den Oktaederplätzen im kubisch-flächenzentrierten Gitter durchführt (Abb. 10.17).

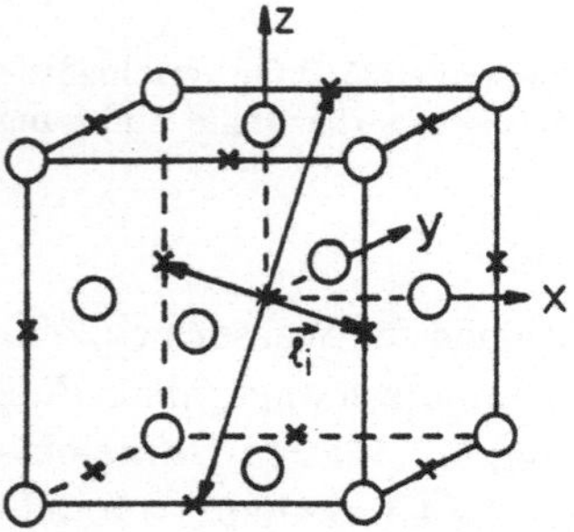

Abb. 10.17
Einheitszelle von kubisch-flächenzentriertem Pd mit Oktaederplätzen (×). Das im Text verwendete Koordinatensystem (x,y,z) und die Richtung der Sprungvektoren $\vec{l}_i$ vom zentralen Oktaederplatz zu den 12 nächsten Nachbarplätzen sind angegeben

Die mittlere Verweilzeit auf einem Gitterplatz sei $\bar{\tau}$ und die Sprünge sollen völlig statistisch erfolgen. Dann haben wir für die Selbstkorrelationsfunktion $G_s(\vec{r},t)$ folgende Ratengleichung anzusetzen

$$\frac{\partial G_s(\vec{r},t)}{\partial t} = -\frac{1}{\bar{\tau}}\, G_s(\vec{r},t) + \frac{1}{z\,\bar{\tau}} \sum_{i=1}^{z} G_s(\vec{r} + \vec{l}_i, t) \tag{10.37}$$

Der erste Term auf der rechten Seite von Gleichung (10.37) beschreibt die Abnahme von $G_s(\vec{r},t)$ durch Wegsprünge, während der zweite Term die Zunahme durch Hinsprünge angibt. $\vec{l}_i$ sind die Ortsvektoren von $\vec{r}$ zu den Nachbarplätzen und z ist die Zahl der nächsten Nachbarn; im konkreten Fall ist $z = 12$. Bei den Hinsprüngen tritt der Faktor $1/z$ auf, da von den Nachbarplätzen nur einer von z Sprüngen nach $\vec{r}$ führt.

Zur Lösung von Gleichung (10.37) wollen wir auf die Funktion, die in Gleichung (10.32) beschrieben ist, zurückkommen, d.h. die Fourier-Transformation bezüglich des Ortes durchführen. Damit wird aus Gleichung (10.37)

$$\frac{\partial I_s(\vec{q},t)}{\partial t} = -\frac{1}{\bar{\tau}}\, I_s(\vec{q},t) + \frac{1}{z\,\bar{\tau}} \sum_{i=1}^{z} \int G_s(\vec{r} + \vec{l}_i, t)\, \exp(i\,\vec{q}\cdot\vec{r})\, \mathrm{d}^3 r$$

$$\frac{\partial I_s(\vec{q},t)}{\partial t} = -\frac{1}{\bar{\tau}}\, I_s(\vec{q},t) + \frac{1}{z\,\bar{\tau}} \sum_{i=1}^{z} \exp(i\,\vec{q}\cdot\vec{l}_i)\, I_s(\vec{q},t) \tag{10.38}$$

$$\frac{\partial I_s(\vec{q},t)}{\partial t} = -\frac{1}{\bar{\tau}}\, f(\vec{q})\, I_s(\vec{q},t)$$

mit

$$f(\vec{q}) = \frac{1}{z} \sum_{i=1}^{z} [1 - \exp(i\,\vec{q}\cdot\vec{l}_i)] \tag{10.39}$$

Die Lösung von (10.38) ergibt

$$I_s(\vec{q},t) = \exp[-\frac{f(\vec{q})}{\tau}\, t] \tag{10.40}$$

und daraus erhält man durch Fourier-Transformation bezüglich der Zeit
die Streufunktion

$$S_{\text{inc}}(\vec{q},\omega) = \frac{1}{\pi}\,\frac{f(\vec{q})/\tau}{\omega^2 + [f(\vec{q})/\tau]^2} \tag{10.41}$$

Man erhält also wieder (siehe Gl. (10.35)) eine Lorentz-Verteilung. Die
Breite ist gegeben durch

$$\Delta\omega = \frac{2f(\vec{q})}{\tau} \tag{10.42}$$

Im Gegensatz zu Gleichung (10.36) ist aber jetzt die Breite nicht nur vom
Betrag, sondern auch von der Richtung von $\vec{q}$ abhängig. Das wird noch
deutlicher, wenn man $f(\vec{q})$ für den konkreten Fall (Abb. 10.17) ausrechnet.
Man erhält

$$f(\vec{q}) = \frac{1}{6}\,\{6 - \cos[\frac{a}{2}(q_x+q_y)] - \cos[\frac{a}{2}(q_x-q_y)] -$$

$$- \cos[\frac{a}{2}(q_x+q_z)] - \cos[\frac{a}{2}(q_x-q_z)] - \tag{10.43}$$

$$- \cos[\frac{a}{2}(q_y+q_z)] - \cos[\frac{a}{2}(q_y-q_z)]\}$$

wobei a die Gitterkonstante des kubisch-flächenzentrierten Gitters und q_x,
q_y und q_z die Komponenten des Streuvektors in kartesischen Koordinaten
entlang der Kubusachsen darstellen. Bei Annahme eines anderen Sprung-
modells, z.B. Sprünge zwischen Tetraederplätzen, würde man eine ganz
andere Abhängigkeit für $f(\vec{q})$ und damit für die Linienbreite von $\vec{q}$ erhalten. Durch die quasielastische Neutronenstreuung kann man also auch
die "Sprunggeometrie" bestimmen. Das wird in Abbildung 10.18 demonstriert.

Die dort gezeigten Punkte entsprechen experimentellen Linienbreiten für quasielastische Neutronenstreuung an Wasserstoff in Palladium. Auf der linken Seite ist der Streuvektor $\vec{q}$ parallel zur <100>-Richtung, d.h. $q_x = q$ und $q_y = q_z = 0$, und auf der rechten Seite parallel zur <110>-Richtung, d.h. $q_x = q_y = q/\sqrt{2}$ und $q_z = 0$. Die durchgezogenen Linien entsprechen den berechneten Linienbreiten nach Gleichungen (10.42) und (10.43), wobei der anpaßbare Parameter $\bar{\tau}$ zu $\bar{\tau} = 2{,}8 \cdot 10^{-12}$ s bestimmt wurde. Die gestrichelte Kurve in Abbildung 10.18 würde man erwarten für den Fall, daß die Sprünge in Palladium über Tetraederplätze erfolgen. Dieses Modell kann auf Grund der Messungen ausgeschlossen werden.

Die hier gefundene gute Übereinstimmung der gemessenen und gerechneten Daten ist eher die Ausnahme als die Regel. Bei ähnlichen Experimenten an Wasserstoff in V, Nb und Ta wurden starke Abweichungen von dem einfachen Sprungmodell gefunden. Man nimmt an, daß dort auch Sprünge zu übernächsten Plätzen, oder gar noch weiter, eine Rolle spielen.

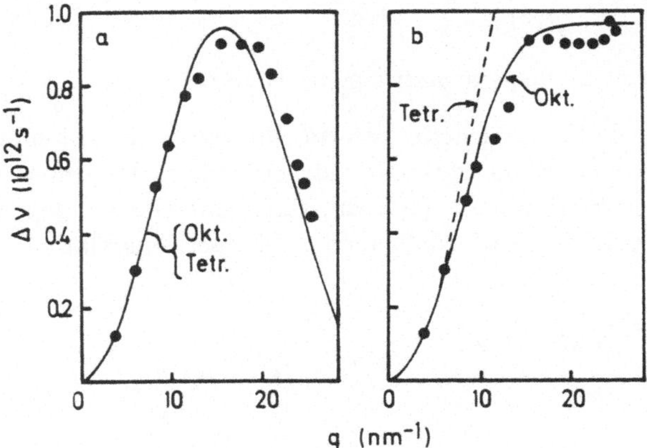

Abb. 10.18 Quasielastische Linienbreite als Funktion des Betrags des Streuvektors q für $\vec{q}$ parallel zur <100>-Richtung (a) und für $\vec{q}$ parallel zur <110>-Richtung (b). Die durchgezogenen Linien sind berechnet für Sprünge zwischen benachbarten Oktaederplätzen mit einer mittleren Verweilzeit auf einem Gitterplatz von $\bar{\tau} = 2{,}8 \cdot 10^{-12}$ s. Die gestrichelte Kurve, die keine Übereinstimmung ergibt, berechnet man bei Annahme von Sprüngen des Wasserstoffs über Tetraederplätze. Bei Streuung mit $\vec{q}$ parallel zur <100>-Richtung (a) fallen die berechneten Kurven in beiden Modellen zusammen (ROW 72)

10.6 Inelastische Neutronenstreuung

Die inelastische Neutronenstreuung ist in vielen Fällen die ideale Methode, um Elementaranregungen des Festkörpers (Phononen, Magnonen usw.) zu studieren. Sie ist nicht anwendbar, wenn die Neutronenabsorption durch die Atomkerne groß ist. Bei der inelastischen Neutronenstreuung wird ein Phonon oder Magnon mit Wellenvektor $\vec{q}$ und Energie $\hbar\omega(q)$ erzeugt bzw. vernichtet. Die Bragg-Bedingung und der Energiesatz lauten damit ($\vec{G}_{hkl}$: reziproker Gittervektor)

$$\vec{k} = \vec{k}' + \vec{G}_{hkl} \pm \vec{q}$$

$$\frac{\hbar^2 k^2}{2m_\mathrm{n}} = \frac{\hbar^2 k'^2}{2m_\mathrm{n}} \pm \hbar\omega(q)$$

(10.44)

wobei "+" der Erzeugung und "–" der Vernichtung einer Elementaranregung entspricht. m_n ist die Masse des Neutrons, $\vec{k}$ bzw. $\vec{k}'$ sind die Wellenvektoren der einlaufenden bzw. gestreuten Neutronen.

Beispiel: Phononendispersionszweige in Kupfer

Kupfer besitzt kubisch-flächenzentrierte Gitterstruktur und enthält damit in der primitiven Elementarzelle nur ein Atom. In einem einfachen Schwingungsmodell nimmt man an, daß Atomebenen gegeneinander schwingen. In diesem Fall erhält man die Dispersionsrelation

$$\omega(q) = \sqrt{\frac{4C}{M}} \ \sin\frac{1}{2}qd$$

(10.45)

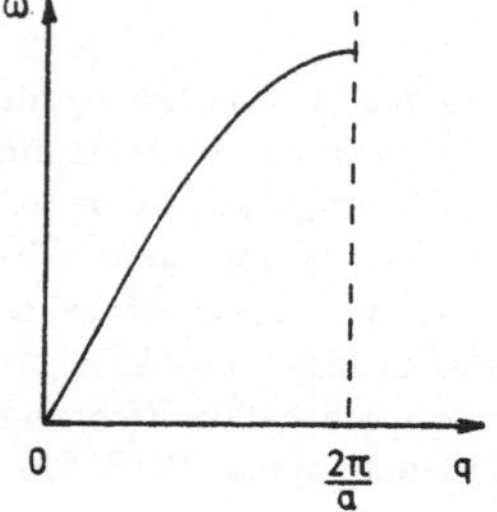

Abb. 10.19
Dispersionsrelation für das einfache Modell schwingender Ebenen im kubisch-flächenzentrierten Kristall ($\vec{q}$ ∥ <100>)

wobei C die Federkonstante, M die Masse der Atome und d den Gleichge-
wichtsabstand der Netzebenen darstelle. Für $\vec{q}$ parallel zur <100>-Rich-
tung ist der Netzebenenabstand im kubisch-flächenzentrierten Gitter $a/2$
(a : Gitterkonstante) und man erhält die in Abbildung 10.19 dargestellte
Funktion.

Beim Vergleich mit experimentellen Daten muß man berücksichtigen,
daß die Federkonstanten für longitudinale und transversale Wellen verschieden sind, so daß man eine Aufspaltung der Dispersionszweige erhält. Die experimentellen Werte für ω in drei verschiedenen Richtungen
sind in Abbildung 10.20 gezeigt. Die durchgezogenen Kurven wurden aus
einer realistischen Modellrechnung gewonnen.

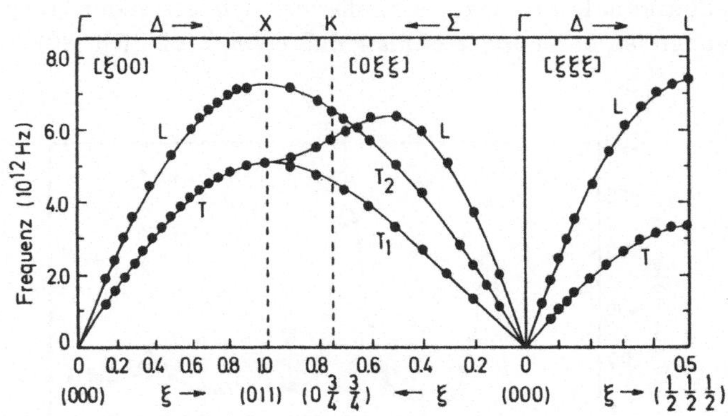

Abb. 10.20 Phononen-Dispersionskurven für Kupfer in drei verschiedenen Richtungen
von $\vec{q}$ (DOR 82). Am oberen Rand des Bildes sind Symbole für Symmetrie-
punkte im reziproken Raum angegeben. Die durchgezogenen Kurven wurden aus einer Modellrechnung gewonnen (NIC 67). Man sieht, daß das si-
nusförmige Verhalten von Abb. 10.19 den wirklichen Verlauf nur sehr grob
wiedergibt

Beispiel: Lokale Schwingungen von Wasserstoffisotopen in Niob

In den Metallen Nb und Ta mit kubisch-raumzentrierter Gitterstruktur
besetzt der Wasserstoff Tetraederplätze. Das Schwingungsverhalten von
Wasserstoff auf diesen Plätzen kann weitgehend durch das Einstein-Modell beschrieben werden. In diesem Modell nimmt man an, daß sich der

Wasserstoff in einem festen Potential befindet, das durch die umgebenden Gitteratome und Elektronen gebildet wird (lokale Moden). In dieser Annahme ist implizit enthalten, daß die Schwingungen des Wasserstoffs das Potential nicht beeinflussen.

Wir müssen uns zunächst vergegenwärtigen, daß die Tetraeder im kubisch-raumzentrierten Gitter nicht perfekte Tetraeder darstellen, sondern daß sie etwas gestaucht sind. Das hat zur Folge, daß das Potential am Tetraederplatz nicht isotrop ist, sondern daß es entlang der tetragonalen Achse etwas schwächer gekrümmt ist als in den beiden Richtungen senkrecht dazu. Wir erwarten also zwei verschiedene Oszillatorfrequenzen, ω_1 und ω_2, wobei die Intensität von ω_2 doppelt so groß sein sollte wie die von ω_1. Außerdem kann man auch noch eine Vorhersage über die relativen Werte von ω_1 und ω_2 machen. Wenn man annimmt, daß der Wasserstoff durch longitudinale Federkräfte an die vier den Tetraeder bildenden Atome gebunden ist, dann erwartet man, daß $\omega_2/\omega_1 = \sqrt{2}$ (RIC 80).

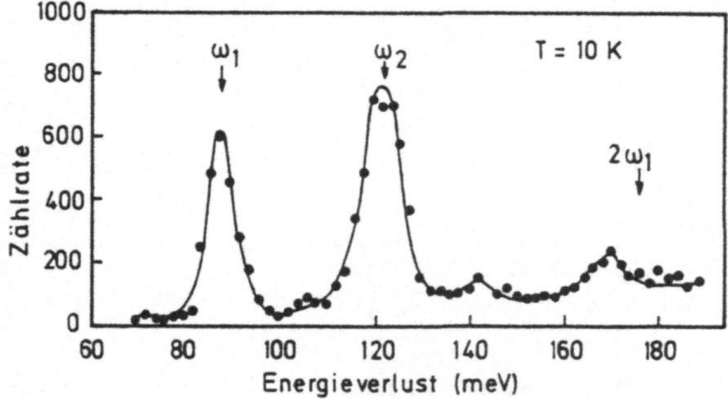

Abb. 10.21 Energieverlustspektrum für inelastisch gestreute Neutronen an Niobdeuterid (NbD$_{0,85}$) bei 10 K (RIC 80)

Abbildung 10.21 zeigt das Ergebnis einer inelastischen Neutronenstreuung an Niobdeuterid (RIC 80). Wir haben dieses Beispiel (und nicht NbH) ausgewählt, weil dafür besonders eindrucksvolle Daten vorliegen. Die beiden mit ω_1 und ω_2 bezeichneten Linien entsprechen der Anregung einer lokalen Schwingung in Richtung der tetragonalen Achse ($\hbar\omega_1$) bzw. senkrecht dazu ($\hbar\omega_2$). Die energetische Lage der Linien und das Intensitätsverhältnis stimmen ungefähr mit dem oben diskutierten Modell überein.

In dem Spektrum erkennt man außerdem eine Linie bei einem Energieverlust von 170 meV, die der Anregung von zwei Schwingungsquanten
zugeordnet wird. Falls das Potential völlig harmonisch wäre, würde man
die Lage dieser Linie bei einer etwas höheren Energie erwarten (siehe
Pfeil in Abbildung 10.21 bei $2\omega_1$). Aus der Abweichung kann man dann
die Anharmonizität des Potentials bestimmen.

1 1   Ionenstrahlanalytik

Ionenstrahlen nehmen in der Materialanalytik, d.h. bei der Bestimmung der Elementzusammensetzung der Materialien und zum Teil auch bei der Bestimmung der Atomanordnung, einen wichtigen Platz ein. Die verschiedenen Methoden der Ionenstrahlanalytik beruhen entweder auf der Coulomb-Wechselwirkung der Ionenstrahlen mit den Festkörperbausteinen oder auf der Auslösung von Kernreaktionen durch energiereiche Ionen an den Atomkernen der Substanz. In diesem Kapitel wollen wir drei Schwerpunkte der Ionenstrahlanalytik diskutieren:

- Rutherford-Streuung (RBS: Rutherford backscattering;

  ERDA: elastic recoil detection analysis)

- Gitterführung (Channeling)

- Analyse mittels Kernreaktionen (NRA: nuclear reaction analysis)

Weitere Methoden, die zu diesem Themenkreis gehören, auf die wir aber der Kürze wegen nicht detailliert eingehen wollen, sind die protoneninduzierte Röntgen-Emission (proton-induced X-ray emission: PIXE) und die Aktivierungsanalyse mit geladenen Teilchen (charged particle activation analysis: CPAA). Im wesentlichen handelt es sich dabei um folgende Meßverfahren.

Bei der PIXE-Methode schießt man Protonen mit einer Energie von 1 MeV bis 2 MeV auf die Probe und schlägt damit Elektronen aus den inneren Schalen (K- und L-Schalen) der Targetatome heraus. Die beim Auffüllen der inneren Schalen durch Elektronen entstehende charakteristische Röntgen-Strahlung, wird zur Identifizierung der Elemente in der Probe benutzt. Aus der Intensität der charakteristischen Röntgenlinien kann man die Konzentration der Elemente bestimmen. Die PIXE-Methode hat gegenüber der durch Elektronen induzierten Röntgen-Emission den Vorteil, daß der Bremsstrahlungsuntergrund geringer ist und daß damit eine höhere Empfindlichkeit erreicht wird.

Bei der Aktivierungsanalyse mit geladenen Teilchen (CPAA) erzeugt man über eine Kernreaktion (z.B. $^{12}C(^{3}He, \alpha)^{11}C$) ein radioaktives Nuklid (hier ^{11}C), das mit einer bestimmten Lebensdauer ($t_{1/2}(^{11}C) = 20{,}3$ min) zerfällt. Durch Messung der Lebensdauer kann man das produzierte Nuklid identifizieren, aus der erzeugten Aktivität kann man auf die Konzentration der Ausgangssubstanz (hier ^{12}C) in der Probe schließen. Die Aktivierungsanalyse mit geladenen Teilchen steht in Konkurrenz zur Neutronenaktivierungsanalyse, die vor allem bei schweren Elementen eingesetzt wird. Bei leichten Elementen gibt es zum Teil keine geeigneten Kernreaktionen mit Neutronen, so daß man auf die Aktivierung mit geladenen Teilchen angewiesen ist.

11.1 Rutherford-Rückstreuung (RBS)

Die Rutherford-Rückstreuung basiert auf der elastischen Streuung von Atomkernen, d.h. geladenen Teilchen. Bei dieser Methode zur Untersuchung von Festkörpern macht man sich die kinematischen Verhältnisse zunutze, wie man sie auch vom Billardspiel her kennt. Die Abhängigkeit der Energie des gestreuten Projektils von der Masse des streuenden Atoms erlaubt eine Unterscheidung der Atome in der Probe. Eine schematische Anordnung bei der Rutherford-Rückstreuung ist in Abbildung 11.1 zu sehen.

Die entscheidenden Aspekte bei der Rutherford-Rückstreumethode sind die *Kinematik*, also die Energieverhältnisse beim Stoß, der *Wirkungsquerschnitt* für Rutherford-Streuung, der für die Empfindlichkeit der Methode verantwortlich ist, und schließlich der *Energieverlust* der Teilchen beim Durchgang durch Materie, was entscheidend für die Tiefenauflösung ist. In den folgenden Abschnitten sollen diese Aspekte diskutiert werden.

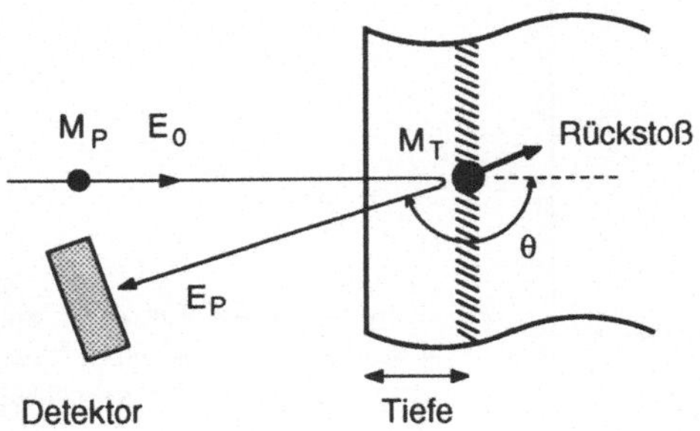

Abb. 11.1
Schematische Anordnung bei der Rutherford-Rückstreuung

11.1.1 Kinematischer Faktor

Beim Stoß zweier Atomkerne wechselwirken diese, solange die Energie noch nicht so groß ist, daß Kernkräfte zum Tragen kommen, über die Coulomb-Abstoßung. Das Verhältnis der Projektilenergie E_P nach der Streuung zur Energie E_0 vor der Streuung definiert den sogenannten kinematischen Faktor (Index P: Projektil, T: Targetatom)

$$K := \frac{E_P}{E_0} \tag{11.1}$$

Aus dem Energie- und Impulserhaltungssatz für den elastischen Stoß läßt sich der kinematische Faktor leicht berechnen

$$K = \left[\frac{\sqrt{1 - [(M_P/M_T)\,\sin\theta]^2} \; + \; (M_P/M_T)\,\cos\theta}{1 + (M_P/M_T)} \right]^2 \tag{11.2}$$

Wie man erkennt, hängt der kinematische Faktor nur vom Verhältnis der beteiligten Massen M_P/M_T und vom Streuwinkel θ ab.

Wir können jetzt fragen, bei welchem Streuwinkel θ die günstigste experimentelle Situation vorliegt. Bei einem gegebenen M_P/M_T Verhältnis und fester Einschußenergie E_0 soll K möglichst klein sein, damit wir den Energieverlust des Projektils optimal bestimmen können. Dieses ist natürlich bei Rückstreuung ($\theta = 180°$) der Fall, weil dann das Projektil am meisten Energie auf das Targetatom überträgt. Es gilt dann

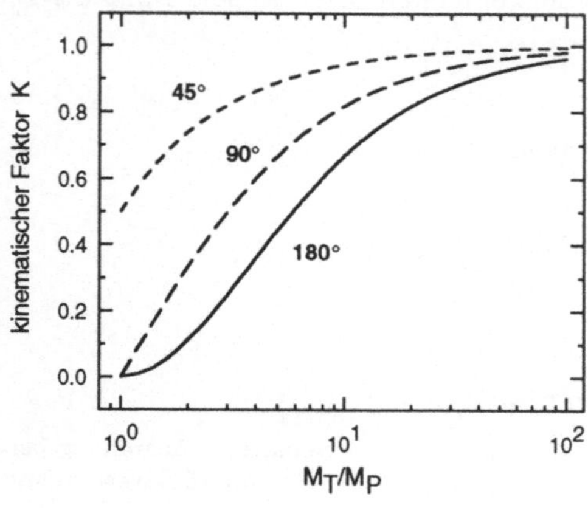

Abb. 11.2
Kinematischer Faktor K als Funktion des Massenverhältnisses M_T/M_P für verschiedene Streuwinkel

$$K(\theta = 180^\circ) = \left[\frac{1 - (M_P/M_T)}{1 + (M_P/M_T)} \right]^2 \tag{11.3}$$

allerdings mit der Einschränkung, daß $M_P < M_T$ ist, da es sonst keine Rückstreuung geben kann. Zur Illustration ist der Verlauf von K als Funktion des Massenverhältnisses M_T/M_P für verschiedene Streuwinkel in Abbildung 11.2 gezeigt.

Zur optimalen Unterscheidung von zwei Atomsorten mit Massen M_T und $M_T + \Delta M_T$ in der Probe ist der Streuwinkel θ so zu wählen, daß der Massenunterschied ΔM_T bestmöglichst bestimmt werden kann. Die stärkste Änderung von K als Funktion von M_T erkennt man an den Steigungen der Kurven in Abbildung 11.2. Außer für kleine Massenverhältnisse ($M_T/M_P \leq 3$) ist dies beim Streuwinkel $\theta = 180^\circ$ der Fall.

Die bevorzugte Detektorstellung ist daher bei $\theta = 180^\circ$ gegeben; davon leitet sich auch der Name Rutherford-Rückstreuung ab. In der Praxis kann allerdings nur etwa $\theta \approx 170^\circ$ realisiert werden, da der einfallende Teilchenstrahl nicht behindert werden darf. Eine effiziente Anordnung kann man zum Beispiel mit einem Ringdetektor, durch dessen Zentrum der Teilchenstrahl hindurchgeht, erreichen. Die Abhängigkeit des kinematischen Faktors für den Streuwinkel $\theta = 170^\circ$ als Funktion der Targetmasse M_T ist in Abbildung 11.3 für verschiedene Projektilsorten zu sehen.

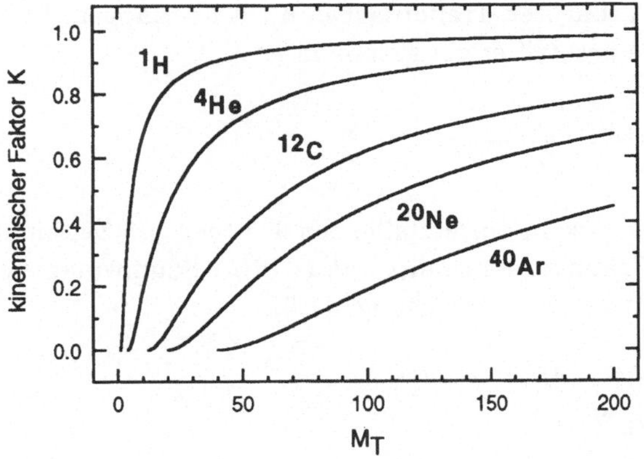

Abb. 11.3 Kinematischer Faktor für $\theta = 170^\circ$ in Abhängigkeit von der Targetmasse M_T für verschiedene Projektile. Für $M_T < M_P$ gibt es keine Rückstreuung

11.1.2 Wirkungsquerschnitt für Rutherford-Streuung

Bei der Anwendung der Rutherford-Rückstreumethode ist es zum Nachweis der Atomsorten in der Probe wichtig, die Wahrscheinlichkeit für den Streuprozess zu kennen. Diese Wahrscheinlichkeit W für eine Reaktion ist durch den Wirkungsquerschnitt σ und die Anzahl der Streuzentren N pro bestrahlter Targetfläche A bestimmt

$$W = \frac{N}{A}\, \sigma \tag{11.4}$$

Abbildung 11.4 illustriert diesen Sachverhalt.

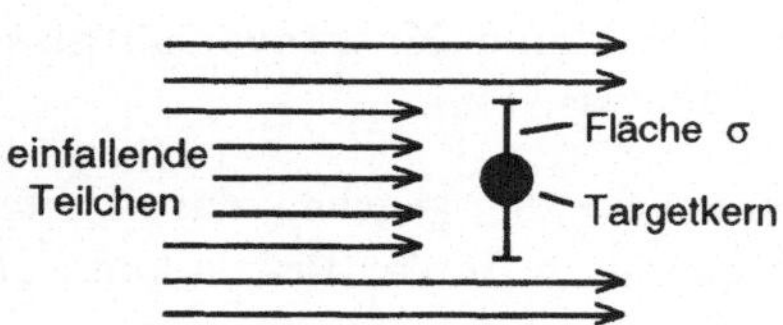

Abb. 11.4
Zur Vorstellung des Wirkungsquerschnitts

Eine anschauliche Vorstellung von der Größe σ erhält man, wenn man annimmt, daß Teilchen, die das Atom auf der Fläche σ treffen, gestreut werden, während die übrigen völlig ungehindert vorbeifliegen. Die Größe σ ist dann die gedachte Fläche, innerhalb derer eine Streuung ausgelöst wird. Gleichung (11.4) gilt natürlich nur, wenn das Target dünn ist, d.h. wenn sich die gedachten Trefferflächen nicht überlappen. Die Anzahl der Streuereignisse pro Zeit ergibt sich dann zu

$$I = I_0 \cdot W = \frac{I_0 N}{A}\, \sigma \tag{11.5}$$

Dabei ist I_0 die Anzahl der einfallenden Teilchen pro Zeiteinheit. Als differentiellen Wirkungsquerschnitt $d\sigma/d\Omega$ ($d\Omega$: Raumwinkelelement) definiert man in Analogie zu Gleichung (11.5)

$$\frac{d\sigma}{d\Omega} = \frac{A}{I_0 N}\, \frac{dI}{d\Omega} \tag{11.6}$$

$dI/d\Omega$ beschreibt jetzt die Streuereignisse pro Zeiteinheit beobachtet in dem Raumwinkelelement $d\Omega$.

Bei der Rutherford-Streuung handelt es sich um reine Coulomb-Streuung der beteiligten Atomkerne. Da die Coulomb-Wechselwirkung unendliche Reichweite hat, wäre dem zufolge der totale Wirkungsquerschnitt für Rutherford-Streuung unendlich groß. Das entspricht natürlich nicht der Realität, da ein Atomkern mit seiner Elektronenhülle von außen gesehen neutral erscheint. Die Rückstreuung findet aber nur bei kernnahen Stößen statt; dort kann man den Abschirmeffekt im allgemeinen vernachlässigen und mit reiner Coulomb-Streuung rechnen. Abweichungen von der reinen Coulomb-Streuung treten auch auf, wenn die Energie der Teilchen so groß ist, daß die Coulomb-Barriere des Kerns überwunden werden kann und die Kernkräfte wirksam werden. In der folgenden Diskussion wollen wir uns aber auf reine Coulomb-Wechselwirkung beschränken.

Der differentielle Wirkungsquerschnitt für Rutherford-Streuung im Laborsystem lautet

$$\frac{d\sigma}{d\Omega} = \left(\frac{Z_P Z_T\, e^2}{16\pi\, \varepsilon_0 E}\right)^2 \frac{4}{\sin^4\theta}\; \frac{\left[\sqrt{1 - [(M_P/M_T)\sin\theta]^2} + \cos\theta\right]^2}{\sqrt{1 - [(M_P/M_T)\sin\theta]^2}} \qquad (11.7)$$

Hierbei sind Z_P und Z_T die Kernladungszahlen des Projektil- bzw. des Targetatoms. Für den Fall, daß $M_P \ll M_T$ ist (in diesem Fall sind Laborsystem und Schwerpunktsystem identisch), geht Gleichung (11.7) in die bekannte Rutherford-Formel über

$$\frac{d\sigma}{d\Omega} = \left(\frac{Z_P Z_T\, e^2}{16\pi\, \varepsilon_0 E}\right)^2 \frac{1}{\sin^4(\theta/2)} \qquad (11.8)$$

Aus der Formel für den differentiellen Wirkungsquerschnitt können zwei wichtige Folgerungen abgelesen werden. Erstens ist der Wirkungsquerschnitt zu $(Z_P Z_T)^2$ proportional, d.h. bei gegebenen Targetatomen ist es günstig, Projektile mit höherer Kernladungszahl (^{4}He statt ^{1}H) zu verwenden. Zweitens wächst der Wirkungsquerschnitt mit E^{-2} an, was bedeutet, daß bei höheren Einschußenergien die Streurate erheblich abfällt.

11.1.3 Energieverlust in Materie

Geladene Teilchen erleiden beim Durchgang durch Materie einen Energieverlust. Bei nicht zu kleinen Energien ist die Streuung an Elektronen der Targetatome der hauptsächliche Prozeß ("elektronisches Bremsen"). Dabei werden die Atome angeregt oder ionisiert. Sehr viel seltener tritt daneben die Streuung an Targetatomkernen (Rutherford-Streuung) auf; für Protonen, Deuteronen, α-Teilchen und schwerere Ionen ist dieses nukleare Bremsen oberhalb $E = 1$ MeV/Nukleon vernachlässigbar. Durch den Prozeß der Vielfachstreuung beim Energieverlust entsteht auch eine Energie- und Winkelauffächerung ("energy straggling, angular straggling") des Strahls.

Als Bremsvermögen wird der Energieverlust pro Weglänge bezeichnet

$$-\frac{dE}{dx} := -\lim_{\Delta x \to 0} \frac{\Delta E}{\Delta x} \tag{11.9}$$

Bethe und Bloch haben das elektronische Bremsvermögen berechnet, sie finden folgenden Zusammenhang

$$-\frac{dE}{dx} = n\,\frac{Z_P^2 Z_T e^4}{4\pi\,\varepsilon_0^2\, v^2 m_e}\left[\ln\frac{2\,m_e\,v^2}{<I>} - \ln\!\left(1 - \frac{v^2}{c^2}\right) - \frac{v^2}{c^2}\right] \tag{11.10}$$

Dabei ist Z_P die Kernladungszahl und v die Geschwindigkeit der einfallenden Teilchen, und n die Anzahldichte der Targetatome mit Kernladungszahl Z_T. Die Größe $<I>$ beschreibt das mittlere Ionisationspotential der Elektronen, das als $<I> = 11{,}5 \cdot Z_T$ (eV) abgeschätzt werden kann.

Da bei den Ionenstrahltechniken mit Projektilgeschwindigkeiten $v \ll c$ gearbeitet wird, können bei unseren Betrachtungen die beiden letzten Terme in Gleichung (11.10) vernachlässigt werden.

In Abbildung 11.5 ist das experimentell bestimmte Bremsvermögen zusammen mit der Berechnung nach der Bethe-Bloch-Formel für ^{4}He-Projektile in Silizium zu sehen. Der dort gezeigte Verlauf läßt sich qualitativ folgendermaßen verstehen. Im Energiebereich $<I> \ll E \ll M_P c^2$ variiert der erste logarithmische Term in der Klammer der Gleichung (11.10) nur wenig und die relativistischen Terme sind vernachlässigbar, so daß dort näherungsweise gilt

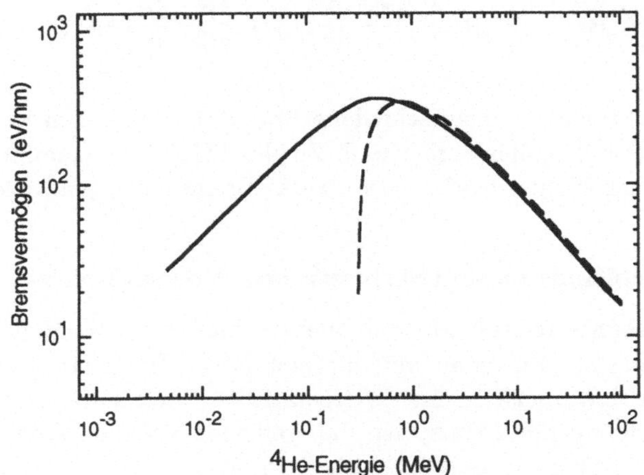

Abb. 11.5 Bremsvermögen für ^{4}He-Projektile in Silizium als Funktion der Projektilenergie. Die durchgezogene Linie gibt den Verlauf der experimentellen
Daten wieder (ZIE 77). Die gestrichelt Kurve wurde nach Bethe-Bloch (Gl.
(11.10)) berechnet

$$-\frac{dE}{dx} \propto \frac{1}{v^2} \propto \frac{1}{E} \tag{11.11}$$

Für kleine Energien gewinnt der erste logarithmische Term an Bedeu-
tung und die Kurve fällt unterhalb $E \approx 500\ \langle I\rangle$ steil ab. Bei kleineren Energien gibt es einen weiteren Energieverlustprozeß durch Wechselwirkung
des Projektils mit schwach gebundenen Elektronen. Außerdem kommt in
diesem Bereich auch das "nukleare Bremsvermögen" (Stöße mit Atomkernen) ins Spiel. Beide Effekte führen zu Abweichungen von der Bethe-
Bloch-Formel.

Die bisherige Diskussion des Bremsvermögens hat sich auf Substanzen
bezogen, die aus einem einzigen Element bestehen. Für Materie, die aus
mehreren Elementen zusammengesetzt ist, legt man eine Additivität des
auf die Atomdichte normierten Bremsvermögens zugrunde (Bragg-Klee-
man-Regel). Bezeichnet man mit A und B die Elemente und mit α und β
deren relativen Anteil in der Substanz, so gilt für das Bremsvermögen des
zusammengesetzten Materials

$$\frac{dE}{dx}(A_\alpha B_\beta) = n(A_\alpha B_\beta)\left[\frac{\alpha}{n(A)}\frac{dE}{dx}(A) + \frac{\beta}{n(B)}\frac{dE}{dx}(B)\right] \qquad (11.12)$$

Das Bremsvermögen für verschiedene Projektil-Targetatom-Kombinationen ist in dem Tabellenwerk von J. Ziegler (ZIE 77) zusammengestellt. Dort sind auch Näherungsformeln für das Bremsvermögen angegeben.

11.1.4 Beschleunigung und Nachweis von geladenen Teilchen

Teilchenbeschleuniger. Für die Ionenstrahlanalytik benötigt man Teilchenstrahlen mit Energien von einigen MeV. Zur Erzeugung dieser Strahlen werden überwiegend elektrostatische Beschleuniger eingesetzt. Das zugrundeliegende Prinzip ist, daß geladene Teilchen eine Potentialdifferenz U durchlaufen und dabei die Energie

$$E = q\,e\,U \qquad (11.13)$$

aufnehmen, wobei $q\,e$ die Ladung des Teilchen bezeichnet. Andere Beschleunigerprinzipien beruhen auf der Verwendung von elektrischen Wechselfeldern, wobei die Phase des Wechselfeldes bezüglich der Bahn des Teilchens so eingestellt wird, daß insgesamt eine Beschleunigung erfolgt (das Teilchen "reitet auf einem Wellenberg"). Mit dem Wechselfeldprinzip, das insbesondere bei Zyklotrons und Synchrotrons, aber auch bei Hochfrequenz-Linearbeschleunigern zum Einsatz kommt, können im allgemeinen höhere Energien erreicht werden als bei elektrostatischen Beschleunigern. Die höheren Energien werden in der Kern- und Elementarteilchenphysik benötigt, sind aber für die Ionenstrahlanalytik meistens nicht erforderlich. Wir werden uns deshalb auf eine Beschreibung der elektrostatischen Beschleuniger beschränken.

Die wesentlichen Komponenten eines elektrostatischen Beschleunigers sind die Ionenquelle, das Beschleunigungsrohr und die Vorrichtung zur Erzeugung der Beschleunigungsspannung.

Als Ionenquellen verwendet man z.B. Gasentladungsröhren, in denen durch Elektronenstoß ein Plasma erzeugt wird. Durch Anlegen einer Abziehspannung kann man die Ionen aus dem Plasma heraussaugen und in das evakuierte Strahlrohr lenken. Materialien, die nicht in gasförmigen Verbindungen vorliegen, können mittels eine Ofens verdampft und durch ein Trägergas (z.B. Ar) in den Entladungsraum geleitet werden.

Auf die Vielzahl der verschiedenen Ionenquellen können wir hier nicht weiter eingehen. Es sei nur noch die sogenannte Sputterquelle erwähnt, bei der die Ionen direkt aus einem Festkörper durch Ionenbeschuß herausgeschlagen werden. Neben den neutralen und positiv geladenen Atomen entstehen dabei zu einem gewissen Anteil auch negative Ionen, die insbesondere bei Tandem-Beschleunigern (siehe unten) benötigt werden.

Die elektrostatischen Beschleuniger beruhen entweder auf dem Cockcroft-Walton oder dem Van-de-Graaff Prinzip. Die Cockcroft-Walton Methode, auf die wir hier nicht genauer eingehen wollen, basiert auf der Spannungsmultiplikation, wobei ein Wechselstrom in einen multiplizierenden und gleichrichtenden Stromkreis eingespeist wird.

Eine schematische Darstellung des in den 20er Jahren von Van de Graaff entwickelten Beschleunigertyps ist in Abbildung 11.6 gezeigt. Das Spezifische dieses Beschleunigers ist das umlaufende Band, mit dem die Ladung auf mechanischem Wege in den Hochspannungsteil transportiert wird. Auf das durch einen Motor angetriebene isolierende Band werden auf Erdpotential Ladungen aufgesprüht und im Hochspannungsteil wieder abgenommen. Die Hochspannungsseite ist mit einer elektrisch leitenden Kuppel abgeschlossen, in derem Inneren ein feldfreier Raum vorliegt, so daß der Abnahme der Ladung nichts entgegensteht. Hier befindet sich auch die Ionenquelle. Statt des Bandes verwendet man heutzutage häufig auch Ketten, deren Glieder von einander isoliert sind.

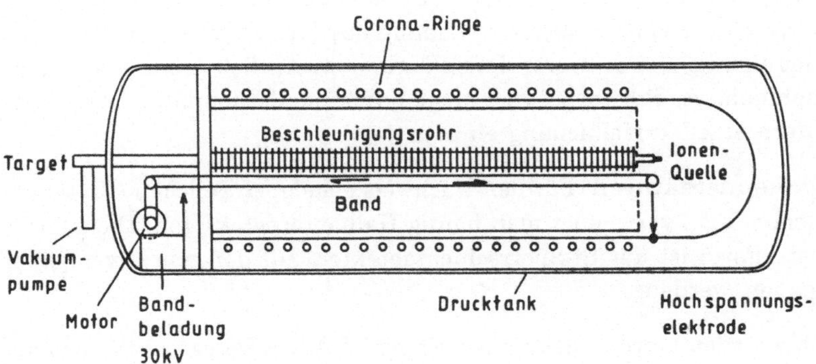

Abb. 11.6 Schematischer Aufbau eines Van-de-Graaff Beschleunigers

Das Beschleunigungsrohr (Abb. 11.6), das durch eine Vakuumpumpe evakuiert wird, besteht aus äquidistanten Metallringen, die durch Glaszylinder voneinander getrennt sind. Die Glas- und Metallteile sind vakuumdicht miteinander verklebt. Um über das gesamte Beschleunigungsrohr einen gleichmäßigen Spannungsabfall zu erreichen, sind die Metallringe des Beschleunigungsrohres mit den weiter außenliegenden, größeren Corona-Ringen verbunden, die ihrerseits über eine Widerstandskette einen gleichmäßigen Spannungsabfall gewährleisten.

Schließlich ist noch der Drucktank zu erwähnen, der mit einem Schutzgas gefüllt ist, um Hochspannungsüberschläge zu vermeiden. An Luft können nur Spannungen bis ungefähr 500 kV aufrechterhalten werden, mit Schutzgas (z.B. SF_6 bei 10 bar) erreicht man Spannungen bis 10 MV und darüber.

Beim Tandem-Beschleuniger wird die Hochspannung zweimal ausgenutzt. Der Hochspannungsteil ist dabei in die Mitte des Beschleunigers gelegt. Es werden zunächst negative Ionen (die Ionenquelle liegt auf Erdpotential) zum positiv geladenen Hochspannungsteil hin beschleunigt, dort erfolgt beim Durchtritt durch eine Folie oder einer Gaszelle eine Umladung des beschleunigten Teilchens. Anschließend wird es als positives Ion zum anderen Ende hin weiterbeschleunigt. Die insgesamt aufgenommene Energie ist

$$E = (q + 1)\, e\, U \tag{11.14}$$

wobei q der Ladungszustand des Ions nach der Umladung ist, die 1 ergibt sich durch die einfach negative Ladung des Ions beim ersten Teil der Beschleunigung. Bei schweren Ionen kann q wesentlich größere Werte als 1 annehmen, so daß insgesamt nicht nur eine Verdopplung der Energie, sondern eine Vervielfachung eintritt.

Teilchendetektoren. Für den Nachweis geladener Teilchen (Protonen, α-Teilchen, u.a.) verwendet man häufig Halbleiterdetektoren. Die gebräuchlichste Form ist der Si-Sperrschichtdetektor, auf den wir etwas genauer eingehen werden.

Halbleiterdetektoren (siehe auch Kapitel 2.4: Ge-Detektor) funktionieren ähnlich wie eine Ionisationskammer. Das energiereiche geladene Teilchen, das den Halbleiter passiert, erzeugt eine Spur von Elektron-Loch-Paaren (in der Ionisationskammer sind dies Elektronen und Ionen), die, falls ein elektrische Feld vorhanden ist, getrennt werden und an den entgegengesetzt gepolten Elektroden einen Stromimpuls erzeugen. Die Höhe des Stromimpulses ist der Zahl der Elektron-Loch-Paare und damit der Energie des ionisierenden Teilchens proportional. Im Mittel wird für die Erzeugung eines Elektron-Loch-Paares in Silizium eine Energie von ca. 3,7 eV benötigt. Ein α-Teilchen mit 5 MeV Energie erzeugt damit in Silizium ungefähr

$$\frac{5 \cdot 10^6 \text{ eV}}{3,7 \text{ eV/Paar}} \approx 1,7 \cdot 10^6 \text{ Elektron-Loch-Paare.}$$

In Ionisationskammern sind für die Erzeugung eines Elektron-Ion-Paares ungefähr 30 eV erforderlich, so daß bei gleicher Energie des durchfliegenden Teilchens 10 mal weniger Ladungsträger erzeugt werden. Der Halbleiterdetektor hat also gegenüber der Ionisationskammer einen Vorteil in der Statistik der Ladungsträger und erreicht damit eine bessere Energieauflösung. Außerdem erhält man beim Halbleiterdetektor wegen der kürzeren Sammelzeit der Ladungsträger an den Elektroden eine wesentlich bessere Zeitauflösung.

Für die praktische Realisierung eines Halbleiterdetektors bedient man sich eines p-n-Übergangs. Bezüglich einer detailierten Beschreibung eines p-n-Übergangs verweisen wir auf Lehrbücher der Festkörperphysik; hier sollen anhand von Abbildung 11.7 nur die wesentlichen Gesichtspunkte kurz rekapuliert werden.

Bringt man p- und n-leitendes Material in Kontakt, so kommt es zu einem Austausch von Ladungsträgern. Die Elektronen aus dem n-leitenden Material wandern zur p-leitenden Seite und die positiv geladenenLöcher aus dem p-leitenden Material zur n-leitenden Seite. Dadurch baut sich eine Spannungsdifferenz auf, die den weiteren Austausch der Ladungsträger verhindert. Im Grenzbereich zwischen p- und n-leitendem Material kommt es zu einer Verarmung von Ladungsträgern. Durch Anlegen einer äußeren elektrischen Spannung in Sperrichtung (positiver Pol am n-leitenden und negativer Pol am p-leitenden Material) wird die Spannungsdifferenz erhöht und die Verarmungszone verbreitert.

Bei der Herstellung eines Si-Oberflächensperrschichtdetektors geht man von einer dünnen Scheibe schwach n-leitenden Siliziums aus, das an der Oberfläche leicht oxidiert wird. Durch die Oxidation entstehen Oberflächenzustände, die p-leitenden Charakter aufweisen. Man hat dadurch

den p-leitenden Teil der Diode auf n-leitendem Grundmaterial realisiert.
Anschließend wird an der Eintrittsseite ein dünner Goldfilm und an der
Rückseite ein Aluminiumfilm zur Kontaktierung und zum Schutz der
Diode aufgedampft.

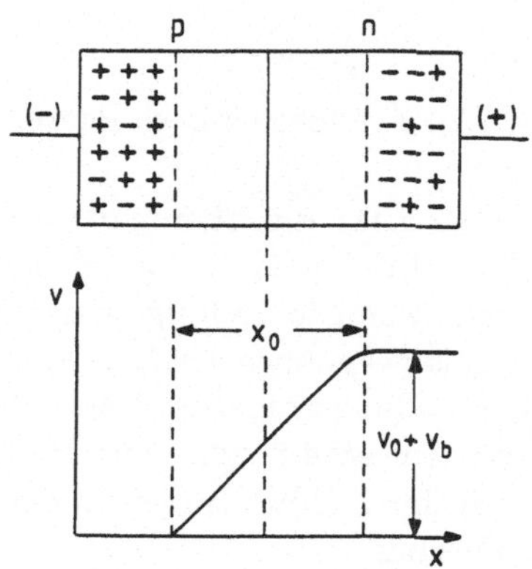

Abb. 11.7 p-n-Übergang im Halbleiter mit angelegter Spannung V_b in Sperrichtung. V_0
ist die eingebaute Spannung des p-n-Übergangs. Zwischen dem p-leitenden
(Überschuß an positiven Löchern) und dem n-leitenden Teil (Überschuß an
Elektronen) befindet sich die Verarmungszone mit der Breite x_0. Im unteren
Teil des Bildes ist der Spannungsverlauf als Funktion der Tiefe x darge-
stellt.

Eine Alternative zu dem hier skizziertem Oberflächensperrschichtdetektor stellt der sogenannte ionenimplantierte Detektor dar. In diesem Fall
wird die p-leitende Schicht durch Bor-Implantation in n-leitendes Grundmaterial erreicht. Diese Fabrikation ist aufwendiger, hat aber den Vorteil, daß die Oberfläche des Detektors mechanisch weniger empfindlich ist
als beim üblichen Sperrschichtdetektor. Eine weitere Alternative ergibt
sich daraus, daß man statt von n-leitendem von p-leitendem Grundmaterial ausgeht. Die sich daraus ergebenden Unterschiede sind in der Praxis
wichtig, an der prinzipiellen Funktionsweise ändert sich jedoch nichts.

Der Bereich der Verarmungszone (siehe Abb. 11.8) ist für die Funktion
der Diode als Detektor von entscheidender Bedeutung, da nur die in dieser
Zone entstehenden Elektron-Loch-Paare zum Stromimpuls beitragen.
Man muß zum einen erreichen, daß die Schicht am Eingang des Detektors

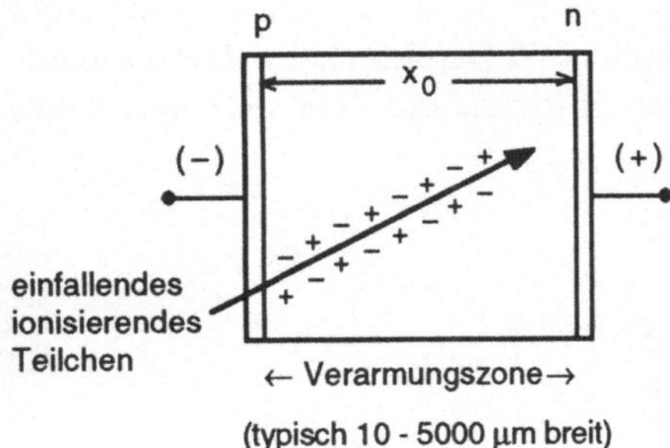

Abb. 11.8
Das einfallende ionisierende Teilchen erzeugt längs der Spur im Halbleiter Elektron-Loch-Paare; im elektrischen Feld werden die entsprechenden Ladungen zu den Elektroden hin abgezogen und rufen dort einen Stromimpuls hervor

(Au-Kontakt und p-leitende Lage) dünn gehalten wird, da die Ionisation in diesem Teil keinen Beitrag zum Stromimpuls gibt, und zum anderen, daß die Verarmungszone ausreicht, das Teilchen vollständig zu stoppen, damit ein der Gesamtenergie proportionaler Impuls erzeugt wird. Die Breite der Verarmungszone ist gegeben durch (SZE 85)

$$x_0 = \sqrt{\frac{2\,\varepsilon(V_0 + V_\mathrm{b})}{q\,n_\mathrm{B}}} \qquad (11.15)$$

wobei ε die Dielektrizitätskonstante, V_0 die eingebaute p-n-Spannung, V_b die von außen angelegte Sperrspannung, q die Ladung und n_B die Konzentration der Dotierungsatome angibt. Man erkennt an Gleichung (11.15), daß man durch Verringerung der Grunddotierung bzw. durch Erhöhung der Sperrspannung die Breite der Verarmungszone vergrößern kann. Der Verringerung der Grunddotierung sind neben dem Grund, daß man kein beliebig reines Material herstellen kann, auch dadurch Grenzen gesetzt, daß man den n-leitenden Charakter des Materials erhalten muß. Die maximale Sperrspannung ist durch die Durchschlagfestigkeit der Diode begrenzt.

Mit einem Oberflächensperrschichtdetektor kann man Energieauflösungen von ca. 15 keV für 5 MeV α-Teilchen erreichen. Abbildung 11.9 zeigt einen Ausschnitt des Energiespektrums einer ^{241}Am-Eichquelle. Man erkennt, daß die α-Linien bei 5,433 MeV und 5,477 MeV gut getrennt sind.

In manchen Fällen ist es wichtig, neben der Energie auch die Teilchensorte zu bestimmen. Das erreicht man mit einem Detektorteleskop, das aus zwei hintereinander aufgestellten Detektoren besteht. Der erste Detektor muß dabei so dünn sein, daß ihn das geladene Teilchen durchquert und nur einen Teil seiner Energie abgibt (ΔE-Detektor). Im anschließenden dicken Detektor wird das Teilchen gestoppt und deponiert dort seine Restenergie (E-Detektor).

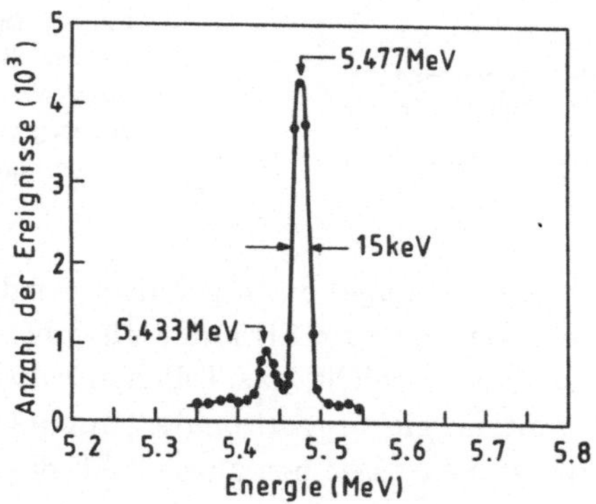

Abb. 11.9 Energiespektrum einer ^{241}Am α-Quelle aufgenommen mit einen Oberflächensperrschichtdetektor

Die Funktion des Detektorteleskops kann man leicht für Teilchen mit Energien oberhalb des Maximums des Energieverlustes (siehe Abbildung 11.5) anhand der Bethe-Bloch-Formel (Gl.(11.10)) einsehen. In diesem Bereich ist dE/dx proportional zu $1/E$, so daß für das Produkt aus dem Energieverlust ΔE in dem dünnen Detektor und der Gesamtenergie des Teilchens $\Delta E + E_\text{Rest}$ (E_Rest: Energie im zweiten, dicken Detektor) folgender Zusammenhang gilt

$$\Delta E \cdot (\Delta E + E_\text{Rest}) \propto Z_\text{P}^2 M_\text{P} \tag{11.16}$$

wobei wieder Z_P die Kernladungszahl und M_P die Masse des ionisierenden Teilchens angibt. Für Protonen ist $Z_\text{P}^2 M_\text{P} = 1$ (M_P in atomaren Einheiten), während für α-Teilchen $Z_\text{P}^2 M_\text{P} = 16$ ist; dies zeigt, daß beide Teilchensorten gut mit einem ΔE-E-Teleskop zu unterscheiden sind. Die Teilchensortendiskriminierung funktioniert auch unterhalb des Maximums des Bremsvermögens, nur daß dort der einfache Zusammenhang (11.16) nicht mehr gilt und man üblicherweise einen Computer zur Datenaufnahme und Teilchensortendiskriminierung zu Hilfe nimmt.

Neben Halbleiterdetektoren werden trotz einiger bereits erwähnter Nachteile auch Ionisationskammern zum Nachweis geladener Teilchen eingesetzt. Die Verwendung von Ionisationskammern ist insbesondere dann angebracht, wenn schwere Ionen nachzuweisen sind, da schwere Ionen in Halbleitern Strahlenschäden verursachen und damit die Funktion der Detektoren beeinflussen. Ionisationskammern sind auf Strahlenschäden unempfindlich, außerdem kann man mit Ionisationskammern große Raumwinkel erfassen.

11.1.5 Experimente an dünnen Filmen

Ein sehr wichtiges Anwendungsgebiet der Rutherford-Rückstreumethode ist die Analyse von Dünnschichtsystemen. Dieser Anwendungsbereich soll hier an Beispielen diskutiert werden, um die Grundzüge der Rutherford-Rückstreumethode klar zu machen.

Bevor wir jedoch zu einem konkreten Beispiel kommen, soll zunächst der wichtige Zusammenhang zwischen der gemessenen Energie der gestreuten Teilchen und der Tiefe, in der sie gestreut worden sind, aufgezeigt werden. Dazu wollen wir uns überlegen, welche Energie die gestreuten Teilchen haben, wenn sie entweder an der Oberfläche oder in der Tiefe x gestreut worden sind. Dieser Sachverhalt ist in Abbildung 11.10 schematisch dargestellt.

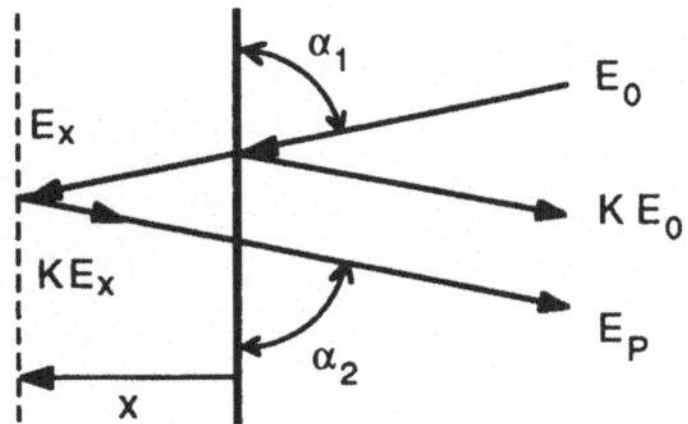

Abb. 11.10
Energieverhältnisse bei der Streuung eines Teilchens an der Substratoberfläche und an Atomen in der Tiefe x. Die Teilchenpfade sollen die Winkel α_1 bzw. α_2 zur Oberfläche einschließen

Zur Berechnung der Energie E_P nach einem Streuereignis in der Tiefe x der Substanz soll eine erste nützliche Näherung gemacht werden: das Bremsvermögen $\mathrm{d}E/\mathrm{d}x$ soll für den Hinweg ($l_1 = x/\sin\alpha_1$) des Teilchens zum Streuzentrum und für den Rückweg ($l_2 = x/\sin\alpha_2$) zur Oberfläche jeweils als konstant angenommen werden. Diese Näherung ist für kleine

Wege sehr gut erfüllt, da das Bremsvermögen relativ langsam mit der Energie variiert (siehe Abb. 11.5). Für die Energien E_x und E_P gilt dann

$$E_x = E_0 - \left.\frac{\mathrm{d}E}{\mathrm{d}x}\right|_{E_0} \frac{x}{\sin\alpha_1} \tag{11.17}$$

und

$$E_\mathrm{P} = KE_x - \left.\frac{\mathrm{d}E}{\mathrm{d}x}\right|_{KE_x} \frac{x}{\sin\alpha_2} \tag{11.18}$$

Mit Hilfe der Gleichungen (11.17) und (11.18) kann jetzt der Energieunterschied ΔE zwischen Streuung an der Oberfläche und Streuung in der Tiefe x angegeben werden

$$\Delta E = KE_0 - E_\mathrm{P} = \left[\frac{K}{\sin\alpha_1} \left.\frac{\mathrm{d}E}{\mathrm{d}x}\right|_{E_0} + \frac{1}{\sin\alpha_2} \left.\frac{\mathrm{d}E}{\mathrm{d}x}\right|_{KE_x} \right] \cdot x \tag{11.19}$$

Bei unbekanntem x kann aber E_x, das man zur Berechnung des Bremsvermögens in Gleichung (11.19) benötigt, nicht angegeben werden. Zur Lösung dieses Problems machen wir wiederum von der relativ schwachen Abhängigkeit des Bremsvermögens von der Energie Gebrauch und setzen

$$\left.\frac{\mathrm{d}E}{\mathrm{d}x}\right|_{KE_x} = \left.\frac{\mathrm{d}E}{\mathrm{d}x}\right|_{KE_0} \tag{11.20}$$

Damit gilt

$$\Delta E = \left[\frac{K}{\sin\alpha_1} \left.\frac{\mathrm{d}E}{\mathrm{d}x}\right|_{E_0} + \frac{1}{\sin\alpha_2} \left.\frac{\mathrm{d}E}{\mathrm{d}x}\right|_{KE_0} \right] \cdot x \tag{11.21}$$

Es ergibt sich also ein linearer Zusammenhang zwischen der Rückstreuenergie und der Tiefe, in der die Streuung stattgefunden hat.

Die oben gemachten Überlegungen sollen jetzt auf einen dünnen, freitragenden Film, der aus nur einer Elementsorte aufgebaut ist, angewendet werden. Wir wollen uns auf senkrechten Projektileinfall ($\alpha_1 = 90°$) und volle Rückstreuung ($\alpha_2 = 90°$, $\theta = \alpha_1 + \alpha_2 = 180°$) beschränken. Es soll gezeigt werden, wie das Rückstreuspektrum aussieht und welche physikalischen Größen daraus abgeleitet werden können. Ein schematisches Rückstreuspektrum für einen dünnen Film ist in Abbildung 11.11 gezeigt.

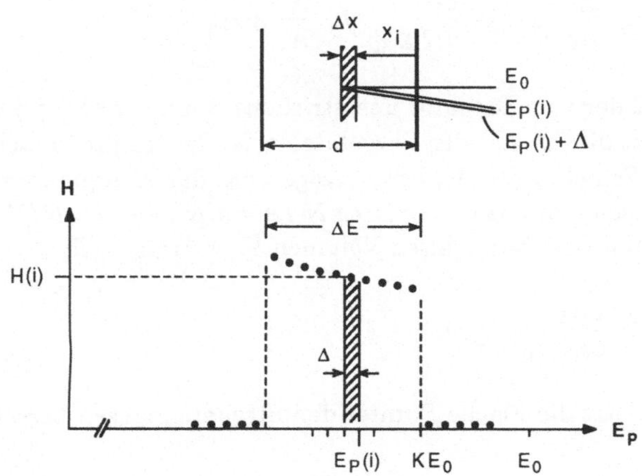

Abb. 11.11 Rutherford-Rückstreuspektrum (schematisch) für einen dünnen, freitragenden Film

Ein reales Rückstreuspektrum besteht aus einem Histogramm, bei dem die Anzahl der rückgestreuten Teilchen $H(i)$ im Energieintervall Δ bei entsprechenden Energien $E_P(i)$ registriert wird (Laufindex i : 0, 1, 2, ...). Die Feinheit des Energierasters wird durch die Energieauflösung des verwendeten Teilchendetektors beschränkt. Meßpunkte im Energieabstand Δ entsprechen Streuereignissen im Film aus Schichten mit Dicke Δx.

Wie durch Abbildung 11.11 bereits nahegelegt wird, ist die Schichtdicke d direkt aus der Breite der Energieverteilung ΔE der gestreuten Teilchen abzulesen. Nach Gleichung (11.21) gilt

$$\Delta E = \left[K \left. \frac{\mathrm{d}E}{\mathrm{d}x} \right|_{E_0} + \left. \frac{\mathrm{d}E}{\mathrm{d}x} \right|_{KE_0} \right] \cdot d \qquad (11.22)$$

Zur Bestimmung der Schichtdicke muß also das Bremsvermögen des Teilchenstrahls im Film bekannt sein. Der kinematische Faktor K kann aus der Lage der Oberkante der Energieverteilung entnommen werden (siehe Abb. 11.11).

Die Anzahl der rückgestreuten Teilchen $H(i)$ im i-ten Energieintervall läßt sich wie folgt berechnen (vergleiche dazu Gl.(11.6))

$$H(i) = \frac{\mathrm{d}I}{\mathrm{d}\Omega}\,\Delta\Omega\,t_0 = \left.\frac{\mathrm{d}\sigma}{\mathrm{d}\Omega}\right|_{E(x_i)} I_0\,\frac{N_i}{A}\,\Delta\Omega\,t_0 \tag{11.23}$$

Dabei ist $\Delta\Omega$ der vom Detektor überstrichene Raumwinkel und t_0 die Meßzeit. N_i/A ist die Anzahl der Targetatome pro bestrahlter Fläche A, bezogen auf die Schichtdicke Δx, bzw. bezogen auf das Energieintervall Δ. Benützt man noch den Zusammenhang $N_i/A = n\,\Delta x$, mit $n = N/V$ der Dichte der Targetatome im bestrahlten Volumen V, so ergibt sich

$$H(i) = \left.\frac{\mathrm{d}\sigma}{\mathrm{d}\Omega}\right|_{E(x_i)} I_0\,\Delta\Omega\,t_0\,n\,\Delta x \tag{11.24}$$

Wir können jetzt die Fläche F unter den Streuereignissen berechnen

$$F = \sum_i H(i) = I_0\,\Delta\Omega\,t_0\,n\,\sum_i\left(\left.\frac{\mathrm{d}\sigma}{\mathrm{d}\Omega}\right|_{E(x_i)} \cdot \Delta x\right) \tag{11.25}$$

Für den Fall, daß sich der Wirkungsquerschnitt entlang der Filmdicke nicht ändert, d.h. falls das Rückstreuspektrum durch eine Rechteckfläche angenähert werden kann, führt das zu dem einfachen Ergebnis

$$F = I_0\,\Delta\Omega\,t_0\,n\,d\,\left.\frac{\mathrm{d}\sigma}{\mathrm{d}\Omega}\right|_{E_0} \tag{11.26}$$

Mit Gleichung (11.26) gelingt es auch die Schichtdicke d des Films (bei bekanntem n) zu bestimmen, sofern die Strahlintensität und der Detektorraumwinkel bekannt sind.

Eine andere oft nützliche Größe ist die Anzahl der in der Oberflächenschicht rückgestreuten Teilchen $H(0)$. Diese läßt sich mit Hilfe von Gleichung (11.24) und (11.21) berechnen ($\alpha_1 = \alpha_2 = 90°$)

$$H(0) = \left.\frac{\mathrm{d}\sigma}{\mathrm{d}\Omega}\right|_{E_0} I_0\,\Delta\Omega\,t_0\,n\,\Delta\,\left[K\left.\frac{\mathrm{d}E}{\mathrm{d}x}\right|_{E_0} + \left.\frac{\mathrm{d}E}{\mathrm{d}x}\right|_{KE_0}\right]^{-1} \tag{11.27}$$

Zu bemerken ist noch, daß die Anzahl der Teilchen, die aus tieferliegenden Schichten zurückgestreut werden, im allgemeinen anwächst, da der Wirkungsquerschnitt für Rutherford-Streuung mit sinkender Teilchenenergie zunimmt (vergleiche Gl. (11.8)). Dieser Sachverhalt ist in Abbildung 11.11 gezeigt.

Beispiel: Kobaltsilizid-Bildung in Co/Si-Filmen

Die Ausbildung von Nickel- und Kobaltsilizidverbindungen und deren Wachstumsverhalten ist von großer technologischer Bedeutung bei der Herstellung leitender Schichten in Halbleiterbauelementen. Zu diesem Problemkreis hat die Rutherford-Rückstreuung wichtige Beiträge geleistet, was hier anhand von Arbeiten von Langouche und Mitarbeitern gezeigt werden soll (WUV 91).

Auf einen Silizium-Einkristall mit Oberflächennormale in <111>-Richtung wurde bei Raumtemperatur ein Kobaltfilm von 76 nm Dicke aufgebracht. An diesem so hergestellten Filmsystem wurde dann mit Hilfe von 2 MeV ^{4}He-Teilchen ein erstes Rutherford-Rückstreuexperiment durchgeführt. In Abbildung 11.12a ist das dazugehörige Meßspektrum zu sehen. Man erkennt zwei Anteile von Rückstreuereignissen; die Daten-

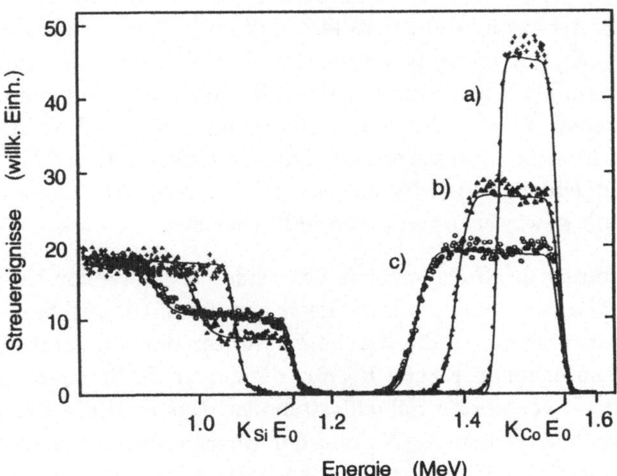

Abb. 11.12 Rutherford-Rückstreuspektren von einem Co-Film auf Si(111) (Streuereignisse normiert auf die Größe $I_0 t_0$)
a) nach der Herstellung bei Raumtemperatur
b) nach Erwärmen auf 450 °C; es bildet sich CoSi
c) nach weiterem Erwärmen auf 600 °C; es bildet sich $CoSi_2$. Nach (VAN 91)

punkte zwischen 1,43 MeV und 1,57 MeV rühren von der Rückstreuung
am Kobalt her, während die Ereignisse unterhalb 1,1 MeV der Rückstreuung am Silizium zuzuordnen sind (da $K_{Co} > K_{Si}$). Der Co-Anteil beginnt,
wie für die Rückstreuung an der Co-Oberfläche erwartet, bei der Energie
$K_{Co} E_0$ und endet im vorliegenden Fall bei ca. 1,43 MeV. Die Datenpunkte
an der niederenergetischen Flanke des Co-Anteils entsprechen der Streuung an der Rückseite des Co-Films. Die Streuereignisse, die vom Silizium
herrühren, treten dagegen nicht bei $K_{Si} E_0$ auf, sondern beginnen erst etwas unterhalb. Das hat damit zu tun, daß der ^{4}He-Strahl erst den Co-Film
durchqueren muß und daher Energie verloren hat, bevor er auf Si-Atome
trifft. Zu niedrigeren Energien hin hören die Streuereignisse vom Silizium nicht auf, da es sich um ein dickes Si-Substrat handelt. Die durchgezogene Linie stellt eine Simulation des Rückstreuspektrums mit der
Theorie, die wir weiter oben für dünne Filme diskutiert haben, dar.

Wird nun das Co/Si-System erwärmt und danach bei Raumtemperatur
wieder mit Rutherford-Rückstreuung vermessen, so treten deutliche Veränderungen im Rückstreuspektrum auf. Zwei solche Spektren sind in Abbildung 11.12b und 11.12c gezeigt. Die Spektren wurden gemessen, nach-
dem die Probe vorher für eine Stunde auf 450 °C bzw. auf 600 °C geheizt
worden war. Als erstes stellt man fest, daß jetzt Streuereignisse vom Silizium bei $K_{Si} E_0$ auftreten, was bedeutet, daß Si-Atome bis hin zur Oberfläche mit dem Co-Film reagiert haben. Desweiteren sieht man, daß sich
die Rückstreuverteilung, die von der Streuung am Co-Films herrührt, zu
niedrigeren Energien hin verbreitert hat. Dies bedeutet, daß Co in das Si-
Substrat eingedrungen ist. Es hat sich also eine Schicht einer Phase, die
Co und Si mit gewissen Anteilen enthält, thermisch gebildet.

Zur Bestimmung der Stöchiometrie der beiden auftretenden Co/Si-Phasen
kann man Flächeninhalte, wie in Gleichung (11.26) angegeben, heranzie-
hen. Dazu ermittelt man die Fläche F_{Co} unter den Co-Streuereignissen
und die entsprechende Fläche F_{Si} für diejenigen Si-Streuereignisse, die
aus der mit Co reagierten Schicht stammen. Das sind die Ereignisse im
Energiebereich zwischen $K_{Si} E_0$ und der Energie, bei der die Streuereignisse wieder auf den Si-Substratwert hochgehen. Es gilt dann

$$\frac{F_{Co}}{F_{Si}} = \frac{n_{Co}}{n_{Si}} \frac{\left.\frac{d\sigma}{d\Omega}\right|_{E_0}^{(Co)}}{\left.\frac{d\sigma}{d\Omega}\right|_{E_0}^{(Si)}} = \frac{n_{Co}}{n_{Si}} \left(\frac{Z_{Co}}{Z_{Si}}\right)^2 \tag{11.28}$$

Mit Hilfe dieser Beziehung kann aus den gemessenen Flächen das Atomverhältnis bestimmt werden. Die Analyse ergibt für den Fall, der in Abbildung 11.12b dargestellt ist, $n_{Co}/n_{Si} = 1$. Man schließt daraus, daß es sich um CoSi handelt. Für den in Abbildung 11.12c dargestellten Fall findet man die Stöchiometrie von $CoSi_2$.

Bei dickeren Filmsystemen, für die die oben gemachten Näherungen nicht mehr gelten, denkt man sich den Film in dünne Teilschichten zerlegt und kann dann iterativ zu den gewünschten Parametern kommen.

11.1.6 Nachweis der elastisch gestreuten Rückstoßatome (ERDA)

Bei der Rutherford-Rückstreumethode wird, wie oben dargelegt worden ist, das gestreute Projektil nachgewiesen. Alternativ dazu kann man auch das angestoßene Targetatom detektieren. Diese alternative Methode, bei der man sich für die elastisch gestreuten Rückstoßatome interessiert, wird als ERDA-Technik (elastic recoil detection analysis) bezeichnet.

Der wesentliche Vorteil der ERDA-Methode gegenüber der Rutherford-Rückstreumethode besteht darin, daß die Identifizierung der streuenden Atome nicht nur über die Kinematik, sondern direkt erfolgen kann. Man kann mittels eines Detektorteleskops feststellen, um welches Teilchen es sich handelt und natürlich zusätzlich die Energie des Teilchens messen und daraus die Tiefenprofilinformation erhalten.

Da man bei der ERDA-Methode einen großen Teil der Energie des Projektils auf das Targetatom übertragen muß, funktioniert diese Technik nur, wenn die Masse des Projektils vergleichbar oder größer ist als die Masse des angestoßenen Atoms. Bei der ERDA-Methode verwendet man deshalb vorzugsweise schwere Ionen als Projektil. Die Methode ist besonders gut geeignet zum Nachweis leichter Elemente (von ^1H bis ^{16}O) in Matrizen von schweren Elementen, während die Rutherford-Rückstreumethode gerade umgekehrt den Nachweis von schweren Elementen in Matrizen von leichten Elementen gestattet. Die beiden Techniken ergänzen sich damit in idealer Weise.

Eine schematische Darstellung der Anordnung bei der ERDA-Methode ist in Abbildung 11.13 gezeigt. Durch das einfallende Projektil wird das Targetatom aus der Substanz herausgestoßen und unter dem meist kleinen Rückstoßwinkel ϕ nachgewiesen. Aus der gemessenen Rückstoßenergie E_T schließt man dann auf die Tiefenverteilung der Targetatome.

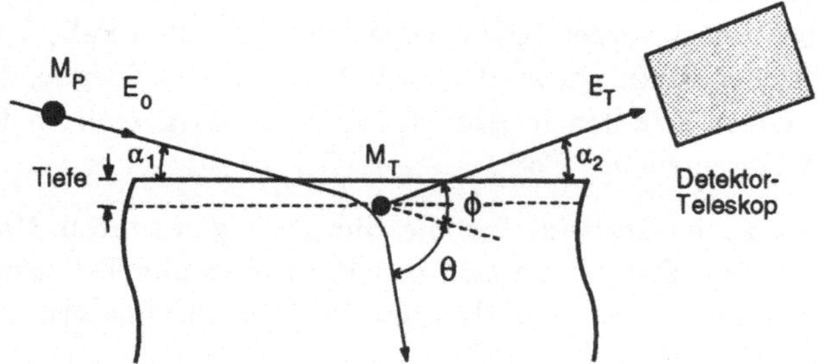

Abb. 11.13 Schematische Darstellung der experimentellen Anordnung bei der ERDA-Methode

Es kann wieder ein kinematischer Faktor eingeführt werden, der sich allerdings jetzt auf die Energie E_T des gestoßenen Targetatoms bezieht

$$\tilde{K} := \frac{E_T}{E_0} \tag{11.29}$$

mit E_0 der Energie des Projektils vor dem Stoß. Man erhält

$$\tilde{K} = \frac{4(M_P/M_T)}{[1 + (M_P/M_T)]^2}\,\cos^2\phi \tag{11.30}$$

Der Rückstoßwinkel ϕ ist natürlich mit dem Streuwinkel θ korreliert. Der Zusammenhang lautet

$$\tan\theta = \frac{\sin 2\phi}{(M_P/M_T) - \cos 2\phi} \tag{11.31}$$

Wir wollen anhand eines experimentellen Beispiels die Anwendung der ERDA-Methode klarmachen (GRÖ 92). Untersucht wurde eine Si-Scheibe mit einer 150 nm dicken Bornitrid-Schicht auf der Oberfläche. Als Projektile wurden ^{127}I-Ionen mit einer Energie von 130 MeV unter einem Einfallswinkel von $\alpha_1 = 15°$ auf die Probe geschossen. Die angestoßenen Targetatome wurden unter einem Winkel von $\alpha_2 = 15°$ zur Probenoberfläche, d.h. unter einem Rückstreuwinkel von $\phi = \alpha_1 + \alpha_2 = 30°$ nachgewiesen. Das Detektorteleskop bestand aus einer Ionisationskammer, die in einen dünnen vorderen Bereich für die ΔE-Messung und einem dicken hinteren

Bereich für die Restenergiemessung aufgeteilt war. Mit einem solchen Detektorteleskop ist es möglich, die verschiedenen Atomsorten zu unterscheiden. In Abbildung 11.14 sind die Rückstoßereignisse, die entsprechend ihrem Energieverlust ΔE im dünnen Detektor und ihrer Energie E_{Rest} $(= E_{\text{T}} - \Delta E)$ im dicken Detektor einsortiert wurden, dargestellt. Mit dieser Auftragung gelingt es, die verschiedenen Targetatomsorten voneinander zu unterscheiden. Wie man an den Si-Rückstoßatomen sieht, erhält man eine Abhängigkeit, die annähernd das Bremsvermögen von Si in Si wiedergibt (vergleiche Abb. 11.5; dort ist das Bremsvermögen von ^{4}He-Projektilen in Si im doppelt-logarithmischen Maßstab dargestellt).

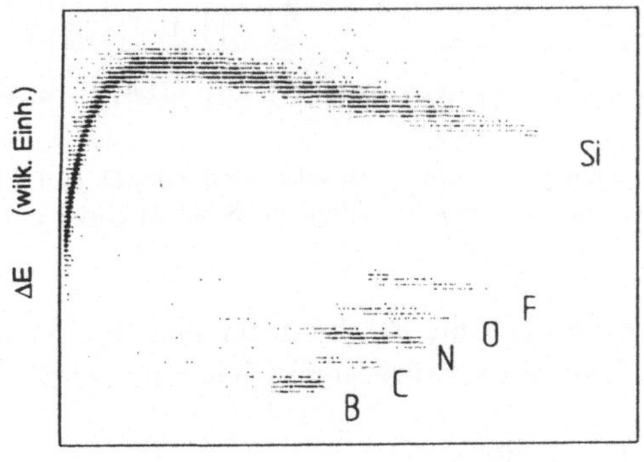

Abb. 11.14 Zweidimensionale Auftragung der Häufigkeitsverteilung der Rückstoßereignisse nach Jod-Ionenbeschuß von einem BN-Film auf Silizium, aufgenommen mit einem Detektor-Teleskop (GRÖ 92)

In Abbildung 11.15 ist für Stickstoff und Fluor (letzteres ist als Verunreinigung enthalten) die Anzahl der Rückstoßereignisse über der Energie E_{T} aufgetragen. Man erkennt wieder ein Kastenprofil, wie wir es schon bei der Rutherford-Rückstreumethode für dünne Filme kennengelernt haben. Auch hier läßt sich aus der Energieverteilung die Schichtdicke ablesen. Es gilt in Analogie zu Gleichung (11.21)

$$\Delta E = \left[\frac{\tilde{K}}{\sin\alpha_1} \frac{\mathrm{d}E}{\mathrm{d}x}\bigg|_{E_0}^{(M_{\text{P}})} + \frac{1}{\sin\alpha_2} \frac{\mathrm{d}E}{\mathrm{d}x}\bigg|_{\tilde{K}E_0}^{(M_{\text{T}})} \right] \cdot d \tag{11.32}$$

Es muß jetzt beachtet werden, daß in Gleichung (11.32) das Bremsvermögen jeweils für das Projektil (M_P) und für das Rückstoßatom (M_T) auftritt, und daß sich α_2 auf den Ausfallswinkel des Targetatoms bezieht.

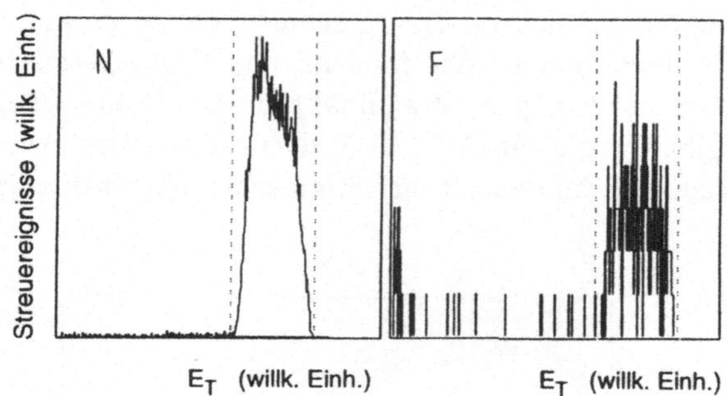

Abb. 11.15 Rückstoßenergieverteilung für Stickstoff (links) und Fluor (rechts) nach Jod-Ionenbeschuß eines BN-Films auf Silizium (GRÖ 92)

Ebenso einfach kann auch die Fläche unter den Rückstoßereignissen angegeben werden. Hier gilt entsprechend Gleichung (11.26)

$$F = I_0 \, \Delta\Omega \, t_0 \, n \, d \ \left. \frac{\mathrm{d}\sigma}{\mathrm{d}\Omega} \right|_{E_0} \tag{11.33}$$

Dabei ist zu beachten, daß das Raumwinkelelement $\mathrm{d}\Omega$ im differentiellen Wirkungsquerschnitt jetzt auf den Rückstoßwinkel ϕ zu beziehen ist. Wertet man die Fläche unter den Rückstoßenergieverteilungen für Fluor und Stickstoff aus, so findet man eine relative Konzentration von etwa 10^{-4}.

11.2   Gitterführung

Bei unserer bisherigen Diskussion der Rutherford-Streuung haben wir uns auf den einzelnen Stoß eines Ions mit einem Targetkern konzentriert und dabei verhältnismäßig große Ablenkwinkel betrachtet. Im folgenden soll ein Phänomen beschrieben werden, bei dem es durch die periodische Anordnung der Gitterbausteine zu vielen kleinen korrelierten Ablenkungen des einfallenden Ions kommt. Auf diese Weise wird das Ion über

Kleinwinkelstreuung in Gitterkanälen zwischen diesen Atomreihen oder Atomebenen geführt (Gitterführung, Channeling).

Im weiteren wollen wir uns auf axiale Gitterführung (entlang Gitterachsen) beschränken. Gitterführung tritt also dann auf, wenn die Richtung des einfallenden Ionenstrahls mit einer Kristallachse des Einkristalls übereinstimmt. Die Bahn des Projektils bei der Gitterführung ist schematisch in Abbildung 11.16 gezeigt. Das Projektil läuft ähnlich wie eine Kugel in einer Rinne den Kanal entlang und dringt tief in den Kristall ein.

Zur Beschreibung dieser Gitterführung kann man sich die Ladungen der einzelnen Atomkerne in den Reihen homogen über die Reihe ausgeschmiert denken. Das Projektil streut in diesem Bild ("Kontinuumsmodell") an geladenen "Stangen". Unter Verwendung eines abgeschirmten Coulomb-Potentials findet man folgendes Potential im senkrechten Abstand r von einer Atomreihe (FEL 86)

$$U(r) = \frac{Z_P Z_T e^2}{(4\pi\,\varepsilon_0)\,d}\,\ln\!\left[\left(\frac{C\,a}{r}\right)^2 + 1\right]$$
(11.34)

Dabei ist d der mittlere Abstand der Atome in der Reihe, a der Thomas-Fermi-Abschirmradius und C eine Konstante ($C \approx \sqrt{3}$).

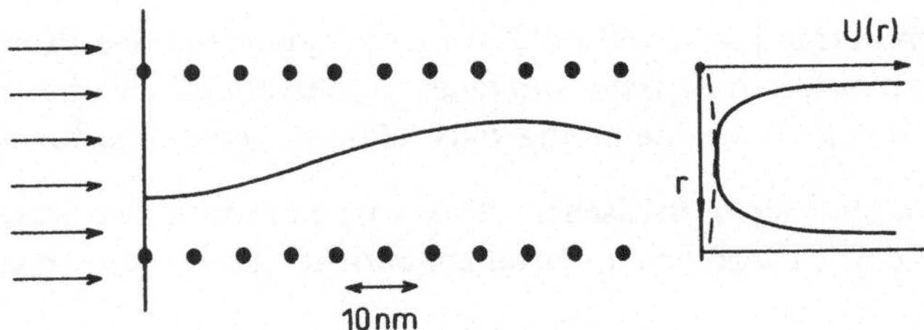

Abb. 11.16 Schematische Darstellung der Bahn eines Ions bei der Gitterführung. Der horizontale Maßstab ist gegenüber dem vertikalen stark verkürzt. Im rechten Teil ist das elektrische Potential zwischen zwei Atomreihen im Kontinuumsmodell gezeigt

Es ist einsichtig, daß der Gitterführungseffekt stark von der Richtung des Ionenstrahls bezüglich der des Gitterkanals abhängen muß. Aus der

Energieerhaltung kann ein Kriterium für einen kritischen Einfallswinkel bei der Gitterführung abgeleitet werden. Die gesamte Energie eines einfallenden Projektils im Kristall ist gegeben durch

$$E = \frac{p_\parallel^2}{2M_\mathrm{P}} + \frac{p_\perp^2}{2M_\mathrm{P}} + U(r) \tag{11.35}$$

Dabei sind $p_\parallel$ und $p_\perp$ die Impulskomponenten entlang der Kanalrichtung bzw. senkrecht dazu. Sie können durch den Winkel ψ zwischen der Richtung des Ionenimpulses p und der Kanalrichtung ausgedrückt werden. Es gilt

$$p_\parallel = p \cos \psi \qquad\qquad p_\perp = p \sin \psi \tag{11.36}$$

Damit läßt sich die Gesamtenergie des Projektils schreiben als

$$E = \frac{p^2 \cos^2\psi}{2M_\mathrm{P}} + \frac{p^2 \sin^2\psi}{2M_\mathrm{P}} + U(r) \tag{11.37}$$

Für kleine Winkel ψ, wie sie bei der Gitterführung auftreten, gilt für die Querenergie

$$E_\perp \approx \frac{p^2 \psi^2}{2M_\mathrm{P}} + U(r) \tag{11.38}$$

Diese Querenergie bleibt während des Entlanggleitens des Projektils im Kanal erhalten; die kinetische Querenergie verwandelt sich bei der größten Annäherung an die Atomreihe vollständig in potentielle Energie um.

Wir können jetzt einen kritischen Winkel ψ_c einführen, bei dessen Überschreitung die Gitterführung zusammenbricht. Dieser kritische Winkel

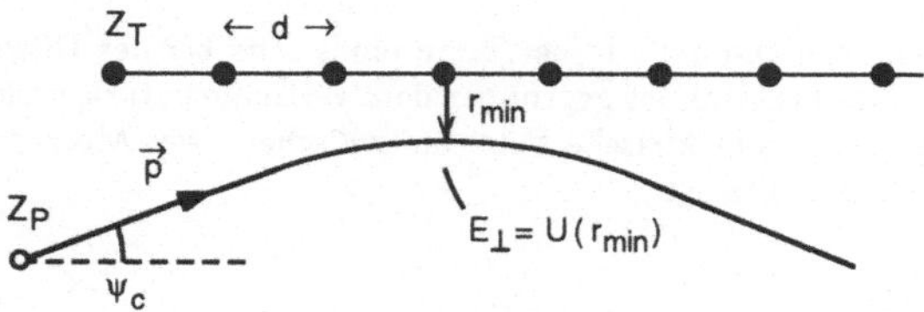

Abb. 11.17 Zur Erklärung des kritischen Winkels bei der Gitterführung

steht mit dem Potential beim minimalen zulässigen Abstand des Projektils von der Atomreihe $U(r_{\min})$ in Verbindung (Abb. 11.17)

$$\frac{p^2 \psi_c^2}{2M_P} = E\,\psi_c^2 = U(r_{\min}) \tag{11.39}$$

Daraus ergibt sich für den kritischen Winkel

$$\psi_c = \sqrt{\frac{U(r_{\min})}{E}} \tag{11.40}$$

Es bleibt jetzt noch die Frage zu klären, welcher minimale Abstand $r_{\min}$ noch zulässig ist, bevor größere Streuwinkel auftreten und damit die Gitterführung nicht mehr möglich ist. Kommt der minimale Abstand $r_{\min}$ in den Bereich der mittleren thermischen Auslenkung ρ der Gitterbausteine senkrecht zur Atomreihe, so werden sich Atomstöße mit großen Streuwinkeln ereignen mit der Folge, daß die Gitterführung gestört wird. Für den minimalen Abstand $r_{\min}$ gilt daher unter Verwendung der mittleren quadratischen Auslenkung $<u>^2$ und der Annahme isotroper Gitterschwingungen (vergleiche Abschn. 4.2)

$$r_{\min} \approx \rho = \sqrt{<x>^2 + <y>^2} = \sqrt{(2/3)\,<u>^2} \tag{11.41}$$

Setzt man diese Bedingung in Gleichung (11.34) ein, so läßt sich für den kritischen Winkel (Gl. (11.40)) jetzt schreiben

$$\psi_c = \sqrt{\frac{2Z_P Z_T e^2}{(4\pi\,\varepsilon_0)\,d\,E}}\;\sqrt{\frac{1}{2}\ln\left[\left(\frac{C\,a}{\rho}\right)^2 + 1\right]} \tag{11.42}$$

Die Thomas-Fermi-Abschirmradien a liegen zwischen 0,01 nm und 0,02 nm, die mittleren zweidimensionalen Auslenkungen ρ zwischen 0,005 nm und 0,01 nm (bei Raumtemperatur). Daher liegt der zweite Wurzelfaktor in Gleichung (11.42) in der Größenordnung von Eins. Die im Experiment gefundenen kritischen Winkel stimmen recht gut mit dieser Vorstellung überein, auch der Temperaturgang wird richtig wiedergegeben.

Auch für den Fall exakter Ausrichtung des Ionenstrahls mit der Kanalachse ($\psi = 0°$) gibt es einen nicht gittergeführten Anteil von Ionen. Trifft

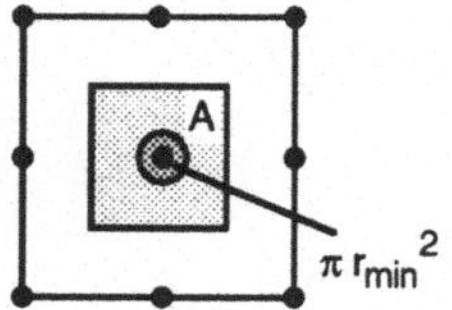

Abb. 11.18
Blick auf die Atomreihen in Richtung des Ionenstrahls

der Ionenstrahl auf die Kreisfläche $\pi\,r_{\min}{}^2$ um eine Atomreihe, so gibt es Großwinkelstreuung (Abb. 11.18). Damit kann der maximal erreichbare Gitterführungseffekt, der in der Literatur als der minimale Rückstreueffekt $\chi_{\min}$ bezeichnet wird, angegeben werden

$$\chi_{\min} = \frac{\pi\,r_{\min}{}^2}{A} = \pi\,r_{\min}{}^2\,n\,d \tag{11.43}$$

mit $A = 1/(n\,d)$ der Fläche pro Atomreihe (n : Atomdichte). Daraus ergeben sich für $\chi_{\min}$ typische Werte von 1 - 5 %.

Zum Nachweis der Gitterführung macht man Rutherford-Rückstreuexperimente. Es werden dabei Rückstreuspektren für verschiedene Winkel ψ in Bezug auf eine Kristallachse aufgenommen. Ein Beispiel für ^{1}H-Ionen in Nickel, einmal mit Einschußrichtung in willkürlicher Richtung

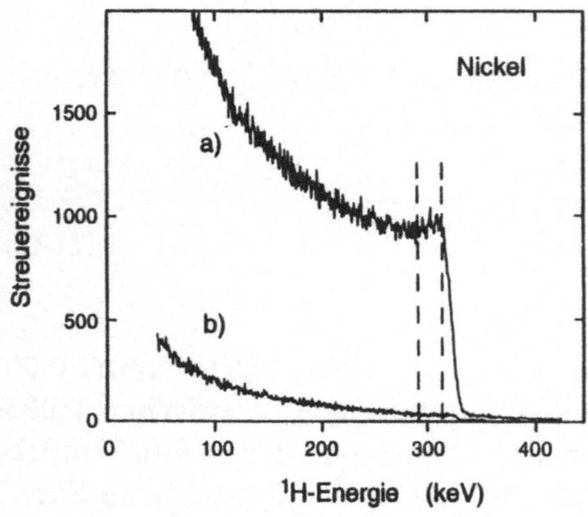

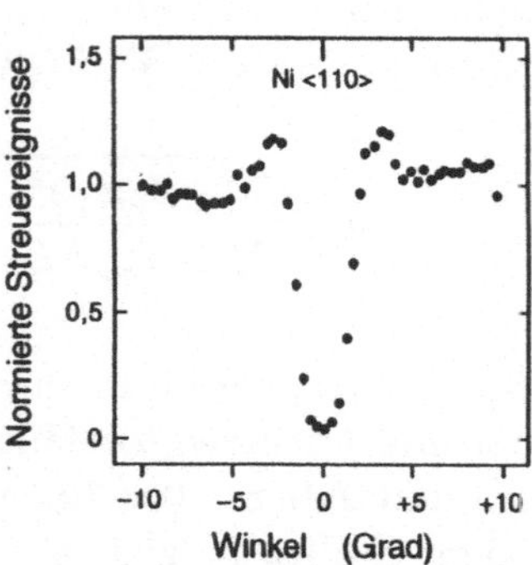

Abb. 11.19 Rutherford-Rückstreuspektren für 350 keV Protonen auf Nickel (links): a) Strahl entlang einer willkürlichen Richtung ("random"). b) Strahl entlang der <110>-Richtung. Gitterführungsspektrum (rechts), das durch Auftragung der Streuereignisse zwischen den gestrichelten Linien über dem Winkel zur Kristallachse erhalten wird

und zum anderen entlang der <110>-Achse , ist in Abbildung 11.19 (linker Teil) gezeigt. Die Streuereignisse zwischen den gestrichelten Linien werden aufsummiert und dann über dem Winkel ψ aufgetragen. Man erhält so die typischen Gitterführungsspektren (Abb. 11.19, rechts). Der vorher diskutierte kritische Winkel ψ_c beträgt hier ungefähr 1,5°; für den minimalen Rückstreueffekt findet man $\chi_{min} \approx 3\,\%$.

11.2.1 Gitterplatzbestimmung von Fremdatomen in Kristallen

Ein wichtiger Anwendungsbereich der Gitterführung ist die Bestimmung der Gitterplätze von Fremdatomen in Einkristallen. In der Halbleiterphysik ist es zum Beispiel von Bedeutung zu wissen, auf welchen Plätzen Donatoren und Akzeptoren sitzen.

Das zugrunde liegende Konzept soll an einem zweidimensionalen Gitter klar gemacht werden. In Abbildung 11.20 ist ein solches Gitter zu sehen, in dem Fremdatome auf substitutionellen, auf interstitiellen Kantenplätzen (zwei äquivalente Plätze vorhanden) und auf interstitiellen Flächenplätzen eingebaut sind. Unter den beiden Kristallachsen <10> und <11> soll der Ionenstrahl auf den Kristall geschossen werden. Für den Fall, daß die Fremdatome in Bezug auf die Einschußrichtung in einer Atomreihe sitzen und dadurch durch Wirtsgitteratome abgeschattet werden, ist keine Rückstreuung von den Fremdatomen zu erwarten. Wenn andererseits die Fremdatome nicht durch Wirtsgitteratome abgeschattet werden, muß unter dieser Einschußrichtung des Ionenstrahls eine erhöhte Rückstreuung auftreten, da der Kanal jetzt "verstopft" ist. Dieser Abschattungseffekt ist, wie man in Abbildung 11.20 sieht, für die verschie-

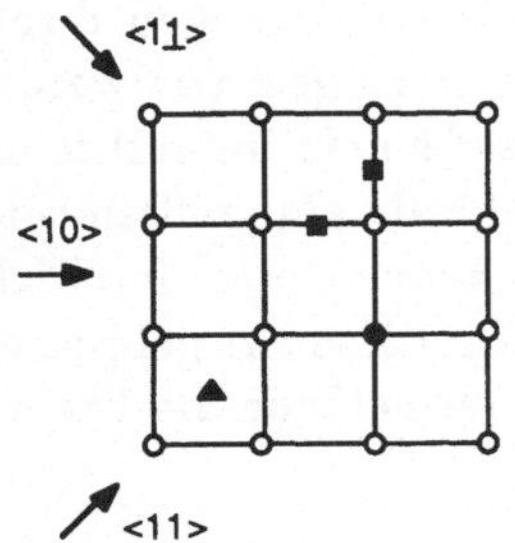

		<10>	<11> ,<11>
substitutionell	●	100 %	100 %
interstitiell	■	50 %	0 %
interstitiell	▲	0 %	100 %

Abb. 11.20 Zweidimensionales Gittermodell mit Fremdatomen auf substitutionellen und interstitiellen Gitterplätzen

denen Gitterpositionen verschieden. Durch Messung der Gitterführung in verschiedenen Richtungen gelingt es daher, die Position der Fremdatome im Gitter zu bestimmen.

Zum Nachweis der Gitterposition von Fremdatomen in Einkristallen müssen die Rückstreuereignisse von den Fremdatomen von denen der Matrixatome über den kinematischen Faktor unterschieden werden können. Bei Fremdatomen, die schwerer als die Matrixatome sind, ist das am besten möglich. Es sind allerdings verhältnismäßig hohe Fremdatomkonzentrationen (> 0,1 %) erforderlich, da sonst die Meßzeiten zu lange werden und die Gitterführungsmethode nicht anwendbar ist.

Im folgenden soll ein experimentelles Beispiel diskutiert werden, bei dem die obengenannten Einschränkungen umgangen werden können. Es handelt sich dabei um eine Variante der klassischen Gitterführungsmethode, nämlich um das sogenannte "Emissionschanneling" (HOF 91). Dabei wird nicht ein externer Ionenstrahl auf den Einkristall geschossen, sondern es werden radioaktive Fremdatome in den Kristall eingebettet, deren geladene Zerfallsprodukte (α-, e^+- und e^--Teilchen) von *innen heraus* Gitterführung machen können. Die positiv geladenen Teilchen verhalten sich so, wie wir es oben diskutiert haben, die negativen Elektronen dagegen werden nicht in der Kanalmitte geführt, sondern schlängeln sich wegen der attraktiven Wechselwirkung an den Atomreihen entlang.

Mit Hilfe unseres zweidimensionalen Gittermodells (Abb. 11.20) können wir uns jetzt leicht überlegen, wie die gemessenen Intensitäten für α-Teilchen von den Kristallrichtungen, unter denen sie beobachtet werden, abhängen. Sitzen die radioaktiven Fremdatome auf substitutionellen Gitterplätzen ($\bullet$), so werden unter den Richtungen <11> und <10> am wenigsten α-Teilchen zu messen sein, da sie unter diesen Richtungen direkt auf ein benachbartes Wirtsatom zulaufen und dort stark gestreut werden ("Blockingeffekt"). Sitzt das Fremdatom dagegen auf einem interstitiellen Platz ($\blacktriangle$), so wird unter der Richtung <10> die α-Zählrate am größten sein, da es ungehindert im Kanal nach außen fliegen kann. Unter der Richtung <11> tritt jetzt aber der Blockingeffekt auf. Auf diese Art gelingt es, genau wie vorher bei der klassischen Gitterführungsmethode die Fremdatompositionen zu bestimmen.

Hofsäss und Mitarbeiter (WAH 92) haben ^{8}Li-Isotope ($t_{1/2}$ = 843 ms), die zuvor an einem Teilchenbeschleuniger erzeugt worden waren, mit Hilfe eines Massenseparators mit 60 keV Energie in InP-Einkristalle implantiert. Die Kristalloberflächennormale war parallel zur <100>-Richtung orientiert. Mit einem zweidimensionalen, ortsempfindlichen Si-Detektor wurden die α-Teilchen (E_α = 1,3 – 5,5 MeV), die nach dem β^--Zerfall des ^{8}Li zum ^{8}Be auftreten, detektiert. Zur Veranschaulichung ist in Abbildung 11.21 die Intensität der α-Teilchen, die der zweidimensionale Detektor registriert, aufgetragen. Man erkennt sehr deutlich helle Intensitätsstreifen entlang von Kristallebenen, die erhöhte α-Emission (planare Gitterführung) anzeigen. Ebenso sind dunkle Streifen zu sehen, die durch verminderte α-Emission entstehen (Blockingeffekt).

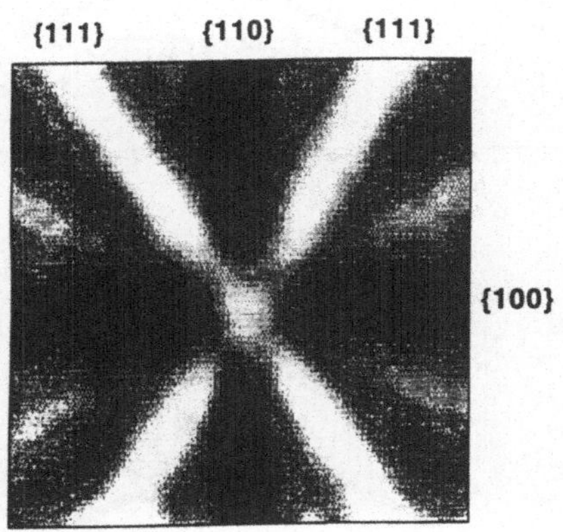

Abb. 11.21
Intensitätsverteilung der α-Teilchen in einem zweidimensionalen α-Detektor (T = 283 K). Die Bildmitte wird von der <110>-Richtung durchstoßen, die wichtigsten Kristallebenen sind vermerkt (WAH 92)

Trägt man die α-Intensität als Funktion des Einschußwinkels bezüglich einer Kristallachse auf, so erhält man die üblichen Gitterführungsspektren. Diese sind in Abbildung 11.22 für die <100>- und <110>-Richtung gezeigt. Betrachtet man zunächst die Spektren für die Implantationstemperatur von 300 K, so zeigen sie für die <110>-Richtung eine erhöhte Emission, für die <100>-Richtung dagegen eine verringerte Emission im Kanal. Gleiches Verhalten wie für die <100>-Richtung findet man auch für die <111>-Richtung, was hier aber nicht gezeigt ist. Dieser Meßbefund beweist, daß sich die ^{8}Li-Fremdatome auf interstitiellen Plätzen, nämlich in Tetraederlücken in der Zinkblendestruktur des InP-Kristalls befinden. Die Gitterführungsergebnisse werden mit Hilfe des Gittermodells in Abbildung 11.22 verdeutlicht.

Die Gitterführungsspektren für die Implantationstemperatur von 450 K zeigen unter allen drei Kristallachsen (Spektrum für <111>-Richtung wieder nicht gezeigt) eine verminderte Emission entlang der Kanalrichtung.

Einen solchen Blockingeffekt für alle Kristallrichtungen erhält man aber nur, wenn die Fremdatome auf regulären (substitutionellen) Gitterplätzen sitzen (siehe hierzu auch Gittermodell in Abb. 11.22).

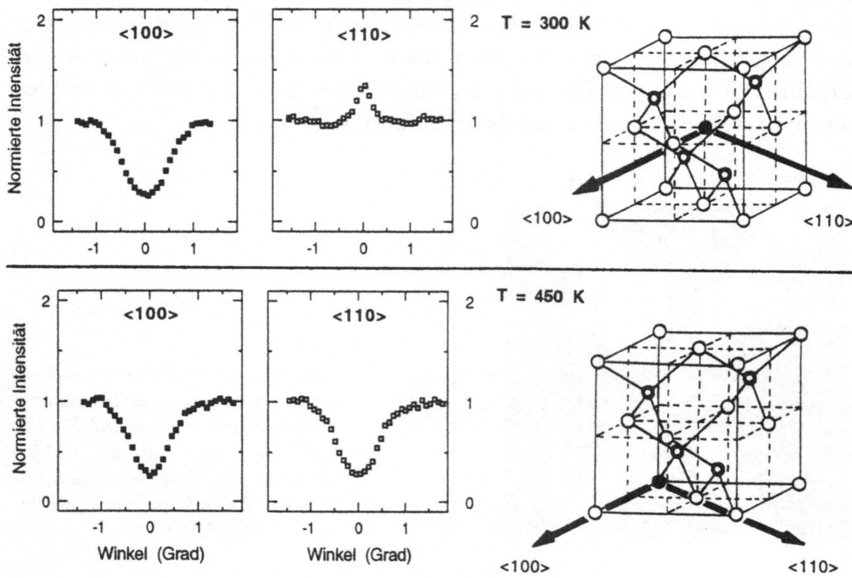

Abb. 11.22 Emissionschanneling für ^{8}Li in InP für zwei Implantationstemperaturen (WAH 92)

Aus den diskutierten experimentellen Ergebnissen kann also der Schluß gezogen werden, daß die ^{8}Li-Fremdatome nach Implantation bei 300 K überwiegend Tetraederlücken bevölkern, bei erhöhter Temperatur (450 K) kommt es zu einer Umbesetzung auf substitutionelle Gitterplätze.

11.2.2 Epitaktisches Wachstum

Gitterführung tritt nur dann auf, wenn ungestörte Kanäle oder Gitterebenen vorliegen. Mögliche Störungen sind, wie wir gesehen haben, Fremdatome, sofern sie auf nicht substitutionellen Gitterplätzen sitzen. Eine andere Störung ist zum Beispiel die Verzerrung von Gitterkanälen beim Übergang von einer kristallinen Substanz zu einer anderen. Dieses Problem soll an dem Beispiel epitaktisch gewachsener Schichten auf einem einkristallinen Substrat verdeutlicht werden.

Wir wenden uns noch einmal der Kobaltsilizid-Bildung zu, die wir bereits im Kapitel 11.1.5 diskutiert haben. Dort wurde gezeigt, wie mit Rutherford-Rückstreuung die Ausbildung von CoSi- und $CoSi_2$-Phasen detektiert werden kann. Dabei ist ein wichtiger Aspekt bisher unberücksichtigt geblieben, nämlich die Frage, ob die entstandenen Phasen ebenfalls einkristallin sind und wenn ja, in welcher Orientierung sie auf der Siliziumoberfläche aufwachsen. Diese Frage kann mit Gitterführung geklärt werden, wie wir jetzt am Fall des $CoSi_2$ zeigen wollen.

In Abbildung 11.23 ist auf der linken Seite ein Querschnitt durch die Kristallstruktur des $CoSi_2$ auf Silizium schematisch dargestellt. Das $CoSi_2$ soll epitaktisch auf dem Silizium aufgewachsen sein. Es ist allerdings zu erwarten, daß das Kristallgitter des $CoSi_2$ auf dieser Unterlage gegenüber seinem normalen Volumengitter (Originalgitter) verzerrt ist. Wenn es möglich ist, im $CoSi_2$ einen Gitterführungseffekt zu detektieren, so ist bewiesen, daß das $CoSi_2$ einkristallin aufgewachsen ist. Aus der Abweichung der <110>-Achse im $CoSi_2$ von der im Silizium kann festgestellt werden, mit welcher Gitterverzerrung das $CoSi_2$ vorliegt. Beide Effekte wurden im Experiment nachgewiesen (WUV 91).

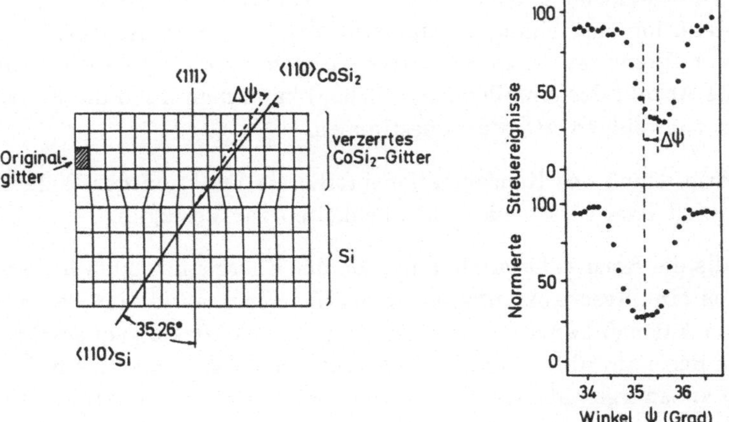

Abb. 11.23 Schematische Darstellung des $CoSi_2$-Films, der epitaktisch auf Silizium gewachsen ist (linke Seite), und Gitterführungsspektren (rechte Seite) im $CoSi_2$-Film (oben) und im Si-Substrat (unten) (WUV 91)

Auf der rechten Seite der Abbildung 11.23 sind zwei Gitterführungsspektren gezeigt; oben für Rückstreuung (zusammengefaßt für Kobalt und Silizium) aus dem $CoSi_2$-Film und unten für Rückstreuung an Silizium unterhalb der $CoSi_2$-Schicht. Zum einen ist deutlich der Gitterführungseffekt im $CoSi_2$ zu erkennen, was beweist, daß $CoSi_2$ einkristallin vorliegt. Zum anderen sieht man eine Verkippung der <110>-Achse von $CoSi_2$ gegenüber der von Si um den Winkel $\Delta\psi = 0{,}30°$. Daraus kann man entnehmen (WUV 91), daß das $CoSi_2$-Gitter eine tetragonale Verzerrung von

$$\varepsilon_T := \frac{d^{\parallel} - d_0^{\parallel}}{d_0^{\parallel}} - \frac{d^{\perp} - d_0^{\perp}}{d_0^{\perp}} = 1{,}1\,\% \tag{11.44}$$

besitzt. Dabei bedeuten $d^{\parallel}$ und $d^{\perp}$ den Ebenenabstand im epitaktischen $CoSi_2$ parallel und senkrecht zur Grenzfläche, entsprechend $d_0^{\parallel}$ und $d_0^{\perp}$ den Ebenenabstand im Originalgitter.

11.3 Analyse mittels Kernreaktionen (NRA)

Die Materialanalyse mittels Kernreaktionen (NRA: nuclear reaction analysis) beruht darauf, daß man mit beschleunigten Teilchen in der Probe eine Kernreaktion auslöst und eine Strahlung nachweist, die für die Kernreaktion mit einem bestimmten Targetatom charakteristisch ist. Aus der Intensität dieser charakteristischen Strahlung (bei Normierung auf die Anzahl der einfallenden Teilchen) kann man dann die Konzentration der jeweiligen Atomsorte bestimmen.

Zur Ermittlung des Konzentrationsprofils als Funktion der Tiefe stehen prinzipiell zwei verschiedene Möglichkeiten zur Verfügung:

1. Falls die Kernreaktion als Funktion der Energie der einfallenden Teilchen eine Resonanz aufweist, findet die Kernreaktion im wesentlichen (das Ausmaß hängt von der Überhöhung des Wirkungsquerschnitts in der Resonanz ab) nur in der Tiefe statt, in der die Projektile auf die Resonanzenergie abgebremst worden sind. Durch Variation der Einschußenergie kann man dann die Resonanz in verschiedene Tiefen in der Probe verlagern und auf diese Weise ein Tiefenprofil erstellen. Bei der hier skizzierten Methode spricht man von einer Analyse mittels Resonanzkernreaktion (NRRA: nuclear resonance reaction analysis).

2. Die zweite Möglichkeit der Tiefenprofilmessung beruht darauf, daß die ein- und austretenden Teilchen (außer bei Neutronen) beim Durchgang durch Materie einen Energieverlust erleiden und dadurch die austretenden Teilchen eine geringere Energie aufweisen, wenn sie aus einer gewissen Tiefe kommen, als wenn sie an der Oberfläche der Probe erzeugt werden. In diesem Fall kann man aus der Energieverteilung der austretenden Teilchen auf das Tiefenprofil zurückrechnen. Eine Voraussetzung für die Anwendung dieser Methode ist allerdings, daß die interessierende Reaktion klar identifiziert werden kann (z.B. durch einen hohen Q-Wert der Reaktion, so daß es zu keiner Überlagerung mit Konkurrenzreaktionen kommt) und daß man den Wirkungsquerschnitt im relevanten Energiebereich kennt. Aus dem letzteren Grund sucht man sich einen Energiebereich aus, in dem der Wirkungsquerschnitt möglichst glatt verläuft oder gar konstant ist.

Beide Methoden, die resonante (NRRA) und nicht-resonante (kurz NRA), werden unter dem Oberbegriff der Analyse mittels Kernreaktionen (NRA) zusammengefaßt. Im folgenden werden wir je ein Beispiel für die beiden Methoden etwas genauer darstellen und zum Schluß an Hand einer Tabelle weitere Reaktionen angeben, die für die Materialanalyse geeignet sind.

11.3.1 Messung von Wasserstoff-Tiefenprofilen mit der ^{15}N-Methode

Wasserstoff ist in vielen Materialien gewollt oder ungewollt vorhanden und trägt oft entscheidend zum Verhalten der Stoffe bei. Beispiele sind die Absättigung von Bindungen im amorphen Silizium, die Wasserstoffspeicherung in Metallen, die Materialversprödung bei Wasserstoffaufnahme und vieles mehr. Die mögliche Bedeutung des Wasserstoffs als Energieträger in einer zukünftigen Energiewirtschaft hat ein weiteres zum wachsenden Interesse an dem Verhalten von Wasserstoff in Festkörpern beigetragen.

Ein wesentlicher Gesichtspunkt bei diesen Untersuchungen ist die Messung der Wasserstoffkonzentration im Festkörper als Funktion der Tiefe. Für eine zuverlässige und quantitative Bestimmung der Wasserstoffverteilung wird dabei häufig die Kernreaktion

$$^{1}\mathrm{H}(^{15}\mathrm{N}, \alpha\gamma)^{12}\mathrm{C} \qquad\qquad (11.45)$$

verwendet, die bei der Energie $E(^{15}N)$ = 6,385 MeV eine scharfe Resonanz besitzt. Der Wirkungsquerschnitt in der Resonanz ist um vier Größenordnungen höher als außerhalb der Resonanz, so daß die Reaktion überwiegend bei der Resonanzenergie stattfindet.

Als charakteristische Strahlung wird das 4,43 MeV γ-Quant nachgewiesen, das beim Übergang des ^{12}C-Kerns vom ersten angeregten Zustand in den Grundzustand emittiert wird. Zum Nachweis der Strahlung verwendet man häufig einen NaI(Tl)-Szintillationsdetektor (siehe Kap. 2.4), dessen Szintillator möglichst groß sein sollte (z.B. Durchmesser: 15 cm, Länge: 15 cm), um einen großen Raumwinkel zu erfassen und um eine große Ansprechwahrscheinlichkeit für die relativ hohe γ-Energie von 4,43 MeV zu erreichen.

Das Prinzip des beschriebenen Meßverfahrens, das kurz als ^{15}N-Methode bezeichnet wird, ist in Abbildung 11.24 dargestellt. Wie auf dem PC-Monitor angedeutet, mißt man primär die Anzahl der γ-Quanten pro integrier-

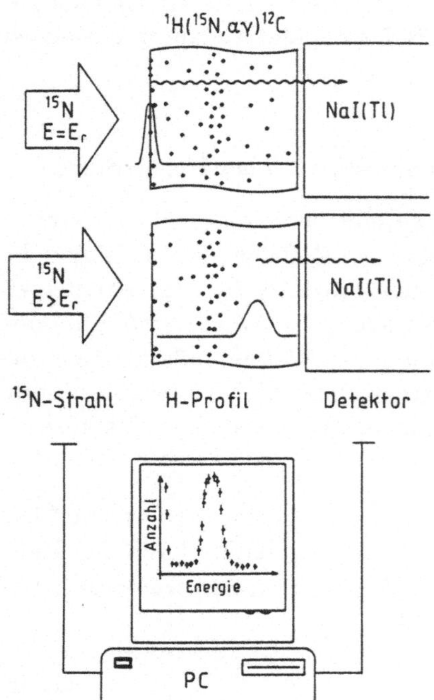

Abb. 11.24
Prinzip der ^{15}N-Methode.
Zur Messung des Wasserstoff-Tiefenprofils verwendet man die Kernreaktion $^1H(^{15}N,\alpha\gamma)^{12}C$, die bei 6,385 MeV eine scharfe Resonanz besitzt. Die emittierte 4,43 MeV γ-Strahlung wird in einem NaI(Tl)-Detektor nachgewiesen. Das Tiefenprofil erhält man durch Variation der Einschußenergie. Bei $E(^{15}N) = E_r$ findet die Kernreaktion an der Oberfläche statt (oben). Bei höheren Einschußenergien dringt das ^{15}N-Ion ein Stück in die Probe ein und erst, wenn es auf E_r abgebremst ist, kann es mit Wasserstoff eine Kernreaktion auslösen.
Nach (BOE 91a)

tem Teilchenstrom als Funktion der ^{15}N-Einschußenergie. Die dabei gewonnene Verteilung gibt bereits qualitativ das Tiefenprofil von Wasserstoff wieder.

Bei homogenen Proben ist eine quantitative Analyse des Konzentrationsprofils als Funktion der Tiefe sehr einfach durch eine Umskalierung der Achsen zu erreichen. Für die x-Achse erhält man den Zusammenhang zwischen Tiefe d in der Probe und der Energie E der eingeschossenen ^{15}N-Ionen über folgende Beziehung

$$d = (E - E_r) \left(\frac{dE}{dx} \right)^{-1} \tag{11.46}$$

wobei E_r die Resonanzenergie (6,385 MeV) und dE/dx das Bremsvermögen der Probe für die ^{15}N-Ionen angibt. Im Prinzip ist dE/dx von d bzw. von E und von der lokalen Wasserstoffkonzentration abhängig. Es zeigt sich aber, daß beide Effekte meist zu vernachlässigen sind. Die Energieabhängigkeit von dE/dx ist bis einige MeV oberhalb der Resonanzenergie für die meisten Materialien sehr gering (< einige %), da man sich in der Nähe des Maximums des Bremsvermögens befindet. Der Beitrag des Wasserstoffs zum Bremsvermögen ist von Natur aus sehr klein, außerdem wird er durch die gleichzeitige Gitteraufweitung teilweise kompensiert, so daß man insgesamt mit einem konstantem dE/dx in Formel (11.46) rechnen kann.

Für die Umrechnung der y-Achse von der gemessenen Anzahl der γ-Quanten N_γ, bezogen auf die vom Ionenstrahl in der Probe deponierte Gesamtladung Q, auf die Wasserstoffkonzentration c geht man von folgender Beziehung aus

$$\frac{N_\gamma}{Q} \propto \frac{c}{dE/dx} \tag{11.47}$$

wobei in die Proportionalitätskonstante nur noch die Detektoransprechwahrscheinlichkeit, der Detektorraumwinkel und der Resonanzwirkungsquerschnitt eingehen, d.h. Größen, die bei einer gegebenen geometrischen Anordnung für alle Proben gleich sind, so daß man die Apparatur durch Messung mit einer Probe bekannter Wasserstoffkonzentration (z.B. ein Hydrid bekannter Stöchiometrie) eichen kann. Für die Konzentration in der Probe ergibt sich dann

$$c = c_0 \, \frac{dE/dx}{(dE/dx)_0} \, \frac{N_\gamma}{N_{\gamma,0}} \, \frac{Q_0}{Q} \qquad\qquad (11.48)$$

wobei sich der Index 0 auf die Eichsubstanz bezieht. Die relativ ungenau bekannten dE/dx-Werte stellen den größten Unsicherheitsfaktor bei der Absolutwertbestimmung der H-Konzentration mit der ^{15}N-Methode dar.

Die Tiefenauflösung der ^{15}N-Methode an der Probenoberfläche ist durch die Energieschärfe des Strahls, die Breite der Resonanz und die Schwingungen der Wasserstoffatome begrenzt und beträgt dort typischerweise 5 nm. In größeren Tiefen kommt die Energieauffächerung des Ionenstrahls hinzu. In einer Tiefe von 500 nm ist die Tiefenauflösung 10 - 15 nm.

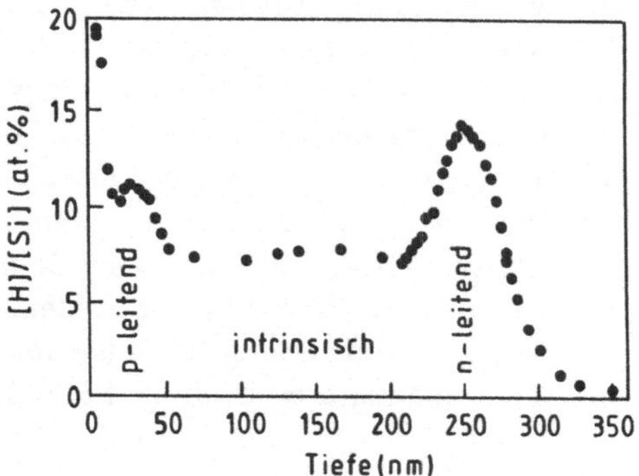

Abb. 11.25 Wassertstoff-Tiefenprofil einer p-i-n Solarzelle aus amorphem Silizium. Die hohe Wasserstoffkonzentration in der Nähe der Oberfläche ist auf Adsorbate zurückzuführen (NEI 89)

Abbildung 11.25 (NEI 89) zeigt das Wasserstoff-Tiefenprofil einer p-i-n (p-leitend, intrinsisch, n-leitend) Solarzelle aus amorphem Silizium (a-Si:H). Die Schichten aus a-Si:H werden durch eine Glimmentladung in einer mit Silan (SiH_4) und Wasserstoff gefüllten Zelle hergestellt. Durch die Glimmentladung werden die Moleküle aufgebrochen, und die Produkte können sich auf einem Substrat niederschlagen. Bei geeigneten Bedingungen kommt es dabei zur Abscheidung von amorphem Silizium. Der Einbau von Wasserstoff spielt eine entscheidende Rolle, da dadurch offene Si-Bindungen abgesättigt werden, die andernfalls störende Zustände in der Bandlücke bilden würden. P- bzw. n-leitendes Material erhält man, indem man zu SiH_4 etwas (ca. 0,1 %) B_2H_6 bzw. PH_3 zugibt.

Wie in Abbildung 11.25 zu sehen ist, ist der Wasserstoffgehalt bei der hier untersuchten Zelle im Bereich von 10 at.% und in den dotierten Schichten höher als im intrinsischen Bereich. Das ist ein typischer Befund für a-Si:H-Solarzellen. Da allerdings der Wasserstoffgehalt in einer a-Si:H-Schicht stark von den Herstellungsbedingungen abhängt, sind auch andere Verteilungen möglich. Das Verhalten von Wasserstoff ist für die Langzeitstabilität von Solarzellen aus amorphem Silizium von großer Wichtigkeit und wird deshalb intensiv erforscht.

Für inhomogene Proben - ein wichtiger Spezialfall sind Schichtsysteme - können die Gleichungen (11.46) - (11.48) wegen der Variation von dE/dx nur stückweise für homogene Bereiche angewendet werden. Schwierig wird es an der Grenzfläche von zwei Materialien, da sich dort dE/dx sprungartig ändert, während die Kernreaktion wegen der endlichen Tiefenauflösung der Methode über die Grenzfläche verteilt stattfindet.

Im Prinzip ist eine Entfaltung der Meßspektren mit der Auflösungsfunktion möglich; in der Praxis ist das aber relativ aufwendig, so daß man häufig den umgekehrten Weg geht. Man nimmt eine bestimmte Wasserstoffverteilung an, faltet sie mit der Auflösungsfunktion und variiert die Verteilung so lange, bis die Meßdaten richtig wiedergegeben werden. Ein Beispiel dafür ist in Abbildung 11.26 für ein Au/Nb/Ti/Nb-Schichtsystem angegeben (BOE 91b). Die Probe wurde durch Aufdampfen der verschiedenen Metalle auf Al_2O_3 im Ultrahochvakuum hergestellt und anschließend bei 300 °C mit Wasserstoff beladen. Die in Abbildung 11.26 eingezeichnete durchgezogene Kurve wurde berechnet unter der Annahme, daß die Wasserstoffkonzentration im Titan 7 at.% und in den beiden Nb-Schichten 0,4 at.% beträgt. In der Au-Schicht ist die Wasserstoffkonzentration gering und im Al_2O_3-Substrat ist sie innerhalb der Fehlergrenzen Null. Die Abweichungen der Meßpunkte von der Theoriekurve im Bereich der Nb/Ti-Grenzflächen deuten an, daß der Übergang von der hohen H-Konzentration im Titan zu der niedrigeren im Niob nicht abrupt erfolgt, sondern eine gewisse Verschmierung aufweist.

Auffällig an Abbildung 11.26 ist die starke Akkumulation des Wasserstoffs in der Ti-Schicht. Das hat damit zu tun, daß der Wasserstoff in Titan stärker gebunden ist als in Niob. Die entscheidende Größe ist die Lösungsenthalpie. Die Differenz der Lösungsenthalpien in den beiden Systemen bestimmt die Verteilung des Wasserstoffs. Für Volumenproben sind die Lösungsenthalpien bekannt. Ob die gleichen Werte auch bei dünnen

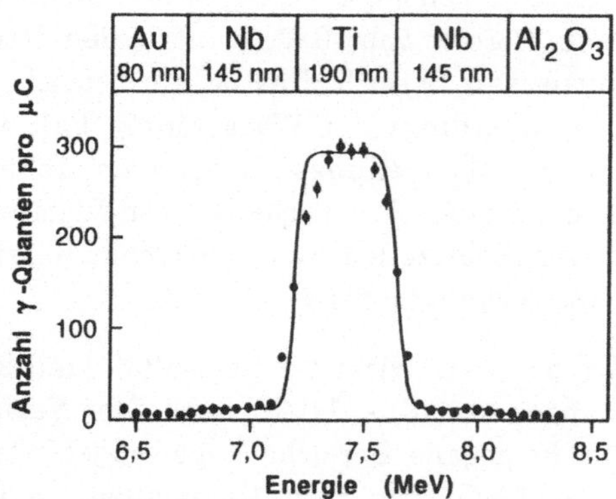

Abb. 11.26 Wasserstoff-Tiefenprofil einer Au/Nb/Ti/Nb/-Schichtprobe. Die Anzahl der γ-Quanten ist auf die Gesamtladung, die vom Ionenstrahl in der Probe deponiert wurde, normiert. Die durchgezogene Linie ergibt sich durch Faltung einer angenommenen H-Verteilung mit der Auflösungsfunktion der ^{15}N-Methode. Die Anpassung ergibt eine H-Konzentration von 7 at.% in der Ti-Schicht und von 0,4 at.% in den beiden Nb-Schichten. Die H-Konzentration in Au und Al$_2$O$_3$ ist gering (BOE 91b)

Filmen gelten und wie sie gegebenenfalls von der Schichtdicke abhängen, sind zur Zeit Gegenstand der Forschung. Unterschiede zwischen Filmen und Volumenproben können z.B. dadurch bewirkt werden, daß bei dünnen Filmen die Zweidimensionalität ins Spiel kommt und dadurch, daß die Filme auf der Unterlage haften und deshalb die laterale Ausdehnung behindert wird.

11.3.2 Interdiffusion von Polymeren detektiert mit der ^{2}H(^{3}He,^{4}He)^{1}H Kernreaktion

Die Interdiffusion von Polymeren kann man dadurch studieren, daß man eine Schicht von deuterierten (^{2}H statt ^{1}H) Polymeren auf eine Unterlage mit nur protonenhaltigen Polymeren aufbringt. Falls es zu einer Interdiffusion der beiden Substanzen kommt (z.B. durch Erwärmen), wird sich die Deuteriumverteilung, die zunächst eine Stufenfunktion ist, verbreitern. Da man mit einer Kernreaktion die Deuteriumkonzentration als Funktion der Tiefe messen kann, ist es auf diese Weise möglich, die Interdiffusion von zwei Polymeren zu untersuchen.

Zum Nachweis von Deuterium verwendet man die Kernreaktion

$$^2\mathrm{H}(^3\mathrm{He},^4\mathrm{He})^1\mathrm{H} \qquad\qquad Q = 18{,}352\,\mathrm{MeV} \qquad\qquad (11..49)$$

Wegen des hohen Q-Werts haben die Reaktionsprodukte verhältnismäßig hohe Energien und sind damit leicht vom Untergrund und von Teilchen aus möglichen Konkurrenzprozessen zu trennen.

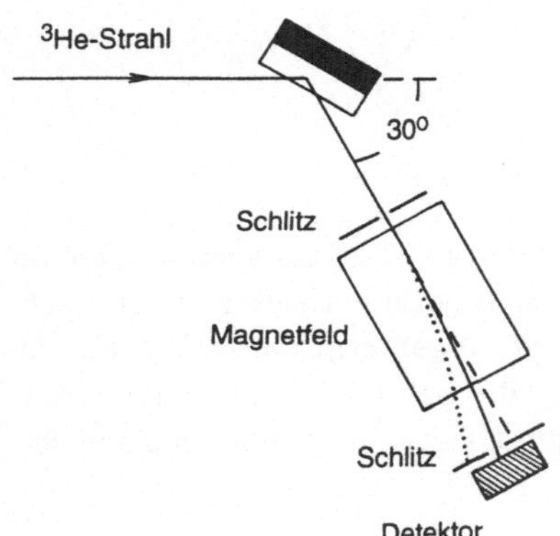

Abb. 11.27
Schematische Darstellung der Meßanordnung für die Bestimmung des Deuterium-Tiefenprofils (CHA 90)

Eine schematische Anordnung der Meßapparatur ist in Abbildung 11.27 dargestellt. Ein kollimierter ^{3}He-Strahl von z.B. 700 keV Energie fällt auf die Probe und löst in einer bestimmten Tiefe mit dort vorhandenen Deuteronen eine Kernreaktion aus. Die Reaktionsprodukte werden unter einem Winkel ϑ zum einfallenden Strahl mit einem Halbleiterdetektor nachgewiesen. Im vorliegenden Fall mißt man ^{4}He. Die Diskriminierung gegen Protonen aus der Reaktion erreicht man dadurch, daß man die Dicke des Detektors so auslegt, daß die ^{4}He-Teilchen gerade gestoppt werden. Da die Protonen ein wesentlich kleineres Bremsvermögen haben, ist die von den Protonen in dem dünnen Detektor deponierte Energie so klein, daß sie im Energiespektrum nicht mit den ^{4}He-Energien interferiert. Durch ein Magnetfeld zwischen Probe und Detektor kann man die langsamen, aber sehr häufig vorkommenden elastisch gestreuten ^{3}He-Ionen vom Detektor fernhalten, da sie wegen des kleineren Impulses wesentlich stärker abgelenkt werden als die schnellen ^{4}He-Ionen. Durch ein Blendensystem, das auf die ^{4}He-Ionen abgestimmt ist, kann man die ^{3}He-Ionen abtrennen und damit die Zählratenbelastung des Detektors verringern.

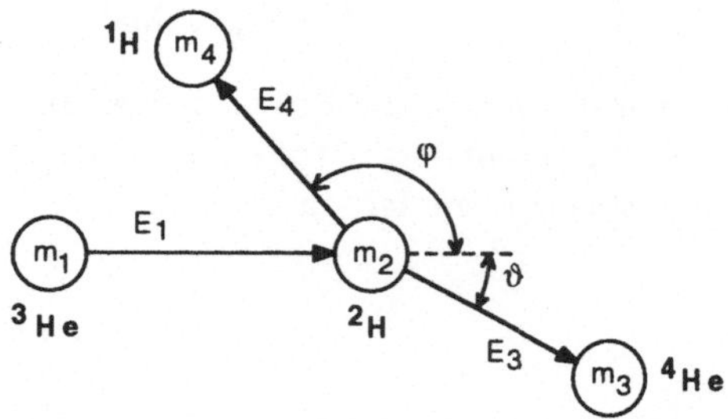

Abb. 11.28 Kinematik der Kernreaktion

Die Kinematik der Kernreaktion ist in Abbildung 11.28 dargestellt. Der Index 3 und der zugehörige Reaktionswinkel ϑ beziehen sich auf das nachgewiesene ^{4}He-Teilchen. Die übrigen Zuordnungen ergeben sich dann von selbst. In nicht-relativistischer Rechnung, die bei den vorliegenden Energien ausreicht, erhält man für die Energie E_3 der ^{4}He-Teilchen nach der Kernreaktion (MAY 77)

$$E_3 = \frac{m_1 m_3 E_1}{(m_1 + m_2)(m_3 + m_4)}$$

$$\times \left[\cos\vartheta + \sqrt{\frac{m_2 m_4 E_1 + Q m_4 (m_1 + m_2)}{m_1 m_3 E_1} - \sin^2\vartheta} \right]^2 \tag{11.50}$$

Für $\vartheta = 30°$ und $E_1 = 700$ keV erhält man $E_3 = E(^4\mathrm{He}) = 5,83$ MeV. Die Energie der zugehörigen (nicht detektierten) ^{1}H-Teilchen ist dann $E_1 + Q - E_3 = 13,22$ MeV.

Die Tiefeninformation steckt in der Energie der nachgewiesenen ^{4}He-Teilchen. Die höchste Energie erhält man für Reaktionen, die an der Probenoberfläche stattfinden. Für Ereignisse in einer gewissen Tiefe in der Probe muß man den Energieverlust der ^{3}He-Projektile bis zu dieser Stelle und den Energieverlust der austretenden ^{4}He-Teilchen berücksichtigen. Der überwiegende Beitrag kommt von den einfallenden ^{3}He-Projektilen, da deren dE/dx-Werte bei den verwendeten niedrigen Energien wesentlich höher sind als die der schnellen austretenden ^{4}He-Teilchen.

Außerdem gibt es noch einen sogenannten Energieverstärkungseffekt, der damit zusammenhängt, daß sich ein bestimmter Energieverlust des ^{3}He-Strahls mit einem Faktor größer Eins auf die Energiereduktion des ^{4}He-Teilchens auswirkt. Das hat mit der Kinematik der Kernreaktion zu tun. Der Verstärkungsfaktor, der durch die Ableitung von E_3 nach E_1 in Gleichung (11.50) bestimmt wird, hat für $E_1 = 700$ keV und $\vartheta = 30°$ den Wert $dE_3/dE_1 = 1{,}7$, d.h. der Energieverlust des ^{3}He-Strahls überträgt sich mit dem Faktor 1,7 auf eine Verminderung der ^{4}He-Energie.

Eine Zusammenstellung der bisher diskutierten kinematischen Größen ist in Tabelle 11.1 für zwei verschiedene ^{3}He-Energien gegeben. In den beiden letzten Spalten sind die Bremsvermögen in Polystyrol für die einfallenden ^{3}He- und die austretenden ^{4}He-Teilchen angegeben.

Tabelle 11.1 Kinematische Größen für die ^{2}H(^{3}He,^{4}He)^{1}H Kernreaktion bei $\vartheta(^4$He) = 30°. Die Größe dE_3/dE_1 gibt den Energieverstärkungsfaktor an. Außerdem ist das Bremsvermögen dE/dx von Polystyrol für ^{3}He bei der Einschußenergie und für ^{4}He bei der maximalen Austrittsenergie angegeben

$E_1 = E(^3\mathrm{He})$ (keV)	$E_3 = E(^4\mathrm{He})$ (MeV)	$E_4 = E(^1\mathrm{H})$ (MeV)	$\dfrac{dE_3}{dE_1}$	$\dfrac{dE(^3\mathrm{He})}{dx}$ (eV/nm)	$\dfrac{dE(^4\mathrm{He})}{dx}$ (eV/nm)
700	5,83	13,22	1,7	267	89
900	6,15	13,10	1,5	243	86

Als konkretes Beispiel für die Anwendung der Methode soll die Interdiffusion von Polystyrol diskutiert werden (EIS 91). Styrol (Phenyläthylen) ist ein Benzolderivat mit der chemischen Formel C_6H_5–CH=CH$_2$. Das zugehörige Polymer hat die Summenformel $(C_8H_8)_n$, wobei n den Polymerisationsgrad angibt.

Zur Untersuchung der Interdiffusion wurde ein 200 nm dicker Film aus deuteriertem Polystyrol (dPS) auf einen Film aus protoniertem Polystyrol (hPS) aufgebracht. Die Molekulargewichte waren $M_w = 7{,}52\cdot10^5$ für dPS und $M_w = 6{,}6\cdot10^5$ für hPS, was einem geringfügig höherem Polymerisationsgrad von dPS im Vergleich zu hPS entspricht.

Abbildung 11.29 zeigt die gemessene dPS-Konzentration als Funktion der Tiefe für drei verschiedene Temperaturschritte. Es handelt sich dabei um ^{4}He-Spektren, wobei die y-Achse im Plateau auf Eins normiert wurde und die x-Achse über das Bremsvermögen in eine Tiefenskala umgerechnet wurde. Die Verteilung (links) vor der Temperaturbehandlung wurde bei Raumtemperatur aufgenommen. Man geht davon aus, daß in diesem Fall die wirkliche dPS-Verteilung eine Stufenfunktion ist und die beobachtete Verschmierung des Übergangs durch die experimentelle Auflösung, die im vorliegenden Fall etwa 15 nm beträgt, zustande kommt.

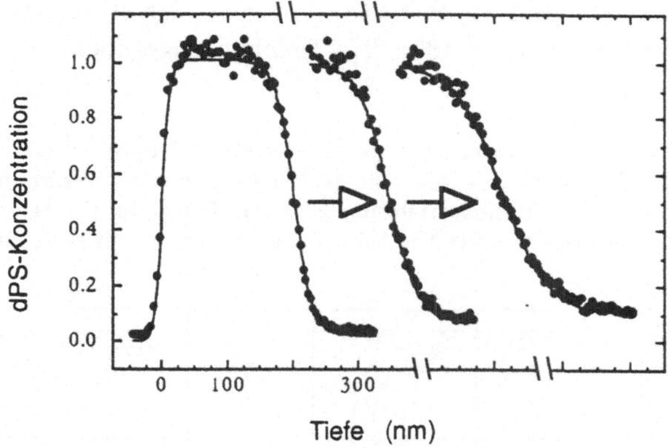

Abb. 11.29 Konzentrationsverteilung von deuteriertem Polystyrol als Funktion der Tiefe, direkt nach der Herstellung (links) und nach Erwärmen auf 140 °C für $2 \cdot 10^5$ s (Mitte) bzw. für $6 \cdot 10^5$ s (rechts). Die durchgezogenen Kurven sind Anpassungen mit einer Theoriefunktion, bei der die Auflösung der Meßmethode mit einer Gauß-Verteilung und die Interdiffusion mit einer Fehlerfunktion berücksichtigt sind (EIS 91)

Nach der Temperaturbehandlung der Probe bei 140 °C für verschieden lange Zeiten findet man eine deutliche Verbreiterung der Grenzfläche (Abb. 11.29, mittleres und rechtes Spektrum). Die Verbreiterung des Übergangs wird durch die Interdiffusion von dPS und hPS verursacht. Falls es keine Mischungsprobleme gibt (bei 140 °C ist das gut erfüllt), kann die neue dPS-Verteilung durch Faltung der ursprünglichen Stufenfunktion mit einer Fehlerfunktion gewonnen werden. Die Breite der Fehlerfunktion beschreibt dann die Breite der Grenzfläche w, die mit dem Diffusionskoeffizienten D über folgende Beziehung zusammenhängt

$$w = \sqrt{2Dt} \qquad (11.51)$$

Abbildung 11.30 zeigt, daß dieser Zusammenhang gut erfüllt ist. Die Steigung der Geraden in Abbildung 11.30 ergibt für den Diffusionskoeffizienten $D = 2{,}44 \cdot 10^{-21}$ m²/s.

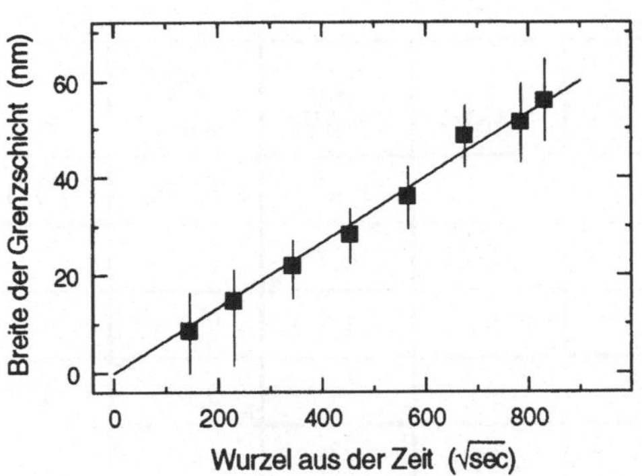

Abb. 11.30   Breite der Grenzschicht als Funktion der Wurzel aus der Zeit, während der die dPS/hPs-Probe bei 140 °C gehalten wurde (EIS 91)

Detaillierte Untersuchungen (STE 90) am System dPS/hPS zeigen, daß die Interdiffusion von der Konzentration abhängig ist. Das beruht darauf, daß es eine abstoßende Wechselwirkung zwischen dPS und hPS gibt. Bei höheren Temperaturen ($\geq$ 140 °C) hat das wenig Auswirkungen. Bei tieferen Temperaturen (T_c = 60 °C) kommt es zu einer Mischungslücke, die auch die Interdiffusion beeinflußt. Wir wollen hier nicht weiter darauf eingehen, sondern auf die Literatur zu diesem Problem verweisen (STE 90, CHA 90).

11.3.3   Zusammenstellung einiger Kernreaktionen für die NRA-Methode

Die NRA-Methode wird vor allem zum Nachweis von leichten Elementen verwendet, da in diesem Bereich andere Methoden (z.B. Neutronenaktivierung, Rutherford-Rückstreung, PIXE) Schwierigkeiten haben. In Tabelle 11.2 sind einige der gebräuchlichen Kernreaktionen für die NRA-Methode zusammengestellt (siehe auch (MAY 77)). Die Resonanzreaktio-

Tabelle 11.2 Auswahl an Kernreaktionen, die für die NRA-Methode geeignet sind. Bei
den Resonanzkernreaktionen ist die Resonanzenergie E_r, die Breite der
Resonanz Γ und die Energie E_3 des nachgewiesenen γ-Quants angegeben.
Die Einschußenergie E_{inc} wird in diesem Fall variiert. Man beginnt mit
der Energievariation etwas unterhalb der Resonanz, um die Oberfläche zu
erfassen. Für die nicht-resonanten Kernreaktionen ist der Q-Wert der
Reaktion, eine typische Einschußenergie E_{inc} und eine typische Energie E_3
für das nachgewiesene geladene Teilchen angegeben

	Q (MeV)	E_{inc} (MeV)	E_r (MeV)	Γ (keV)	E_3 (MeV)
$^1\text{H}(^{15}\text{N},\alpha\,\gamma)^{12}\text{C}$	–	–	6,385	1,8	4,43
$^2\text{H}(^3\text{He},\alpha)^1\text{H}$	18,352	0,7	–	–	5,8
$^7\text{Li}(\text{p},\alpha)^4\text{He}$	17,347	1,5	–	–	7,7
$^{11}\text{B}(\text{p},\gamma)^{12}\text{C}$	–	–	0,163	5,2	4,43
$^{12}\text{C}(\text{d},\text{p})^{13}\text{C}$	2,722	1,2	–	–	3,1
$^{15}\text{N}(\text{p},\alpha\,\gamma)^{12}\text{C}$	–	–	0,429	0,9	4,43
$^{16}\text{O}(\text{d},\text{p})^{17}\text{O}$	1,917	0,9	–	–	2,4
$^{27}\text{Al}(\text{p},\gamma)^{28}\text{Si}$	–	–	0,992	0,1	10,78
$^{30}\text{Si}(\text{p},\gamma)^{31}\text{P}$	–	–	0,620	0,07	7,90
$^{31}\text{P}(\text{p},\gamma)^{32}\text{S}$	–	–	0,881	0,4	7,42

nen erkennt man an der Angabe eines Zahlenwertes für die Resonanz-
breite Γ. Bei diesen Reaktionen variiert man die Einschußenergie und erhält daraus die Tiefeninformation. Bei den übrigen Reaktionen wird eine
feste Einschußenergie gewählt; die Information über die Tiefe erhält man
dann über die Messung der Energie der austretenden Teilchen.

Die Genauigkeit der Analyse, die man mit der NRA-Methode erzielen
kann, ist für die einzelnen Reaktionen verschieden; sie hängt auch etwas
von der zu untersuchenden Probe ab, vor allem aber spielt die Tiefe in der
Probe eine Rolle. Typische Werte für die Tiefenauflösung in oberflächen-
nahen Bereichen sind 10 nm. In größeren Tiefen wird die Auflösung we-

gen der Energieverschmierung der Ionen schlechter. Die Tiefe, bis zu der Analysen durchgeführt werden können, hängt bei den Resonanzreaktionen davon ab, bei welcher Energie die nächste Resonanz auftritt. Bei den nicht-resonanten Reaktionen ist die Analysetiefe durch Untergrundprobleme oder durch Interferenzen mit anderen Kernreaktionen begrenzt. Ein typischer Wert für die Analysetiefe ist 1 µm.

Im allgemeinen können Konzentrationen bis unter 1 at.% noch gut nachgewiesen werden. In einigen Fällen kann man auch Konzentrationen im ppm-Bereich messen. Dafür sind allerdings spezielle Vorkehrungen zur Untergrundunterdrückung erforderlich.

Mit der NRA-Methode erhält man - nach Eichung der Apparatur mit einem Standard - Absolutwerte der Konzentration. Das ist ein großer Vorteil gegenüber einigen anderen Methoden, bei denen die Ergebnisse matrixabhängig sind. Die NRA-Methode bestimmt die Konzentration eines Isotops unabhängig von dessen chemischer Bindung und auch unabhängig von der Anwesenheit anderer Atome. Die Genauigkeit der Konzentrationsbestimmung liegt bei der NRA-Methode in der Größenordnung von 10 %.

Anhang

A.1   Clebsch-Gordan-Koeffizienten und $3j$-Symbole

Betrachte die Kopplung von zwei Drehimpulsen $\vec{j}_1$ und $\vec{j}_2$ zum Gesamt-drehimpuls $\vec{j}_3$

$$\vec{j}_3 = \vec{j}_1 + \vec{j}_2 \qquad\qquad (m_3 = m_1 + m_2) \qquad\qquad (A1)$$

Die Zustände des Gesamtsystems können sowohl durch Produkte von $|j_1,m_1\rangle$ mit $|j_2,m_2\rangle$ als auch durch $|j_3,m_3\rangle$ dargestellt werden

$$|j_1,m_1\rangle\, |j_2,m_2\rangle \qquad \text{oder} \qquad |j_3,m_3\rangle \qquad\qquad (A2)$$

Es muß also eine lineare Beziehung zwischen den beiden Darstellungen geben. Wir schreiben

$$|j_3,m_3\rangle = \sum_{\substack{m_1,\,m_2 \\ m_3 = m_1 + m_2}} (j_1,j_2,m_1,m_2\,|\,j_3,m_3)\, |j_1,m_1\rangle\, |j_2,m_2\rangle \qquad (A3)$$

Die Entwicklungskoeffizienten bezeichnet man als Clebsch-Gordan-Koeffizienten. Häufig verwendet man das Wigner'sche $3j$-Symbol, da es größere Symmetrie in den j-Werten aufweist. Das $3j$-Symbol hängt mit den Clebsch-Gordan-Koeffizienten über die folgende Beziehung zusammen

$$\begin{pmatrix} j_1 & j_2 & j_3 \\ m_1 & m_2 & m_3 \end{pmatrix} = (-)^{j_1-j_2-m_3}\, \frac{1}{\sqrt{2j_3+1}}\, (j_1,j_2,m_1,m_2\,|\,j_3,-m_3) \qquad (A4)$$

Den Clebsch-Gordan-Koeffizienten für den maximalen j_3- und m_3-Wert kann man leicht angeben. Für $j_3 = j_1 + j_2$ und $m_3 = m_1 + m_2$ gibt es nur einen Summanden in Gleichung (A3). Wegen der Normierung der Wellenfunktionen muß also gelten

$$(j_1,j_2,j_1,j_2\,|\,j_1+j_2,j_1+j_2) = 1 \qquad\qquad (A5)$$

Die übrigen Clebsch-Gordan-Koeffizienten kann man durch Anwenden von Auf- und Absteigeoperatoren j_+ und j_- in Gleichung (A3) bekommen. Sie sind tabelliert, z.B. siehe (ROT 59).

Hier einige Symmetrieeigenschaften der 3j-Symbole (LIN 84):

$$\begin{pmatrix} j_1 & j_2 & j_3 \\ m_1 & m_2 & m_3 \end{pmatrix} = \begin{pmatrix} j_2 & j_3 & j_1 \\ m_2 & m_3 & m_1 \end{pmatrix} = \begin{pmatrix} j_3 & j_1 & j_2 \\ m_3 & m_1 & m_2 \end{pmatrix} \tag{A6}$$

$$(-)^{j_1+j_2+j_3} \begin{pmatrix} j_1 & j_2 & j_3 \\ m_1 & m_2 & m_3 \end{pmatrix} = \begin{pmatrix} j_2 & j_1 & j_3 \\ m_2 & m_1 & m_3 \end{pmatrix} = \tag{A7}$$

$$\begin{pmatrix} j_1 & j_2 & j_3 \\ m_1 & m_2 & m_3 \end{pmatrix} = (-)^{j_1+j_2+j_3} \begin{pmatrix} j_1 & j_2 & j_3 \\ -m_1 & -m_2 & -m_3 \end{pmatrix} \tag{A8}$$

Spezialfälle:

$$\begin{pmatrix} j & j & 0 \\ m & -m & 0 \end{pmatrix} = (-)^{j-m} \frac{1}{\sqrt{2j+1}} \tag{A9}$$

$$\begin{pmatrix} j_1 & j_2 & j_3 \\ 0 & 0 & 0 \end{pmatrix} = 0 \ , \ \text{wenn } j_1+j_2+j_3 \text{ ungerade} \tag{A10}$$

Falls $j_1+j_2+j_3$ gerade, dann gilt mit $2p := j_1+j_2+j_3$

$$\begin{pmatrix} j_1 & j_2 & j_3 \\ 0 & 0 & 0 \end{pmatrix} = (-)^p \sqrt{\frac{(2p-2j_1)!\,(2p-2j_2)!\,(2p-2j_3)!}{(2p+1)!}} \times$$

$$\times \frac{p!}{(p-j_1)!\,(p-j_2)!\,(p-j_3)!} \tag{A11}$$

A.2   Sphärische Tensoren

Ein Beispiel für einen Tensor zweiter Stufe ist das dyadische Produkt zweier Vektoren $\vec{x}$ und $\vec{y}$. Die Tensorkomponenten sind

$$T_{ik} = x_i\, y_k \qquad (i,k = 1,2,3) \tag{A12}$$

Ein solcher Tensor wird im allgemeinen ein kompliziertes Transformationsverhalten bei Drehung des Koordinatensystems aufweisen. Man sucht deshalb Kombinationen von Tensorkomponenten, die sich bei Drehungen einfacher transformieren, z.B. wie ein Skalar, Vektor, usw.. Ein allgemeiner Tensor 2. Stufe kann in folgender Weise in irreduzible Tensoren zerlegt werden

$$T_{ik} = I_{ik} + A_{ik} + S_{ik} \tag{A13}$$

mit (δ : Kronecker-Symbol)

$$I_{ik} = \frac{1}{3}\ \mathrm{Spur}(T_{ik})\ \delta_{ik}$$

$$A_{ik} = \frac{1}{2}\ (T_{ik} - T_{ki}) = - A_{ik} \tag{A14}$$

$$S_{ik} = \frac{1}{2}\ (T_{ik} + T_{ki}) - \frac{1}{3}\ \mathrm{Spur}(T_{ik})\ \delta_{ik}$$

Dabei ist I_{ik} ein Skalar (1 Komponente), A_{ik} ein Vektor (3 Komponenten) und S_{ik} ein Tensor (5 Komponenten). Ein Skalar kann auch als Tensor 0-ter Stufe, ein Vektor als Tensor 1-ter Stufe bezeichnet werden.

Die sphärische Tensorschreibweise. Wir definieren die sphärischen Komponenten eines Vektors $\vec{r}$ als

$$r_{+1} = - \frac{1}{\sqrt{2}}\ (x + i\,y))$$

$$r_{-1} = \frac{1}{\sqrt{2}}\ (x - i\,y)) \tag{A15}$$

$$r_0 = z$$

oder mit Hilfe der Kugelfunktionen $Y_1^m(\theta,\phi)$

$$r_m = \sqrt{\frac{4\pi}{3}}\, r^1\, Y_1^m(\theta,\phi) \tag{A16}$$

Es lassen sich ähnliche Ausdrücke für die Komponenten einer beliebigen anderen Größe bilden, die sich dann bei Drehungen wie ein Vektor transformiert. Damit kann man die Vektorkopplungsmethode benutzen, um sphärische Tensoren beliebiger Stufe aufzubauen. Allgemein gilt für sphärische Tensoren $T(l,m)$ vom Rang l

$$T(l,m) = \sum_{\substack{m_1,\,m_2 \\ m=m_1+m_2}} (l_1,l_2,m_1,m_2 \,|\, l,m)\ T_1(l_1,m_1)\, T_2(l_2,m_2) \tag{A17}$$

$(l_1,l_2,m_1,m_2 \,|\, l,m)$ sind Clebsch-Gordan-Koeffizienten.

Beispiele:

a)   Skalarprodukt zweier Vektoren

$$T(0,0) = \sum_{m1+m2=0} (1,1,m_1,m_2 \,|\, 0,0)\ T_1(1,m_1)\, T_2(1,m_2) \tag{A18}$$

$T(0,0)$ ist ein Skalar ($l = 0$), während $T_1(1,m_1)$ und $T_2(1,m_2)$ Vektoren darstellen. Ausführlich heißt die obige Gleichung

$$T(0,0) = (1,1,1,-1 \,|\, 0,0)\, T_1(1,1)\, T_2(1,-1) \,+$$

$$+\ (1,1,0,0 \,|\, 0,0)\, T_1(1,0)\, T_2(1,0) \,+ \tag{A19}$$

$$+\ (1,1,-1,1 \,|\, 0,0)\, T_1(1,-1)\, T_2(1,1)$$

b)   Vektorprodukt zweier Vektoren

$$T(1,m) = \sum_{m1+m2=m} (1,1,m_1,m_2 \mid 1,m)\ T_1(1,m_1)\,T_2(1,m_2) \qquad\qquad (A20)$$

Für die maximale Komponente ergibt sich dann

$$T(1,1) = (1,1,0,1 \mid 1,1)\ T_1(1,0)\,T_2(1,1)\ +$$

$$+\ (1,1,1,0 \mid 1,1)\ T_1(1,1)\,T_2(1,0) \qquad\qquad (A21)$$

c)   Tensorprodukt zweier Vektoren

$$T(2,m) = \sum_{m1+m2=m} (1,1,m_1,m_2 \mid 2,m)\ T_1(1,m_1)\,T_2(1,m_2) \qquad\qquad (A22)$$

Definition: Ein irreduzibler sphärischer Tensoroperator ist ein Satz von $2l + 1$ Operatoren $T(l,m)$, die sich bei Drehungen wie die Komponenten der Kugelfunktionen Y_l^m transformieren.

A.3   Wigner-Eckart-Theorem

$T(l,m)$ sei ein sphärischer Tensoroperator l-ter Stufe; dann gilt auf Grund der Drehimpulskopplungsregeln

$$<I',M' \mid T(l,m) \mid I,M> = (-)^{I'-M'} \begin{pmatrix} I' & l & I \\ -M' & m & M \end{pmatrix} <I'\|T(l)\|I> \qquad (A23)$$

Die Größe $<I'\|T(l)\|I>$ wird als reduziertes Matrixelement bezeichnet. Sein Wert hängt nicht mehr von den z-Komponenten M', M und m ab. Man sieht sofort, daß es dieses Theorem besonders einfach gestattet, Übergänge zwischen den verschiedenen M-Werten von zwei Niveaus miteinander zu vergleichen, da die relativen Übergangsstärken nur von den $3j$-Symbolen abhängen und damit leicht zu berechnen sind.

A.4 Weiterführende Literatur zu den einzelnen Kapiteln

Kapitel 2 und 3

(MAY 84)   Mayer-Kuckuk, T.: Kernphysik.
4. Aufl. (Teubner Studienbücher). Stuttgart 1984

(KAM 79)   Kamke, D. K.: Einführung in die Kernphysik.
Braunschweig-Wiesbaden 1979

(JAC 62)   Jackson, J. D.: Classical Electrodynamics.
New York-London-Sydney-Toronto 1962

(KOP 56)   Kopfermann, H.: Kernmomente.
2. Aufl. Frankfurt 1956

Kapitel 4

(WEG 66)   Wegener, H.: Der Mößbauer-Effekt und seine Anwendungen
in Physik und Chemie.
2. Aufl. (BI Hochschultaschenbuch). Mannheim 1966

(GOL 68)   Goldanskii, V. I.; Herber, R. H.:
Chemical Applications of Mößbauer Spectroscopy.
New York-San Fransisco-London 1968

(GON 75)   Gonsor, U. (Hrsg.): Mößbauer Spectroscopy.
Topics in Applied Physics, Vol. 5. Berlin-Heidelberg-New
York 1975

Kapitel 5

(FRA 65)   Frauenfelder, H.; Steffen, R. M. in:
Alpha-, Beta- and Gamma-Ray Spectroscopy,
Vol. 2 (Hrsg. Siegbahn K.). Amsterdam 1965

(RIN 79)   Rinneberg, H. H.: Application of Perturbed Angular Correlation to Chemistry and Related Areas of Solid State Physics.
Atomic Energy Review 17 (1979) 477

(CHR 83)   Christiansen, J. (Hrsg.):
Hyperfine Interactions of Radioactive Nuclei.
Topics in Current Physics, Vol. 31. Berlin-Heidelberg-New
York-Tokyo 1983

Kapitel 6

(ABR 61)   Abragam, A.: The Principles of Nuclear Magnetism.
            London 1961
(SLI 89)   Slichter, C. P.: Principles of Magnetic Resonance.
            3. Aufl. Springer Series in Solid State Science, Vol. 1.
            Berlin-Heidelberg-New York 1978
(SHA 76)   Shaw, D.: Fourier Transform N.M.R. Spectroscopy.
            Amsterdam-Oxford-New York 1976

Kapitel 7

(DEU 85)   Deutsch, B. I.; Vanneste, L. (Hrsg.):
            Nuclear Orientation and Nuclei Far from Stability.
            Hyperfine Interactions 22 (1985)
(GRO 65)   De Groot, S. R.; Tolhoek, H. A.; Huiskamp, W. J. in:
            Alpha-, Beta- and Gamma-Ray Spectroscopy.
            Vol. 2. (Hrsg. Siegbahn, K.). Amsterdam 1965

Kapitel 8

(SCH 85)   Schenck, A.: Muon Spin Roation Spectroscopy.
            Bristol-Boston 1985
(SEE 78)   Seeger, A. in: Hydrogen in Metals I
            (Hrsg. Alefeld, G.; Völkl, J.). Topics in Applied Physics,
            Vol. 28. Berlin-Heidelberg-New York 1978
(YAM 84)   Yamazaki, T.; Nagamine, K. (Hrsg.):
            Muon Spin Rotation and Associated Problems.
            Hyperfine Interactions 17-19 (1984)

Kapitel 9

(HAU 79)   Hautojärvi, P. (Hrsg.): Positrons in Solids.
            Topics in Current Physics, Vol 12.
            Berlin-Heidelberg-New York 1979
(BRA 83)   Brandt, W.; Dupasquier, A. (Hrsg.):
            Positron Solid State Physics.
            Proc. Int. School Phys. "Enrico Fermi". Course 83.
            Amsterdam-New York-Oxford 1983

Kapitel 10

(BAC 75)   Bacon, G. E.: Neutron Diffraction.
           3. Aufl. Oxford 1975
(BEE 88)   Bée, M.: Quasielastic Neutron Scattering.
           Bristol-Philadelphia 1988
(LEC 83a) Lechner, R. E.; Richter, D.; Riekel, C.:
           Neutron Scattering and Muon Spin Rotation.
           Springer Tracts in Modern Physics, Vol. 101.
           Heidelberg-New York-Tokyo 1983

Kapitel 11

(CHU 78)   Chu, W. K.; Mayer, J. W.; Nicolet, M.-A.:
           Backscattering Spectrometry.
           New York-Sydney-Toronto 1973
(FEL 86)   Feldman, L. C.; Mayer, J. W.:
           Fundamentals of Surface and Thin Film Analysis.
           New York-Amsterdam-London 1986
(MAY 77)   Mayer, J. W.; Rimini, E. (Editors):
           Ion Beam Handbook for Materials Analysis.
           New York-San Francisco-London, 1977
(MOR 73)   Morgan, D. V.: Channeling.
           London-New York-Sydney-Toronto 1973

A.5 Literaturverzeichnis

(ABR 61)   Abragam, A.: The Principles of Nuclear Magnetism.
           London 1961
(AND 58)   Anderson, P. W.: Phys. Rev. 109 (1958) 1492
(ASK 70)   Askill, J.: Tracer Diffusion Data for Metals, Alloys and
           Simple Oxides. New York-Washington-London 1970
(BAC 72)   Bacon, F.; Barclay, J. A.; Brewer, W. D.; Shirley, D. A.;
           Templeton, J. E.: Phys. Rev. B5 (1972) 2397
(BAC 75)   Bacon, G. E.: Neutron Diffraction.
           3. Aufl. Oxford 1975
(BAR 65)   Bardon, M.; Norton, P.; Peoples, J.; Sachs, A. M.; Lee-
           Franzini, J.: Phys. Rev. Lett. 14 (1965) 449

(BAU 73)   Bauminger, E. R.; Froindlich, D.; Nowik, I.; Ofer, S.:
Phys. Rev. Lett. 30 (1973) 1053

(BEC 64)   Beckurts, K. H.; Wirtz, K.: Neutron Physics.
Berlin-Göttingen-Heidelberg-New York 1964

(BEE 88)   Bée, M.: Quasielastic Neutron Scattering.
Bristol-Philadelphia 1988

(BLO 46a)   Bloch, F.; Hansen, W. W.; Packard, M.:
Phys. Rev. 69 (1946) 127

(BLO 46b)   Bloch, F.: Phys. Rev. 70 (1946) 460

(BLO 49)   Bloembergen, N.: Physica 15 (1949) 588

(BOE 91a)   Boebel, O.: Dissertation, Universität Konstanz, 1991

(BOE 91b)   Boebel, O.; Blässer, S.; Steiger, J.; Weidinger, A.:
Wissenschaft und Fortschritt 41 (1991) 5

(BRE 68)   Brewer, W. D.; Shirley, D. A.; Templeton, J. E.:
Phys. Lett. 27A (1968) 81

(BRE 91)   Breman, M.; Boerma, D. O.: private Mitteilung, 1991

(BUT 83)   Butz, T.; Lerf, A.: Phys. Lett. 97A (1983) 217

(CAM 77)   Camani, M.; Gygax, F. N.; Rüegg, W.; Schenck, A.;
Schilling, H.: Phys. Rev. Lett. 39 (1977) 836

(CEL 83)   Celio, M.; Meier, P. F.: Phys. Rev. B28 (1983) 39

(CHA 90)   Chaturvedi, U. K.; Steiner, U.; Zak, O.; Krausch, G.;
Schatz, G.; Klein, J.: Appl. Phys. Lett. 56 (1990) 1228

(CHR 76)   Christiansen, J.; Heubes, P.; Keitel, R.; Klinger, W.;
Löffler, W.; Sandner, W.; Witthuhn, W.:
Z. Phys. B 24 (1976) 177

(DEN 79)   Denison, A. B.; Graf, H.; Kündig, W.; Meier, P. F.:
Helv. Phys. Acta 52 (1979) 460

(DOR 82)   Dorner, B.:
Coherent Inelastic Neutron Scattering in Lattice Dynamics.
Springer Tracts in Modern Physics,
Vol. 93. Berlin-Heidelberg-New York 1982

(DOY 73)   Doyama, M.; Hasiguti, R. R.:
Cryst. Lattice Defects 4 (1973) 139

(DYB 79)   Dybdal, K.; Forster, J. S.; Rud, N.:
Phys. Rev. Lett. 43 (1979) 1711

(EIS 91)   Eiser, E.; Steiner, U.; Krausch, G.; Schatz, G.;
Budkowski, A.; Klein, J.:
Jahresbericht Nukleare Festkörperphysik,
Konstanz 1991, S. 84

(ELD 75)   Eldrup, M.; Mogensen, O. E.; Evans, J. H. in:
            Fundamental Aspects of Radiation Damage in Metals.
            (Hrsg. Robinson, M. T.; Young, F. W.) Gatlinburg 1975,
            S. 1127

(ELL 73)   Ellis, Y. A.: Nuclear Data Sheets 9 (1973) 319

(ERN 79)   Ernst, H.; Hagn, E.; Zech, E.; Eska, G.:
            Phys. Rev. B19 (1979) 4460

(EVA 55)   Evans, R. D.: The Atomic Nucleus.
            New York-Toronto-London 1955

(EVA 65)   Evans, J. S.; Kashy, E.; Naumann, R. A.; Petry, R. F.:
            Phys. Rev. 138, B9 (1965)

(FEI 69)   Feiock, F. D.; Johnson, W. R.: Phys. Rev. 187 (1969) 39

(FEL 86)   Feldman, L. C.; Mayer, J. W.:
            Fundamentals of Surface and Thin Film Analysis.
            (North Holland) New York-Amsterdam-London 1986

(FER 65)   Ferguson, A. J.: Angular Correlation Methods in Gamma-
            Ray Spectroscopy. Amsterdam 1965

(FIN 90)   Fink, R.; Wesche, R.; Klas, T.; Krausch, G.; Platzer, R.;
            Voigt, J.; Wöhrmann, U.; Schatz, G.: Surf. Sci. 225 (1990) 331

(FLI 78)   Flinn, P. A. in: Mößbauer Isomer Shifts.
            (Hrsg. Shenoy G. K.; Wagner F. E.)
            Amsterdam-New York-Oxford 1978, S. 593

(FRA 65)   Frauenfelder, H.; Steffen, R. M. in:
            Alpha-, Beta- and Gamma-Ray Spectroscopy,
            Vol. 2. (Hrsg. Siegbahn, K.) Amsterdam 1965, S. 997

(FRE 81)   Frederikse, H. P. R. in:
            AIP 50th Anniversary, Physics Vade Mecum.
            (Hrsg. Anderson, H. L.) New York 1981, S. 288

(GON 75)   Gonsor, U. in: Mößbauer Spectroscopy.
            (Hrsg. Gonsor, U.) Top. Appl. Phys. 5 (1975) 1

(GRE 75)   Grebinnik, V. G.; Gurevich, I. I.; Zhukov, V. A.; Manych,
            A. P.; Meleshko, E. A.; Muratova, I. A.; Nikol'skii, B. A.;
            Selivanov, V.I.; Suetin, V.A.: Soviet Phys.-JETP 41 (1975) 777

(GRÖ 92)   Grötzschel, R.; Hentschel, E.; Klabes, R.; Kreissig, U.;
            Neelmeijer, C.; Assmann, W.; Behrisch, R.:
            Nucl. Instr. Methods B63 (1992) 77

(GRO 65)   De Groot, S. R.; Tolhoek, H. A.; Huiskamp, W. J. in:
            Alpha-, Beta- and Gamma-Ray Spectroscopy,
            Vol. 2. (Hrsg. Siegbahn, K.) Amsterdam 1965, S. 1199

(HEI 85)   Heitjans, P.; Körblein, A.; Ackermann, H.; Dubbers, D.;
           Fujara, F.; Stöckmann, H.-J.: J. Phys. F15 (1985) 41
(HEL 76)   Hellwege, K.-H.: Einführung in die Festkörperphysik.
           Berlin-Heidelberg-New York 1976
(HER 77)   Herlach, D.; Stoll, H.; Trost, W.; Metz, H.; Jackman, T. E.;
           Maier, K.; Schaefer, H. E.; Seeger, A.:
           Appl. Phys. 12 (1977) 59
(HOF 91)   Hofsäss, H.; Lindner, G.: Physics Reports 201 (1991) 121
(HOL 83)   Holz, M.; Knüttel, B.: Phys. Blätter 38 (1982) 368
(HOV 54)   Van Hove, L.: Phys. Rev. 95 (1954) 249
(JAC 62)   Jackson, J. D.: Classical Electrodynamics.
           New York-London-Sydney-Toronto 1962
(JEF 81)   Jeffrey, G. A. in:
           AIP 50th Anniversary, Physics Vade Mecum.
           (Hrsg. Anderson, H. L.) New York 1981, S. 134
(KAM 79)   Kamke, D.: Einführung in die Kernphysik.
           Braunschweig-Wiesbaden 1979
(KAN 81)   Kanamori, J.; Yoshida, H. K.; Terakura, K.:
           Hyperfine Interactions 9 (1981) 363
(KAT 75)   Katayama, I.; Morinobu, S.; Ikegami, H.:
           Hyperfine Interactions 1 (1975) 113
(KEH 84)   Kehr, K. W.: Hyperfine Interactions 17-19 (1984) 63
(KLE 29)   Klein, O.; Nishina, Y.: Z. Phys. 52 (1929) 853
(KLE 77)   Klein, E.: Hyperfine Interactions 3 (1977) 389
(KNI 49)   Knight, W. D.: Phys. Rev. 76 (1949) 1259
(KOC 74)   Kocher, D. C.: Nuclear Data Sheets 11 (1974) 279
(KOP 56)   Kopfermann, H.: Kernmomente.
           2. Aufl. Frankfurt a. M. 1956
(KOR 85)   Korecki, J.;Gradmann, U.: Phys. Rev. Lett. 55 (1985) 2491
(KOR 86)   Korecki, J.;Gradmann, U.: Europhys. Lett. 2 (1986) 651
(LAM 41)   Lamb, W. E.: Phys. Rev. 60 (1941) 817
(LAN 55)   Lang, G.; de Benedetti, S.; Smoluchowski, R.:
           Phys. Rev. 99 (1955) 596
(LEC 83b) Lechner, R. E. in: Mass Transport in Solids.
           (Hrsg. Beniere, F.; Catlow, C. R. A.) New York-London,1983
(LED 78)   Lederer, C. M.; Shirley, V. S. (Hrsg.): Table of Isotopes.
           7. Aufl. New York 1978
(LIN 84)   Lindner, A.: Drehimpulse in der Quantenmechanik.
           (Teubner Studienbücher) Stuttgart 1984

(LIN 86)   Lindgren, B.: Phys. Rev. B34 (1986) 648

(LIN 90)   Lindgren, B.: Europhys. Letters 11 (1990) 555

(LOU 74)   Lounasmaa, O. V.: Experimental Principles and Methods
             Below 1 K. London-New York 1974

(MAI 84)   Maier, K.: Hyperfine Interactions 17-19 (1984) 3

(MAT 62)   Matthias, E.; Schneider, W.; Steffen, R. M.:
             Phys. Rev. 125 (1962) 261

(MAY 77)   Mayer, J. W.; Rimini, E. (Editors):
             Ion Beam Handbook for Materials Analysis.
             (Academic Press) New York-San Francisco-London, 1977

(MAY 84)   Mayer-Kuckuk, T.: Kernphysik.
             4. Aufl. (Teubner Studienbücher). Stuttgart 1984

(MET 80)   Metag, V.; Habs, D.; Specht, H. J.: Phys. Rep. 65 (1980) 1

(MET 84)   Metzner, H.; Sielemann, R.; Butt, R.; Klaumünzer, S.:
             Phys. Rev. Lett. 53 (1984) 290

(MET 87)   Metzner, H.; Sielemann, R.; Klaumünzer, S.; Hunger, H.:
             Materials Science Forum 15-18 (1987) 1063

(MÖS 58)   Mößbauer, R. L.: Z. Phys. 151 (1958) 124

(MÖS 83)   Möslang, A.; Graf, H.; Balzer, G.; Recknagel, E.;
             Weidinger, A,; Wichert, Th.; Grynszpan, R. I.:
             Phys. Rev. B27 (1983) 2674

(NEI 89)   Neitzert, H. C.; Briere, M.: J. Non-Cryst. Solids 115 (1989) 75

(NIC 67)   Nicklow, R. M.; Gilat, G.; Smith, H. G.; Raubenheimer,
             L. J.; Wilkinson, M. K.: Phys. Rev. 164 (1967) 922

(PAT 78)   Patterson, B. D.; Kündig, W.; Meier, P. F.; Waldner, F.;
             Graf, H.; Recknagel, E.; Weidinger, A.; Wichert, Th.;
             Hintermann, A.: Phys. Rev. Lett. 40 (1978) 1347

(POT 78)   Potzel, W.; Forster, A.; Kalvius, G. M.:
             Phys. Lett. 67A (1978) 421

(PUR 46)   Purcell, E. M.; Torrey, H. C.; Pound, R. V.:
             Phys. Rev. 69 (1946) 37

(QUI 69)   Quitmann, D.; Jaklevic, J. M.; Shirley, D. A.:
             Phys. Lett. 30B (1969) 329

(RAG 78)   Raghavan, P.; Senba, M.; Raghavan, R. S.:
             Hyperfine Interactions 4 (1978) 330

(RAM 71)   Raman, S.; Kim, H. J.: Nuclear Data Sheets 6 (1971) 39

(REC 83)   Recknagel, E.; Schatz, G.; Wichert, Th. in:
             Hyperfine Interactions of Radioactive Nuclei.
             (Hrsg. Christiansen, J.) Top. Current Phys. 31 (1983) 133

(RIC 80)   Richter, D.; Shapiro, S. M.: Phys. Rev. B 22 (1980) 599

(RIE 72)   Riegel, D.; Bräuer, N.; Focke, B.; Lehmann, B.;
Nishiyama, K.: Phys. Lett. 41A (1972) 459

(ROT 59)   Rotenberg, M.; Bivins, R.; Metropolis, N.; Wooten, J. K. Jr.:
The 3-j and 6-j Symbols. Cambridge, USA 1959

(ROW 72)   Rowe, J. M.; Rush, J. J.; de Graaf, L. A.; Ferguson, G. A.:
Phys. Rev. Lett. 29 (1972) 1250

(SAK 62)   Sakamoto, M.; Brockhouse, B. N.; Johnson, R. G.;
Pope, N. K.: J. Phys. Soc. Japan, 17 Suppl. B-II (1962) 370

(SCH 90)   Schatz, G.; Ding, X. L.; Fink, R.; Krausch, G.; Luckscheiter,
B.; Platzer, R.; Voigt, J.; Wöhrmann, U.; Wesche, R.:
Hyperfine Interactions 60 (1990) 975

(SEE 78)   Seeger, A. in: Hydrogen in Metals I.
(Hrsg. Alefeld, G.; Völkl, J.) Top. Appl. Phys. 28 (1978) 349

(SHA 76)   Shaw, D.: Fourier Transform N.M.R. Spectroscopy.
Amsterdam-Oxford-New York 1976

(SHU 48)   Shull, C. G.; Wollan, E. O.; Morton, G. A.; Davidson, W. L.:
Phys. Rev. 73 (1948) 842

(SIG 84)   Sigle, W.; Carstanjen, H.-D.; Flik, G.; Herlach, D.;
Jünemann, G.; Maier, K.; Rempp, H.; Seeger, A.; Abela, R.;
Anderson, D.; Glasow, P.: Nucl. Instr. Meth. B2 (1984) 1

(SPE 85)   Speidel, K.-H.; Hyperfine Interactions 22 (1985) 305

(STA 82)   Stachel, M.: Doktorarbeit, Universität Konstanz 1982

(STE 56)   Steffen, R. M.; Phys. Rev. 103 (1956) 116

(STE 77)   Stevens, J. G.; Stevens, V. E. (Hrsg.): Mößbauer Effect Data
Index. 1976. New York-Washington-London 1977

(STE 90)   Steiner, U.; Krausch, G.; Schatz, G.; Klein, J.:
Phys. Rev. Lett. 64 (1990) 1119

(STO 84)   Stone, N. J.; Hamilton, W. D.:
Hyperfine Interactions 10 (1984) 1219

(SZE 85)   Sze, S. M.: Semiconductor Devices - Physics and Technology.
New York, 1985

(TRA 88)   Tranquada, J. M.; Moudden, A. H.; Goldman, A. I.;
Zolliker, P.; Cox, D. E.; Shirane, G.; Sinha, S. K.;
Vaknin, D.; Johnston, D. C.; Alvarez, M. S.; Jacobson, A. J.;
Lewandowski, J. T.; Newsam, J. M.:
Phys. Rev. B38 (1988) 2477

(VAJ 81)   Vajda, S.; Sprouse, G. D.; Rafailovich, M. H.; Noé J. W.:
Phys. Rev. Lett. 47 (1981) 1230

(VAN 91)   Vantomme, A.: Dissertation, Universität Leuven, 1991

(VIA 83)   Vianden, R.: Hyperfine Interactions 15/16 (1983) 1081

(WAH 92)   Wahl, U.; Hofsäss, H.; Jahn, S.G.; Winter, S.;
            Recknagel, E.: Nucl. Instr. Meth. B64 (1992) 221

(WEG 66)   Wegener, H.: Der Mößbauer-Effekt und seine Anwendungen
            in Physik und Chemie.
            2. Aufl. (BI Hochschultaschenbuch) Mannheim 1966

(WIN 71)   Winnacker, A.; Ackermann, H.; Dubbers, D.; Mertens, J.;
            von Blanckenhagen, P.: Z. Phys. 244 (1971) 289

(WIT 83)   Witthuhn, W.; Engel, W. in: Hyperfine Interactions of
            Radioactive Nuclei. (Hrsg. Christiansen, J.)
            Top. Current Phys. 31 (1983) 205

(WUA 57)   Wu, C. S.; Ambler, E.; Hayward, R. W.; Hoppes, D. D.;
            Hudson, R. P.: Phys. Rev. 105 (1957) 1413

(WUV 91)   Wu, M. F.; Vantomme, A.; Langouche, G.; Vanderstraeten,
            H.; Bruynseraede, Y.: Nucl. Instr. Meth. B54 (1991) 444

(ZIE 77)   Ziegler, J. F.: The Stopping and Ranges of Ions in Matter.
            Vol. 4, New York, 1977

Sachverzeichnis

Teubner Studienbücher

Physik

Becher/Böhm/Joos: **Eichtheorien der starken und elektroschwachen Wechselwirkung**
2. Aufl. DM 39,80

Berry: **Kosmologie und Gravitation.** DM 26,80

Bopp: **Kerne, Hadronen und Elementarteilchen.** DM 34,–

Bourne/Kendall: **Vektoranalysis.** 2. Aufl. DM 28,80

Büttgenbach: **Mikromechanik.** DM 32,–

Carlsson/Pipes: **Hochleistungsfaserverbundwerkstoffe.** DM 28,80

Constantinescu: **Distributionen und ihre Anwendung in der Physik.** DM 23,80

Daniel: **Beschleuniger.** DM 28,80

Engelke: **Aufbau der Moleküle.** DM 38,–

Fischer/Kaul: **Mathematik für Physiker**
Band 1: Grundkurs. 2. Aufl. DM 48,–

Goetzberger/Wittwer: **Sonnenenergie.** 2. Aufl. DM 29,80

Gross/Runge: **Vielteilchentheorie.** DM 39,80

Großer: **Einführung in die Teilchenoptik.** DM 26,80

Großmann: **Mathematischer Einführungskurs für die Physik.**
6. Aufl. DM 36,80

Grotz/Klapdor: **Die schwache Wechselwirkung in Kern-, Teilchen- und Astrophysik.** DM 45,–

Heil/Kitzka: **Grundkurs Theoretische Mechanik.** DM 39,–

Henzler/Göpel: **Oberflächenphysik des Festkörpers.** DM 59,80

Heinloth: **Energie.** DM 42,–

Kamke/Krämer: **Physikalische Grundlagen der Maßeinheiten.** DM 26,80

Kleinknecht: **Detektoren für Teilchenstrahlung.** 2. Aufl. DM 29,80

Kneubühl: **Repetitorium der Physik.** 4. Aufl. DM 48,–

Kneubühl/Sigrist: **Laser.** 3. Aufl. DM 44,80

Kopitzki: **Einführung in die Festkörperphysik.** 2. Aufl. DM 44,–

Kunze: **Physikalische Meßmethoden.** DM 28,80

Lautz: **Elektromagnetische Felder.** 3. Aufl. DM 32,–

Lindner: **Drehimpulse in der Quantenmechanik.** DM 28,80

Lohrmann: **Einführung in die Elementarteilchenphysik.** 2. Aufl. DM 26,80

Lohrmann: **Hochenergiephysik.** 4. Aufl. DM 36,80

Mayer-Kuckuk: **Atomphysik.** 3. Aufl. DM 34,–

B. G. Teubner Stuttgart

Teubner Studienbücher

Physik

Mayer-Kuckuk: **Kernphysik.** 4. Aufl. DM 39,80

Mommsen: **Archäometrie.** DM 38,–

Neuert: **Atomare Stoßprozesse.** DM 28,80

Nolting: **Quantentheorie des Magnetismus**
Teil 1: Grundlagen, DM 38,–
Teil 2: Modelle. DM 38,–

Raeder u. a.: **Kontrollierte Kernfusion.** DM 42.–

Rohe: **Elektronik für Physiker.** 3. Aufl. DM 29,80

Rohe/Kamke: **Digitalelektronik.** DM 28.80

Schatz/Weidinger: **Nukleare Festkörperphysik.** 2. Aufl. DM 34.80

Schlachetzki: **Halbleiter-Elektronik.** DM 44,80

Schmidt: **Meßelektronik in der Kernphysik.** DM 28.80

Spatschek: **Theoretische Plasmaphysik.** DM 44.80

Theis: **Grundzüge der Quantentheorie.** DM 34,–

Walcher: **Praktikum der Physik.** 6. Aufl. DM 38.–

Wegener: **Physik für Hochschulanfänger.** 3. Aufl. DM 48.–

Wiesemann: **Einführung in die Gaselektronik.** DM 34.–

Preisänderungen vorbehalten.

B. G. Teubner Stuttgart